TEUBNER-TEXTE zur Mathematik · Band 127

Herausgeber/Editors:

Herbert Kurke, Berlin
Joseph Mecke, Jena
Rüdiger Thiele, Leipzig
Hans Triebel, Jena
Gerd Wechsung, Jena

Beratende Herausgeber/Advisory Editors:

Ruben Ambartzumian, Jerevan
David E. Edmunds, Brighton
Alois Kufner, Prag
Burkhard Monien, Paderborn
Rolf J. Nessel, Aachen
Claudio Procesi, Rom
Kenji Ueno, Kyoto

Karl Strehmel · Rüdiger Weiner

Linear-implizite Runge-Kutta-Methoden und ihre Anwendung

Springer Fachmedien Wiesbaden GmbH 1992

ISBN 978-3-8154-2027-0   ISBN 978-3-663-10673-9 (eBook)
DOI 10.1007/978-3-663-10673-9

Gegenstand des Buches sind linear-implizite Runge-Kutta-Methoden, zu denen ROW-, W- und adaptive Runge-Kutta-Methoden gehören. Dargestellt werden ihr Zusammenhang zu expliziten und impliziten Runge-Kutta-Methoden sowie die Anwendung auf wichtige Problemklassen. Dazu gehören neben steifen Systemen gewöhnlicher Differentialgleichungen auch retardierte Differentialgleichungen mit konstanter Nacheilung, Algebro-Differentialgleichungen vom Index 1 und spezielle Klassen parabolischer Differentialgleichungen.
Im Mittelpunkt der theoretischen Betrachtungen stehen Stabilitätsuntersuchungen und Fragen der B-Konsistenz und B-Konvergenz. Zahlreiche numerische Ergebnisse und Vergleiche mit anderen Diskretisierungsmethoden für die verschiedenen Aufgabenklassen werden angegeben.

The central theme of this monograph are linearly-implicit Runge-Kutta methods, which include ROW-, W- and adaptive Runge-Kutta methods. Their connection with explicit and implicit Runge-Kutta methods as well as their application to important problem classes are discussed. The considered classes contain stiff systems of ordinary differential equations, retarded differential equations with constant delay, differential-algebraic equations of index 1 and special classes of parabolic equations.
The main objects of the theoretical investigations are stability properties, B-consistency and B-convergence. Numerical results for the different problem classes and comparisons with other discretization methods are given.

Des méthodes linéaires-implicites Runge-Kutta sont le sujet du livre. Elles incluent les méthodes ROW-, W- et adaptives Runge-Kutta. Le livre décrit non seulement leur rapports aux méthodes explicites et implicites Runge-Kutta, mais encore l'application aux catégories problématiques importantes. Aussi bien des systèmes compasses d'équations différentielles ordinaires que des équations différentielles retardées avec un délai constant, des équations différentielles-algèbriques de l'index 1 et des catégories speciales d'équations différentielles paraboliques. Le point central des contemplations théoretiques, ce sont des recherches de stabilité et des questions de B-consistance et B-convergence. On donne de nombreux résultats numériques et des comparaisons avec d'autres méthodes de discrétisation pour des catégories problématiques diverses.

Главной темой этой книги являются линейно-неявные методы Рунге-Кутты, включающие в себя ROW-, W- и адаптивные методы Рунге-Кутты. Исследуется их связь с явными и неявными методами Рунге-Кутты и их применение к приближенному решению важных классов задач. К этим классам относятся жесткие системы обыкновенных дифференциальных уравнений, дифференциальные уравнения с запаздывающим аргументом, алгебро-дифференциальные уравнения и специальные типа параболических дифференциальных уравнений.
В центре внимания теоретических исследований находятся вопросы устойчивости, B-согласованности и B-сходимости. Кроме того в книге даются результаты вычислительных экспериментов и сравнения с другими методами дискретизаций.

Vorwort

Die mathematische Modellierung von physikalisch-technischen sowie auch von biologischen Prozessen führt häufig auf Anfangswertprobleme für Systeme gewöhnlicher Differentialgleichungen, retardierter Differentialgleichungen, Algebro-Differentialgleichungen vom Index 1 sowie auf Anfangs-Randwertprobleme parabolischer Differentialgleichungen. Ihre analytische Lösung ist i.allg. nicht möglich. Um quantitative Aussagen über das Verhalten dieser Systeme zu bekommen, sind daher numerische Methoden für die Lösung der vorliegenden Aufgabenklassen von zentraler Bedeutung.

Viele der gewöhnlichen und retardierten Differentialgleichungssysteme besitzen Lösungskomponenten mit stark unterschiedlichem Wachstumsverhalten. Man spricht in diesem Fall von steifen Systemen. Steife Differentialgleichungssysteme entstehen auch bei der Behandlung parabolischer Anfangs-Randwertprobleme mittels der longitudinalen Linienmethode. Algebro-Differentialgleichungssysteme können als Grenzfall singulär gestörter Systeme (spezielle steife Systeme) betrachtet werden.

Der numerischen Behandlung steifer Systeme wurde in den letzten 30 Jahren große Aufmerksamkeit gewidmet. Obwohl seit ungefähr 15 Jahren für derartige Probleme effiziente Software zur Verfügung steht, können die Untersuchungen zu dieser Thematik bis heute nicht als abgeschlossen angesehen werden. Die Hauptursache hierfür besteht darin, daß das Problem der Steifheit sehr vielschichtig sein kann und die verwendeten Diskretisierungsmethoden nicht in allen Fällen zufriedenstellend arbeiten. Numerische Methoden zur Lösung von Algebro-Differentialgleichungen werden seit Beginn der 70er Jahre und verstärkt seit den 80er Jahren untersucht.

Steife Systeme stellen hohe Anforderungen an die Stabilität einer Diskretisierungsmethode. Explizite Runge-Kutta-Methoden sind aufgrund ihres begrenzten Stabilitätsgebietes für die Lösung derartiger Systeme nicht geeignet. Implizite Runge-Kutta-Methoden besitzen ausgezeichnete Stabilitätseigenschaften, erfordern aber in jedem Integrationsschritt die Lösung nichtlinearer Gleichungssysteme.

Das Buch widmet sich den linear-impliziten Einschrittmethoden, häufig auch als linear-implizite Runge-Kutta-Methoden bezeichnet, die sich in den letzten Jahren als sehr effektiv zur Lösung steifer Systeme erwiesen haben. Es versucht, den heutigen Stand dieser Methoden zu beschreiben und zeigt ihren Zusammenhang zu expliziten und impliziten Runge-Kutta-Methoden.

Als wichtige Anwendungen werden die numerische Behandlung von Algebro-Differentialgleichungen vom Index 1 und von parabolischen Anfangs-Randwertproblemen mittels der Linienmethode betrachtet. Durch Kombination linear-impliziter Runge-Kutta-Methoden mit geeigneter Interpolation werden ferner effektive Diskretisierungsmethoden zur Lösung steifer retardierter Differentialgleichungen abgeleitet. Verstärkte Aufmerksamkeit ist der Anwendung auf partitionierte Systeme gewidmet. Die Ausnutzung der speziellen Struktur erlaubt hierbei die Konstruktion effektiver Methoden.

Im Mittelpunkt der theoretischen Betrachtungen stehen Stabilitätsuntersuchungen linear-impliziter Runge-Kutta-Methoden für gewöhnliche Differentialgleichungen und linear-impliziter Runge-Kutta-Interpolationsmethoden für retardierte Differentialgleichungen. Das von Frank/Schneid/Ueberhuber [1981] entwickelte Konzept der B-Konsistenz und B-Konvergenz, das bisher im wesentlichen auf implizite Runge-Kutta-Methoden angewendet wurde, erlaubt die Ableitung realistischer Fehlerschranken, die statt von der bei steifen Systemen sehr großen klassischen Lipschitz-Konstante nur von der einseitigen Lipschitz-Konstante abhängen. Dieses Konzept wird auf die Klasse der linear-impliziten Runge-Kutta-Methoden ausgedehnt und auf partitionierte Systeme und die Lösung semilinearer parabolischer Differentialgleichungen übertragen. Bei der Anwendung auf Anfangswertaufgaben semi-expliziter Algebro-Differentialgleichungen vom Index 1 werden einerseits Diskretisierungsmethoden untersucht, die als Grenzfall partitionierter linear-impliziter RK-Methoden für singulär gestörte Systeme entstehen, andererseits werden Diskretisierungsmethoden für gewöhnliche Differentialgleichungen mit einem Verfahren zur Lösung der algebraischen Gleichungen kombiniert. Im Mittelpunkt dieser Untersuchungen stehen Fragen der Konsistenz und Konvergenz der Methoden.

Die Diskussion der behandelten Diskretisierungsmethoden wird durch zahlreiche numerische Beispiele illustriert.

Mit dem Ziel einer geschlossenen Darstellung werden die erforderlichen Grundlagen aus der Theorie der gewöhnlichen und retardierten Differentialgleichungen sowie der Einschrittmethoden vom Runge-Kutta-Typ in den entsprechenden Kapiteln noch einmal zusammengestellt.

Vom Umfang her eignet sich eine Auswahl des vorliegenden Stoffes für eine 4-stündige Vorlesung nach dem Vordiplom.

Die Autoren danken ihren Mitarbeitern Dr. M. Arnold, Dipl.-Math. M. Büttner und Dr. H. Claus für die Unterstützung beim Lesen und Korrigieren des Manuskriptes. Dem Teubner-Verlag gilt der Dank für die Herausgabe des Buches und für die stets freundliche Zusammenarbeit.

Halle, im Mai 1991   Karl Strehmel, Rüdiger Weiner

Inhaltsverzeichnis

KAPITEL 1. Theoretische Grundlagen für gewöhnliche Differentialgleichungen

1.1.	Existenz- und Eindeutigkeitstheoreme für nichtsteife Anfangswertprobleme	11
1.2.	Sensitivität für nichtsteife Anfangswertprobleme	14
1.3.	Stabilitätstheorie	16
1.3.1.	Ljapunovsche und exponentielle Stabilität	16
1.3.2.	Einseitige Lipschitz-Bedingung und dissipative Systeme	22
1.3.3.	Die logarithmische Matrixnorm	24
1.4.	Ein Existenz- und Eindeutigkeitstheorem für steife Systeme	28

KAPITEL 2. Runge-Kutta-Methoden

2.1.	Einführung	30
2.2.	Struktur der Runge-Kutta-Methoden	35
2.3.	Zur Konsistenzordnung von Runge-Kutta-Methoden	37
2.4.	Explizite Runge-Kutta-Methoden	39
2.4.1.	Beispiele	39
2.4.2.	Eingebettete Runge-Kutta-Methoden	42
2.5.	Implizite Runge-Kutta-Methoden	46
2.5.1.	Die vereinfachenden Bedingungen	46
2.5.2.	Methoden der Ordnung 2s	48
2.5.3.	Methoden der Ordnung 2s-1 und 2s-2	50
2.5.4.	Kollokationsmethoden	55
2.5.5.	Einfach-diagonal-implizite Runge-Kutta-Methoden	57
2.5.6.	Einfach-implizite Runge-Kutta-Methoden	59
2.6.	Stetige Runge-Kutta-Methoden	65
2.7.	Lineare und nichtlineare Stabilität von Runge-Kutta-Methoden	70
2.7.1.	A-Stabilität	71
2.7.2.	AN-Stabilität	80
2.7.3.	B- und BN-Stabilität	82
2.7.4.	Stabilitätsgebiete expliziter Runge-Kutta-Methoden	88
2.8.	Implementierung impliziter Runge-Kutta-Methoden	91
2.8.1.	Lösung der nichtlinearen Gleichungssysteme	91
2.8.2.	Konstruktion eingebetteter einfach-impliziter	

	Runge-Kutta-Methoden	95
2.8.3.	Fehlerschätzung und Schrittweitensteuerung	98

KAPITEL 3. Steife Differentialgleichungen

3.1.	Steife Differentialgleichungen und ihre numerische Behandlung	101
3.1.1.	Fehlerverhalten der expliziten und impliziten Euler-Methode	101
3.1.2.	Singulär gestörte Differentialgleichungssysteme	105
3.2.	Einige Anwendungsgebiete steifer Systeme	111
3.2.1.	Chemische Reaktionskinetik	111
3.2.2.	Diffusions-Reaktions-Modelle	114
3.2.3.	Elektrische Netzwerke	116
3.2.4.	Die Van der Polsche Gleichung der Elektrotechnik	117

KAPITEL 4. Linear-implizite Runge-Kutta-Methoden

4.1.	Definition der Methoden	120
4.2.	Adaptive Runge-Kutta-Methoden	124
4.2.1.	Konstruktion der Methoden	124
4.2.2.	Konsistenz	127
4.2.3.	Beispiele	129
4.3.	Rosenbrock-Typ-Methoden	131
4.3.1.	Definition der Methoden	131
4.3.2.	Konsistenzbedingungen	135
4.3.3.	Beispiele von Rosenbrock-Typ-Methoden und stetige Erweiterung	138
4.4.	Stabilität linear-impliziter Runge-Kutta-Methoden	141
4.4.1.	A- und AN-Stabilität	141
4.4.2.	D-Stabilität	146
4.4.3.	Nichtlineare Stabilität	152
4.5.	B-Konsistenz und B-Konvergenz	157
4.5.1.	Motivation	157
4.5.2.	B-Konsistenz und B-Konvergenz für die Klasse $\mathcal{F}$	159
4.5.3.	Beispiele B-konsistenter linear-impliziter Runge-Kutta-Methoden	168
4.5.4.	B-Konsistenz von W-Methoden	171
4.5.5.	Zur Wahl der Matrix T	176
4.5.6.	Übersicht über B-Konvergenz impliziter Runge-Kutta-Methoden	178
4.6.	Fragen der Implementierung	182
4.6.1.	Reduzierung der Matrizenoperationen	182
4.6.2.	Berechnung der Jacobi-Matrix und Schrittweiten-	

	steuerung	184
4.6.3.	Anwendung auf implizite Differentialgleichungen	185
4.6.4.	Software und Einschätzung der Verfahren	185

KAPITEL 5. Partitionierte linear-implizite Runge-Kutta-Methoden

5.1.	Arten der Partitionierung	189
5.2.	Automatische Verfahrenswahl	190
5.2.1.	Motivation	190
5.2.2.	Umschaltkriterien	192
5.2.3.	Realisierung und Einschätzung der Umschaltkriterien	194
5.2.4.	Der Algorithmus PAI4	197
5.2.5.	Numerische Ergebnisse	199
5.3.	Linear-implizite Runge-Kutta-Methoden mit komponentenweiser Partitionierung	202
5.3.1.	Steifheit in bekanntem Teilsystem	202
5.3.2.	Definition und Konsistenzordnung partitionierter linear-impliziter Runge-Kutta-Methoden	204
5.3.3.	Lineare Stabilität	209
5.3.4.	Automatische Festlegung der steifen Komponenten	211
5.3.5.	Numerische Illustration	215
5.4.	Partitionierte linear-implizite Runge-Kutta-Methoden für singulär gestörte Systeme	220
5.4.1.	Problemstellung und Formulierung der Methoden	220
5.4.2.	Verhalten des lokalen Fehlers	222
5.4.3.	Konstruktion geeigneter Methoden	226
5.4.4.	Abschätzungen für den globalen Fehler	229
5.4.5.	Resultate für nichtpartitionierte Methoden	235

KAPITEL 6. Linear-implizite Runge-Kutta-Methoden für Algebro-Differentialgleichungen vom Index 1

6.1.	Einführung und Problemstellung	237
6.2.	Partitionierte linear-implizite Runge-Kutta-Methoden ...	242
6.2.1.	Ableitung der Methoden	242
6.2.2.	Ordnungsaussagen	243
6.3.	Explizite-Runge-Kutta-Newton-Methoden	247
6.3.1.	Definition der Methoden und Ordnungsaussagen	247
6.3.2.	Numerische Bestimmung der Konvergenzordnung	255
6.4.	Nichtpartitionierte linear-implizite Runge-Kutta-Methoden	258

KAPITEL 7. Anwendung linear-impliziter Runge-Kutta-Methoden auf parabolische Anfangs-Randwertprobleme

7.1.	Semilineare parabolische Differentialgleichungen	262
7.1.1.	Die Problemklasse	262
7.1.2.	Ein Stabilitätstheorem	264
7.2.	Die Linienmethode	266
7.2.1.	Finitisierung des Ortsraumes mittels finiter Differenzen	267
7.2.2.	Finitisierung des Ortsraumes mittels finiter Elemente	272
7.3.	Konvergenz des semidiskreten Problems	276
7.4.	Konsistenz und Konvergenz der Gesamtdiskretisierung	278
7.4.1.	Gleichmäßige Konsistenz	279
7.4.2.	Gleichmäßige Konvergenz	284
7.5.	Numerische Ergebnisse	290
7.5.1.	Numerische Bestimmung der Ordnung	290
7.5.2.	Praktische Auswirkung der gleichmäßigen Konsistenzordnung	292
7.6.	Zur numerischen Behandlung quasilinearer parabolischer Anfangs-Randwertprobleme	295

KAPITEL 8. Anwendung linear-impliziter Runge-Kutta-Methoden auf retardierte Differentialgleichungssysteme

8.1.	Theoretische Grundlagen	300
8.1.1.	Problemstellung	300
8.1.2.	Einige Theoreme aus der Theorie der retardierten Differentialgleichungen	302
8.2.	Numerische Methoden zur Lösung retardierter Anfangswertprobleme	304
8.2.1.	Zwei numerische Prinzipien	304
8.2.2.	Linear-implizite Runge-Kutta-Interpolationsmethoden	307
8.3.	Stabilität	307
8.3.1.	Die Testdifferentialgleichung und ihre Stabilität	308
8.3.2.	Stabilitätsdefinitionen für Einschritt-Interpolationsmethoden	310
8.3.3.	Stabilität des Ersatzproblems	312
8.3.4.	Stabilität linear-impliziter Runge-Kutta-Lagrange-Methoden	318
8.3.5.	Beispiele $P(\beta)$-stabiler linear-impliziter Runge-Kutta-Lagrange-Methoden	321
8.3.6.	Stabilität linear-impliziter Runge-Kutta-Hermite-Methoden	325

| 8.4. | Numerische Resultate | 327 |

Literaturverzeichnis 332
Notationen 347
Sachverzeichnis 351

Kapitel 1

Theoretische Grundlagen für gewöhnliche Differentialgleichungen

Für die Untersuchung von Diskretisierungsmethoden zur Lösung von Anfangswertaufgaben gewöhnlicher Differentialgleichungssysteme sind Existenz- und Eindeutigkeitsaussagen, Aussagen über die Sensitivität der Lösung gegenüber Störungen der Anfangsdaten und Stabilitätsaussagen von grundlegender Bedeutung. Wir stellen daher in diesem einführenden Kapitel einige für unsere Zwecke relevante Resultate dar, wobei klassische Ergebnisse teilweise ohne Beweise angegeben werden (vgl. dazu z.B. Kamke [1945], Walter [1985], Werner/Arndt [1986], Heuser [1989]).

1.1. Existenz- und Eindeutigkeitstheoreme für nichtsteife Anfangswertprobleme

Sei $G \subset \mathbb{R}^n$ ein Gebiet, d.h. eine offene und zusammenhängende Teilmenge des $\mathbb{R}^n$ und $I \subset \mathbb{R}$ ein reelles Intervall. Gegeben sei ein Punkt $(t_0, y_0) \in I \times G$ und eine stetige Funktion $f: I \times G \longrightarrow \mathbb{R}^n$. Ferner sei $\|\cdot\|$ eine beliebige Vektornorm im $\mathbb{R}^n$. Bei Verwendung konkreter Normen wird an entsprechender Stelle darauf hingewiesen. Die drei gebräuchlichsten Vektornormen sind die l_1-, l_2- und l_∞-Norm (Betragssummen-, Euklidische und Maximumnorm), die mit $\|\cdot\|_1$, $\|\cdot\|_2$ und $\|\cdot\|_\infty$ bezeichnet werden. Für einen Vektor $y := (y_1, y_2, \ldots, y_n)^T$ sind sie durch

$$\|y\|_1 = \sum_{i=1}^n |y_i| \quad , \quad \|y\|_2 = \left(\sum_{i=1}^n y_i^2\right)^{1/2} \quad , \quad \|y\|_\infty = \max_{i=1}^n |y_i|$$

definiert.

Wir betrachten ein Anfangswertproblem für ein explizites nichtautonomes System von n gewöhnlichen Differentialgleichungen 1. Ordnung

$$y'(t) = f(t, y(t))$$
$$y(t_0) = y_0.$$
(1.1.1)

Für gewisse Untersuchungen werden speziell autonome Systeme

$$z'(t) = g(z(t))$$

zugrunde gelegt. Bei ihnen ist die rechte Seite nicht explizit von t abhängig, so daß mit $z(t)$ auch $z(t+t^*)$ eine Lösung ist. Ein nichtautonomes Anfangswertproblem (1.1.1) kann mittels der Transformation auf G×I in die autonome Form

$$z(t) := \begin{pmatrix} y(t) \\ t \end{pmatrix}$$

$$z'(t) = \begin{pmatrix} f(t,y) \\ 1 \end{pmatrix} =: g(z(t)) \quad , \quad z(t_0) = \begin{pmatrix} y(t_0) \\ t_0 \end{pmatrix} =: z_0 \quad (1.1.1')$$

überführt werden.

Schon bei einfachen Anfangswertaufgaben lassen sich keine geschlossenen Formeln für die Lösung angeben, es ist daher von Interesse zu wissen, unter welchen Voraussetzungen überhaupt Lösungen existieren.

Theorem 1.1.1. (Peano (1890)). *Die Funktion* $f: I \times G \longrightarrow \mathbb{R}^n$ *sei auf dem abgeschlossenen Gebiet*

$$Q := \{(t,y): |t-t_0| \leq a, \|y-y_0\| \leq b\} \subset I \times G \quad , \quad a, b > 0, \quad (1.1.2)$$

stetig, und es sei

$$M := \max_{(t,y) \in Q} \|f(t,y)\| \quad , \quad \delta := \min(a, \frac{b}{M}).$$

Dann besitzt die Anfangswertaufgabe (1.1.1) *auf* $I_\delta := [t_0 - \delta, t_0 + \delta]$ *mindestens eine Lösung* $y(t)$. □

Für die Eindeutigkeit einer Lösung von (1.1.1) ist die Lipschitz-Stetigkeit von zentraler Bedeutung.

Definition 1.1.1. Die Funktion $f: I \times G \longrightarrow \mathbb{R}^n$ heißt in $I \times G$ *Lipschitz-stetig* (bez. y), wenn es eine Konstante L>0 gibt, so daß für jedes Paar von Elementen $(t,u), (t,v) \in I \times G$ gilt

$$\|f(t,u) - f(t,v)\| \leq L\|u-v\|. \quad (1.1.3)$$

Die von f und dem Gebiet I×G abhängige Konstante L heißt *Lipschitz-Konstante*. □

Bemerkung 1.1.1. Ist G konvex, so sind die Bedingungen f(t,y) stetig differenzierbar bez. y und $\|f_y(t,y)\| \leq K$ für alle $(t,y) \in I \times G$ hinreichend für die Lipschitz-Stetigkeit von f(t,y). Der Mittelwertsatz für Vektorfunktionen (vgl. Ortega/Rheinboldt [1970], Schwetlick [1979])

$$f(t,u) - f(t,v) = \int_0^1 f_y(t, v + \theta(u-v))(u-v) d\theta \quad , \quad (t,u), (t,v) \in I \times G \quad (1.1.4)$$

liefert die Abschätzung

$$\|f(t,u) - f(t,v)\| \leq \sup_{(t,\xi) \in I \times G} \|f_y(t,\xi)\| \|u-v\| \quad ,$$

und die Lipschitz-Stetigkeit von f ist gezeigt mit der optimalen (d.h. kleinstmöglichen) Lipschitz-Konstanten

$$L = \sup_{(t,\xi) \in I \times G} \|f_y(t,\xi)\|. \quad \square$$

Unter Verwendung der Lipschitz-Stetigkeit von f gilt folgendes Existenz- und Eindeutigkeitstheorem von Picard-Lindelöf (Picard (1890), Lindelöf (1894)).

Theorem 1.1.2. *Die Funktion f: I×G $\longrightarrow$ R^n sei auf dem abgeschlossenen Gebiet Q stetig und genüge dort einer Lipschitz-Bedingung (1.1.3). Dann existiert genau eine Lösung y(t) des Anfangswertproblems (1.1.1) auf dem Intervall $I_\delta := [t_0-\delta, t_0+\delta]$; hierbei ist*

$$\delta := \min(a, \frac{b}{M}) \quad \text{mit } M := \max_{(t,y) \in Q} \|f(t,y)\|. \quad \square$$

Die Theoreme 1.1.1 und 1.1.2 liefern lokale Aussagen. Man kann aber das Verfahren iterativ anwenden (Folge von abgeschlossenen Gebieten der Form Q) und so die Integralkurve y(t) von t_0 nach rechts und links maximal fortsetzen. Bez. dieser Fortsetzbarkeit gilt das

Theorem 1.1.3. *Die Funktion f∈C((a,b)×G,R^n) genüge in (a,b)×G einer Lipschitz-Bedingung (1.1.3). Dann existiert für $(t_0, y_0) \in (a,b) \times G$ eine eindeutig bestimmte Lösung y(t) von (1.1.1), die nach beiden Seiten bez. t_0 fortgesetzt werden kann und dem Rand von (a,b)×G beliebig nahe kommt.* $\square$

Diese Aussage bedeutet für $t > t_0$, daß einer der beiden Fälle vorliegt:

(i) Die Lösung y(t) existiert für alle $t \in [t_0, b)$ und es gilt y(t)∈G.

(ii) Die Lösung y(t) existiert für $t_0 \leq t < t^* < b$ und es gilt

$$\lim \inf \rho(t, y(t)) = 0, \quad \text{für } t \longrightarrow t^* - 0,$$

wobei $\rho(\tilde{t}, \tilde{y})$ der Abstand des Punktes $(\tilde{t}, \tilde{y}) \in (a,b) \times G$ vom Rand von (a,b)×G ist, die Lösung "kommt dem Rand von (a,b)×G beliebig nahe".

Für die numerische Behandlung von Anfangswertproblemen wird der Existenz- und Eindeutigkeitssatz von Picard-Lindelöf häufig in der folgenden Form zugrunde gelegt:

Theorem 1.1.4. *Die Funktion f(t,y) sei stetig auf dem Streifen $S := \{(t,y): t_0 \leq t \leq t_e, y \in R^n\}$ und genüge dort einer Lipschitz-Bedingung (1.1.3). Dann besitzt das Anfangswertproblem (1.1.1) genau eine stetig differenzierbare Lösung y(t) auf dem ganzen Intervall $[t_0, t_e]$.* $\square$

Bemerkung 1.1.2. Die Lipschitz-Stetigkeit von f ist keine notwendige Voraussetzung für das Vorliegen einer eindeutigen Lösung des Anfangswertproblems. $\square$

Bemerkung 1.1.3. Die Lösung y(t) von Theorem 1.1.4 kann iterativ gewonnen werden. Geht man von irgendeiner in $[t_0,t_e]$ stetigen Funktion $\phi_0(t)$ aus und setzt

$$\phi_l(t) := y_0 + \int_{t_0}^{t} f(\xi,\phi_{l-1}(\xi))d\xi \quad \text{für } l=1,2,\ldots \text{ und } t\in[t_0,t_e],$$

so strebt $\phi_l(t) \longrightarrow y(t)$, und zwar gleichmäßig auf $[t_0,t_e]$. Für die *sukzessiven Approximationen* $\phi_l(t)$ (Picard-Iteration) gilt auf $[t_0,t_e]$ die Fehlerabschätzung

$$\|y(t)-\phi_l(t)\| \leq \tfrac{1}{l!}[L(t_e-t_0)]^l \exp(L(t_e-t_0)) \max_{t\in[t_0,t_e]} \|\phi_1(t)-\phi_0(t)\|.$$

Die Picard-Iteration ist jedoch für eine numerische Behandlung von (1.1.1) nicht brauchbar. Die Integrale sind nur für spezielle Funktionen f geschlossen auswertbar, so daß man i. allg. auf numerische Quadratur angewiesen ist. Man wird daher die Differentialgleichung direkt diskretisieren, d.h. ohne Verwendung der Picard-Iteration (vgl. Kapitel 2).

1.2. Sensitivität für nichtsteife Anfangswertprobleme

In zahlreichen praktischen Fällen ist der Anfangswert y_0 nicht genau bekannt. Er liegt häufig als Meßwert vor oder muß aus funktionalen Beziehungen bestimmt werden. In diesem Zusammenhang interessiert die Sensitivität der Lösung $y(t)$ gegenüber Störungen des Anfangswertes y_0, d.h. ob bei "kleiner" Änderung von y_0 sich auch die Lösung $y(t)$ von (1.1.1) auf dem abgeschlossenen Intervall $I:=[t_0,t_e]$ nur wenig ändert, oder anders gesagt, ob die Lösung $y(t)$ stetig vom Anfangswert y_0 abhängt.

Sind $y(t)$ und $v(t)$ zwei eindeutige Lösungen von (1.1.1) unter den Anfangsbedingungen $y(t_0)=y_0$ und $v(t_0)=v_0$, so geht es uns darum, die Fehlerfunktion

$$\|e(t)\| := \|y(t)-v(t)\|$$

auf dem Intervall I abzuschätzen. Da $\|e(t)\|$ nicht notwendig differenzierbar sein muß (z.B. l_∞-Norm), betrachten wir die rechtsseitigen oberen und unteren Ableitungen, die sog. *Dini-Ableitungen*. Sie sind durch

$$D^+\|e(t)\| = \lim_{h\to+0} \sup \frac{\|e(t+h)\|-\|e(t)\|}{h}$$

$$D_+\|e(t)\| = \lim_{h\to+0} \inf \frac{\|e(t+h)\|-\|e(t)\|}{h}$$

definiert.

Für die nachfolgenden Untersuchungen benötigen wir das fundamentale

Lemma 1.2.1. *Die Funktionen $\phi(t)$ und $\psi(t)$ seien in $I:=[t_0,t_e]$ stetig und besitzen in $[t_0,t_e)$ rechtsseitige Dini-Ableitungen, die Funktion $g(t,y)$ sei in $I\times R$ stetig. Ferner gelte*

a) $\phi(t_0) \leq \psi(t_0)$

b) $D^+\phi(t)-g(t,\phi(t)) < D^+\psi(t)-g(t,\psi(t))$ in $[t_0,t_e)$.

Dann ist

$$\phi(t) \leq \psi(t) \text{ in } I.$$

Beweis (indirekt). Angenommen $\phi(t)\leq\psi(t)$ sei in I nicht erfüllt. Dann gibt es einen Punkt t_2 mit $\phi(t_2)>\psi(t_2)$ und links von t_2 einen ersten Punkt t_1 mit $\phi(t_1)=\psi(t_1)$. Aufgrund der Stetigkeit gilt

$$\phi(t)>\psi(t) \text{ für } t_1<t\leq t_2.$$

Damit folgt

$$\frac{\phi(t_1+h)-\phi(t_1)}{h} > \frac{\psi(t_1+h)-\psi(t_1)}{h} \quad \text{für } h\in(0,t_2-t_1].$$

Durch Grenzübergang ($h\to 0$) und wegen $g(t_1,\phi(t_1))=g(t_1,\psi(t_1))$ erhält man

$$D^+\phi(t_1)-g(t_1,\phi(t_1)) \geq D^+\psi(t_1)-g(t_1,\psi(t_1)) ,$$

was im Widerspruch zu b) steht. ∎

Bemerkung 1.2.1. Das Lemma gilt auch, wenn D^+ durch D_+ ersetzt wird. Ferner sind weitere Formen dieses Lemmas möglich (vgl. Walter [1985]). □

Theorem 1.2.1. *Die Funktion $f: I\times G \to R^n$ sei auf $I\times G$ stetig und genüge in $I\times G$ einer Lipschitz-Bedingung (1.1.3). Seien $y(t)$ und $v(t)$ Lösungen der Differentialgleichung (1.1.1) zu den Anfangsbedingungen*

$$y(t_0)=y_0, \quad v(t_0)=v_0, \quad y_0\neq v_0.$$

Dann gilt die Fehlerabschätzung

$$\|y(t)-v(t)\| \leq \exp(L(t-t_0))\|y_0-v_0\| \text{ für } t\in I ,$$

d.h., die Lösung hängt stetig vom Anfangswert ab.

Beweis. Aus der Definitionsgleichung

$$D^+\|e(t)\| = \lim_{h\to+0}\sup \frac{\|y(t+h)-v(t+h)\|-\|y(t)-v(t)\|}{h}$$

folgt

$$D^+\|e(t)\| \leq \lim_{h\to+0}\sup \frac{\|y(t+h)-v(t+h)-(y(t)-v(t))\|}{h} = \|y'(t)-v'(t)\|.$$

Dabei sind $y'(t)$ und $v'(t)$ die rechtsseitigen Ableitungen der Vektorfunktionen $y(t)$ und $v(t)$. Mit der Lipschitz-Bedingung (1.1.3) erhält man

$$\|y'(t)-v'(t)\| \le L\|y(t)-v(t)\|,$$

so daß

$$D^+\|e(t)\| \le L\|e(t)\|$$

gilt. Wir vergleichen die Lösung dieser *Differentialungleichung* mit der Lösung des Anfangswertproblems

$$w'(t) = Lw(t)+\epsilon \quad \text{mit } \epsilon>0$$

$$w(t_0) = w_0 := \|y(t_0)-v(t_0)\|,$$

die durch

$$w(t) = \exp(L(t-t_0))\left\{w_0 + \epsilon \frac{1-\exp(-L(t-t_0))}{L}\right\}$$

gegeben ist. Mit

$$D^+\|e(t)\|-L\|e(t)\| < w'(t)-Lw(t)$$

folgt nach Lemma 1.2.1

$$\|y(t)-v(t)\| \le w(t) \quad \text{für } t\in I.$$

Da diese Abschätzung für alle $\epsilon>0$ gilt, ist sie auch für $\epsilon=0$ erfüllt. ∎

1.3. Stabilitätstheorie

In diesem Abschnitt wollen wir das asymptotische Verhalten der Lösung von (1.1.1) für $t_e \to \infty$ untersuchen. Das Ziel besteht darin, Kriterien für die stetige Abhängigkeit der Lösung $y(t)$ von y_0 in dem Sinne anzugeben, daß für kleine Differenzen $\|y(t_0)-v(t_0)\|$, $t_0 \ge 0$, auch $\|y(t)-v(t)\|$ im ganzen Intervall $[t_0,\infty)$ klein ist. Aussagen dieser Art sind der *Stabilitätstheorie* für gewöhnliche Differentialgleichungen zuzuordnen.

1.3.1. Ljapunovsche und exponentielle Stabilität

Gegeben sei die Anfangswertaufgabe

$$y'(t) = f(t,y(t)), \quad 0 \le t_0 \le t<\infty \tag{1.3.1}$$

$$y(t_0) = y_0,$$

mit $f: R_+ \times D \to R^n$ und $D:=\{y\in R^n: \|y\|<a\}$. Wir setzen voraus, daß (1.3.1) für $t \ge t_0$ eine eindeutige Lösung $y(t) \in D$ besitzt. Ferner betrachten wir das Anfangswertproblem

$$v'(t) = f(t,v(t)), \quad t_0 \le t<\infty$$

$$v(t_0) = y_0+\delta_0,$$

das für alle Störungen δ_0 mit $\|\delta_0\| \leq \gamma$, $\gamma > 0$, ebenfalls eine eindeutige Lösung $v(t) \in D$ besitzen soll. Die Fehlerfunktion

$$e(t;\delta_0) := v(t) - y(t)$$

genügt dann dem Anfangswertproblem

$$e'(t) = g(t,e(t)) \quad , \quad t \in [t_0, \infty)$$
$$e(t_0) = \delta_0 \quad , \quad t_0 \geq 0 \tag{1.3.2}$$

mit

$$g(t,w) := f(t,y(t)+w) - f(t,y(t)),$$

das man auch *Anfangswertproblem der gestörten Bewegung* nennt. Für $\delta_0 = 0$ ergibt sich die triviale Lösung

$$e(t;0) \equiv 0.$$

Sie wird als *Gleichgewichtslage* von (1.3.2) bezeichnet. Uns interessiert nun das Verhalten der Lösungen von (1.3.2) unter benachbarten Anfangsbedingungen.

Definition 1.3.1. Die Gleichgewichtslage $e(t;0)$ heißt *(gleichmäßig) stabil* oder *(gleichmäßig) Ljapunov-stabil*, wenn zu jedem $\varepsilon > 0$ eine von t_0 unabhängige Konstante $\delta > 0$ mit $0 < \delta \leq \gamma$ existiert, so daß gilt

$$\|\delta_0\| \leq \delta \;\rightarrow\; \|e(t;\delta_0)\| \leq \varepsilon \;,\; \forall t \geq t_0.$$

Das Anfangswertproblem (1.3.2) heißt dann auch *stabil (Ljapunov-stabil)*. Die Gleichgewichtslage heißt *instabil*, wenn sie nicht stabil ist. □

Definition 1.3.2. Die Gleichgewichtslage $e(t;0)$ heißt *asymptotisch stabil*, wenn sie Ljapunov-stabil ist, und wenn gilt

$$\lim_{t \to \infty} \|e(t;\delta_0)\| = 0 \text{ für } \|\delta_0\| \leq \delta.$$

Das Anfangswertproblem (1.3.2) heißt dann auch *asymptotisch stabil*. □

Definition 1.3.3. Die Gleichgewichtslage $e(t;0)$ heißt *exponentiell stabil*, wenn es von t_0 unabhängige Konstanten $a, b, \delta > 0$ gibt, so daß gilt

$$\|\delta_0\| \leq \delta \;\rightarrow\; \|e(t;\delta_0)\| \leq a \cdot \exp(-b(t-t_0)) \|\delta_0\| \;,\; \forall t \geq t_0.$$

Das Anfangswertproblem (1.3.2) heißt dann auch *exponentiell stabil*. □

Entsprechend heißt eine Lösung $y(t)$ von (1.3.1) stabil, asymptotisch stabil bzw. exponentiell stabil, wenn die Gleichgewichtslage des zugehörigen Systems (1.3.2) stabil, asymptotisch stabil bzw. exponentiell stabil ist.

Ist das System (1.3.1) linear

$$y'(t) = A(t)y(t) + q(t)$$

mit $A: \mathbb{R}_+ \to \mathbb{R}^{n \times n}$ und $q: \mathbb{R}_+ \to \mathbb{R}^n$, so ist eine Lösung $y(t)$ genau dann stabil (asymptotisch stabil, exponentiell stabil), wenn das zugehörige homogene System stabil (asymptotisch stabil, exponentiell stabil) ist.

Für lineare Systeme mit konstanten Koeffizienten

$$y'(t) = Ay \qquad (1.3.3)$$
$$y(t_0) = y_0$$

gibt es ein einfach zu überprüfendes Stabilitätskriterium.

Theorem 1.3.1. a) *Das lineare System* (1.3.3) *ist genau dann stabil, wenn für die Eigenwerte von A gilt*

1. Re $\lambda_j \leq 0$, $j=1(1)n$
2. Re $\lambda_l < 0$, $l \in \{1,\ldots,n\}$, *wenn die geometrische Vielfachheit*[1] *von* λ_l *kleiner als die algebraische Vielfachheit*[2] *ist.*

b) *Das System* (1.3.3) *ist genau dann exponentiell stabil, wenn gilt*

$$\text{Re } \lambda_j < 0 \text{ , } j=1(1)n.$$

Beweis. Sei J die Jordansche Normalform von A, d.h., es gibt eine reguläre Matrix $R \in \mathbb{C}^{n \times n}$, so daß gilt

$$R^{-1}AR = J = \begin{pmatrix} J_1 & & & \\ & J_2 & & \\ & & \ddots & \\ & & & J_k \end{pmatrix}$$

mit den Jordanblöcken

$$J_i = \begin{pmatrix} \lambda_i & 1 & & & 0 \\ & \lambda_i & 1 & & \\ & & \ddots & \ddots & \\ & & & \lambda_i & 1 \\ 0 & & & & \lambda_i \end{pmatrix} \in \mathbb{C}^{r_i \times r_i}.$$

Dabei ist $r_1+r_2+\ldots+r_k = n$, und das charakteristische Polynom hat die Gestalt

$$P_n(\lambda) := \det(A-\lambda I) = (-1)^n (\lambda-\lambda_1)^{r_1} \ldots (\lambda-\lambda_k)^{r_k}.$$

Man beachte, daß in jedem Jordanblock J_i ein und derselbe Eigenwert

---

[1] Die geometrische Vielfachheit von λ_i ist die Anzahl der zum Eigenwert gehörenden linear unabhängigen Eigenvektoren.

[2] λ_i hat die algebraische Vielfachheit $\alpha_i \geq 1$, wenn λ_i eine α_i-fache Nullstelle des charakteristischen Polynoms $P_n(\lambda)$ ist.

steht, daß aber in verschiedenen Jordanblöcken durchaus der gleiche Eigenwert auftreten kann. Die Anzahl k der Jordanblöcke ist gleich der Anzahl der linear unabhängigen Eigenvektoren von A. Besitzt A nur reelle Eigenwerte, so kann R reell gewählt werden. Mittels der Transformation

$$y(t) = Rz(t) \quad , \quad z(t) = R^{-1}y(t)$$

geht die Lösung $y(t)$ von (1.3.3) über in die Lösung $z(t)$ des Systems

$$z'(t) = Jz$$
$$z(t_0) = R^{-1}y_0 = z_0 \qquad (1.3.3')$$

und umgekehrt. Die Lösung von (1.3.3') ist gegeben durch

$$z(t) = Q(t)z_0 \; ,$$

wobei Q eine Blockdiagonalmatrix mit den Blöcken

$$Q_i = \begin{pmatrix} e^{\lambda_i t} & t e^{\lambda_i t} & \cdots & \frac{1}{(r_i-1)!} t^{r_i-1} e^{\lambda_i t} \\ 0 & e^{\lambda_i t} & \cdots & \frac{1}{(r_i-2)!} t^{r_i-2} e^{\lambda_i t} \\ \vdots & & \ddots & \vdots \\ 0 & & & e^{\lambda_i t} \end{pmatrix} \in \mathbb{C}^{r_i \times r_i} \; , \; i=1(1)k$$

ist. Die Lösung von (1.3.3) lautet demzufolge

$$y(t) = RQR^{-1}y_0 \; , \qquad (1.3.4)$$

woraus unmittelbar die Behauptung folgt. ∎

Für lineare nichtautonome Systeme

$$y'(t) = A(t)y \qquad (1.3.5)$$

ist die Bedingung

$$\text{Re } \lambda_j[A(t)] < 0 \; , \; j=1(1)n$$

weder notwendig noch hinreichend für exponentielle Stabilität. Wir betrachten folgendes

Beispiel 1.3.1. Gegeben sei das System

$$z'(t) = Bz(t) \; , \; B = \begin{pmatrix} b_1 & 0 \\ 0 & b_2 \end{pmatrix} \; , \; b_i \in \mathbb{R} \; , \; t \geq 0$$

mit der allgemeinen Lösung

$$z(t) = (c_1 \exp(b_1 t), c_2 \exp(b_2 t))^T \; , \; c_i \in \mathbb{R}.$$

Mittels der Abbildung

$$y(t) = T(t)z(t) \; ,$$

mit

$$T(t) := \begin{pmatrix} \cos(qt+\alpha) & \sin(qt) \\ -\sin(qt+\alpha) & \cos(qt) \end{pmatrix}, \quad 0 \leq \alpha < \frac{\pi}{2}, \quad q \in \mathbb{R}$$

geht die allgemeine Lösung $z(t)$ über in die Lösung $y(t)$ des Systems (1.3.5) und umgekehrt. Dabei sind die Elemente von $A(t)$ durch

$$a_{11}(t) = \frac{1}{\cos(\alpha)} [b_1 \cos(qt+\alpha)\cos(qt) + b_2 \sin(qt+\alpha)\sin(qt)]$$

$$a_{12}(t) = \frac{1}{\cos(\alpha)} [(b_2-b_1)\cos(qt+\alpha)\sin(qt) + q\cos(\alpha)]$$

$$a_{21}(t) = \frac{1}{\cos(\alpha)} [(b_2-b_1)\sin(qt+\alpha)\cos(qt) - q\cos(\alpha)]$$

$$a_{22}(t) = \frac{1}{\cos(\alpha)} [b_1 \sin(qt+\alpha)\sin(qt) + b_2 \cos(qt+\alpha)\cos(qt)]$$

gegeben. Die von t unabhängigen Eigenwerte der Matrix $A(t)$ sind

$$\lambda_{1,2} = \tfrac{1}{2}\left[b_1+b_2 \pm \sqrt{(b_1-b_2)^2 + 4q(b_2-b_1)\tan(\alpha) - 4q^2}\,\right].$$

Wählt man z.B.

$$b_1 = 1, \quad b_2 = -5, \quad q = 3 \text{ und } \alpha = 0,$$

so erhält man für die Lösung $y(t)$ von (1.3.5) mit der Anfangsbedingung $y_0 = (\delta_0, 0)^T$

$$y(t) = \delta_0 (\cos(3t)\exp(t), -\sin(3t)\exp(t))^T, \quad t \geq 0.$$

Die Gleichgewichtslage ist offensichtlich instabil, während die Matrix $A(t)$ den zweifachen Eigenwert $\lambda = -2$ hat. Wählt man

$$b_1 = -1, \quad b_2 = -2, \quad q = 1 \text{ und } \tan(\alpha) = -\tfrac{19}{4},$$

so ist die allgemeine Lösung von (1.3.5)

$$y_1(t) = c_1 \cos(t+\alpha)\exp(-t) + c_2 \sin(t)\exp(-2t),$$

$$y_2(t) = -c_1 \sin(t+\alpha)\exp(-t) + c_2 \cos(t)\exp(-2t).$$

Die Gleichgewichtslage ist offensichtlich exponentiell stabil, während $A(t)$ die Eigenwerte

$$\lambda_1 = -\tfrac{7}{2} \quad \text{und} \quad \lambda_2 = \tfrac{1}{2}$$

besitzt. □

Dieses Beispiel zeigt, daß sich das Stabilitätsverhalten nichtlinearer Differentialgleichungssysteme nicht in so einfacher Weise beurteilen läßt wie das linearer Systeme mit konstanten Koeffizienten.

Das folgende Theorem (zum Beweis vgl. z.B. Walter [1985]) stellt ein Stabilitätstheorem für Systeme mit "linearem Hauptteil" dar.

Theorem 1.3.2. *Gegeben sei das System* $y'=Ay+g(t,y)$. *Die Funktion* $g(t,y)$ *sei für* $t\geq 0$ *stetig und es gelte* $\|g(t,\xi)\| = o(\|\xi\|)$ *für* $\|\xi\|\to 0$ *gleichmäßig für* $0\leq t<\infty$. *Sei ferner* Re $\lambda_i<0$ *für alle Eigenwerte von A. Dann ist die Gleichgewichtslage* $y(t)=0$ *asymptotisch stabil. Besitzt A einen Eigenwert mit positivem Realteil, so ist die Gleichgewichtslage instabil.* □

Die direkte Methode von Ljapunov versucht, Aussagen über die Stabilität der Gleichgewichtslage ohne Kenntnis der Lösung des Differentialgleichungssystems der gestörten Bewegung (1.3.2), allein unter Benutzung des Differentialgleichungssystems selbst, zu machen. Sie verwendet dazu sog. Ljapunov-Funktionen, und zwar diskutiert sie deren Vorzeichen und das ihrer für die Differentialgleichung gebildeten zeitlichen Ableitung.

Die beiden nachstehenden Theoreme bilden das eigentliche Kernstück der direkten Methode von Ljapunov. Der Einfachheit halber sei das Anfangswertproblem der gestörten Bewegung (1.3.2) autonom, d.h.

$$e'(t) = g(e(t)) \, , \; t\in[t_0,\infty)$$
$$e(t_0) = \delta_0 \, , \; t_0\geq 0$$
(1.3.6)

mit $g(0)=0$.

Definition 1.3.4. Eine Funktion $W : \mathbb{R}^n \to \mathbb{R}$ heißt *Ljapunov-Funktion* für das Differentialgleichungssystem (1.3.6), wenn sie in einer offenen Umgebung U der Gleichgewichtslage $e(t;0)=0$ folgende Eigenschaften besitzt:

(i) $W(e)$ ist stetig differenzierbar;

(ii) $W(e)\geq 0$ und $W(e)=0$ genau dann, wenn $e=0$;

(iii) $\frac{d}{dt} W(e(t;\delta_0))$ verschwindet in der Gleichgewichtslage und ist außerhalb derselben ≤ 0. Gilt hier statt $\leq$ sogar $<$, so heißt $W(e)$ eine *strenge Ljapunov-Funktion*. □

Es gilt nun das folgende Stabilitätskriterium (zum Beweis verweisen wir auf Hahn [1963], Heuser [1989]):

Theorem 1.3.3. *Das Differentialgleichungssystem* (1.3.6) *besitze eine Ljapunov-Funktion* $W(e)$. *Dann ist die Gleichgewichtslage* $e(t;0)$ *stabil. Ist* $W(e)$ *eine strenge Ljapunov-Funktion, dann ist die Gleichgewichtslage asymptotisch stabil.* □

Beispiel 1.3.2. Das autonome System

$$y_1'(t) = -y_1^5+y_2$$
$$y_2'(t) = -y_1-y_2^7 \, ,$$

stellt gleichzeitig das System der gestörten Bewegung dar. Zur Bestimmung einer Ljapunov-Funktion $W(y_1,y_2)$ machen wir den Ansatz

$$W(y_1,y_2) = ay_1^2 + by_2^2 ,$$

mit noch zu bestimmenden reellen Koeffizienten a und b. Es ist

$$W_{y_1}y_1'(t) + W_{y_2}y_2'(t) = 2ay_1(-y_1^5+y_2) + 2by_2(-y_1-y_2^7)$$

$$= -2ay_1^6 + 2(a-b)y_1y_2 - 2by_2^8.$$

Man erkennt unmittelbar, daß

$$W(y_1,y_2) = y_1^2 + y_2^2$$

eine strenge Ljapunov-Funktion ist. Die Gleichgewichtslage $y(t)=0$ ist somit asymptotisch stabil. □

Zur Konstruktion einer Ljapunov-Funktion gibt es kein allgemein verwendbares Verfahren, so daß das Stabilitätskriterium (Theorem 1.3.3) nur zu Untersuchungen einzelner Differentialgleichungen verwendet werden kann. Im allgemeinen ist der Nachweis der Existenz einer Ljapunov-Funktion genauso schwierig wie eine direkte Untersuchung der Gleichgewichtslage auf Stabilität.

Die Stabilitätstheorie der gewöhnlichen Differentialgleichungen hat sich zu einem umfangreichen Spezialgebiet entwickelt. Zusammenfassende Darstellungen findet der Leser in den Büchern von Cesari [1959] und Hahn [1963].

1.3.2. Einseitige Lipschitz-Bedingung und dissipative Systeme

Für dissipative Systeme läßt sich für jede der im Abschnitt 1.3.1 eingeführten Stabilitätseigenschaften unter Verwendung der einseitigen Lipschitz-Konstante ein hinreichendes Stabilitätskriterium angeben.

Definition 1.3.5. Das Differentialgleichungssystem (1.3.1) heißt *dissipativ*, wenn zwei Lösungen $y(t)$ und $v(t)$ zu beliebig verschiedenen Anfangswerten y_0 und v_0 sich *kontraktiv* verhalten, d.h., wenn in irgendeiner Vektornorm im R^n gilt

$$\|y(t_2)-v(t_2)\| \leq \|y(t_1)-v(t_1)\| , \forall t_1, t_2 \text{ mit } 0 \leq t_1 \leq t_2 < \infty. \quad \square$$

Definition 1.3.6. Sei $<\cdot,\cdot>$ ein Skalarprodukt im R^n mit der zugehörigen Norm $\|x\|=\sqrt{<x,x>}$, $x \in R^n$, und $l: R_+ \to R$ eine stückweise stetige Funktion. Dann genügt die Funktion $f(t,\cdot)$ einer *einseitigen Lipschitz-Bedingung*, wenn gilt

$$<f(t,u)-f(t,v),u-v> \le l(t)\|u-v\|^2 \quad \forall\ t\in\mathbb{R}_+,\ u,v\in D. \tag{1.3.7}$$

Dabei heißt l(t) *einseitige Lipschitz-Konstante* für f(t,·) *auf* $\mathbb{R}_+$. □

Bemerkung 1.3.1. a) Die einseitige Lipschitz-Bedingung (1.3.7) ist eine Abschwächung der klassischen Lipschitz-Bedingung (1.1.3). Ist L(t) eine klassische Lipschitz-Konstante für f(t,·), dann ist trivialerweise L(t) auch eine einseitige Lipschitz-Konstante. Aus der Gültigkeit von

$$\|f(t,u)-f(t,v)\| \le L(t)\|u-v\|$$

folgt nämlich mittels der Schwarzschen Ungleichung

$$<f(t,u)-f(t,v),u-v> \le \|f(t,u)-f(t,v)\|\|u-v\| \le L(t)\|u-v\|^2.$$

b) Im Gegensatz zur klassischen Lipschitz-Konstante L(t) kann die einseitige Lipschitz-Konstante l(t) auch negativ sein. □

Folgendes Theorem zeigt die Bedeutung der einseitigen Lipschitz-Konstante für die Kontraktivität zweier Lösungen von (1.3.1).

Theorem 1.3.4. *Sei* l(t) *einseitige Lipschitz-Konstante für* f(t,·). *Dann gilt für zwei beliebige Lösungen* y(t), v(t) *von* (1.3.1) *die Abschätzung*

$$\|y(t_2)-v(t_2)\| \le \exp\left(\int_{t_1}^{t_2} l(\tau)d\tau\right)\|y(t_1)-v(t_1)\|$$

für alle t_1,t_2 *mit* $t_0 \le t_1 \le t_2 < \infty$.

Beweis. Für die Lösungen y(t) und v(t) liefert (1.3.7)

$$<y'(t)-v'(t),y(t)-v(t)> \le l(t)\|y(t)-v(t)\|^2.$$

Mit der Identität

$$<w'(t),w(t)> = \|w(t)\|\frac{d}{dt}\|w(t)\|$$

folgt

$$\frac{d}{dt}\|y(t)-v(t)\| \le l(t)\|y(t)-v(t)\|.$$

Wir vergleichen die Lösung dieser Differentialungleichung mit der Lösung des Anfangswertproblems

$$w'(t) = l(t)w(t)+\varepsilon \quad \text{mit} \quad \varepsilon > 0$$
$$w(t_1) = \|y(t_1)-v(t_1)\|$$

Die Behauptung ergibt sich nun unter Verwendung von Lemma 1.2.1 in der gleichen Weise wie die von Theorem 1.2.1. ∎

Folgerung 1.3.1. *Gilt für die einseitige Lipschitz-Konstante von* f(t,·) *auf* $\mathbb{R}_+$ $l(t)\le 0$, *dann ist das Differentialgleichungssystem* (1.3.1) *dissipativ und folglich jede Lösung* y(t) *Ljapunov-stabil.*

Gilt $l(t) \le l_0 < 0$ für alle $t \in \mathbb{R}_+$, so ist jede Lösung $y(t)$ exponentiell stabil. □

1.3.3. Die logarithmische Matrixnorm

Zur Bestimmung der Funktion $l(t)$ führen wir das folgende "Maß" einer (n,n)-Matrix A ein (vgl. Lozinski [1958], Dahlquist [1959]).

Definition 1.3.7. Sei $\|\cdot\|$ eine beliebige Vektornorm im $\mathbb{R}^n$. Für jede zugeordnete Matrixnorm $\|\cdot\|$ (gleiches Symbol) heißt der Grenzwert

$$\mu[A] = \lim_{h \to +0} \frac{\|I+hA\| - 1}{h} \qquad (1.3.8)$$

die zugeordnete *logarithmische Norm* der Matrix A. □

Die logarithmische Norm kann auch negative Werte annehmen, sie stellt daher keine Norm im üblichen Sinne dar.

Lemma 1.3.1. *Wird die Norm $\|\cdot\|$ durch ein Skalarprodukt $\langle\cdot,\cdot\rangle$ erzeugt, so gilt*

$$\mu[A] = \max_{x \ne 0} \frac{\langle Ax, x \rangle}{\langle x, x \rangle} \qquad (1.3.9)$$

Beweis. Es ist

$$\|I+hA\| = \max_{x \ne 0} \frac{\|(I+hA)x\|}{\|x\|}$$

$$= 1 + h \cdot \max_{x \ne 0} \frac{\langle Ax, x \rangle}{\langle x, x \rangle} + O(h^2) \quad \text{für } h \to +0.$$

Mit (1.3.8) folgt die Behauptung. ∎

Für eine Skalarproduktnorm ist $\mu[A]$ die kleinste einseitige Lipschitz-Konstante der linearen Funktion $F(x) = Ax$.

Lemma 1.3.2. *Den l_p-Matrixnormen $\|\cdot\|_p$, $p=1,2,\infty$, seien die logarithmischen Normen $\mu_p[\cdot]$ zugeordnet. Für beliebige Matrizen $A = (a_{ij})_{i,j=1}^n$ gilt*

$$\|A\|_1 = \max_{j=1}^n \sum_{i=1}^n |a_{ij}| \quad , \quad \mu_1[A] = \max_{j=1}^n (a_{jj} + \sum_{\substack{i=1 \\ i \ne j}}^n |a_{ij}|)$$

$$\|A\|_\infty = \max_{i=1}^n \sum_{j=1}^n |a_{ij}| \quad , \quad \mu_\infty[A] = \max_{i=1}^n (a_{ii} + \sum_{\substack{j=1 \\ j \ne i}}^n |a_{ij}|)$$

$$\|A\|_2 = \sqrt{\lambda_{max}(A^T A)} \quad , \quad \mu_2[A] = \lambda_{max}[\tfrac{1}{2}(A+A^T)] \quad ,$$

wobei $\lambda_{max}[\cdot]$ den maximalen Eigenwert der Matrix bezeichnet.

Beweis. Die Ausdrücke für μ_1 und μ_∞ ergeben sich unmittelbar aus der Definitionsgleichung (1.3.8) der logarithmischen Matrixnorm. Aus

$$\|I+hA\|_2 = \sqrt{\lambda_{max}[(I+hA)^T(I+hA)]} = \sqrt{\lambda_{max}[I+h(A^T+A)+h^2 A^T A]}$$

$$= 1 + \frac{h}{2} \lambda_{max}(A^T+A) + O(h^2)$$

ergibt sich mit (1.3.8) der Ausdruck für $\mu_2[A]$. ∎

Häufig benutzte Eigenschaften der logarithmischen Matrixnorm sind (vgl. Dekker/Verwer [1984, S.31] und die dortigen Literaturhinweise):

a) $-\|A\| \leq -\mu[-A] \leq Re(\lambda_i[A]) \leq \mu[A] \leq \|A\|$, i=1(1)n

b) $\mu[cA] = c\mu[A]$, $\forall c \geq 0$

c) $\mu[A+cI] = \mu[A]+c$, $\forall c \in \mathbb{R}$

d) $\mu[A+B] \leq \mu[A]+\mu[B]$

e) $\mu[cA+(1-c)B] \leq c\mu[A]+(1-c)\mu[B]$, $\forall c \in [0,1]$

f) $|\mu[A]-\mu[B]| \leq \max(|\mu[A-B]|,|\mu[B-A]|) \leq \|A-B\|$

g) $\|Ax\| \geq \max(-\mu[-A],-\mu[A])\|x\|$, $\forall x \in \mathbb{R}^n$.

Tabelle 1.3.1. Eigenschaften der logarithmischen Matrixnorm $\mu[A]$.

Lemma 1.3.3. (Ström [1975]) *Für die logarithmische Matrixnorm gilt*

$$\mu[A] = \lim_{h \to +0} \frac{\ln\|e^{hA}\|}{h} .$$

Beweis. Aus

$$\ln\|e^{hA}\| = \ln\{\|I+hA\|+O(h^2)\}$$
$$= \ln\{1+[\|I+hA\|-1+O(h^2)]\}$$
$$= \|I+hA\|-1+O(h^2)$$

folgt mit (1.3.8) unmittelbar die Behauptung. ∎

Lemma 1.3.4. *Für jede (n,n)-Matrix A ist*

$$\mu_2[A] \leq \frac{1}{2} (\mu_1[A]+\mu_\infty[A])$$

Beweis. Es gilt

$$\|A\|_2^2 \leq \|A\|_1 \|A\|_\infty$$

Mit Lemma 1.3.3 folgt die Behauptung. ∎

Lemma 1.3.5. *Sei $c \geq 0$, A eine (n,n)-Matrix und $\|\cdot\|$ eine gegebene Vektornorm. Dann gilt in der zugeordneten Matrixnorm und der zugeordneten logarithmischen Norm die Abschätzung*

$$\|(I-cA)^{-1}\| \leq \frac{1}{(1-c\mu[A])} \quad \text{für } c\mu[A]<1.$$

25

Beweis. Sei $x=(I-cA)\xi$ für $\xi \in \mathbb{R}^n$. Dann folgt mit der Eigenschaft g) der logarithmischen Norm

$$\|x\| = \|(I-cA)\xi\| \geq -\mu[(-I+cA)]\|\xi\|, \quad \forall\ \xi \in \mathbb{R}^n.$$

Die Eigenschaften b) und c) implizieren

$$\|x\| \geq (1-c\mu[A])\|\xi\|,$$

und mit $c\mu[A]<1$ ergibt sich

$$\|x\| \geq (1-c\mu[A])\|(I-cA)^{-1}x\|.$$

Daraus folgt mit $x \neq 0$

$$1 \geq (1-c\mu[A])\max_{x \neq 0} \frac{\|(I-cA)^{-1}x\|}{\|x\|} = (1-c\mu[A])\|(I-cA)^{-1}\|. \quad \blacksquare$$

Die zentrale Bedeutung der logarithmischen Matrixnorm liegt im folgenden Theorem (Dahlquist [1959]). Es zeigt, daß sich das Stabilitätsverhalten eines nichtlinearen Differentialgleichungssystems (1.3.1) unter Verwendung der logarithmischen Matrixnorm in einfacher Weise beurteilen läßt.

Theorem 1.3.5. Sei $\|\cdot\|$ eine Norm im $\mathbb{R}^n$ und $l: \mathbb{R}_+ \to \mathbb{R}$ eine stückweise stetige Funktion. Ferner sei $f: \mathbb{R}_+ \times D \to \mathbb{R}^n$ stetig differenzierbar mit beschränkten Ableitungen in $\mathbb{R}_+ \times D$ und

$$\mu[f_y(t,y)] \leq l(t), \quad \text{für } t \geq t_0, y \in D.$$

Dann gilt für zwei Lösungen $y(t)$ und $v(t)$ von (1.3.1) die Abschätzung

$$\|y(t_2)-v(t_2)\| \leq \exp(\int_{t_1}^{t_2} l(\tau)d\tau)\|y(t_1)-v(t_1)\|,$$

für alle t_1, t_2 mit $t_0 \leq t_1 \leq t_2 < \infty$.

Beweis. Aus

$$\|e(t+h)\| = \|y(t+h)-v(t+h)\|$$

ergibt sich durch Taylorentwicklung und Anwendung des Mittelwertsatzes (1.1.4)

$$\|e(t+h)\| = \|y(t)-v(t)+h(f(t,y(t))-f(t,v(t)))\| + O(h^2)$$

$$= \|[I+h\int_0^1 f_y(t,v(t)+\theta(y(t)-v(t)))d\theta](y(t)-v(t))\| + O(h^2).$$

Für fixiertes t erhält man

$$\|e(t+h)\| \leq \sup_{y \in D}\|I+hf_y(t,y)\|\|y(t)-v(t)\| + O(h^2).$$

Damit folgt

$$\lim_{h\to+0} \frac{\|e(t+h)\|-\|e(t)\|}{h} \le \sup_{y\in D} \lim_{h\to+0} \frac{\|I+hf_y(t,y)\|-1}{h} \|e(t)\| + O(h).$$

Der Grenzübergang h→+0 liefert

$$D^+\|e(t)\| \le \sup_{y\in D} \mu[f_y(t,y)]\|e(t)\|.$$

Damit erhalten wir

$$D^+\|e(t)\| \le l(t)\|e(t)\| \quad \text{für } t \ge t_0.$$

Mit Lemmma 1.2.1 ergibt sich die Behauptung (vgl. Beweis von Theorem 1.2.1). ∎

Die Aussage von Theorem 1.3.5 gilt in einer beliebigen Vektornorm. Man kann daher die Norm so wählen, daß l(t) möglichst klein ausfällt, bzw. man kann sie der betrachteten Problemklasse anpassen.

Unter Zugrundelegung einer Skalarproduktnorm besteht zwischen einseitiger Lipschitz-Bedingung (1.3.7) und logarithmischer Matrixnorm (1.3.9) ein enger Zusammenhang. Es gilt folgendes

Theorem 1.3.6. *Die Funktion f(t,y) sei bez. y stetig differenzierbar für alle $(t,y) \in [0,\infty) \times \mathbb{R}^n$, und die Norm sei durch $\langle\cdot,\cdot\rangle$ definiert. Dann sind die Aussagen*

   a) $\mu[f_y(t,y)] \le l(t) \quad \forall\ (t,y) \in \mathbb{R}_+ \times \mathbb{R}^n$

und

   b) $\langle f(t,u)-f(t,v), u-v\rangle \le l(t)\|u-v\|$, $t \in \mathbb{R}_+$, $u,v \in \mathbb{R}^n$

äquivalent.

Beweis. a) ⇒ b): Nach dem Mittelwertsatz (1.1.4) gilt

$$\langle f(t,u)-f(t,v), u-v\rangle = \left\langle \int_0^1 f_y(t,v+\theta(u-v))(u-v)\,d\theta, y-v\right\rangle$$

$$= \int_0^1 \langle f_y(t,v+\theta(u-v))(u-v), u-v\rangle\,d\theta.$$

Mit (1.3.9) folgt

$$\langle f(t,u)-f(t,v), u-v\rangle \le l(t)\|u-v\|^2.$$

b) ⇒ a): Der Mittelwertsatz liefert

$$\lim_{\xi\to 0} \frac{1}{\xi} \langle f(t,v+\xi(u-v))-f(t,v), u-v\rangle = \langle f_y(t,v)(u-v), u-v\rangle.$$

Andererseits folgt mit der Voraussetzung b)

$$\lim_{\xi\to 0} \frac{1}{\xi^2} \langle f(t,v+\xi(u-v))-f(t,v), \xi(u-v)\rangle \le l(t)\|u-v\|^2.$$

Damit gilt

$$\langle f_y(t,v)(u-v), u-v\rangle \le l(t)\|u-v\|^2,$$

und nach (1.3.9) folgt die Behauptung. ∎

1.4. Ein Existenz- und Eindeutigkeitstheorem für steife Systeme

Schon sehr einfache Differentialgleichungen erfüllen oft im Streifen $S:=\{(t,y): t_0 \leq t \leq t_e, y \in \mathbb{R}^n\}$ keine Lipschitz-Bedingung (1.1.3) (z.B. $y'=-y^3$), so daß die Voraussetzungen für das Existenz- und Eindeutigkeitstheorem 1.1.4 ziemlich einschneidend sind. Andererseits erfüllen diese Differentialgleichungen häufig im Streifen S eine einseitige Lipschitz-Bedingung (1.3.7) mit einer (einheitlichen) einseitigen Lipschitz-Konstanten l_0, (z.B. ist $l_0=0$ für $y'=-y^3$ eine einseitige Lipschitz-Konstante). Steife Differentialgleichungssysteme (vgl. Kapitel 3) sind oft durch eine einseitige Lipschitz-Bedingung charakterisiert. Die folgenden Untersuchungen stellen eine Verallgemeinerung des Existenz- und Eindeutigkeitstheorems 1.1.4 für Funktionen f(y) dar, die einer einseitigen Lipschitz-Bedingung genügen.

Wir betrachten ein Anfangswertproblem in der autonomen Form

$$y'(t) = f(y(t)) \quad , \quad f: \mathbb{R}^n \to \mathbb{R}^n$$
$$y(t_0) = y_0.$$
(1.4.1)

Theorem 1.4.1. *Die Funktion* $f \in C(\mathbb{R}^n, \mathbb{R}^n)$ *genüge einer einseitigen Lipschitz-Bedingung*

$$\langle f(y)-f(v), y-v \rangle \leq l_0 \|y-v\|^2 \quad , \quad \forall\, y, v \in \mathbb{R}^n.$$

Dann besitzt das Anfangswertproblem (1.4.1) *auf jedem Intervall* $I:=[t_0, t_e]$ *genau eine stetig differenzierbare Lösung* $y(t)$.

Beweis. Wir zeigen zuerst die Eindeutigkeit. Angenommen es existieren zwei Lösungen $y(t)$ und $v(t)$ von (1.4.1) auf I. Nach Theorem 1.3.4 folgt dann

$$\|y(t)-v(t)\| \leq \exp(l_0(t-t_0))\|y(t_0)-v(t_0)\| \quad \forall\, t > t_0.$$

Mit $y(t_0)=v(t_0)$ ergibt sich daraus die Behauptung.

Zum Nachweis der Existenz einer Lösung auf dem Intervall I bemerken wir zunächst, daß nach dem Existenzsatz von Peano (Theorem 1.1.1) für (1.4.1) eine Lösung $y(t)$ auf dem Intervall $I_\delta:=[t_0, t_0+\delta]$ mit $\delta=b/M$, $M:=\sup\{\|f(y)\|: \|y-y_0\| \leq b\}$ existiert. Nach dem eben bewiesenen Teil gilt auf I_δ die Eindeutigkeitsaussage. Sei nun

$$b_1 = 2\max(M,b) \cdot \max(1, t_e-t_0, (t_e-t_0)\exp(l_0(t_e-t_0)))$$

und

$$\delta_1 = b/M_1 \quad \text{mit} \quad M_1 := \max\{\|f(y)\|: \|y-y_0\| \leq b_1\}.$$

Theorem 1.4.1 ist vollständig bewiesen, wenn mit dem Satz von Peano gezeigt werden kann, daß die Lösung y(t) auf I_δ sich sukzessiv mit Schrittweiten δ_1 auf das gesamte Intervall I fortsetzen läßt.

Mittels vollständiger Induktion zeigen wir die Abschätzung

$$\|y(t_m)-y_0\| \leq \delta_1 M \sum_{i=0}^{m-1} \exp(i\delta_1 l_0) \leq b_1/2 \qquad (1.4.2)$$

mit $t_m = t_0 + m\delta_1$, $m=1,2,\ldots$. Nach dem Satz von Peano folgt nun jeweils für m mit

$$\|y(t_m)-y\| \leq b, \quad M^* = \max\{\|f(y)\|: \|y-y(t_m)\| \leq b\}$$

die Existenz von y(t) auf $[t_m, t_m+\delta^*]$ mit $\delta^* = b/M^*$. Aus (1.4.2) ergibt sich wegen $b \leq b_1/2$

$$M^* \leq M_1.$$

Die Lösung ist folglich bis zum Punkt $t_m + \delta_1$, $m=0,1,\ldots$ fortsetzbar.

Es bleibt noch die Gültigkeit von (1.4.2) nachzuweisen. Für m=1 ist wegen $\delta_1 \leq \delta$

$$\|y(t_1)-y_0\| \leq \delta_1 M \leq b_1/2. \qquad (1.4.3)$$

Wir betrachten nun zusätzlich die Lösung

$$w(t) := y(t-\delta_1) \quad \text{für } t \geq t_0 + \delta_1 .$$

Nach Theorem 1.3.4 gilt dann

$$\|y(t_m)-y(t_{m-1})\| = \|y(t_m)-w(t_m)\|$$
$$\leq \exp(\delta_1 l_0) \|y(t_{m-1})-w(t_{m-1})\|$$
$$= \exp(\delta_1 l_0) \|y(t_{m-1})-y(t_{m-2})\|.$$

Wiederholte Anwendung von Theorem 1.3.4 liefert mit (1.4.3)

$$\|y(t_m)-y(t_{m-1})\| \leq \delta_1 M \exp(\delta_1 l_0 (m-1)).$$

Aus

$$\|y(t_m)-y_0\| \leq \|y(t_m)-y(t_{m-1})\| + \|y(t_{m-1})-y_0\|$$

ergibt sich dann mit der Induktionsvoraussetzung (d.h., die Aussage (1.4.2) gilt bis m-1)

$$\|y(t_m)-y_0\| \leq \delta_1 M \sum_{i=0}^{m-1} \exp(i\delta_1 l_0) \leq b_1/2.$$

Damit ist das Theorem vollständig bewiesen. ■

Kapitel 2

Runge-Kutta-Methoden

Dieses Kapitel gibt eine Übersicht über Runge-Kutta-Methoden und ihre Stabilitätseigenschaften, die für das Verständnis der nachfolgenden Kapitel erforderlich ist. Auf Fragen der Implementierung impliziter RK-Methoden sowie der Schrittweitensteuerung wird eingegangen. Für die Beweise zahlreicher klassischer Resultate verweisen wir auf die angegebene Literatur, während eine Reihe neuerer Ergebnisse bewiesen wird.

2.1. Einführung

Im folgenden setzen wir stets voraus, daß das Anfangswertproblem (1.1.1) auf einem kompakten Intervall $I:=[t_0,t_e]\subset\mathbb{R}$ eine eindeutig bestimmte Lösung besitzt.

Auf einem Punktgitter
$$I_h := \{t_0, t_1, t_2, \ldots, t_N\}$$
mit $t_0 < t_1 < \ldots < t_N = t_e$ und den Schrittweiten $h_m := t_{m+1} - t_m$, $m = 0(1)N-1$, wird eine Gitterfunktion $u_h: I_h \to \mathbb{R}^n$ gesucht. Ist h_m von m unabhängig ($h_m = h$), so heißt das Gitter *äquidistant*. Bei einem nichtäquidistanten Gitter wird immer $t_N = t_e$ vorausgesetzt (was durch Hinzufügen eines weiteren Punktes stets erreicht werden kann), bei einem äquidistanten Gitter wird zur gegebenen Schrittweite $h>0$ mit N die größte positive ganze Zahl bezeichnet, für die $t_0 + Nh \leq t_e$ gilt.

Zur Vereinfachung der Darstellung verwenden wir künftig die Abkürzung $u_m = u_h(t_m)$ und verzichten auf den Index bei der Schrittweite h, so daß im folgenden h die jeweils im Diskretisierungsintervall $[t_m, t_{m+1}]$ verwendete Schrittweite bezeichnet.

Definition 2.1.1. Eine *Einschrittmethode* zur Bestimmung einer Näherungslösung u_h auf I_h hat die Gestalt (vgl. Henrici [1962])

$$u_0 = y_0$$
$$u_{m+1} = u_m + h\Phi(t_m, u_m, h), \quad m = 0(1)N-1. \tag{2.1.1}$$

Dabei heißt $\Phi := \Phi(t,y,h)$ *Verfahrensfunktion* (Inkrementfunktion) der Einschrittmethode. □

Die Darstellung (2.1.1) ist nur formal explizit und umfaßt auch implizite Methoden.

Eine Einschrittmethode ermittelt u_{m+1} gemäß der Vorschrift (2.1.1) aus einem vorangegangenen Näherungsvektor u_m. Sie stellt somit eine Differenzengleichung 1. Ordnung dar.

Im weiteren setzen wir voraus, daß die Abbildung Φ in (2.1.1) für $S=\{(t,y): t_0 \leq t \leq t_e, y \in \mathbb{R}^n\}$ jeder Funktion $f \in Lip(S):=\{f: f \in C(S), f$ Lipschitz-stetig in $S\}$ und jeder hinreichend kleinen Schrittweite $h>0$ eine Funktion $\Phi \in Lip(S)$ zuordnet.

Für die qualitative Beurteilung von Einschrittmethoden spielt der lokale Diskretisierungsfehler eine zentrale Rolle.

Definition 2.1.2. Sei $\hat{u}_{m+1}$ das Resultat eines Schrittes von (2.1.1) mit dem Startvektor auf der exakten Lösungskurve, d.h.

$$\hat{u}_{m+1} = y(t_m) + h\Phi(t_m, y(t_m), h). \qquad (2.1.2)$$

Dann heißt

$$le_{m+1} := le(t_m + h) = y(t_{m+1}) - \hat{u}_{m+1} \qquad (2.1.3)$$

lokaler Diskretisierungsfehler der Einschrittmethode an der Stelle $t_m + h$. ◻

Aus (2.1.2) ergibt sich mit (2.1.3)

$$\frac{y(t+h)-y(t)}{h} - \frac{le(t+h)}{h} = \Phi(t, y(t), h) \text{ für } t \in I_h' := I_h \setminus \{t_N\} \qquad (2.1.4)$$

Soll die Approximation $u_h(t+h)$ der Einschrittmethode brauchbar sein, so wird man

$$\max_{t \in I_h'} \frac{\|le(t+h)\|}{h} \to 0 \quad \text{für } h_{max} = \max_{i=0}^{N-1} h_i \to 0 \qquad (2.1.5)$$

verlangen. Aufgrund von (2.1.4) ist die Bedingung (2.1.5) äquivalent zu

$$\max_{t \in I} \|f(t, y(t)) - \Phi(t, y(t), h)\| \to 0 \quad \text{für } h_{max} \to 0. \qquad (2.1.6)$$

Damit ergibt sich folgende

Definition 2.1.3. Sei $y(t)$ die Lösung des Anfangswertproblems (1.1.1) auf $[t_0, t_e]$. Dann heißt eine Einschrittmethode *konsistent* (mit dem Anfangswertproblem), wenn für jede Funktion $f \in Lip(S)$ die Beziehung (2.1.5) bzw. (2.1.6) gilt. ◻

Die (lokale) Genauigkeit einer Einschrittmethode wird unter Verwendung des Begriffs der Konsistenzordnung beschrieben.

Definition 2.1.4. Eine Einschrittmethode (2.1.1) besitzt die *Konsistenzordnung* p, wenn p die größte positive ganze Zahl ist, so daß für jede genügend oft differenzierbare Lösung y(t) von (1.1.1) gilt

$$\max_{t \in I_h'} \| e(t+h) \| \le C \cdot h^{p+1} \quad \text{für alle } h \in (0, H], \tag{2.1.7}$$

mit einer von h unabhängigen Konstanten C. □

Die Konstante C ist von Schranken für Ableitungen der Funktion y(t) und von Schranken für die partiellen Ableitungen der Funktion f abhängig. D.h., C hängt insbesondere von der Lipschitz-Konstante L ab.

Voraussetzung für die Konsistenzordnung p einer Einschrittmethode ist, daß y(t) mindestens (p+1)-mal stetig differenzierbar in $[t_0, t_e]$ ist. Zur Demonstration betrachten wir folgendes

Beispiel 2.1.1. Gegeben sei die Einschrittmethode

$$u_0 = y_0$$
$$u_{m+1} = u_m + h[(1 - \frac{1}{2c_2}) f(t_m, u_m) + \frac{1}{2c_2} f(t_m + c_2 h, u_{m+1}^{(2)})] , \quad c_2 \ne 0,$$

mit

$$u_{m+1}^{(2)} = u_m + h c_2 f(t_m, u_m).$$

Der Einfachheit halber sei (1.1.1) eine skalare Differentialgleichung, d.h. n=1. Wir erhalten

$$\hat{u}_{m+1} = y(t_m) + h[(1 - \frac{1}{2c_2}) y'(t_m) + \frac{1}{2c_2} f(t_m + c_2 h, y(t_m) + c_2 h y'(t_m))],$$

und eine Taylorentwicklung an der Stelle $(t_m, y(t_m))$ liefert

$$\hat{u}_{m+1} = y(t_m) + h y'(t_m) + \frac{1}{2} h^2 y''(t_m) + h^3 R(\theta h) \quad \text{mit } 0 < \theta < 1,$$

wobei zur Abkürzung

$$R(\theta h) = \frac{1}{4} c_2 \{ f_{tt}(t_m + \theta c_2 h, y(t_m) + \theta c_2 h y_m') + 2 f_{ty}(\cdot, \cdot) y_m' + f_{yy}(\cdot, \cdot) y_m'^2 \}$$

mit $y_m' := y'(t_m)$ gesetzt wurde. Mit

$$y(t_m + h) = y(t_m) + h y'(t_m) + \frac{1}{2} h^2 y''(t_m) + \frac{1}{6} h^3 y'''(t_m + \theta_1 h) , \quad 0 < \theta_1 < 1,$$

folgt dann für den lokalen Fehler

$$|e_{m+1}| \le C h^3 ,$$

wobei die von h unabhängige Konstante C durch

$$C = \frac{1}{6} \max_{\theta \in [0,1]} \| y'''(t_m + \theta H) \| + \max_{\theta \in [0,1]} \| R(\theta H) \|$$

gegeben ist, d.h., die Einschrittmethode hat die Konsistenzordnung p=2. □

Bemerkung 2.1.1. Der Fehler $\|e(t+h)\|/h$ für $t \in I_h'$ heißt "*local error per unit step*". □

Wir kommen nun zur Definition der Begriffe Konvergenz und Konvergenzordnung einer Einschrittmethode und wollen zeigen, von welchen Bedingungen die Konvergenzordnung abhängt. Konvergenz bedeutet, daß die Einschrittmethode für feiner werdende Diskretisierungen die analytische Lösung $y(t)$ beliebig genau approximiert (in exakter Arithmetik).

Definition 2.1.5. Eine Einschrittmethode (2.1.1) heißt konvergent für die Anfangswertaufgabe (1.1.1) auf dem Intervall $I = [t_0, t_e]$, wenn für jede Folge von Gittern I_h mit $h_{max} \to 0$ für den *globalen Diskretisierungsfehler* $e(t,h) = y(t) - u_h(t)$ die Beziehung

$$\max_{t \in I_h} \|e(t,h)\| \to 0 \quad \text{für } h_{max} \to 0$$

gilt.
Die Einschrittmethode besitzt die Konvergenzordnung p^*, wenn p^* die größte positive ganze Zahl ist, so daß für alle Schrittweiten mit $h_{max} \in [0, H]$ gilt

$$\max_{t \in I_h} \|e(t,h)\| \leq C (h_{max})^{p^*},$$

wobei die Konstante C unabhängig von h_{max} ist. □

Das folgende Theorem gibt eine Abschätzung des globalen Diskretisierungsfehlers und zeigt den Zusammenhang zwischen Konsistenz- und Konvergenzordnung einer Einschrittmethode.

Theorem 2.1.1. *Es sei $y(t)$ die exakte Lösung der Anfangswertaufgabe (1.1.1) und $f \in \text{Lip}(S)$. Ferner gelte für den lokalen Fehler die Abschätzung*

$$\|le(t+h)\| \leq Ch^{p+1} \text{ für } t \in I_h, \text{ und } h_{max} \in (0, H]. \tag{2.1.8}$$

Dann läßt sich der globale Diskretisierungsfehler $e(t,h)$ durch

$$\|e(t,h)\| \leq \frac{C}{L} [\exp(L(t-t_0)) - 1] h_{max}^p, \quad t \in I_h,$$

abschätzen.

Beweis. Der Einfachheit halber legen wir ein äquidistantes Punktgitter $I_h := \{t_m = t_0 + mh, \ m = 0(1)N, \ h = (t_e - t_0)/N\}$ zugrunde. Wir betrachten die m Anfangswertprobleme

$$y'(t) = f(t,y),$$

$$y(t_k) = u_k, \quad t_k = t_0 + kh, \quad k = 0(1)m-1, \quad u_0 = y_0,$$

(vgl. Abbildung 2.1.1) mit den Lösungen $y(t) = y(t; t_k, u_k)$ für $t \geq t_k$. Den globalen Diskretisierungsfehler $e(t,h)$, $t := t_m$ (fest) zerlegen wir in die m Terme

$$e(t,h) = (y(t)-y(t;t_1,u_1))+(y(t;t_1,u_1)-y(t;t_2,u_2))+\cdots$$
$$+(y(t;t_{m-1},u_{m-1})-u_m).$$

Geht man zur Norm über, so erhält man bei wiederholter Anwendung der Dreiecksungleichung und von Theorem 1.2.1

$$\|e(t,h)\| \leq \exp(L(t-t_1))\|y(t_1)-u_1\|+\exp(L(t-t_2))\|y(t_2;t_1,u_1)-u_2\|+\cdots$$
$$+\|y(t;t_{m-1},u_{m-1})-u_m\|$$

$$\leq C \cdot [1+\exp(Lh)+\exp(2hL)+\cdots+\exp((m-1)hL)]h^{p+1}$$

$$= C \, \frac{\exp(L(t-t_0))-1}{\exp(Lh)-1} \, h^{p+1}$$

$$= \frac{C}{L} [\exp(L(t-t_0))-1]\left(\frac{\exp(Lh)-1}{hL}\right)^{-1} h^p.$$

Für $x \geq 0$ ist die Funktion $(\exp(x)-1)/x$ monoton wachsend und ≥ 1. Damit ergibt sich die Behauptung. ∎

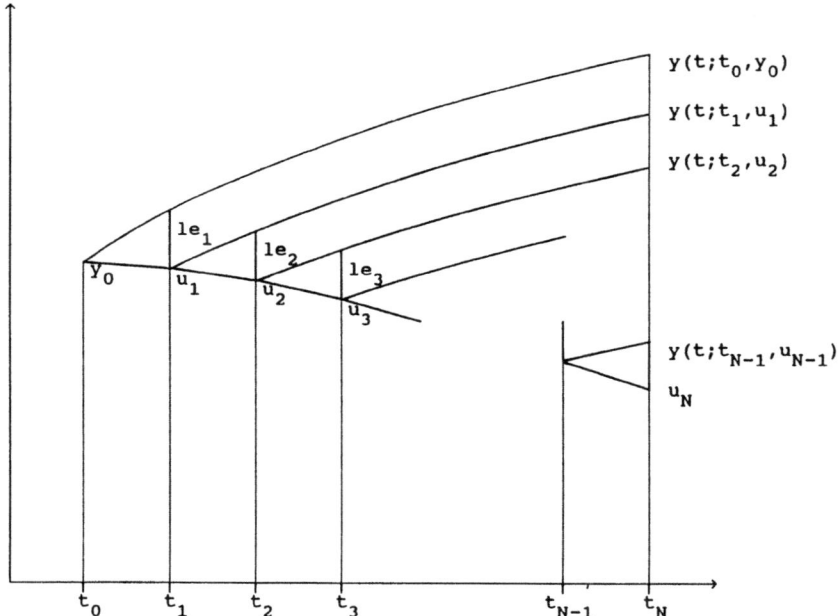

Abbildung 2.1.1. Analytische Lösungen, die von Punkten der approximierten Trajektorie ausgehen.

Aus Theorem 2.1.1 ergibt sich die

Folgerung 2.1.1. *Genügt der lokale Diskretisierungsfehler der Abschätzung (2.1.8), so besitzt eine Einschrittmethode die Konvergenzordnung p für jede Funktion f∈Lip(S).* □

2.2. Struktur der Runge-Kutta-Methoden

Die Geburtsstunde der Runge-Kutta-Methoden liegt um die Jahrhundertwende, als Runge [1895], Heun [1900] und Kutta [1901] die Inkrementfunktion Φ einer Einschrittmethode (2.1.1) als Ansatz von Linearkombinationen von Werten der Funktion f(t,y) in diskreten Punkten wählten. Eine allgemeine Theorie der Runge-Kutta-Methoden, die auf Butcher zurückgeht, entstand Mitte der 60-er Jahre.

Definition 2.2.1. Sei s∈ℕ. Eine Einschrittmethode

$$u_{m+1}^{(i)} = u_m + h \sum_{j=1}^{s} a_{ij} f(t_m + c_j h, u_{m+1}^{(j)}), \quad i=1(1)s$$

$$u_{m+1} = u_m + h \sum_{i=1}^{s} b_i f(t_m + c_i h, u_{m+1}^{(i)})$$

(2.2.1)

heißt *s-stufige Runge-Kutta-Methode* (s-stufige RK-Methode). Dabei sind a_{ij}, c_i, b_i, i,j=1(1)s, geeignet gewählte reelle Zahlen, die die Methode vollständig festlegen. □

Eine äquivalente Formulierung einer s-stufigen RK-Methode ist gegeben durch

$$k_i = f(t_m + c_i h, u_m + h \sum_{j=1}^{s} a_{ij} k_j)$$

$$u_{m+1} = u_m + h \sum_{i=1}^{s} b_i k_i \ .$$

(2.2.1')

Die Darstellung (2.2.1) basiert auf den Stufenwerten $u_{m+1}^{(i)}$, die Darstellung (2.2.1') auf den Steigungswerten k_i.

Eine s-stufige RK-Methode wird gewöhnlich durch das von Butcher [1964a] eingeführte Parameterschema ("*Butcher-Schema*")

$$
\begin{array}{c|ccc}
c_1 & a_{11} & \cdots & a_{1s} \\
c_2 & a_{21} & \cdots & a_{2s} \\
\vdots & & & \vdots \\
c_s & a_{s1} & \cdots & a_{ss} \\
\hline
 & b_1 & \cdots & b_s
\end{array}
\quad = \quad
\begin{array}{c|c}
c & A \\
\hline
 & b^T
\end{array}
$$

charakterisiert. Dabei ist s die Stufenzahl, $c=(c_1,\cdots,c_s)^T$ der Knotenvektor (Stützstellenvektor), $A=(a_{ij})_{i,j=1}^s$ die Verfahrensmatrix und $b=(b_1\cdots,b_s)^T$ der Wichtungsvektor.

Die Werte c_i werden i.allg. durch die Forderung

$$c_i = \sum_{j=1}^s a_{ij}, \quad i=1(1)s \qquad (2.2.2)$$

festgelegt. Die Parameter a_{ij}, b_i werden dann so bestimmt, daß die s-stufige RK-Methode eine möglichst hohe Konsistenzordnung p aufweist.

Bemerkung 2.2.1. Die Bedingung (2.2.2) folgt aus der Forderung, daß $\hat{u}_{m+1}^{(i)}$ eine Approximation von mindestens 1. Ordnung an den Zwischenwert $y(t_m+c_i h)$ ist, d.h., für den lokalen Fehler der i-ten Stufe gilt

$$le_{m+1}^{(i)} = y(t_m+c_i h) - \hat{u}_{m+1}^{(i)} = O(h^2) \text{ für } h \rightarrow 0, \quad i=1(1)s.$$

Überführt man das Differentialgleichungssystem (1.1.1) in die autonome Form (1.1.1') und wendet (2.2.1) darauf an, so erhält man für die (n+1)-te Komponente einer konsistenten RK-Methode

$$\hat{u}_{m+1,n+1}^{(i)} = y_{m,n+1} + h\sum_{j=1}^s a_{ij} = t_m + c_i h,$$

d.h., die Bedingungen (2.2.2) sind erfüllt. □

Die Bedingungen (2.2.2) gelten für alle praktisch verwendeten RK-Methoden (vgl. jedoch Oliver [1975]). Sie vereinfachen die Herleitung der Konsistenzbedingungen für Methoden hoher Ordnung.

Oft ist es zweckmäßig, das s-stufige RK-Verfahren (2.2.1) mit Hilfe des Kronecker-Produktes (direktes Produkt) in einer kompakten Form darzustellen, die die Verfahrensmatrix A direkt enthält.

Definition 2.2.2. Sei $Q=(q_{ij})\in\mathbb{R}^{r\times s}$ und $M=(m_{ij})\in\mathbb{R}^{k\times n}$. Dann ist das Kronecker-Produkt von Q und M (in Zeichen Q⊗M) durch die Blockmatrix

$$Q\otimes M = \begin{pmatrix} q_{11}M \cdots q_{1s}M \\ \vdots \qquad \vdots \\ q_{r1}M \cdots q_{rs}M \end{pmatrix} \in \mathbb{R}^{rk\times ns}$$

definiert. □

Führt man die Vektoren

$$U_m := (u_{m+1}^{(1)}, \cdots, u_{m+1}^{(s)})^T \in \mathbb{R}^{ns}$$

und

$$F(t_m, U_m) := (f(t_m+c_1 h, u_{m+1}^{(1)}), \cdots, f(t_m+c_s h, u_{m+1}^{(s)}))^T \in \mathbb{R}^{ns}$$

ein, so ergibt sich für die RK-Methode (2.2.1) die kompakte Darstellung

$$U_m = e \otimes u_m + h(A \otimes I_n) F(t_m, U_m) \qquad (2.2.3a)$$

$$u_{m+1} = u_m + h(b^T \otimes I_n) F(t_m, U_m) \qquad (2.2.3b)$$

mit $e=(1,\cdots,1)^T \in \mathbb{R}^s$, wobei I_n die n-reihige Einheitsmatrix bezeichnet. Falls A^{-1} existiert, so erhält man mit (2.2.3a) für u_{m+1} die Darstellung

$$u_{m+1} = u_m + (b^T A^{-1} \otimes I_n)(U_m - e \otimes u_m). \qquad (2.2.3b')$$

Gilt in einer RK-Methode $a_{ij}=0$ für $i \leq j$, so heißt die RK-Methode *explizit*, der Vektor $u_{m+1}^{(i)}$ kann explizit aus $u_{m+1}^{(1)}, \ldots, u_{m+1}^{(i-1)}$ berechnet werden. Ist $a_{ij}=0$ für $i<j$, so heißt die RK-Methode *semi-implizit (diagonal-implizit)*. Sind zusätzlich alle Diagonalelemente a_{ii} untereinander gleich ($a_{ii}=\gamma \neq 0$) für $i=1(1)s$, so spricht man von *einfach diagonal-impliziten RK-Methoden*. In allen anderen Fällen heißt die RK-Methode *implizit*. Besitzt die Verfahrensmatrix A einen s-fachen reellen Eigenwert, so spricht man von einer *einfach impliziten s-stufigen RK-Methode*. Diese RK-Methoden unterscheiden sich hinsichtlich ihrer Stabilitätseigenschaften (vgl. Abschnitt 2.7) und des erforderlichen Rechenaufwandes pro Integrationsschritt (vgl. Abschnitt 2.8).

Bemerkung 2.2.2. Wendet man eine s-stufige RK-Methode auf ein Anfangswertproblem an, dessen rechte Seite unabhängig von y ist, d.h. $y'=f(t)$, $y(t_0)=y_0$, so stellt (2.2.1) ein Quadraturverfahren dar, das durch das Paar $\{c,b\}$ eindeutig festgelegt ist. Besitzt die RK-Methode die Konsistenzordnung p, so ist die Ordnung des zugehörigen Quadraturverfahrens mindestens p, d.h., das Quadraturverfahren hat den *Exaktheitsgrad* p-1. Polynome bis zum Grade p-1 werden exakt integriert. □

2.3. Zur Konsistenzordnung von Runge-Kutta-Methoden

Die Konsistenzordnung einer s-stufigen RK-Methode kann aus der Taylorentwicklung des lokalen Diskretisierungsfehlers le_{m+1} bestimmt werden. Dies führt jedoch bald zu unübersichtlichen Formeln. Die algebraische Theorie der RK-Methoden, die auf Butcher [1963], [1965], [1972] zurückgeht (vgl. auch Hairer/Wanner [1974]), verwendet den graphentheoretischen Begriff der "Wurzel-Bäume", der eine elegante Herleitung der Ordnungsbedingungen für die Parameter a_{ij}, b_i, c_i der RK-Methoden ermöglicht. Diese Theorie liegt jedoch außerhalb unserer Betrachtungen, sie wird in Butcher [1987], Hairer/Nørsett/Wanner [1987] umfassend dargestellt.

Bezeichnet n_r die Anzahl der Bedingungsgleichungen im Taylorabgleich von $\hat{u}_{m+1}$ bez. h^r, $1 \leq r \leq p$, d.h. die Anzahl der Wurzel-Bäume der

Ordnung r, und N_p die Anzahl der Bedingungsgleichungen für die Konsistenzordnung p (d.h. $N_p = \sum_{r=1}^{p} n_r$), so ergibt sich die folgende Tabelle (vgl. Verner [1979]):

p	1	2	3	4	5	6	7	8	9	10
n_p	1	1	2	4	9	20	48	115	286	719
N_p	1	2	4	8	17	37	85	200	486	1205

Tabelle 2.3.1. Anzahl der Bedingungsgleichungen für eine RK-Methode der Ordnung p.

Will man eine RK-Methode der Ordnung p konstruieren, so hat man ein System von N_p (i.allg. nichtlinearen) Bedingungsgleichungen für die Parameter a_{ij}, b_i zu lösen. Eine s-stufige implizite RK-Methode besitzt s(s+1) freie Parameter. Butcher [1964b] zeigt, daß es genau eine s-stufige RK-Methode der Ordnung p=2s gibt (vgl. Abschnitt 2.5.2). Für eine s-stufige explizite RK-Methode mit s(s+1)/2 freien Parametern a_{ij}, b_i (vgl. Abschnitt 2.4) ist die Frage nach der maximalen Konsistenzordnung wesentlich schwieriger zu beantworten. Von Butcher [1964b], [1965], [1985] sind nachstehende Ergebnisse bewiesen worden:

p	1	2	3	4	5	6	7	8	>8
minimale Stufenzahl	1	2	3	4	6	7	9	11	>p+2

Tabelle 2.3.2. Minimale Stufenzahl expliziter RK-Methoden.

Man erkennt, daß sich mit wachsender Ordnung das Verhältnis von erreichbarer Ordnung p zur Anzahl der Stufen s verschlechtert.

Einfach diagonal-implizite RK-Methoden (vgl. Abschnitt 2.5.5), die von Nørsett [1974] untersucht wurden (vgl. auch Alexander [1977], Nørsett/Thomsen [1986]), sowie die von Burrage [1978] eingeführte Klasse der einfach impliziten RK-Methoden (vgl. Abschnitt 2.5.6) besitzen höchstens die Ordnung p=s+1.

In der nachfolgenden Tabelle geben wir für s-stufige RK-Methoden die Bedingungsgleichungen bis zur Ordnung p=4 und das zu jeder Bedingungsgleichung zugehörige *elementare Differential* an. Dabei wurde wie üblich das Differentialgleichungssystem in der autonomen Form (1.1.1') zugrundegelegt. Weiterhin bezeichnet $f^{(1)}$ die l-te Ableitung von f und $\sum$ steht entsprechend für $\sum_{i=1}^{s}$, $\sum_{i=1}^{s}\sum_{j=1}^{s}$ oder $\sum_{i=1}^{s}\sum_{j=1}^{s}\sum_{k=1}^{s}$.

Nr.	Ordnung	elementares Differential	Ordnungsbedingung
1	1	f	$\sum b_i = 1$
2	2	$f'f$	$\sum b_i c_i = \frac{1}{2}$
3	3	$f''ff$	$\sum b_i c_i^2 = \frac{1}{3}$
4	3	$f'f'f$	$\sum b_i a_{ij} c_j = \frac{1}{6}$
5	4	$f'''fff$	$\sum b_i c_i^3 = \frac{1}{4}$
6	4	$f''f'ff$	$\sum b_i c_i a_{ij} c_j = \frac{1}{8}$
7	4	$f'f''ff$	$\sum b_i a_{ij} c_j^2 = \frac{1}{12}$
8	4	$f'f'f'f$	$\sum b_i a_{ij} a_{jk} c_k = \frac{1}{24}$

Tabelle 2.3.3. Elementare Differentiale und Konsistenzbedingungen für RK-Methoden.

2.4. Explizite Runge-Kutta-Methoden

In diesem Abschnitt wollen wir einige gebräuchliche RK-Methoden sowie eingebettete RK-Methoden vorstellen.

2.4.1. Beispiele

Beispiel 2.4.1. Einstufige RK-Methode.
Die *Euler-Methode* (Euler (1768)), charakterisiert durch das Parameterschema

$$\begin{array}{c|c} 0 & \\ \hline & 1 \end{array},$$

ist die einzige einstufige explizite RK-Methode mit p=1. Sie ist gleichzeitig das wesentliche analytische Hilfsmittel für das Existenztheorem für nichtsteife Differentialgleichungssysteme (Theorem 1.1.1). □

Beispiel 2.4.2. Zweistufige RK-Methoden mit p=2.
Diese Klasse von Methoden ist durch das Parameterschema

$$\begin{array}{c|cc} 0 & & \\ c_2 & c_2 & \\ \hline & 1-\frac{1}{2c_2} & \frac{1}{2c_2} \end{array} \quad \text{mit } c_2 \neq 0$$

charakterisiert. Für $c_2=1/2$ erhält man die Methode von Runge (1895), für $c_2=1$ die Methode von Heun (1900). □

Beispiel 2.4.3. Dreistufige RK-Methoden mit p=3.
Man unterscheidet drei verschiedene Klassen von Formeln, die durch folgende Parameterschemata charakterisiert sind:

$$
\begin{array}{c|ccc}
0 & & & \\
\frac{2}{3} & \frac{2}{3} & & \\
0 & -\frac{1}{4b_3} & \frac{1}{4b_3} & \\
\hline
& \frac{1}{4}-b_3 & \frac{3}{4} & b_3
\end{array}
\qquad
\begin{array}{c|ccc}
0 & & & \\
\frac{2}{3} & \frac{2}{3} & & \\
\frac{2}{3} & \frac{2}{3}-\frac{1}{4b_3} & \frac{1}{4b_3} & \\
\hline
& \frac{1}{4} & \frac{3}{4}-b_3 & b_3
\end{array}
\quad \text{mit } b_3 \neq 0
$$

$$
\begin{array}{c|ccc}
0 & & & \\
c_2 & c_2 & & \\
c_3 & c_3-a_{32} & a_{32} & \\
\hline
& 1-b_2-b_3 & b_2 & b_3
\end{array}
\qquad
a_{32} = \frac{c_3(c_3-c_2)}{c_2(2-3c_2)}
$$

$$
b_2 = \frac{3c_3-2}{6c_2(c_3-c_2)}, \quad b_3 = \frac{2-3c_2}{6c_3(c_3-c_2)}
$$

wobei c_2 und c_3 freie Parameter sind mit $c_2 c_3 (c_2-2/3)(c_3-c_2) \neq 0$ (vgl. Butcher [1987]). Die zweite Klasse enthält die Methode von *Nyström* ($b_3=3/8$) und die dritte die Methode von *Heun* ($c_2=1/3$, $c_3=2/3$), sowie die Methode von *Kutta* ($c_2=1/2$, $c_3=1$), die für $f(t,y)=f(t)$ in die *Simpson*-Regel übergeht. □

Beispiel 2.4.4. Vierstufige RK-Methoden mit p=4.
Explizite RK-Methoden mit s=p=4 lassen sich mit der Festlegung

$$\sum_i b_i a_{ij} = b_j(1-c_j) \quad \text{für } j=1,2,3,4 \tag{2.4.1}$$

leicht aus den allgemeinen Konsistenzbedingungen (vgl. Tabelle 2.3.3) herleiten. In Butcher [1987], Hairer/Nørsett/Wanner [1987] wird gezeigt, daß im Falle s=4 die Bedingungen (2.4.1) auch notwendig sind (die Ordnungsbedingungen 1 bis 8 aus Tabelle 2.3.3 sowie die Bedingungen (2.2.2) implizieren (2.4.1)).

Mit (2.4.1) und den Bedingungen 2,3,5 und 6 aus Tabelle 2.3.3 sind bereits die Bedingungsgleichungen 4,7 und 8 erfüllt:

$$\sum_{i,j} b_i a_{ij} c_j = \sum_j b_j(1-c_j)c_j = \frac{1}{2} - \frac{1}{3} = \frac{1}{6}$$

$$\sum_{i,j} b_i a_{ij} c_j^2 = \sum_j b_j(1-c_j)c_j^2 = \frac{1}{3} - \frac{1}{4} = \frac{1}{12}$$

$$\sum_{i,j,k} b_i a_{ij} a_{jk} c_k = b_4 a_{43} a_{32} c_2 = \sum_{j,k} b_j (1-c_j) a_{jk} c_k = \frac{1}{6} - \frac{1}{8} = \frac{1}{24}. \quad (2.4.2)$$

Unter der Voraussetzung (2.2.2) ergeben sich damit die folgenden Bedingungsgleichungen

$$\sum_{i=1}^{4} b_i c_i^{l-1} = \frac{1}{l} \quad \text{für } l=1(1)4 \quad (2.4.3a)$$

$$b_3 c_3 a_{32} c_2 + b_4 c_4 (a_{42} c_2 + a_{43} c_3) = \frac{1}{8} \quad (2.4.3b)$$

$$b_3 a_{32} + b_4 a_{42} = b_2 (1-c_2) \quad (2.4.3c)$$

$$b_4 a_{43} = b_3 (1-c_3) \quad (2.4.3d)$$

$$0 = b_4 (1-c_4). \quad (2.4.3e)$$

Nach (2.4.2) ist $b_4 \neq 0$, so daß (2.4.3e) $c_4=1$ impliziert. Gemäß Hairer/Nørsett/Wanner [1987] unterscheidet man die vier folgenden Fälle:

1. $c_2 \neq c_3$ mit $c_2 \neq \frac{1}{2}$, c_2 und $c_3 \neq 0, \neq 1$

   Aus (2.4.3a) ergeben sich dann die Koeffizienten b_i zu

$$b_2 = \frac{2c_3-1}{12c_2(1-c_2)(c_3-c_2)} \quad , \quad b_3 = \frac{1-2c_2}{12c_3(1-c_3)(c_3-c_2)}$$

$$b_4 = \frac{6c_2 c_3 + 3 - 4(c_2+c_3)}{12(1-c_2)(1-c_3)} \quad , \quad b_1 = 1-b_2-b_3-b_4.$$

2. $c_3=0$, $c_2=\frac{1}{2}$, $b_3 \neq 0$, $b_1=\frac{1}{6}-b_3$, $b_2=\frac{4}{6}$, $b_4=\frac{1}{6}$;

3. $c_2=c_3=\frac{1}{2}$, $b_1=\frac{1}{6}$, $b_3 \neq 0$, $b_2=\frac{4}{6}-b_3$, $b_4=\frac{1}{6}$;

4. $c_2=1$, $c_3=\frac{1}{2}$, $b_4 \neq 0$, $b_2=\frac{1}{6}-b_4$, $b_1=\frac{1}{6}$, $b_3=\frac{4}{6}$.

Aus (2.4.3d) erhält man

$$a_{43} = \frac{b_3(1-c_3)}{b_4}.$$

Die beiden Gleichungen (2.4.3b) und (2.4.3c) liefern

$$a_{32} = \frac{\frac{1}{8} - b_4 a_{43} c_3 - b_2 c_2(1-c_2)}{b_3 c_2 (c_3-1)} \quad , \quad a_{42} = \frac{b_4 a_{43} c_3 + b_2 c_2 c_3 (1-c_2) - \frac{1}{8}}{b_4 c_2 (c_3-1)},$$

und aus (2.2.2) bekommt man schließlich

$$a_{21} = c_2 \quad , \quad a_{31} = c_3-a_{32} \quad , \quad a_{41} = 1-a_{42}-a_{43}. \quad \square$$

Die folgende Tabelle enthält drei 4-stufige RK-Methoden der Ordnung p=4 (Fall 3 mit $b_3=1/3$ bzw. $b_3=2/3$ und Fall 1 mit $c_2=1/3$ und $c_3=2/3$).

Klassische RK-Methode

$$\begin{array}{c|cccc} 0 & & & & \\ \frac{1}{2} & \frac{1}{2} & & & \\ \frac{1}{2} & 0 & \frac{1}{2} & & \\ 1 & 0 & 0 & 1 & \\ \hline & \frac{1}{6} & \frac{1}{3} & \frac{1}{3} & \frac{1}{6} \end{array}$$

Methode von England

$$\begin{array}{c|cccc} 0 & & & & \\ \frac{1}{2} & \frac{1}{2} & & & \\ \frac{1}{2} & \frac{1}{4} & \frac{1}{4} & & \\ 1 & 0 & -1 & 2 & \\ \hline & \frac{1}{6} & 0 & \frac{2}{3} & \frac{1}{6} \end{array}$$

3/8 - Regel

$$\begin{array}{c|cccc} 0 & & & & \\ \frac{1}{3} & \frac{1}{3} & & & \\ \frac{2}{3} & -\frac{1}{3} & 1 & & \\ 1 & 1 & -1 & 1 & \\ \hline & \frac{1}{8} & \frac{3}{8} & \frac{3}{8} & \frac{1}{8} \end{array}$$

Tabelle 2.4.1. Runge-Kutta-Methoden der Ordnung 4.

Bemerkung 2.4.1. a) Zur Konstruktion einer effektiven RK-Methode der Ordnung p wird man die verbleibenden freien Parameter so bestimmen, daß die Summe der Koeffizientenbeträge vor den partiellen Ableitungen im führenden Fehlerterm des lokalen Fehlers minimal wird.
b) RK-Methoden mit p>4 findet der Leser in Butcher [1987] sowie in Hairer/Nørsett/Wanner [1987]. □

2.4.2. Eingebettete Runge-Kutta-Methoden

Die Einbettung besteht darin, ein Paar s-stufiger RK-Methoden mit gleichem Knotenvektor und gleicher Verfahrensmatrix A so zu konstruieren, daß die Näherung

$$u_{m+1} = u_m + h \sum_{i=1}^{s} b_i f(t_m + c_i h, u_{m+1}^{(i)})$$

die Ordnung p und die Näherung

$$\tilde{u}_{m+1} = u_m + h \sum_{i=1}^{s} \tilde{b}_i f(t_m + c_i h, u_{m+1}^{(i)})$$

die Ordnung q (i.allg. q=p-1 oder q=p+1) hat.

Mittels eingebetteter RK-Methoden

$$\begin{array}{c|c} c & A \\ \hline u_{m+1} & b^T \\ \hline \tilde{u}_{m+1} & \tilde{b}^T \end{array}$$

läßt sich bei der Implementierung (vgl. Abschnitt 2.8.3) die Schrittweite h effektiv steuern.

Im folgenden geben wir einige Beispiele eingebetteter RK-Methoden an. Dabei bedeutet "p(q)", daß u_{m+1} die Ordnung p hat, und daß die Ordnung des *Fehlerschätzers* $\tilde{u}_{m+1}$ (vgl. dazu Abschnitt 2.8.3) durch q gegeben ist. Zahlreiche eingebettete RK-Methoden verschiedener Ordnungen wurden von Fehlberg entwickelt. Daher werden diese Methoden häufig auch *Runge-Kutta-Fehlberg*-Methoden (kurz RKF-Methoden) genannt.

Beispiel 2.4.5. RKF 1(2).

Eingebettete zweistufige RKF-Methode

$$\begin{array}{c|cc} 0 & & \\ 1 & 1 & \\ \hline u_{m+1} & 1 & 0 \\ \hline \tilde{u}_{m+1} & \frac{1}{2} & \frac{1}{2} \end{array}$$

Eingebettete dreistufige RKF-Methode

$$\begin{array}{c|ccc} 0 & & & \\ \frac{1}{2} & \frac{1}{2} & & \\ 1 & \frac{1}{256} & \frac{255}{256} & \\ \hline u_{m+1} & \frac{1}{256} & \frac{255}{256} & 0 \\ \hline \tilde{u}_{m+1} & \frac{1}{512} & \frac{255}{256} & \frac{1}{512} \end{array} \quad \square$$

Beispiel 2.4.6. RKF 2(3)

Eingebettete vierstufige RKF-Methode

$$\begin{array}{c|cccc} 0 & & & & \\ \frac{1}{4} & \frac{1}{4} & & & \\ \frac{27}{40} & -\frac{189}{800} & \frac{729}{800} & & \\ 1 & \frac{214}{891} & \frac{1}{33} & \frac{650}{891} & \\ \hline u_{m+1} & \frac{214}{891} & \frac{1}{33} & \frac{650}{891} & 0 \\ \hline \tilde{u}_{m+1} & \frac{533}{2106} & 0 & \frac{800}{1053} & -\frac{1}{78} \end{array} \quad \square$$

Beispiel 2.4.7. RKF 3(4)

0				
$\frac{1}{4}$	$\frac{1}{4}$			
$\frac{4}{9}$	$\frac{4}{81}$	$\frac{32}{81}$		
$\frac{6}{7}$	$\frac{57}{98}$	$-\frac{432}{343}$	$\frac{1053}{686}$	
1	$\frac{1}{6}$	0	$\frac{27}{52}$	$\frac{49}{156}$
u_{m+1}	$\frac{1}{6}$	0	$\frac{27}{52}$	$\frac{49}{156}$	0
$\tilde{u}_{m+1}$	$\frac{43}{288}$	0	$\frac{243}{416}$	$\frac{343}{1872}$	$\frac{1}{12}$	. □

Beispiel 2.4.8. RKF 4(5)

0						
$\frac{1}{4}$	$\frac{1}{4}$					
$\frac{3}{8}$	$\frac{3}{32}$	$\frac{9}{32}$				
$\frac{12}{13}$	$\frac{1932}{2197}$	$-\frac{7200}{2197}$	$\frac{7296}{2197}$			
1	$\frac{439}{216}$	-8	$\frac{3680}{513}$	$-\frac{845}{4104}$		
$\frac{1}{2}$	$-\frac{8}{27}$	2	$-\frac{3544}{2565}$	$\frac{1859}{4104}$	$-\frac{11}{40}$	
u_{m+1}	$\frac{25}{216}$	0	$\frac{1408}{2565}$	$\frac{2197}{4104}$	$-\frac{1}{5}$	0
$\tilde{u}_{m+1}$	$\frac{16}{135}$	0	$\frac{6656}{12825}$	$\frac{28561}{56430}$	$-\frac{9}{50}$	$\frac{2}{55}$

.

Diese 6-stufige RK-Methode der Ordnung 4 (vgl. Fehlberg [1970]) ist gegenwärtig die am häufigsten verwendete RKF-Methode. □

Bemerkung 2.4.2. Bei den RKF-Methoden mit p(q)=1(2), 2(3) und 3(4) ist $a_{si}=b_i$ für i=1(1)s-1 und $b_s=0$, so daß der letzte Funktionsaufruf für den nächstfolgenden Integrationsschritt verwendet werden kann. □

Beispiel 2.4.9. Methode von Dormand und Prince 5(4) (DOPRI5).
DOPRI5 hat sich bei zahlreichen nichtsteifen Anfangswertproblemen für Genauigkeitsforderungen zwischen 10^{-3} bis 10^{-5} als besonders effektiv erwiesen. Hier ist ebenfalls $a_{7i}=b_i$ für i=1(1)6 und $b_7=0$.

0								
$\frac{1}{5}$	$\frac{1}{5}$							
$\frac{3}{10}$	$\frac{3}{40}$	$\frac{9}{40}$						
$\frac{4}{5}$	$\frac{44}{45}$	$-\frac{56}{15}$	$\frac{32}{9}$					
$\frac{8}{9}$	$\frac{19372}{6561}$	$-\frac{25360}{2187}$	$\frac{64448}{6561}$	$-\frac{212}{729}$				
1	$\frac{9017}{3168}$	$-\frac{355}{33}$	$\frac{46732}{5247}$	$\frac{49}{176}$	$-\frac{5103}{18656}$			
1	$\frac{35}{384}$	0	$\frac{500}{1113}$	$\frac{125}{192}$	$-\frac{2187}{6784}$	$\frac{11}{84}$		
u_{m+1}	$\frac{35}{384}$	0	$\frac{500}{1113}$	$\frac{125}{192}$	$-\frac{2187}{6784}$	$\frac{11}{84}$	0	
$\tilde{u}_{m+1}$	$\frac{5179}{57600}$	0	$\frac{7571}{16695}$	$\frac{393}{640}$	$-\frac{92097}{339200}$	$\frac{187}{2100}$	$\frac{1}{40}$	

□

Ausgezeichnete numerische Ergebnisse für Genauigkeitsforderungen zwischen 10^{-7} und 10^{-13} liefert die 13-stufige eingebettete RK-Methode der Ordnung 8(7) von Dormand/Prince (DOPRI8) (vgl. Dormand/Prince [1980], Hairer/Nørsett/Wanner [1987]).

Bemerkung 2.4.3. Das Prinzip von Fehlberg zur Konstruktion eingebetteter RK-Methoden beruht auf der Minimierung der Fehlerkoeffizienten des Verfahrens mit der geringeren Ordnung (vgl. Bemerkung 2.4.1). Dies führt jedoch häufig dazu, daß die Differenz $u_{m+1}-\tilde{u}_{m+1}$ den lokalen Fehler nicht zuverlässig schätzt. Dormand und Prince dagegen minimieren den Fehlerkoeffizienten des Verfahrens mit der höheren Ordnung. Hier dient das Verfahren mit der geringeren Ordnung als Fehlerschätzer.

Runge-Kutta-Fehlberg-Methoden der Ordnung p(q) mit p>4 besitzen ferner den Nachteil, daß sie für Quadraturprobleme (y'(t)=f(t)) keine Fehlerschätzung liefern, da in diesem Fall beide Diskretisierungsmethoden zusammenfallen. Sie sind somit zur Lösung nichtautonomer Probleme (1.1.1), bei denen f wesentlich stärker von t als von y abhängt, ungeeignet. Die Verfahren von Dormand/Prince sowie die von Verner [1978] entwickelten eingebetteten RK-Methoden hoher Ordnung vermeiden diesen Nachteil. □

2.5. Implizite Runge-Kutta-Methoden

In diesem Abschnitt stellen wir Klassen impliziter RK-Methoden vor, die auf Quadraturverfahren hoher Ordnung beruhen. Ferner behandeln wir diagonal-implizite RK-Methoden, die in engem Zusammenhang zu den linear-impliziten RK-Methoden vom Rosenbrock-Typ (vgl. Abschnitt 4.2) stehen, sowie einfach-implizite RK-Methoden, die eine effektive Implementierung gestatten (vgl. Abschnitt 2.8).

2.5.1 Die vereinfachenden Bedingungen

Wir hatten bereits festgestellt, daß sich - bei genügender Glattheit der Funktion f(t,y) - die Konsistenzordnung einer gegebenen RK-Methode aus einer Taylorentwicklung des lokalen Diskretisierungsfehlers le_{m+1} oder mittels der algebraischen Theorie von Butcher bestimmen läßt (vgl. Abschnitt 2.3). Man erhält dann ein System von nichtlinearen Bedingungsgleichungen für die Runge-Kutta-Parameter a_{ij}, b_i, c_i. Die Konsistenzordnung der im folgenden betrachteten impliziten RK-Methoden läßt sich dagegen sehr einfach mittels der von Butcher [1964a] eingeführten vereinfachenden Bedingungen (simplifying conditions) bestimmen.

Definition 2.5.1. (Butcher [1964a]) Eine s-stufige RK-Methode erfüllt die *vereinfachende Bedingung*

$B(\xi)$ wenn $\sum_{i=1}^{s} b_i c_i^{k-1} = \frac{1}{k}$ für $k=1(1)\xi$

$C(l)$ wenn $\sum_{j=1}^{s} a_{ij} c_j^{k-1} = \frac{1}{k} c_i^k$ für $i=1(1)s$, $k=1(1)l$

$D(m)$ wenn $\sum_{i=1}^{s} b_i c_i^{k-1} a_{ij} = \frac{1}{k} b_j (1-c_j^k)$ für $j=1(1)s$, $k=1(1)m$

$E(\zeta,\eta)$ wenn $\sum_{i,j=1}^{s} b_i c_i^{k-1} a_{ij} c_j^{l-1} = \frac{1}{l(k+1)}$ für $k=1(1)\zeta$, $l=1(1)\eta$. □

Die Bedingungen $B(\xi)$ und $C(l)$ gestatten eine einfache Interpretation. Wir betrachten das Anfangswertproblem

$$y'(t) = f(t), \quad y(t_m) = 0.$$

Eine s-stufige RK-Methode führt dann auf die Quadraturmethode

$$u_{m+1} = h \sum_{i=1}^{s} b_i f(t_m + c_i h).$$

Die exakte Lösung des Anfangswertproblems an der Stelle $t_m + h$ ist durch

$$y(t_m+h) = h\int_0^1 f(t_m+\theta h)d\theta$$

gegeben. Speziell für $f(t)=(t-t_m)^{k-1}$, $k=1(1)\xi$, erhält man

$$y(t_m+h) = \frac{1}{k} h^k.$$

Die Bedingung $B(\xi)$ bedeutet, daß die der RK-Methode zugrundeliegende Quadraturmethode Polynome bis zum Grade $\xi-1$ auf dem Intervall $[0,1]$ exakt integriert. Analog impliziert die Bedingung $C(1)$, daß die den Zwischenwerten $u_{m+1}^{(i)}$, $i=1(1)s$, zugrundeliegenden Quadraturmethoden $\{a_{ij},c_j\}$ Polynome bis zum Grade $l-1$ auf dem Intervall $[0,c_i]$ exakt integrieren.

Die vereinfachenden Bedingungen hängen in vielfältiger Weise miteinander zusammen. So gelten z.B. folgende Implikationen:

Theorem 2.5.1. *Aus $B(m+\xi)$ und $C(\xi)$ folgt $E(m,\xi)$.*

Aus $B(m+\xi)$ und $D(m)$ folgt $E(m,\xi)$.

Beweis. Aus $C(\xi)$ folgt durch Multiplikation mit $b_i c_i^{l-1}$, $l=1(1)m$, und anschließender Summation über i für $i=1(1)s$

$$\sum_{i,j=1}^{s} b_i c_i^{l-1} a_{ij} c_j^{k-1} = \frac{1}{k} \sum_{i=1}^{s} b_i c_i^{k+l-1}, \quad l=1(1)m,\ k=1(1)\xi.$$

Mit $B(m+\xi)$ ergibt sich

$$\sum_{i,j=1}^{s} b_i c_i^{l-1} a_{ij} c_j^{k-1} = \frac{1}{k(k+1)}, \quad l=1(1)m,\ k=1(1)\xi.$$

Damit gilt $E(m,\xi)$.

Zum Nachweis der zweiten Beziehung wird $D(m)$ mit c_j^{l-1}, $l=1(1)\xi$, multipliziert und anschließend wird über j, $j=1(1)s$, summiert. Man erhält

$$\sum_{i,j=1}^{s} b_i c_i^{k-1} a_{ij} c_j^{l-1} = \frac{1}{k} \sum_{j=1}^{s} b_j (c_j^{l-1} - c_j^{k+l-1}), \quad k=1(1)m,\ l=1(1)\xi.$$

Mit $B(m+\xi)$ bekommt man

$$\sum_{i,j=1}^{s} b_i c_i^{k-1} a_{ij} c_j^{l-1} = \frac{1}{k}(\frac{1}{l} - \frac{1}{k+l})$$

$$= \frac{1}{l(k+l)}, \quad k=1(1)m,\ l=1(1)\xi. \blacksquare$$

Theorem 2.5.2. *Sind die Knoten c_i einer s-stufigen RK-Methode paarweise voneinander verschieden und die Gewichte $b_i \neq 0$, $i=1(1)s$, dann gilt:*

Aus $B(s+m)$ und $E(s,m)$ folgt $C(m)$.
Aus $B(m+s)$ und $E(m,s)$ folgt $D(m)$.

Beweis: Die Bedingungen $B(s+m)$ und $E(s,m)$ implizieren

$$\sum_{i=1}^{s} b_i c_i^{k-1} (\sum_{j=1}^{s} a_{ij} c_j^{l-1} - \frac{1}{l} c_i^l) = 0, \quad k=1(1)s, \quad l=1(1)m.$$

Für fixiertes l stellen diese Gleichungen ein homogenes lineares Gleichungssystem der Dimension s dar, dessen Koeffizientenmatrix regulär ist ($b_i \neq 0$ und c_i paarweise voneinander verschieden). Damit folgt

$$\sum_{j=1}^{s} a_{ij} c_j^{l-1} - \frac{1}{l} c_i^l = 0 \quad \text{für } i=1(1)s, \quad l=1(1)m,$$

d.h., es gilt $C(m)$. Analog zeigt man die zweite Implikation. ∎

Aus den beiden vorstehenden Theoremen ergibt sich die

Folgerung 2.5.1. Die Knoten c_i einer s-stufigen RK-Methode seien paarweise voneinander verschieden und die Gewichte $b_i \neq 0$. Dann gilt:

Aus $B(2s)$ und $C(s)$ folgt $D(s)$.
Aus $B(2s)$ und $D(s)$ folgt $C(s)$. □

Zum Beweis des folgenden Theorems verweisen wir auf Butcher [1987].

Theorem 2.5.3. a) Eine s-stufige RK-Methode hat die Konsistenzordnung p, wenn sie die vereinfachenden Bedingungen $B(p)$, $C(l)$ und $D(m)$ mit $p \leq \min(l+m+1, 2l+2)$ erfüllt.

b) Es gibt genau eine s-stufige RK-Methode der Ordnung $p=2s$. Diese Methode erfüllt die Bedingungen $B(2s)$, $C(s)$ und $D(s)$. □

Mittels der vereinfachenden RK-Bedingungen können in einfacher Weise s-stufige RK-Methoden konstruiert werden, die mindestens die Ordnung s besitzen. Gibt man sich s verschiedene Knoten $c_1, c_2, \ldots, c_s$ vor, so kann der Gewichtsvektor b^T einer s-stufigen RK-Methode eindeutig aus der vereinfachenden Bedingung $B(s)$ bestimmt werden. Die Verfahrensmatrix A läßt sich dann aus $C(s)$ oder $D(s)$ eindeutig berechnen. Gemäß Theorem 2.5.3 haben die durch $B(s)$ und $C(s)$ definierten RK-Methoden mindestens die Konsistenzordnung $p=s$.

2.5.2. Methoden der Ordnung 2s

Damit eine s-stufige RK-Methode eine Konsistenzordnung $p>s$ hat, muß notwendigerweise die der RK-Methode zugrundeliegende Quadraturmethode mindestens die Ordnung p besitzen. RK-Methoden der maximalen Ordnung $p=2s$ beruhen auf den Gauß-Legendre-Quadraturverfahren. Sie werden daher häufig auch *Gauß-Legendre-Methoden* genannt.

Die Knoten c_i, $i=1(1)s$, einer Gauß-Legendre-Methode sind die paarweise verschiedenen Nullstellen des verschobenen *Legendre-Polynoms*

$$P_s(2x-1) = \frac{1}{s!} \frac{d^s}{dx^s} [x^s(x-1)^s]$$

vom Grade s (d.h. die Gauß-Legendre-Punkte für (0,1)). Bezüglich des Skalarproduktes

$$<q,w> = \int_0^1 q(x) \cdot w(x) dx$$

ist $P_s(2x-1)$ orthogonal zu allen Polynomen $Q(x)$ vom Grade <s, d.h., es gilt

$$<P_s,Q>=0 \quad \text{mit Grad } Q(x)<s.$$

Tabellen der Nullstellen von $P_s(2x-1)$ findet man in Abramowitz/Stegun [1970]. Da die Vandermondesche Matrix $V_s=(v_{ij})=(c_i^{j-1})$, $i,j=1(1)s$, regulär ist, sind die Gewichte b_i einer Gauß-Legendre-Methode durch die Bedingung B(s) eindeutig festgelegt. Die Verfahrensmatrix A erhält man aus der vereinfachenden Bedingung C(s). Eine s-stufige Gauß-Legendre-Methode ist damit charakterisiert durch das Parameterschema

c	CV_s^{-1}
	$e_H^T V_s^{-1}$

mit

$$e_H := (1, \frac{1}{2}, \cdots, \frac{1}{s})^T, \quad C := (c_{ij}) = (c_i^j/j), \quad P_s(2c_i-1)=0.$$

Theorem 2.5.4. *Die s-stufige Gauß-Legendre-Methode besitzt die Ordnung p=2s.*

Beweis. Die der RK-Methode zugrundeliegende Quadraturmethode {c,b} besitzt den Exaktheitsgrad 2s-1, d.h., sie erfüllt B(2s). Ferner ist C(s) erfüllt. Da für eine Gauß-Legendresche-Quadraturformel $b_i>0$ gilt, ist damit nach Folgerung 2.5.1 auch D(s) erfüllt. Das Theorem 2.5.3 liefert die Behauptung. ∎

Beispiel 2.5.1. Wir geben die Parameterschemata der ein-, zwei- und dreistufigen Gauß-Legendre-Methoden an.

$\frac{1}{2}$	$\frac{1}{2}$
	1

$\frac{3-\sqrt{3}}{6}$	$\frac{1}{4}$	$\frac{3-2\sqrt{3}}{12}$
$\frac{3+\sqrt{3}}{6}$	$\frac{3+2\sqrt{3}}{12}$	$\frac{1}{4}$
	$\frac{1}{2}$	$\frac{1}{2}$

$$\begin{array}{c|ccc} \frac{5-\sqrt{15}}{10} & \frac{5}{36} & \frac{10-3\sqrt{15}}{45} & \frac{25-6\sqrt{15}}{180} \\ \frac{1}{2} & \frac{10+3\sqrt{15}}{72} & \frac{2}{9} & \frac{10-3\sqrt{15}}{72} \\ \frac{5+\sqrt{15}}{10} & \frac{25+6\sqrt{15}}{180} & \frac{10+3\sqrt{15}}{45} & \frac{5}{36} \\ \hline & \frac{5}{18} & \frac{4}{9} & \frac{5}{18} \end{array}$$

Das einstufige Verfahren ist die bekannte *implizite Mittelpunktsregel*

$$u_{m+1} = u_m + h\ f(t_m + \tfrac{1}{2}h,\ \tfrac{1}{2}(u_m + u_{m+1})).\ \square$$

2.5.3. Methoden der Ordnung 2s-1 und 2s-2

Wir betrachten s-stufige RK-Methoden, die auf Quadraturmethoden der Ordnung p=2s-1 bzw. p=2s-2 beruhen. Diese Methoden besitzen u. U. bessere Stabilitätseigenschaften (vgl. Abschnitt 2.7) als die im vorangegangenen Abschnitt behandelten s-stufigen RK-Methoden der maximalen Ordnung p=2s.

Theorem 2.5.5. *Eine RK-Methode habe die Ordnung p=2s-1. Dann sind die Knoten c_i die Nullstellen eines Polynoms*

$$P_{s,\xi}(2x-1) = P_s(2x-1) + \xi\ P_{s-1}(2x-1)\ \text{mit}\ \xi \in \mathbb{R}.$$

Beweis. Die RK-Methode erfüllt die Bedingung B(2s-1). Für ein beliebiges Polynom Q(x) vom Grade < 2s-1 gilt

$$\sum_{i=1}^{s} b_i Q(c_i) = \int_0^1 Q(x)\,dx.$$

Sei nun Q(x)=q(x)v(x), wobei $q(x) = \prod_{i=1}^{s}(x-c_i)$ und v(x) ein beliebiges Polynom vom Grade < s-1 ist. Dann ist

$$\langle q,v \rangle = \int_0^1 q(x)v(x)\,dx = 0,$$

d.h., q(x) ist im Intervall [0,1] orthogonal zu allen Polynomen vom Grade < s-1. Wegen der Orthogonalität der Legendre-Polynome $P_s(2x-1)$ in [0,1] ist dann

$$q(x) = \lambda P_{s,\xi}(2x-1)\ \text{mit}\ \lambda \in \mathbb{R}.\ \blacksquare$$

Von besonderem Interesse sind die Fälle $\xi=1$ und $\xi=-1$. Diese zugeordneten RK-Methoden heißen *Radau-I-* und *Radau-II-Methoden*. Im Spezialfall einer von y unabhängigen Funktion f gehen sie in die zugehörigen Radau-Quadraturmethoden über, d.h., die Radau-I-Methode geht in die linksseitige ($c_1=0$) und die Radau-II-Methode in die rechtsseitige ($c_s=1$) Quadraturmethode über.

Theorem 2.5.6. *Die Knoten c_i, $i=1(1)s$, einer Radau-I-Methode sind die s Nullstellen des Polynoms*

$$\frac{d^{s-1}}{dx^{s-1}} [x^s(x-1)^{s-1}].$$

Sie sind paarweise voneinander verschieden und liegen im Intervall $[0,1)$ mit $c_1=0$.
Die Knoten c_i einer Radau-II-Methode sind die s Nullstellen des Polynoms

$$\frac{d^{s-1}}{dx^{s-1}} [x^{s-1}(x-1)^s].$$

Sie sind paarweise voneinander verschieden und liegen im Intervall $(0,1]$ mit $c_s=1$.

Beweis. Wir betrachten den Fall $\xi=1$ (Radau-I-Methoden). Es ist

$$P_{s,1}(2x-1) = \frac{1}{(s-1)!} \frac{d^{s-1}}{dx^{s-1}} \{x^{s-1}(x-1)^{s-1} + \frac{1}{s}\frac{d}{dx}[x^s(x-1)^s]\}$$

$$= \frac{2}{(s-1)!} \frac{d^{s-1}}{dx^{s-1}} [x^s(x-1)^{s-1}].$$

Das Polynom $x^s(x-1)^{s-1}$ hat eine s-fache Nullstelle in $x=0$ und eine $(s-1)$-fache in $x=1$. Die $(s-1)$-fache Anwendung des Satzes von Rolle ergibt, daß $\frac{d^{s-1}}{dx^{s-1}}[x^s(x-1)^{s-1}]$ eine einfache Nullstelle in $x=0$ und $(s-1)$ einfache Nullstellen im Innern von $[0,1]$ hat. Da ein Polynom s-ten Grades genau s Nullstellen (unter Berücksichtigung ihrer Vielfachheiten) besitzt, folgt unmittelbar die Behauptung. Analog beweist man den Fall $\xi=-1$. ∎

Die Gewichte b_i der Radau-Methoden sind durch $B(s)$ bestimmt. Die Verfahrensmatrix A kann auf verschiedene Arten festgelegt werden. Wir geben die folgenden Fälle an:

Radau-I-Methoden (Butcher [1964c]): A ist durch $C(s)$ bestimmt.

Radau-IA-Methoden (Ehle [1968]): A ist durch $D(s)$ bestimmt.

Radau-II-Methoden (Butcher [1964c]): A ist durch $D(s)$ bestimmt.

Radau-IIA-Methoden (Ehle [1968]): A ist durch $C(s)$ bestimmt.

Im weiteren betrachten wir nur die Radau-IA- und Radau-IIA-Methoden, da sie bessere Stabilitätseigenschaften aufweisen (vgl. Abschnitt 2.7).

Eine Radau-IA-Methode ist durch das Parameterschema

$$\begin{array}{c|c} c & B^{-1}(V_s^T)^{-1}(N-C)^T B \\ \hline & e_H^T V_s^{-1} \end{array}$$

mit $B:=\mathrm{diag}(b_i)$, $N:=(n_{ij})=(\frac{1}{j})$ für $i,j=1(1)s$, und $P_{s,1}(2c_i-1)=0$ charakterisiert.

Eine Radau-IIA-Methode besitzt das Parameterschema

$$\begin{array}{c|c} c & CV_s^{-1} \\ \hline & e_H^T V_s^{-1} \end{array}$$

mit $P_{s,-1}(2c_i-1)=0$.

Theorem 2.5.7. *Die s-stufigen Radau-IA- und Radau-IIA-Methoden haben die Ordnung p=2s-1.*

Beweis. Eine Radau-Quadraturmethode mit s Knoten besitzt den Exaktheitsgrad 2s-1, so daß sie der Bedingung B(2s-1) genügt. Eine Radau-IA-Methode erfüllt ferner die Bedingung D(s). Nach Theorem 2.5.1 gilt dann E(s,s-1) und damit nach Theorem 2.5.2 auch C(s-1). In analoger Weise zeigt man, daß eine Radau-IIA-Methode außer B(2s-1) und C(s) den Bedingungen E(s-1,s) und D(s-1) genügt. Das Theorem 2.5.3 liefert dann in beiden Fällen die Behauptung. ∎

Wir geben nun die Parameterschemata einiger Radau-IA- und Radau-IIA-Methoden an.

Beispiel 2.5.2. Radau-IA-Methoden.

$$\begin{array}{c|c} 0 & 1 \\ \hline & 1 \end{array}$$

$$\begin{array}{c|cc} 0 & \frac{1}{4} & -\frac{1}{4} \\ \frac{2}{3} & \frac{1}{4} & \frac{5}{12} \\ \hline & \frac{1}{4} & \frac{3}{4} \end{array}$$

$$\begin{array}{c|ccc} 0 & \frac{1}{9} & \frac{-1-\sqrt{6}}{18} & \frac{-1+\sqrt{6}}{18} \\ \frac{6-\sqrt{6}}{10} & \frac{1}{9} & \frac{88+7\sqrt{6}}{360} & \frac{88-43\sqrt{6}}{360} \\ \frac{6+\sqrt{6}}{10} & \frac{1}{9} & \frac{88+43\sqrt{6}}{360} & \frac{88-7\sqrt{6}}{360} \\ \hline & \frac{1}{9} & \frac{16+\sqrt{6}}{36} & \frac{16-\sqrt{6}}{36} \end{array}$$ □

Bemerkung 2.5.1. Die einstufige Radau-IA-Methode erfüllt nicht die Knotenbedingung (2.2.2). □

Beispiel 2.5.3. Radau-IIA-Methoden.

$$
\begin{array}{c|c}
1 & 1 \\
\hline
& 1
\end{array}
\qquad
\begin{array}{c|cc}
\frac{1}{3} & \frac{5}{12} & -\frac{1}{12} \\
1 & \frac{3}{4} & \frac{1}{4} \\
\hline
& \frac{3}{4} & \frac{1}{4}
\end{array}
$$

$$
\begin{array}{c|ccc}
\frac{4-\sqrt{6}}{10} & \frac{88-7\sqrt{6}}{360} & \frac{296-169\sqrt{6}}{1800} & \frac{-2+3\sqrt{6}}{225} \\
\frac{4+\sqrt{6}}{10} & \frac{296+169\sqrt{6}}{1800} & \frac{88+7\sqrt{6}}{360} & \frac{-2-3\sqrt{6}}{225} \\
1 & \frac{16-\sqrt{6}}{36} & \frac{16+\sqrt{6}}{36} & \frac{1}{9} \\
\hline
& \frac{16-\sqrt{6}}{36} & \frac{16+\sqrt{6}}{36} & \frac{1}{9}
\end{array}
\quad . \; \square
$$

Bemerkung 2.5.2. Die einstufige Radau-IIA-Methode ist die implizite Euler-Methode. Eine Implementierung der 3-stufigen Radau-IIA-Methode findet man in Hairer/Wanner [1988]. □

Wir wenden uns nun der Konstruktion von RK-Methoden der Ordnung p=2s-2 zu. Es gilt das

Theorem 2.5.8. *Eine s-stufige RK-Methode habe die Ordnung p=2s-2. Dann sind die Knoten c_i die Nullstellen eines Polynoms*

$$P_{s,\xi,\mu}(2x-1) = P_s(2x-1) + \xi P_{s-1}(2x-1) + \mu P_{s-2}(2x-1) \text{ mit } \xi, \mu \in \mathbb{R} .$$

Beweis. Analog dem Beweis von Theorem 2.5.5. ■

Hier ist der Fall $\xi=0$ und $\mu=-1$ von Interesse. Die zugeordneten RK-Methoden heißen *Lobatto-III-Methoden*, ihre zugehörigen Quadraturmethoden sind die Lobatto-Formeln. Sie enthalten die beiden Randpunkte des Integrationsintervalls ($c_1=0$ und $c_s=1$) als Stützstellen.

Theorem 2.5.9. *Die Knoten c_i einer s-stufigen Lobatto-III-Methode sind die s Nullstellen des Polynoms*

$$\frac{d^{s-2}}{dx^{s-2}} [x^{s-1}(x-1)^{s-1}] \text{ mit } c_1=0 \text{ und } c_s=1.$$

Sie sind paarweise voneinander verschieden und liegen im Intervall [0,1] mit $c_1=0$ und $c_s=1$.

Beweis. Analog dem Beweis von Theorem 2.5.6. ■

Nach Festlegung der Gewichte b_i durch die Bedingung B(s) kann die Verfahrensmatrix A einer Lobatto-III-Methode wieder auf verschiedene Arten festgelegt werden. Wir geben die folgenden Fälle an:

Lobatto-IIIA-Methoden (Ehle [1968]): A ist durch C(s) bestimmt.
Lobatto-IIIB-Methoden (Ehle [1968]): A ist durch D(s) bestimmt.
Lobatto-IIIC-Methoden (Chipman [1971]): A ist durch C(s-1) und die zusätzlichen Bedingungen $a_{i1} = b_1$ für i=1(1)s bestimmt.

Man erhält die folgenden Parameterschemata:

$$\begin{array}{c|c}\text{Lobatto-IIIA-Methode:} & \begin{array}{c|c} c & cV_s^{-1} \\ \hline & e_H^T V_s^{-1} \end{array}\end{array}$$

$$\begin{array}{c|c}\text{Lobatto-IIIB-Methode:} & \begin{array}{c|c} c & B^{-1}(V_s^T)^{-1}(N-C)^T B \\ \hline & e_H^T V_s^{-1} \end{array}\end{array}$$

$$\begin{array}{c|c}\text{Lobatto-IIIC-Methode:} & \begin{array}{c|c} c & A \\ \hline & e_H^T V_s^{-1} \end{array}\end{array}$$

mit $a_{i1}=b_1$ für i=1(1)s und

$$\begin{pmatrix} a_{12} & \cdots & a_{1s} \\ \vdots & & \vdots \\ a_{s2} & \cdots & a_{ss} \end{pmatrix} = \begin{pmatrix} c_1-b_1 & \frac{c_1^2}{2} & \cdots & \frac{c_1^{s-1}}{s-1} \\ \vdots & & & \vdots \\ c_s-b_1 & \frac{c_s^2}{2} & \cdots & \frac{c_s^{s-1}}{s-1} \end{pmatrix} \cdot \begin{pmatrix} 1 & c_2 & \cdots & c_2^{s-2} \\ \vdots & & & \vdots \\ 1 & c_s & \cdots & c_s^{s-2} \end{pmatrix}^{-1}.$$

Bezüglich der Konsistenzordnung gilt

Theorem 2.5.10. *Die s-stufigen Lobatto-IIIA-, Lobatto-IIIB- und Lobatto-IIIC-Methoden haben die Ordnung p=2s-2.*

Beweis. Die Ordnung einer Lobatto-Quadraturmethode mit s Knoten ist 2s-2, so daß sie die Bedingung B(2s-2) erfüllt. Analog zum Beweis der Radau-IA- und IIA-Methoden (Theorem 2.5.7) zeigt man, daß die Lobatto-IIIA-Methoden neben C(s) den Bedingungen D(s-2) und E(s-2,2) und die Lobatto-IIIB-Methoden neben D(s) den Bedingungen E(s,s-2) und C(s-2) genügen. Das Theorem 2.5.3 liefert dann die Behauptung. Der Nachweis der Ordnung für die Lobatto-IIIC-Methoden ist etwas komplizierter. Den interessierten Leser verweisen wir auf Dekker/Verwer [1984] und Butcher [1987]. ∎

Abschließend geben wir die Parameterschemata einiger Lobatto-Methoden an.

Beispiel 2.5.4. Lobatto-IIIA-Methoden.

$$
\begin{array}{c|cc}
0 & 0 & 0 \\
1 & \frac{1}{2} & \frac{1}{2} \\
\hline
 & \frac{1}{2} & \frac{1}{2}
\end{array}
\qquad
\begin{array}{c|ccc}
0 & 0 & 0 & 0 \\
\frac{1}{2} & \frac{5}{24} & \frac{1}{3} & -\frac{1}{24} \\
1 & \frac{1}{6} & \frac{2}{3} & \frac{1}{6} \\
\hline
 & \frac{1}{6} & \frac{2}{3} & \frac{1}{6}
\end{array} \quad \square
$$

Bemerkung 2.5.3. Die zweistufige Lobatto-IIIA-Methode ist die Trapezregel.

$$u_{m+1} = u_m + \tfrac{1}{2}h[f(t_m,u_m) + f(t_{m+1},u_{m+1})]. \quad \square$$

Beispiel 2.5.5. Lobatto-IIIB-Methoden.

$$
\begin{array}{c|cc}
0 & \frac{1}{2} & 0 \\
1 & \frac{1}{2} & 0 \\
\hline
 & \frac{1}{2} & \frac{1}{2}
\end{array}
\qquad
\begin{array}{c|ccc}
0 & \frac{1}{6} & -\frac{1}{6} & 0 \\
\frac{1}{2} & \frac{1}{6} & \frac{1}{3} & 0 \\
1 & \frac{1}{6} & \frac{5}{6} & 0 \\
\hline
 & \frac{1}{6} & \frac{2}{3} & \frac{1}{6}
\end{array} \quad \square
$$

Die zweistufige Methode erfüllt nicht die Knotenbedingung (2.2.2). Für Lobatto-IIIB-Methoden ist die letzte Spalte der Verfahrensmatrix gleich Null, so daß der Zwischenwert $u_{m+1}^{(s)}$ explizit berechnet wird. $\square$

Beispiel 2.5.6. Lobatto-IIIC-Methoden.

$$
\begin{array}{c|cc}
0 & \frac{1}{2} & -\frac{1}{2} \\
1 & \frac{1}{2} & \frac{1}{2} \\
\hline
 & \frac{1}{2} & \frac{1}{2}
\end{array}
\qquad
\begin{array}{c|ccc}
0 & \frac{1}{6} & -\frac{1}{3} & \frac{1}{6} \\
\frac{1}{2} & \frac{1}{6} & \frac{5}{12} & -\frac{1}{12} \\
1 & \frac{1}{6} & \frac{2}{3} & \frac{1}{6} \\
\hline
 & \frac{1}{6} & \frac{2}{3} & \frac{1}{6}
\end{array} \quad \square
$$

2.5.4. Kollokationsmethoden

Kollokationsmethoden beruhen darauf, die Lösung $v(t)$, $t \in I$, einer gegebenen Funktionalgleichung $L(v(t))=0$, wobei L ein Operator auf einem geeigneten Funktionenraum ist, durch ein Element u eines endlich-dimensionalen linearen Funktionenraumes so zu approximieren, daß auf einer endlichen Teilmenge von I

$$L(u(t)) = 0$$

gilt. Diese endliche Teilmenge ist die Menge der *Kollokationspunkte*.
Wir betrachten im folgenden Kollokationsmethoden für das Anfangswertproblem (1.1.1). Als endlich-dimensionaler Funktionenraum wird der Raum der Polynome vom Grade ≤ s mit der Basis 1, x,..., x^s gewählt. Damit ergibt sich folgende Aufgabenstellung:

Gegeben seien s verschiedene Zahlen c_i, i=1(1)s, mit $c_i \in [0,1]$. Gesucht wird das *Kollokationspolynom* $w_s(t)$ vom Grade ≤ s, das die Differentialgleichung (1.1.1) in den *Kollokationspunkten* $t_0+c_i h$ erfüllt, d.h.

$$w'_s(t_0+c_i h) = f(t_0+c_i h, w_s(t_0+c_i h)), \quad i=1(1)s, \qquad (2.5.1a)$$

und das der Anfangsbedingung

$$w_s(t_0) = y_0 \qquad (2.5.1b)$$

genügt.

Das Interpolationspolynom $w'_s(t_0+xh)$ ist gegeben durch

$$w'_s(t_0+xh) = \sum_{j=1}^{s} w'_s(t_0+c_j h) L_j(x), \quad t_0+xh \in [t_0, t_0+h],$$

wobei

$$L_j(x) := \prod_{\substack{l=1 \\ l \neq j}}^{s} \frac{x - c_l}{c_j - c_l}$$

das j-te Lagrange-Fundamentalpolynom bezeichnet, das den s verschiedenen Parametern c_i zugeordnet ist. Setzt man

$$a_{ij} := \int_0^{c_i} L_j(x)dx, \quad b_j := \int_0^1 L_j(x)dx, \quad i,j=1(1)s \qquad (2.5.2)$$

so erhalten wir aus

$$w_s(t_0+c_i h) = w_s(t_0) + h \int_0^{c_i} \sum_{j=1}^{s} w'_s(t_0+c_j h) L_j(x) dx$$

mit (2.5.2)

$$w_s(t_0+c_i h) = w_s(t_0) + h \sum_{j=1}^{s} a_{ij} f(t_0+c_j h, w_s(t_0+c_j h)), \quad i=1(1)s.$$

In analoger Weise folgt

$$w_s(t_0+h) = w_s(t_0) + h \sum_{i=1}^{s} b_i f(t_m+c_i h, w_s(t_0+c_i h)).$$

Wird

$$w_s(t_0+c_i h) = u_{m+1}^{(i)} \quad \text{und} \quad w_s(t_0+h) = u_{m+1}$$

gesetzt, so bekommt man das

Theorem 2.5.11. *Die Kollokationsmethode (2.5.1) ist äquivalent einer s-stufigen impliziten RK-Methode mit den Koeffizienten (2.5.2).* □

Weiterhin gilt

Theorem 2.5.12. *Eine s-stufige implizite RK-Methode mit paarweise verschiedenen Knoten c_i und einer Ordnung $p \geq s$ ist genau dann eine Kollokationsmethode, wenn C(s) gilt.* □

Beweis. Die Verfahrensmatrix A der RK-Methode ist mit C(s) eindeutig bestimmt. Für Polynome P(x) vom Grade $\leq s-1$ gilt

$$\sum_{j=1}^{s} a_{ij} P(c_j) = \int_0^{c_i} \sum_{j=1}^{s} P(c_j) L_j(x) dx \quad , \quad \sum_{j=1}^{s} b_j P(c_j) = \int_0^1 \sum_{j=1}^{s} P(c_j) L_j(x) dx,$$

woraus die Beziehung (2.5.2) folgt. Andererseits ergibt sich für $P(x)=1,x,\ldots,x^{s-1}$ aus

$$\sum_{j=1}^{s} a_{ij} P(c_j) = \int_0^{c_i} P(x) dx$$

die vereinfachende Bedingung C(s). ■

Die Gauß-Legendre-Methoden (Abschnitt 2.5.2), die Radau-IIA- und die Lobatto-IIIA-Methoden (Abschnitt 2.5.3) sind Kollokationsmethoden.

2.5.5. Einfach-diagonal-implizite Runge-Kutta-Methoden

Im folgenden betrachten wir die Klasse der einfach-diagonal-impliziten RK-Methoden, d.h., die Verfahrensmatrix A besitzt eine untere Dreiecksgestalt und alle Diagonalelemente sind untereinander gleich ($a_{ii}=\gamma$). Diese Verfahren werden, von der englischsprachigen Bezeichnung *"singly diagonally implicit Runge-Kutta methods"*, häufig mit SDIRK-Methoden abgekürzt. Das nichtlineare Gleichungssystem (2.2.1) bzw. (2.2.1') zur Berechnung der $u_{m+1}^{(i)}$ bzw. zur Berechnung der k_i, $i=1(1)s$, ist bei diesen Methoden entkoppelt. Es zerfällt in s nichtlineare Systeme der Dimension n. Bei Verwendung eines modifizierten Newton-Verfahrens wird demzufolge in jedem Integrationsschritt nur eine Faktorisierung einer (n,n)-Matrix benötigt.

Beispiel 2.5.7. Im Falle s=1 gibt es zwischen impliziten RK-Methoden und SDIRK-Methoden keinen Unterschied. Alle konsistenten RK-Methoden, die die Knotenbedingung (2.2.2) erfüllen, besitzen das Parameterschema

γ	γ
	1

.

Sie haben für $\gamma \neq \frac{1}{2}$ die Ordnung 1 und für $\gamma = \frac{1}{2}$ die Ordnung 2 (vgl. Beispiel 2.5.1 und 2.5.3). □

Beispiel 2.5.8. Die zweistufige SDIRK-Methode

$$\begin{array}{c|cc} \gamma & \gamma & \\ c_2 & c_2-\gamma & \gamma \\ \hline & b_1 & b_2 \end{array}$$

hat für

$$\gamma = c_2 = \frac{1}{2} \text{ und } b_2 = 1-b_1$$

die Ordnung 2. Sieht man von diesem trivialen Fall ab, so bekommt man aus den Bedingungsgleichungen (Tabelle 2.3.3) die Ordnung 2, wenn gilt

$$b_1 = \frac{c_2 - 1/2}{c_2 - \gamma}, \quad b_2 = \frac{1/2 - \gamma}{c_2 - \gamma} \text{ und } c_2 \neq \gamma.$$

Für $c_2 = 1-\gamma$ mit $\gamma = \frac{1}{2} \pm \frac{1}{6}\sqrt{3}$ besitzt die SDIRK-Methode die Ordnung 3. Eine Ordnung p>3 ist für s=2 nicht möglich, die eindeutig bestimmte zweistufige RK-Methode mit p=4 ist vollimplizit (vgl. Beispiel 2.5.1). □

Beispiel 2.5.9. Die dreistufigen SDIRK-Methoden der Ordnung 4 sind gegeben durch (vgl. Alexander [1977])

$$\begin{array}{c|cccc} (1+\alpha)/2 & (1+\alpha)/2 & & & \\ 1/2 & -\alpha/2 & (1+\alpha)/2 & & \\ (1-\alpha)/2 & 1+\alpha & -1-2\alpha & (1+\alpha)/2 & \\ \hline & \frac{1}{6}\alpha^{-2} & 1-\frac{1}{3}\alpha^{-2} & \frac{1}{6}\alpha^{-2} & \end{array}$$

mit $\alpha^3 - \alpha = \frac{1}{3}$. Die Nullstellen dieser kubischen Gleichung sind

$$\alpha_1 = \frac{2}{3}\sqrt{3}\cos(10°), \quad \alpha_2 = -\frac{2}{3}\sqrt{3}\cos(70°), \quad \alpha_3 = -\frac{2}{3}\sqrt{3}\cos(50°). \square$$

Abschließend geben wir eine eingebettete SDIRK 3(2)-Methode an.

Beispiel 2.5.10. Dreistufige SDIRK 3(2)-Methode (vgl. Nørsett/Thomsen [1986])

$$\begin{array}{c|cccc} \frac{5}{6} & \frac{5}{6} & & & \\ \frac{29}{108} & -\frac{61}{108} & \frac{5}{6} & & \\ \frac{1}{6} & -\frac{23}{183} & -\frac{33}{61} & \frac{5}{6} & \\ \hline u_{m+1} & \frac{26}{61} & \frac{324}{671} & \frac{1}{11} & \\ \tilde{u}_{m+1} & \frac{25}{61} & \frac{36}{61} & 0 & \end{array} \quad . \square$$

Bemerkung 2.5.4. Die maximale Ordnung s-stufiger diagonal-impliziter RK-Methoden (DIRK-Methoden) beträgt p=s+1 (vgl. Theorem 2.7.9). Für s>4 wurden noch keine DIRK-Methoden mit p=s+1 konstruiert. Nørsett [1974] zeigt, daß es für s=21, l=2,3,...,10, keine DIRK-Methoden der Ordnung p=s+1 gibt. Hairer [1980] weist nach, daß eine DIRK-Methode mit positiven Gewichten $b_i>0$, i=1(1)s, höchstens die Ordnung 6 und eine SDIRK-Methode mit $b_i>0$, i=1(1)s, höchstens die Ordnung 4 hat. ▫

2.5.6. Einfach-implizite Runge-Kutta-Methoden

Die von Butcher vorgeschlagene Transformation zur effizienten Implementierung impliziter RK-Methoden (Butcher [1976]) gab den Anstoß zur Entwicklung s-stufiger RK-Methoden, deren Verfahrensmatrix A nur einen s-fachen reellen Eigenwert γ hat (einfach-implizite RK-Methoden). Der Aufwand dieser Methoden ist mit dem der SDIRK-Methoden vergleichbar (vgl. Abschnitt 2.8.1). Ferner existieren stetige einfach-implizite RK-Methoden, die dieselbe Konsistenzordnung haben wie die zugrundeliegenden Methoden (vgl. Abschnitt 2.6). Aufgrund ihrer englischsprachigen Bezeichnung "*singly-implicit RK-methods*" werden die einfach-impliziten RK-Methoden häufig mit *SIRK-Methoden* abgekürzt.

Definition 2.5.2. (Burrage [1978]) Eine s-stufige RK-Methode mit paarweise verschiedenen Knoten, die den vereinfachenden Bedingungen C(s-1), D(m) und B(s+m) genügt, heißt *transformierte RK-Methode*. ▫

Mit Theorem 2.5.3 erhalten wir die

Folgerung 2.5.2. *Eine transformierte RK-Methode besitzt die Ordnung s+m.* ▫

Theorem 2.5.13. (Burrage [1978]) *Die Klasse der s-stufigen transformierten RK-Methoden der Ordnung p≥s ist gegeben durch*

$$\begin{array}{c|c} \begin{matrix} c_1 \\ c_2 \\ \vdots \\ c_s \end{matrix} & V_s A_s V_s^{-1} \\ \hline & e_H^T V_s^{-1} \end{array} \qquad (2.5.3)$$

$$\text{mit } A_s = \begin{pmatrix} 0 & 0 & \cdots & 0 & \alpha_{1s} \\ 1 & 0 & \cdots & 0 & \alpha_{2s} \\ 0 & \frac{1}{2} & \cdots & 0 & \alpha_{3s} \\ \vdots & & & & \vdots \\ 0 & 0 & \cdots & \frac{1}{s-1} & \alpha_{ss} \end{pmatrix}, \quad \alpha_{js} \in \mathbb{R},\ j=1(1)s \qquad (2.5.3')$$

und $e_H=(1,\frac{1}{2},\cdots,\frac{1}{s})^T$, $V_s=(v_{ij})=(c_i^{j-1})$, $i,j=1(1)s$.

Beweis. a) Mit $c^k:=(c_1^k,\ldots,c_s^k)^T$ und den Standardbasisvektoren $e_1, e_2, \ldots, e_s$ gilt

$$c^{k-1} = V_s e_k \quad \text{für } k=1(1)s. \quad (2.5.4)$$

Mit (2.5.3) und (2.5.4) ergibt sich

$$Ac^{k-1} = V_s A_s e_k \quad \text{für } k=1(1)s-1,$$

Mit (2.5.3') folgt hieraus

$$Ac^{k-1} = \frac{1}{k} c^k \quad \text{für } k=1(1)s-1,$$

d.h., es gilt C(s-1). Weiterhin ist

$$b^T c^{k-1} = e_H^T V_s^{-1} c^{k-1} = \frac{1}{k} \quad \text{für } k=1(1)s,$$

d.h. B(s) gilt. Nach Theorem 2.5.3 folgt damit p≥s.

b) Mit dem Ansatz $A=V_s A_s V_s^{-1}$ folgt aus C(s-1)

$$V_s A_s V_s^{-1} c^{k-1} = \frac{1}{k} c^k \quad \text{für } k=1(1)s-1.$$

Mit (2.5.4) erhält man

$$V_s A_s e_k = \frac{1}{k} V_s e_{k+1} \quad \text{für } k=1(1)s-1,$$

d.h., A_s ist durch (2.5.3') bestimmt. Aus B(s) folgt mit (2.5.4)

$$b^T V_s e_k = \frac{1}{k} \quad \text{für } k=1(1)s,$$

d.h. $b^T=(1,\frac{1}{2},\ldots,\frac{1}{s})V_s^{-1}$ gilt. ∎

Gemäß Burrage [1978], vgl. auch Dekker/Verwer [1984], gilt

Theorem 2.5.14. *Die Klasse der s-stufigen transformierten SIRK-Methoden der Ordnung p≥s ist gegeben durch (2.5.3) mit*

$$\alpha_{is} = (-1)^{s-i} \binom{s}{i-1} \frac{(s-1)!}{(i-1)!} \gamma^{s-i+1}, \quad i=1(1)s, \quad \gamma \in \mathbb{R}.$$

Beweis. Da $A=V_s A_s V_s^{-1}$ eine Ähnlichkeitstransformation ist, haben die Matrizen A und A_s das gleiche charakteristische Polynom, das durch

$$\det(A_s - zI) = (-1)^s [z^s - \sum_{j=1}^{s} \frac{(j-1)!}{(s-1)!} \alpha_{js} z^{j-1}]$$

gegeben ist. Mit der Forderung $\det(A_s-zI)=(\gamma-z)^s$ ergibt sich die Behauptung. ∎

Wir wenden uns nun der Frage zu, wann eine s-stufige transformierte SIRK-Methode die Ordnung p=s+1 besitzt. Gemäß Theorem 2.5.3 betrachten wir die beiden Fälle von Methoden:

(i) Die SIRK-Methode erfüllt die vereinfachenden Bedingungen (vgl. Burrage [1978])

$$B(s+1), \quad C(s-1) \text{ und } D(1).$$

(ii) Die SIRK-Methode erfüllt die vereinfachenden Bedingungen (vgl. Nørsett [1976])

$$B(s+1) \text{ und } C(s).$$

Für die folgenden Untersuchungen benötigen wir die verallgemeinerten Laguerre-Polynome.

Definition 2.5.3. Die Polynome

$$L_k^{(\mu)}(x) = \sum_{l=0}^{k} (-1)^l \binom{k+\mu}{k-l} \frac{x^l}{l!}, \quad \mu \in \mathbb{N}_0, \qquad (2.5.5)$$

vom Grade k heißen *verallgemeinerte Laguerre-Polynome*. Für $\mu=0$ erhält man die klassischen Laguerre-Polynome. □

Bemerkung 2.5.5. Die verallgemeinerten Laguerre-Polynome besitzen, wie man leicht nachweist, die Eigenschaften

1. $L_k^{(\mu)}(x) = L_k^{(\mu+1)}(x) - L_{k-1}^{(\mu+1)}(x)$

2. $\int_0^x [L_k^{(1)}(\xi) - L_{k-1}^{(1)}(\xi)] d\xi = \frac{x}{k+1} L_k^{(1)}(x)$ für $k=1,2,\ldots,$

3. $L_k^{(0)}(x) + \frac{x}{k} L_{k-1}^{(1)}(x) = L_{k-1}^{(0)}(x)$ für $k=1,2,\ldots,$

4. $L_k^{(0)}(x) + \sum_{j=1}^{k} \frac{x}{j} L_{j-1}^{(1)}(x) = 1$ für $k=0,1,\ldots,$. □

Wir betrachten den Fall (i).

Theorem 2.5.15. *Eine s-stufige transformierte SIRK-Methode erfüllt D(1) und B(s+1) genau dann, wenn*

$$\int_0^1 \prod_{i=1}^{s} (x-c_i) dx = 0 \qquad (2.5.6)$$

gilt und γ^{-1} eine Nullstelle von $L_s^{(1)}(x)=0$ ist.

Beweis. Die tranformierte SIRK-Methode erfüllt bereits B(s), d.h., jedes Polynom vom Grade <s wird exakt integriert. Nach (2.5.6) gilt

$$\int_0^1 P(x)dx = -\int_0^1 x^s dx \quad \text{mit} \quad P(x) = \prod_{i=1}^{s}(x-c_i)-x^s,$$

und mit

$$\int_0^1 P(x)dx = -\sum_{i=1}^{s} b_i c_i^s$$

ergibt sich

$$\sum_{i=1}^{s} b_i c_i^s = \frac{1}{s+1}.$$

Damit ist gezeigt, daß (2.5.6) äquivalent zu B(s+1) ist. Die Bedingung

$$D(1): \quad b^T A = b^T - (bc)^T \quad \text{mit} \quad (bc)^T := (b_1 c_1, \cdots, b_s c_s)^T \quad (2.5.7)$$

ist äquivalent zu

$$e_H^T A_s = [b-(bc)]^T V_s.$$

Mit B(s+1) folgt daraus, daß (2.5.7) äquivalent ist zu

$$\sum_{i=1}^{s} \frac{\alpha_{is}}{i} - \frac{1}{s(s+1)} = 0. \quad (2.5.8)$$

Mit Theorem 2.5.14 ergibt sich dann

$$\sum_{i=1}^{s+1} \frac{1}{i} (-1)^{s-i} \binom{s}{i-1} \frac{(s-1)!}{(i-1)!} \gamma^{s-i+1} = 0,$$

und nach elementarer Rechnung erhält man

$$\frac{(s-1)!}{s+1} (-\gamma)^s \sum_{i=0}^{s} (-1)^i \binom{s+1}{s-i} \frac{1}{i!} \gamma^{-i} = 0.$$

Mit (2.5.5) folgt

$$\frac{(s-1)!}{s+1} (-\gamma)^s L_s^{(1)}(\gamma^{-1}) = 0.$$

Die Bedingung D(1) ist folglich genau dann erfüllt, wenn γ^{-1} eine Nullstelle von $L_s^{(1)}(x)$ ist. ∎

Folgerung 2.5.3. *Die Klasse der s-stufigen transformierten SIRK-Methoden der Ordnung s+1 ist durch Theorem 2.5.14 mit (2.5.6) und $L_s^{(1)}(\gamma^{-1})=0$ gegeben.* □

Wir betrachten nun den Fall (ii), d.h., die transformierte SIRK-Methode erfüllt die Bedingungen B(s+1) und C(s). Gemäß Theorem 2.5.12 ist sie eine Kollokationsmethode.

Theorem 2.5.16. *Die Knoten c_i einer s-stufigen SIRK-Kollokationsmethode erfüllen die Bedingung*

$$L_s^{(0)}(\frac{c_i}{\gamma}) = 0 \quad \text{für } i=1(1)s.$$

Beweis. Die Bedingung C(s) ist äquivalent zu

$$v_s A_s e_k - \frac{1}{k} c^k = 0 \quad \text{für } k=1(1)s. \qquad (2.5.9)$$

Für k=s erhält man mit (2.5.3') und Theorem 2.5.14

$$\sum_{i=1}^{s} (-1)^{s-i} c_1^{i-1} \binom{s}{i-1} \frac{(s-1)!}{(i-1)!} \gamma^{s-i+1} - \frac{1}{s} c_1^s = 0.$$

Daraus folgt

$$\sum_{i=0}^{s-1} (-1)^{s-i} c_1^i \binom{s}{i} \frac{(s-1)!}{i!} \gamma^{s-i} + \frac{1}{s} c_1^s = 0,$$

und mit (2.5.5) erhält man für l=1(1)s

$$(-\gamma)^s (s-1)! \sum_{i=0}^{s} (-1)^i \binom{s}{i} \frac{1}{i!} (\frac{c_1}{\gamma})^i = (-\gamma)^s (s-1)! L_s^{(0)}(\frac{c_1}{\gamma}) = 0. \quad \blacksquare$$

Theorem 2.5.17. *Eine s-stufige SIRK-Kollokationsmethode hat die Ordnung s+1, wenn γ^{-1} Nullstelle von $L_s^{(1)}(x)$ ist.*

Beweis. (vgl. Dekker/Verwer [1984]). Die Gewichte b_i einer s-stufigen SIRK-Kollokationsmethode sind durch die Bedingung B(s) eindeutig festgelegt. Fordern wir zusätzlich, daß B(s+1) erfüllt ist, so wird jedes Polynom vom Grade s durch die der SIRK-Kollokationsmethode zugrundeliegende Quadraturmethode exakt integriert. Demzufolge gilt die Beziehung

$$\int_0^1 L_s^{(0)}(x\gamma^{-1}) dx = \sum_{i=1}^{s} b_i L_s^{(0)}(c_i \gamma^{-1}).$$

Mit Theorem 2.5.16 ergibt sich

$$\sum_{i=1}^{s} b_i L_s^{(0)}(c_i \gamma^{-1}) = 0.$$

Unter Benutzung der Eigenschaften 1 und 2 für die verallgemeinerten Laguerre-Polynome (Bemerkung 2.5.5) erhalten wir

$$\int_0^1 L_s^{(0)}(x\gamma^{-1}) dx = \gamma \int_0^{\gamma^{-1}} L_s^{(0)}(\xi) d\xi = \gamma \int_0^{\gamma^{-1}} [L_s^{(1)}(\xi) - L_{s-1}^{(1)}(\xi)] dx$$

$$= \frac{1}{s+1} L_s^{(1)}(\gamma^{-1}).$$

Die Bedingung B(s+1) ist folglich genau dann erfüllt, wenn γ^{-1} eine Nullstelle von $L_s^{(1)}(x)$ ist. Mit B(s+1) und C(s) liefert dann Theorem

2.5.3 die Behauptung. ∎

Bemerkung 2.5.6. Das Theorem 2.5.15 stellt an die Knoten c_i einer transformierten SIRK-Methode der Ordnung s+1 eine einzige Bedingung. Das Theorem 2.5.16 für eine SIRK-Kollokationsmethode der Ordnung s+1 dagegen schreibt die Knoten c_i, i=1(1)s, explizit vor. Die Bedingung an γ ist (vgl. Theorem 2.5.17) in beiden Theoremen die gleiche. Nach Theorem 2.5.1 und 2.5.2 folgt, daß eine RK-Methode, die den vereinfachenden Bedingungen B(s+1) und C(s) genügt, auch die Bedingung D(1) erfüllt. Die SIRK-Kollokationsmethoden stellen durch die schärfere Forderung C(s) folglich eine Teilklasse der durch Theorem 2.5.15 gegebenen transformierten SIRK-Methoden der Ordnung s+1 dar. ▫

Theorem 2.5.18. *Eine s-stufige SIRK-Methode hat höchstens die Ordnung s+1.*

Beweis. Die Stabilitätsfunktion einer s-stufigen SIRK-Methode ist durch das Theorem 4.4.3 gegeben. Das Theorem 2.7.9 liefert die Aussage. ∎

Abschließend geben wir zwei- und dreistufige transformierte SIRK-Methoden an.

Beispiel 2.5.11. Eine zweistufige transformierte SIRK-Methode ist durch

$$\begin{array}{c|cc} c_1 & \dfrac{c_1 c_2 - 2c_1 \gamma + \gamma^2}{c_2 - c_1} & -\dfrac{c_1^2 - 2c_1 \gamma + \gamma^2}{c_2 - c_1} \\ c_2 & \dfrac{c_2^2 - 2c_2 \gamma + \gamma^2}{c_2 - c_1} & -\dfrac{c_1 c_2 - 2c_2 \gamma + \gamma^2}{c_2 - c_1} \\ \hline & \dfrac{c_2 - 1/2}{c_2 - c_1} & \dfrac{1/2 - c_1}{c_2 - c_1} \end{array}$$

gegeben. Die Methode hat die Ordnung 3, wenn (2.5.6) erfüllt ist, d.h.

$$c_1 c_2 - \frac{c_1 + c_2}{2} + \frac{1}{3} = 0 \ ,$$

und wenn γ^{-1} eine Nullstelle von $L_2^{(1)}(x)$ ist, d.h.

$$\gamma = \tfrac{1}{2} \pm \tfrac{1}{6}\sqrt{3} \ .$$

Sie ist eine Kollokationsmethode, wenn $c_i \gamma^{-1}$ die Nullstellen von $L_2^{(0)}(x) = 1 - 4x + x^2/2$ sind (vgl. Theorem 2.5.16), d.h.

$$c_1 = (2 - \sqrt{2})\gamma \ , \quad c_2 = (2 + \sqrt{2})\gamma$$

(vgl. Nørsett [1976], Burrage [1978]). ▫

Beispiel 2.5.12. Die dreistufigen transformierten SIRK-Methoden sind durch das Parameterschema (vgl. Burrage [1982], Dekker/Verwer [1984])

$$\begin{array}{c|ccc}c_1\\c_2\\c_3\end{array}\left|\begin{pmatrix}1&c_1&c_1^2\\1&c_2&c_2^2\\1&c_3&c_3^2\end{pmatrix}\cdot\begin{pmatrix}0&0&2\gamma^3\\1&0&-6\gamma^2\\0&\frac{1}{2}&3\gamma\end{pmatrix}\cdot\begin{pmatrix}1&c_1&c_1^2\\1&c_2&c_2^2\\1&c_3&c_3^2\end{pmatrix}^{-1}\right.$$

$$\underbrace{}_{b_1}\underbrace{}_{b_2}\underbrace{}_{b_3}$$

mit

$$b_i = \frac{c_jc_l - \frac{1}{2}(c_j+c_l) + \frac{1}{3}}{(c_i-c_j)(c_i-c_l)} \quad \text{mit } j\neq l,\ j\neq i,\ l\neq i,\ i=1(1)3 \qquad (2.5.10)$$

charakterisiert. Die transformierte SIRK-Methode hat die Ordnung 4, wenn die Bedingung (2.5.6) erfüllt ist, d.h.

$$c_1c_2c_3 - \frac{1}{2}(c_1c_2+c_2c_3+c_3c_1) + \frac{1}{3}(c_1+c_2+c_3) - \frac{1}{4} = 0,$$

und wenn γ^{-1} Nullstelle von $L_3^{(1)}(x) = 4-6x-\frac{1}{3!}x^3$ ist, d.h.

$$\gamma_1 = \frac{1}{2} + \frac{1}{3}\sqrt{3}\cos(10°),\quad \gamma_2 = \frac{1}{2} - \frac{1}{3}\sqrt{3}\cos(70°),\quad \gamma_3 = \frac{1}{2} - \frac{1}{3}\sqrt{3}\cos(50°).$$

Die transformierte SIRK-Methode ist eine Kollokationsmethode, wenn $c_i\gamma^{-1}$, $i=1(1)3$, die Nullstellen des verallgemeinerten Laguerre-Polynoms $L_3^{(0)}(x) = 1-3x+\frac{3}{2}x^2-x^3$ sind. □

2.6. Stetige Runge-Kutta-Methoden

Die Näherungslösung u_h einer s-stufigen RK-Methode wird häufig außerhalb des durch die Schrittweitensteuerung (vgl. Abschnitt 2.8.3) erzeugten Punktgitters I_h benötigt. So möchte man z.B. u_h in vorgeschriebenen Gitterpunkten, die u.U. sehr dicht liegen, ausgeben (dense output), eine graphische Darstellung von u_h haben oder retardierte Differentialgleichungen (vgl. Kapitel 7) lösen. Es ist daher wünschenswert, RK-Methoden zu konstruieren, die Näherungswerte in jedem Zwischenpunkt $t=t_m+\theta h$ mit $0<\theta\leq 1$ liefern (sog. stetige RK-Methoden). Wesentlich dabei ist, daß für eine derartige Interpolationsvorschrift nur ein geringer Rechenaufwand benötigt werden soll.

Um den Charakter der Einschrittmethode zu erhalten, betrachten wir im folgenden nur *lokale Interpolation*, d.h., in der Interpolationsvorschrift werden nur Informationen aus dem jeweiligen Diskretisierungsintervall $[t_m, t_m+h]$ verwendet. Wir geben zwei verschiedene Arten von Interpolationsvorschriften an (vgl. Enright/Jackson/Nørsett/Thomsen [1985], Zennaro [1986a], Bellen/Zennaro [1988]).

Definition 2.6.1. Eine Interpolationsvorschrift

$$w(t_m+\theta h) = u_m + h \sum_{i=1}^{s} b_i(\theta) f(t_m+c_i h, u_{m+1}^{(i)}), \quad 0 \leq \theta \leq 1$$

heißt *stetige RK-Methode* 1. Art, wenn die Gewichtskoeffizienten $b_i(\theta)$, $i=1(1)s$, Polynome in θ sind mit $b_i(0)=0$ und $b_i(1)=b_i$. □

Zu den stetigen RK-Methoden 1. Art gehört die lineare Lagrange-Interpolierende

$$w(t_m+\theta h) = u_m + \theta \cdot (u_{m+1} - u_m)$$

$$= u_m + \theta h \sum_{i=1}^{s} b_i f(t_m+c_i h, u_{m+1}^{(i)}), \quad 0 \leq \theta \leq 1.$$

Sie hat für jede s-stufige RK-Methode der Ordnung $p \geq 1$ die (gleichmäßige) Ordnung 1, d.h., für den lokalen Fehler

$$w(t_m+\theta h) - y(t_m+\theta h) \text{ mit } w(t_m) = y(t_m)$$

gilt

$$\|w(t_m+\theta h) - y(t_m+\theta h)\| = O(h^2) \text{ für alle } \theta \in (0,1).$$

Wir geben nun einige Beispiele von stetigen RK-Methoden 1.Art, deren gleichmäßige Ordnung >1 ist.

Beispiel 2.6.1. Zu den 3-stufigen RK-Methoden der Ordnung $p=3$ (vgl. Beispiel 2.4.3) wollen wir stetige RK-Methoden 1. Art von möglichst hoher *gleichmäßiger* Ordnung konstruieren.

Die Konsistenzbedingungen für eine stetige RK-Methode der gleichmäßigen Ordnung 3 sind (vgl. dazu Tabelle 2.3.3)

$$b_1(\theta) + b_2(\theta) + b_3(\theta) = \theta$$

$$b_2(\theta)c_2 + b_3(\theta)c_3 = \frac{\theta^2}{2}$$

$$b_2(\theta)c_2^2 + b_3(\theta)c_3^2 = \frac{\theta^3}{3}$$

$$b_3(\theta)a_{32}c_2 = \frac{\theta^3}{6}.$$

Die zweite und dritte Bedingung liefern

$$b_2(\theta) = \frac{3\theta^2 c_3 - 2\theta^3}{6c_2(c_3-c_2)}, \quad b_3(\theta) = \frac{2\theta^3 - 3\theta^2 c_2}{6c_3(c_3-c_2)},$$

und aus der ersten Bedingung erhält man

$$b_1(\theta) = \theta - \frac{3\theta^2(c_2+c_3) - 2\theta^3}{6c_2 c_3}.$$

Die vierte Bedingung läßt sich für von θ unabhängiges $a_{32}c_2$ nicht erfüllen. Wir fordern daher (vgl. Hairer/Nørsett/Wanner [1987]), daß die 3-stufigen stetigen RK-Methoden 1. Art nur die drei ersten Bedingungsgleichungen erfüllen, so daß sie die gleichmäßige Ordnung 2 besitzen. Die zugehörigen RK-Methoden ($\theta=1$) sollen die Ordnung 3 haben. Diese stetigen RK-Methoden sind dann durch das Parameterschema

$$
\begin{array}{c|ccc}
0 & & & \\
c_2 & c_2 & & \\
c_3 & c_3 - a_{32} & a_{32} & \\
\hline
 & \theta - b_2(\theta) - b_3(\theta) & b_2(\theta) & b_3(\theta)
\end{array}
\quad \text{mit } a_{32} = \frac{1}{6 b_3 c_2}
$$

charakterisiert. Ihre zugehörigen RK-Methoden sind die in Beispiel 2.4.3 angegebene dritte Verfahrensklasse. □

Beispiel 2.6.2. Die stetige RK-Methode 1. Art der gleichmäßigen Ordnung 2, die der Trapezregel zugeordnet ist, lautet

$$w(t_m + \theta h) = u_m + h[(\theta - \frac{\theta^2}{2}) f(t_m, u_m) + \frac{\theta^2}{2} f(t_{m+1}, u_{m+1})]. \quad \square$$

Beispiel 2.6.3. Die 6-stufige RK-Methode von Dormand/Prince (Beispiel 2.4.9) gestattet eine stetige Erweiterung der gleichmäßigen Ordnung 4 (vgl. Hairer/Nørsett/Wanner [1987])

$$w(t_m + \theta h) = u_m + h \sum_{i=1}^{6} b_i(\theta) f(t_m + c_i h, u_{m+1}^{(i)}), \quad 0 \leq \theta \leq 1,$$

deren Gewichtkoeffizienten $b_i(\theta)$ durch

$b_1(\theta) = \theta(1 + \theta(-1337/480 + \theta(1039/360 + \theta(-1163/1152))))$

$b_2(\theta) = 0$

$b_3(\theta) = 100\theta^2 (1054/9275 + \theta(-4682/27825 + \theta(379/5565)))/3$

$b_4(\theta) = -5\theta^2 (27/40 + \theta(-9/5 + \theta(83/96)))/2$

$b_5(\theta) = 18225\theta^2 (-3/250 + \theta(22/375 + \theta(-37/600)))/848$

$b_6(\theta) = -22\theta^2 (-3/10 + \theta(29/30 + \theta(-17/24)))/7$

gegeben sind. Für $\theta=1$ geht $w(t_m + \theta h)$ in u_{m+1} über. □

Beispiel 2.6.4. Für s-stufige RK-Methoden vom Kollokationstyp (vgl. Abschnitt 2.5.4) stellt das Kollokationspolynom

$$w(t_m + \theta h) = u_m + h \sum_{i=1}^{s} f(t_m + c_i h, u_{m+1}^{(i)}) \int_0^\theta L_i(x) dx$$

eine stetige RK-Methode 1. Art der gleichmäßigen Ordnung s dar. Den Beweis überlassen wir dem Leser. □

Für transformierte SIRK-Methoden (vgl. Abschnitt 2.5.6) gilt das folgende

Theorem 2.6.1. Eine transformierte SIRK-Methode erfülle die vereinfachenden Bedingungen C(s-1) und B(s). Dann hat die durch

$$w(t_m+\theta h) = u_m + h(b^T(\theta) \bullet I_n) F(t_m, u_m) \qquad (2.6.1)$$

mit

$$b^T(\theta) = e_H^T(\theta) V_s^{-1} = (\theta, \frac{\theta^2}{2}, \ldots, \frac{\theta^s}{s}) V_s^{-1}, \qquad 0 \le \theta \le 1$$

gegebene stetige transformierte SIRK-Methode 1. Art die gleichmäßige Ordnung p=s.

Beweis. Die Bestimmung von $w(t_m+\theta h)$ für $0<\theta \le 1$ kann als ein Schritt einer transformierten SIRK-Methode mit der Schrittweite $\tilde{h}=\theta h$ interpretiert werden. Aus (2.6.1) folgt

$$w(t_m+\tilde{h}) = u_m + \tilde{h}(1, \frac{\theta}{2}, \ldots, \frac{\theta^{s-1}}{s})(V_s^{-1} \bullet I_n) F(t_m, u_m)$$

und nach (2.2.3a) gilt

$$U_m = e \bullet u_m + \tilde{h}(\frac{1}{\theta} A \bullet I_n) F(t_m, U_m)$$

mit

$$F(t_m, U_m) = (f(t_m+\tilde{c}_1 \tilde{h}, u_{m+1}^{(1)}), \ldots, f(t_m+\tilde{c}_s \tilde{h}, u_{m+1}^{(s)}))^T.$$

Damit stellt (2.6.1) eine s-stufige transformierte SIRK-Methode mit

der Verfahrensmatrix $\tilde{A}= A/\theta$,

dem Knotenvektor $\tilde{c}= c/\theta$,

dem Gewichtsvektor $\tilde{b}^T= (1,\theta/2,\ldots,\theta^{s-1}/s)V_s^{-1}$, i,j=1(1)s

dar. Sie erfüllt die vereinfachenden Bedingungen C(s-1) und B(s) und besitzt somit nach Theorem 2.5.3 mindestens die Konsistenzordnung p=s. ∎

Für eine stetige RK-Methode ist die gleichmäßige Ordnung i.allg. kleiner als die Ordnung der zugehörigen RK-Methode. Dies kann in manchen Anwendungsfällen unbefriedigend sein. Durch Hinzunahme weiterer Stufen läßt sich eine gleichmäßige Ordnung p bzw. p+1 erreichen.

Definition 2.6.2. Eine Interpolationsvorschrift

$$w(t_m+\theta h) = u_m + h \sum_{i=1}^{s} b_i(\theta) f(t_m+c_i h, u_{m+1}^{(i)}) + h \sum_{i=s+1}^{\hat{s}} b_i(\theta) f(t_m+c_i h, u_{m+1}^{(i)})$$

heißt *stetige RK-Methode 2. Art*, wenn die Gewichtskoeffizienten $b_i(\theta)$, $i=1(1)\hat{s}$, Polynome in θ sind mit

$b_i(0) = 0$ für $i=1(1)\hat{s}$
$b_i(1) = b_i$ für $i=1(1)s$ und $b_i(1) = 0$ für $i=(s+1)(1)\hat{s}$.

Die zusätzlichen $u_{m+1}^{(i)}$, $i=s+1(1)\hat{s}$, sind durch die weiteren Stufen

$$u_{m+1}^{(i)} = u_m + h \sum_{j=1}^{\hat{s}} a_{ij} f(t_m + c_j h, u_{m+1}^{(j)})$$

festgelegt. □

Zu den stetigen RK-Methoden 2. Art gehört die kubische Hermite-Interpolierende. Mit den Funktionswerten u_m, u_{m+1} und den zugehörigen Ableitungen $f(t_m, u_m)$, $f(t_{m+1}, u_{m+1})$ in den beiden Stützpunkten t_m und t_{m+1} ist die kubische Hermite-Interpolierende durch

$$w(t_m+\theta h) = u_m + [\theta^2(3-2\theta)](u_{m+1}-u_m) + h\theta[(\theta-1)^2 f(t_m,u_m) + \theta(\theta-1) f(t_{m+1},u_{m+1})]$$

gegeben. Daraus folgt mit (2.2.1)

$$w(t_m+\theta h) = u_m + h\theta\left\{(1-\theta)^2 f(t_m,u_m) + \theta(3-2\theta)[\sum_{i=1}^{s} b_i f(t_m+c_i h, u_{m+1}^{(i)})]\right.$$
$$\left. + \theta(\theta-1) f(t_{m+1}, u_m + h\sum_{i=1}^{s} b_i f(t_m+c_i h, u_{m+1}^{(i)}))\right\},$$

so daß die Gewichtskoeffizienten $b_i(\theta)$, $i=1(1)s+1$, dieser stetigen RK-Methode 2. Art durch

$$b_i(\theta) = \theta^2(3-2\theta) b_i, \quad i=1(1)s$$
$$b_{s+1}(\theta) = \theta(1-\theta)^2, \quad b_{s+2}(\theta) = \theta^2(\theta-1)$$

festgelegt sind.

Bemerkung 2.6.1. Die kubische Hermite-Interpolierende kann bereits zur stetigen RK-Methode erster Art gehören. □

Beispiel 2.6.5. Wir betrachten die dreistufige RK-Methode

0			
$\frac{1}{2}$	$\frac{1}{2}$		
1	-1	2	
	$\frac{1}{6}$	$\frac{4}{6}$	$\frac{1}{6}$

(vgl. Beispiel 2.4.3). Mit der "zusätzlichen" Stufe

$$u_{m+1}^{(4)} = u_m + \frac{h}{6}(k_1 + 4k_2 + k_3)$$
$$= u_{m+1}$$

(der Funktionsaufruf $f(t_m+h, u_{m+1})$ wird für den nächsten Integrationsschritt benötigt, so daß nur wenig Mehraufwand entsteht) erhält man eine stetige RK-Methode der gleichmäßigen Ordnung 3, deren Gewichtskoeffizienten durch

$$b_1(\theta) = \theta - \frac{3}{2}\theta^2 + \frac{2}{3}\theta^3 \qquad b_2(\theta) = -\frac{4}{3}\theta^3 + 2\theta^2$$
$$b_3(\theta) = -\frac{1}{3}\theta^3 + \frac{1}{2}\theta^2 \qquad b_4(\theta) = \theta^3 - \theta^2. \quad \square$$

gegeben sind. □

Bemerkung 2.6.2. Andere Arten von Interpolationsvorschriften wurden von Horn [1983] und Shampine [1985] untersucht. □

2.7. Lineare und nichtlineare Stabilität von Runge-Kutta-Methoden

Die Stabilität von RK-Methoden ist eng mit der Stabilität der exakten Lösung einer Differentialgleichung verbunden. Ideal wäre, wenn auf einem beliebigen, aber fest gewählten Punktgitter $I_h \subseteq [t_0, \infty)$ mit $t_0 \geq 0$, exakte Lösung und Näherungslösung für beliebige Anfangswertprobleme (1.3.1) das gleiche Stabilitätsverhalten aufweisen. Diese Forderung erweist sich jedoch als zu stark. Man untersucht daher das Stabilitätsverhalten der Näherungslösung bez. gewisser Klassen stabiler Differentialgleichungen. Wir legen im folgenden dissipative Differentialgleichungssysteme (vgl. Abschnitt 1.3.2) zugrunde, die ein kontraktives Verhalten der Lösung sichern. Dies führt zu verschiedenen *numerischen Stabilitätsbegriffen*.

Betrachtet werden Differentialgleichungssysteme (1.3.1) mit f aus folgenden Funktionenklassen (vgl. Dahlquist [1963], Butcher [1975], Burrage/Butcher [1979], Crouzeix [1979]):

$$A := \{f: f(t,y) = qy, q \in \mathbb{C}^-\} \tag{2.7.1}$$
$$AN := \{f: f(t,y) = q(t)y, q(t) \in \mathbb{C}^-, t \in \mathbb{R}_+\} \tag{2.7.2}$$
$$B := \{f: <f(u)-f(v), u-v> \leq 0, u,v \in \mathbb{R}^n\} \tag{2.7.3}$$
$$BN := \{f: <f(t,u)-f(t,v), u-v> \leq 0, u,v \in \mathbb{R}^n, t \in \mathbb{R}_+\}, \tag{2.7.4}$$

wobei $\mathbb{C}^-$ die Menge aller komplexen Zahlen z mit Re z≤0, $\mathbb{R}_+$ die Menge aller positiven reellen Zahlen und <.,.> ein fest vorgegebenes Skalarprodukt im $\mathbb{R}^n$ mit der zugehörigen Norm $\|x\|=\sqrt{<x,x>}$, $x \in \mathbb{R}^n$, bezeichnen.

Bemerkung 2.7.1. Für eine komplexe Differentialgleichung ist (2.7.3) zu verstehen als

$$B := \{f: \text{Re} <f(u)-f(v), u-v> \leq 0, \forall u,v \in \mathbb{C}^n\}.$$

Analog ist die Klasse (2.7.4) zu interpretieren. Die Klassen A, AN, und B sind somit Teilmengen von BN. □

Ein zur Definition 1.3.5 analoges Verhalten der numerischen Lösung einer RK-Methode, d.h. eine Simulation des kontraktiven Lösungsverhaltens des zugrundegelegten Systems, wird durch folgende Definition gefordert:

Definition 2.7.1. Eine RK-Methode heißt auf einer Klasse $\mathcal{F}$ von Anfangswertproblemen (1.3.1) *unbedingt kontraktiv*, wenn auf einem beliebigen, aber fest gewählten Gitter $I_h \subseteq [t_0, \infty)$ für zwei Näherungslösungen u_m und v_m zu verschiedenen Anfangswerten u_0 und v_0 in einer Vektornorm im $\mathbb{R}^n$ für alle Probleme aus $\mathcal{F}$ gilt

$$\|u_{m+1} - v_{m+1}\| \leq \|u_m - v_m\| \quad \text{für alle } h > 0. \tag{2.7.5}$$

Gilt (2.7.5) unter der Schrittweiteneinschränkung $h \leq H$, so heißt die RK-Methode *bedingt kontraktiv*. □

Für RK-Methoden, angewandt auf ein Anfangswertproblem (1.3.1) mit f aus den Funktionenklassen (2.7.1) bis (2.7.4), erhält man damit folgende einheitliche Definition der Stabilität (unbedingten Kontraktivität):

Definition 2.7.2. Eine RK-Methode heißt A- bzw. AN- bzw. B- bzw. BN-*stabil*, wenn sie auf der Klasse A bzw. AN bzw. B bzw. BN *unbedingt kontraktiv* ist. □

2.7.1. A-Stabilität

Der von Dahlquist [1963] eingeführte Begriff der A-Stabilität ist der älteste unbedingte Kontraktivitätsbegriff. Er ist auch heute noch von entscheidender Bedeutung für die Einschätzung von Diskretisierungsmethoden für steife Differentialgleichungssysteme (vgl. Kapitel 3).

Eine s-stufige RK-Methode liefert bei Anwendung auf die Klasse A nach (2.2.3)

$$U_m = eu_m + zAU_m, \quad z = hq \tag{2.7.6a}$$

$$u_{m+1} = u_m + zb^T U_m. \tag{2.7.6b}$$

Ist I-zA nichtsingulär, so kann U_m aus dem linearen Gleichungssystem (2.7.6a) bestimmt werden. Damit ergibt sich dann aus (2.7.6b)

$$u_{m+1} = R_0(z) u_m \tag{2.7.7}$$

mit

$$R_0(z) = 1 + zb^T (I - zA)^{-1} e. \tag{2.7.8}$$

Das folgende Lemma gibt eine weitere Darstellung für $R_0(z)$, die für eine Berechnung besser geeignet ist als (2.7.8).

Lemma 2.7.1. (Stetter [1973]) *Die Funktion $R_0(z)$ einer RK-Methode ist gegeben durch*

$$R_0(z) = \frac{\det(I-zA+zeb^T)}{\det(I-zA)} \quad . \qquad (2.7.8')$$

Beweis. Das Gleichungssystem (2.7.6) wird in der Form

$$\begin{pmatrix} I-zA & 0 \\ zb^T & 1 \end{pmatrix} \begin{pmatrix} U_m \\ u_{m+1} \end{pmatrix} = \begin{pmatrix} u_m \\ \dot{u}_m \end{pmatrix}$$

geschrieben. Mit der Cramerschen Regel ergibt sich dann

$$u_{m+1} = \frac{\det\begin{pmatrix} I-zA & e \\ -zb^T & 1 \end{pmatrix}}{\det(I-zA)} u_m .$$

Subtrahiert man im Zähler die letzte Zeile der Matrix von den s ersten Zeilen, so erhält man für $R_0(z)$ die Darstellung (2.7.8'). ∎

Nach (2.7.7) ergibt sich das

Theorem 2.7.1. *Eine RK-Methode ist genau dann A-stabil, wenn gilt*

$$|R_0(z)| \leq 1 \quad \forall \ z \in C^- . \quad \square$$

Die Funktion $R_0(z)$ heißt *Stabilitätsfunktion* der RK-Methode. Sie ist nach (2.7.8) für implizite RK-Methoden eine rationale Funktion mit reellen Koeffizienten, deren Zähler- und Nennergrad höchstens s ist und für explizite RK-Methoden ein Polynom vom Grade höchstens s. Besitzt die RK-Methode die Ordnung p, so ist $R_0(z)$ für $z \to 0$ eine Approximation der Ordnung mindestens p an exp(z), d.h., es gilt

$$R_0(z) = \exp(z) + O(z^{p+1}) \quad \text{für } z \to 0.$$

Die Stabilitätsfunktion $R_0(z)$ wird als *A-verträglich* bezeichnet, wenn sie für alle $z \in C^-$ betragsmäßig durch 1 beschränkt ist. Eine A-stabile RK-Methode ergibt somit eine A-verträgliche Approximation an exp(z).

Es gibt verschiedene Verschärfungen des A-Stabilitätsbegriffes, die aus stärkeren Anforderungen an das qualitative Verhalten der numerischen Lösungen resultieren.

Definition 2.7.3. Eine A-stabile RK-Methode heißt *stark A-stabil* bzw. *L-stabil*, wenn gilt

$$\lim_{\text{Re } z \to -\infty} |R_0(z)| < 1 \quad \text{bzw.} \quad \lim_{\text{Re } z \to -\infty} R_0(z) = 0 . \quad \square$$

Der Begriff der L-Stabilität (left stability) wurde von Ehle [1973] eingeführt. Eine A-stabile RK-Methode ist offensichtlich genau dann L-stabil, wenn der Nennergrad von $R_0(z)$ größer als der Zählergrad ist. Stark A-stabile Methoden erfordern dagegen lediglich, daß das Verhältnis des Zähler- und Nennerkoeffizienten von z^s betragsmäßig kleiner als 1 ist. L-stabile RK-Methoden besitzen die Eigenschaft, daß auf der Klasse A für die numerische Lösung (2.7.7) analog zur exakten Lösung y(t) gilt

$$\text{Re } z \longrightarrow -\infty \;\; \Rightarrow \;\; u_m \longrightarrow 0.$$

Bemerkung 2.7.2. Da die Stabilitätsfunktion $R_0(z)$ eine meromorphe Funktion ist, läßt sich die wesentliche Singularität von exp(z) in $z=\infty$ nicht modellieren. Man kann sich lediglich für einen der drei Fälle

$$\begin{aligned} \exp(z) &\longrightarrow 0 && \text{für Re } z<0, \; z\to\infty \\ |\exp(z)| &= 1 && \text{für Re } z=0, \; z\to\infty \\ \exp(z) &\longrightarrow \infty && \text{für Re } z>0, \; z\to\infty \end{aligned}$$

entscheiden. □

Bemerkung 2.7.3. a) Die A-Stabilität stellt eine starke Forderung an eine Diskretisierungsmethode dar, z.B. ist die maximale Konsistenzordnung A-stabiler linearer Mehrschrittmethoden 2 (siehe z.B. Stetter [1973], Gear [1971]). Zur Bewertung von Verfahren hat man demzufolge auch verschiedene schwächere Stabilitätsbegriffe eingeführt. Dazu gehört u.a. die von Widlund [1967] eingeführte $A(\alpha)$- *Stabilität*

$$|R_0(z)| \le 1 \text{ für } z \in \mathbb{C}^-_\alpha := \{z \in \mathbb{C}^- : |\arg(z)-\pi| \le \alpha, \; \alpha \in (0,\tfrac{\pi}{2})\}$$

und die von Cryer [1973] eingeführte A_0-*Stabilität*

$$|R_0(z)| \le 1 \text{ für } z \in \mathbb{R}^- := \{z \in (-\infty,0)\}.$$

Bei RK-Methoden kommt jedoch diesen Abschwächungen der A-Stabilität keine zentrale Bedeutung zu. Die stärkere Eigenschaft der L-Stabilität ist dagegen in zahlreichen RK-Methoden zur Lösung steifer Systeme realisiert.

b) Falls die Verfahrensmatrix A einer RK-Methode nichtsingulär ist, dann ergibt sich aus (2.7.8)

$$R_0(\infty) = 1 - b^T A^{-1} e,$$

so daß $R_0(\infty)=0$ impliziert

$$1 - b^T A^{-1} e = 0.$$

Diese Beziehung ist offensichtlich für RK-Methoden mit

$$b_i = a_{si}, \; i=1(1)s, \; \text{d.h. } b^T = e_s^T A$$

(z.B. Radau-IIA-, Lobatto-IIIA-, Lobatto-IIIC-Methoden) erfüllt. □

RK-Methoden, die das Stabilitätsverhalten von Differentialgleichungen möglichst gut widerspiegeln sollen, müssen notwendigerweise implizit sein. Im Rahmen der linearen Stabilität von impliziten

RK-Methoden spielen Padé-Approximationen von exp(z), auf die wir nun eingehen wollen, eine besondere Rolle. Sei $R_{j,k}(z)=P_k(z)/Q_j(z)$, $z\in\mathbb{C}$, eine rationale Funktion, wobei die Polynome

$$P_k(z) = \sum_{l=0}^{k} a_l z^l \quad \text{und} \quad Q_j(z) = \sum_{l=0}^{j} b_l z^l, \quad a_l, b_l \in \mathbb{R} \text{ mit } b_0 = 1$$

höchstens vom Grade k bzw. j sind. Sei ferner g(z) eine in einer Umgebung von z=0 gegebene analytische Funktion.

Definition 2.7.4. Die rationale Funktion $R_{j,k}(z)$ heißt Padé-Approximation von g(z) vom Index (j,k), wenn gilt

$$R_{j,k}^{(l)}(0) = g^{(l)}(0), \text{ für } l=0(1)j+k \; . \quad \Box \qquad (2.7.9)$$

Falls die Padé-Aproximation von g(z) zu jedem Index (j,k) mit $j,k \in \mathbb{N}_0$ existiert, ordnet man die $R_{j,k}(z)$ in einem quadratischen Schema (Padé-Tafel) an:

$$\begin{array}{cccc} R_{00} & R_{01} & R_{02} & \cdots \\ R_{10} & R_{11} & R_{12} & \cdots \\ R_{20} & R_{21} & R_{22} & \cdots \\ \vdots & \vdots & \vdots & \\ \end{array}$$

Die Funktionen $R_{j,j}(z)$ heißen diagonale Padé-Approximationen, die Funktionen $R_{j+1,j}(z)$, $R_{j+2,j}(z)$, ... heißen erste, zweite,... subdiagonale Padé-Approximationen von g(z). Die erste Zeile der Padé-Tafel liefert die Folge der Taylorapproximationen von g(z) und die erste Spalte die Folge der reziproken Taylorapproximationen von 1/g(z).

Theorem 2.7.2. Falls die Padé-Approximation $R_{j,k}(z)$ von g(z) existiert, dann ist sie eindeutig.

Beweis. Sei $\tilde{R}_{j,k}(z)$ eine von $R_{j,k}(z)$ verschiedene Padé-Approximation von g(z) vom gleichen Index (j,k). Dann gilt

$$P_k(z)\tilde{Q}_j(z) - Q_j(z)\tilde{P}_k(z) = O(|z|^{j+k+1}) \text{ für } z \to 0,$$

d.h., $P_k(z)\tilde{Q}_j(z) - Q_j(z)\tilde{P}_k(z)$ muß als Polynom vom Grade höchstens j+k identisch verschwinden, was $R_{j,k}(z) = \tilde{R}_{j,k}(z)$ impliziert. ∎

Schreiben wir g(z) in der Form

$$g(z) = \sum_{l=0}^{\infty} c_l z^l, \quad c_l \in \mathbb{R},$$

so ist die Forderung (2.7.9) äquivalent zu

$$\sum_{l=0}^{k} a_l z^l - (\sum_{l=0}^{j} b_l z^l)(\sum_{l=0}^{\infty} c_l z^l) = O(|z|^{j+k+1}) \quad \text{für} \quad z \to 0.$$

Daraus ergeben sich für eine Padé-Approximation von $g(z)$ vom Index (j,k) die folgenden Bedingungsgleichungen

$$\sum_{l=0}^{\rho} c_{r-l} b_l = a_r \quad \text{für} \quad r=0(1)k \quad \text{mit} \quad \rho=\min(j,r) \qquad (2.7.10a)$$

$$\sum_{l=0}^{\sigma} c_{j+k-\nu-l} b_l = 0 \quad \text{für} \quad \nu=0(1)j-1 \quad \text{mit} \quad \sigma=\min(j,j+k-\nu) \qquad (2.7.10b)$$

mit $b_0=1$. Wenn dieses lineare Gleichungssystem für die $(j+k+1)$-Unbekannten $a_0,\ldots,a_k$, $b_1,\ldots,b_j$ eine Lösung besitzt, so liefert sie uns die gewünschte Padé-Approximation $R_{j,k}(z)$ von $g(z)$. Auf die Angabe von Bedingungen für die Lösbarkeit von (2.7.10) wollen wir verzichten, da wir lediglich an den Padé-Approximationen von $\exp(z)$ interessiert sind. Für diese gilt das

Theorem 2.7.3. *Die Padé-Approximation von $\exp(z)$ vom Index (j,k) ist gegeben durch*

$$P_k(z) = \sum_{l=0}^{k} \frac{k!}{(k-l)!} \frac{(j+k-l)!}{(j+k)!} \frac{z^l}{l!}$$

$$Q_j(z) = \sum_{l=0}^{j} \frac{j!}{(j-l)!} \frac{(j+k-l)!}{(j+k)!} \frac{(-z)^l}{l!}.$$

Beweis. Es ist

$$\sum_{l=0}^{\rho} c_{r-l} b_l = \sum_{l=0}^{\rho} \frac{1}{(r-l)!} \frac{j!}{(j-l)!} \frac{(j+k-l)!}{(j+k)!} \frac{(-1)^l}{l!}$$

$$= \frac{j!k!}{(j+k)!r!} \sum_{l=0}^{\rho} (-1)^l \binom{r}{l} \binom{j+k-l}{j-l}$$

$$= \frac{j!k!}{(j+k)!r!} (-1)^j \sum_{l=0}^{\rho} \binom{r}{l} \binom{-k-1}{j-l}. \qquad (2.7.11)$$

Aus den Beziehungen

$$(1+x)^{-k-1}(1+x)^r = \sum_{i=0}^{\infty} \left\{ \sum_{l=0}^{\kappa} \binom{r}{l} \binom{-k-1}{i-l} \right\} x^i, \quad \kappa=\min(i,r) \qquad (2.7.12)$$

und

$$(1+x)^{r-k-1} = \sum_{i=0}^{\infty} (-1)^i \binom{k+i-r}{i} x^i$$

ergibt sich

$$\sum_{l=0}^{\kappa} \binom{r}{l} \binom{-k-1}{i-l} = (-1)^i \binom{k+i-r}{k-r}.$$

Damit folgt

$$\sum_{l=0}^{\rho} c_{r-1} b_1 = \frac{j!k!}{(j+k)!r!}\binom{k+j-r}{k-r} = \frac{k!}{(k-r)!}\frac{(j+k-r)!}{(j+k)!r!},$$

d.h., die Beziehungen (2.7.10a) sind für alle $j,k \in \mathbb{N}_0$ erfüllt. Für $r=j+k-\nu$, $\nu=0(1)j-1$ erhält man mit

$$(1+x)^{j-\nu-1} = \sum_{i=0}^{j-\nu-1}\binom{j-\nu-1}{i} x^i$$

aus (2.7.12)

$$\sum_{l=0}^{\kappa}\binom{j+k-\nu}{l}\binom{-k-1}{i-1} = 0 \text{ für } i = j-\nu.$$

Aus (2.7.11) folgt damit, daß auch (2.7.10b) für alle $j,k \in \mathbb{N}_0$ erfüllt ist. ∎

Für die in den Abschnitten 2.5.2 und 2.5.3 behandelten impliziten RK-Methoden erhalten wir nun folgende Ergebnisse:

Theorem 2.7.4. *Die Stabilitätsfunktion $R_0(z)$ der s-stufigen Gauß-Legendre-Methode ist die (s,s)-Padé-Approximation von exp(z).*

Beweis. Die s-stufige Gauß-Legendre-Methode besitzt die Ordnung p=2s (vgl. Theorem 2.5.4), so daß gilt

$$R_0(z) = \exp(z) + O(z^{2s+1}) \text{ für } z \to 0, \quad (2.7.13)$$

wobei Zähler und Nenner von $R_0(z)$ Polynome vom Grade s sind. Dies impliziert, daß $R_0(z)$ gleich der Padé-Approximation vom Index (s,s) von exp(z) ist. ∎

Theorem 2.7.5. *Die Stabilitätsfunktion der s-stufigen Radau-IA- und Radau-IIA-Methode ist die (s,s-1)-Padé-Approximation von exp(z).*

Beweis. Für die s-stufige Radau-IA-Methode sind Verfahrensmatrix A und Wichtungsvektor b gegeben durch

$$A = B^{-1}(V_s^{-1})^T(N-C)^T B \quad \text{und} \quad b^T = e_H^T V_s^{-1}$$

(vgl. Abschnitt 2.5.3). Damit erhält man

$$Ae_1 = b_1 B^{-1}(V_s^{-1})^T(N-C)^T e_1.$$

Unter Berücksichtigung von $c_1=0$ ergibt sich dann

$$Ae_1 = b_1 B^{-1}(V_s^{-1})^T e_H = b_1 B^{-1} b^T = b_1 e.$$

Somit ist die Matrix $A-eb^T$ der Radau-IA-Methode singulär, da die erste Spalte dieser Matrix verschwindet. Die Ordnung der Methode ist 2s-1 (vgl. Theorem 2.5.7), so daß der Zähler der Stabilitätsfunktion $R_0(z)$ (vgl. (2.7.8')) ein Polynom vom Grade s-1 und der Nenner ein

Polynom vom Grade s ist. Dies impliziert, daß $R_0(z)$ die (s,s-1)-Padé-Approximation von exp(z) ist. In analoger Weise zeigt man die Aussage für die Radau-IIA-Methode. Hier verschwindet die letzte Zeile der Matrix $A-eb^T$ (vgl. Beispiel 2.5.3). ∎

In ähnlicher Weise ergibt sich

Theorem 2.7.6. *Die Stabilitätsfunktion der s-stufigen Lobatto-IIIA- und Lobatto-IIIB-Methode ist die (s-1,s-1)-Padé-Approximation von exp(z). Die Stabilitätsfunktion der s-stufigen Lobatto-IIIC-Methode ist die (s,s-2)-Padé-Approximation von exp(z).* □

Zahlreiche Aussagen über A-Stabilität und Approximationsordnung der Stabilitätsfunktion $R_0(z)$ lassen sich mit Hilfe der von Wanner/Hairer/Nørsett [1978] entwickelten Theorie der *Ordnungssterne* gewinnen. Wir geben hier zwei Anwendungen dieser Theorie. Die eine beweist die Vermutung von Ehle [1969] über die A-Verträglichkeit der Padé-Approximationen von exp(z), die andere gibt eine Aussage über die erreichbare Approximationsordnung von $R_0(z)$. Die Beweise findet man in Wanner/Hairer/Nørsett [1978].

Theorem 2.7.7. (Theorem und Vermutung von Ehle) *Eine Padé-Approximation $R_0(z)=P_k(z)/Q_j(z)$ von exp(z) ist genau dann A-verträglich, wenn gilt*

$$j-2 \le k \le j.$$ □

Theorem 2.7.8. *Der Nenner $Q_j(z)$ von $R_0(z)$ besitze genau r voneinander verschiedene komplexe Nullstellen. Hat $Q_j(z)$ zusätzlich reelle Nullstellen, dann ist die Approximationsordnung p von $R_0(z)$ begrenzt durch*

$$p \le k+r+1.$$

Hat $Q_j(z)$ keine reellen Nullstellen, dann gilt für die Approximationsordnung

$$p \le k+r.$$ □

Als Spezialfall von Theorem 2.7.8 erhält man das

Theorem 2.7.9. (vgl. Nørsett/Wolfbrandt [1977]) *Der Nenner $Q_j(z)$ von $R_0(z)$ besitze nur reelle Nullstellen. Dann gilt*

$$p \le k+1.$$ □

Bemerkung 2.7.4. Für eine A-verträgliche Stabilitätsfunktion $R_0(z)$, dessen Nenner nur reelle Nullstellen hat, gilt p=k+1 nur für k=1,2,3 und 5 (vgl. Keeling [1989]). □

Aus Theorem 2.7.7 ergibt sich

Folgerung 2.7.1. *Die Gauß-Legendre-Methoden sowie die Lobatto-IIIA- und Lobatto-IIIB-Methoden sind A-stabil. Die Radau-IA-, Radau-IIA- und Lobatto-IIIC-Methoden sind L-stabil.* □

Für s-stufige SDIRK-Methoden (vgl. Abschnitt 2.5.5) sowie für s-stufige SIRK-Methoden (vgl. Abschnitt 2.5.6) der Ordnung p≥s sind die Stabilitätsfunktionen analog zu denen von ROW- und W-Methoden durch (4.4.4) gegeben (vgl. Nørsett [1974], Burrage [1978]). Ihre Stabilitätseigenschaften sind in Abhängigkeit vom s-fachen Eigenwert γ der Verfahrensmatrix in Tabelle 4.4.1 aufgeführt.

Abschließend wollen wir uns der Frage zuwenden, wann die A-Stabilität einer RK-Methode die Kontraktivität der numerischen Lösung eines linearen Systems mit konstanten Koeffizienten zur Folge hat.

Eine RK-Methode liefert bei Anwendung auf (1.3.3) nach (2.2.3)

$$u_{m+1} = R_0(hA)u_m ,$$

wobei $R_0(hA)$ die zur Stabilitätsfunktion $R_0(z)$ zugehörige rationale Matrixfunktion ist.

Bemerkung 2.7.5. Sei G ein einfach zusammenhängendes Gebiet der komplexen Ebene, das von einer geschlossenen, doppelpunktfreien, positiv orientierten Kurve ℭ begrenzt wird, und sei f(z) eine analytische Funktion in G (einschließlich des Randes). Dann ist für jede Matrix A, deren Spektrum $\sigma[A]:=\{\lambda_i, i=1(1)n, \lambda_i:$ Eigenwert von A} in G liegt, die Matrixfunktion f(A) definiert durch

$$f(A) = \frac{1}{2\pi i}^{(\mathfrak{C})} \oint (zI-A)^{-1} f(z)dz .$$

Ist f(z) im Kreis $|z-z_0|<r$ in eine Potenzreihe entwickelbar, d.h.

$$f(z) = \sum_{k=0}^{\infty} a_1 (z-z_0)^k ,$$

so konvergiert die Matrixpotenzreihe

$$f(A) = \sum_{k=0}^{\infty} a_1 (A-z_0 I)^k$$

für alle Matrizen A, deren Spektrum im Innern des Konvergenzkreises $|z-z_0|<r$ liegt und stellt die Matrixfunktion f(A) dar. Damit ergeben sich beispielsweise für die Matrixfunktionen exp(A), sin(A) und sinh(A) für alle Matrizen A die folgenden Entwicklungen

$$\exp(A) = \sum_{k=0}^{\infty} \frac{A^k}{k!} ; \quad \sin(A) = \sum_{k=0}^{\infty} (-1)^k \frac{A^{2k+1}}{(2k+1)!} ; \quad \sinh(A) = \sum_{k=0}^{\infty} \frac{A^{2k+1}}{(2k+1)!} .$$

Für eine rationale Funktion $f(z) = \frac{p(z)}{q(z)}$, wobei p(z) und q(z) Polynome in z sind, ist für Matrizen A, deren Spektrum keine Nullstelle von q(z) enthält, die rationale Matrixfunktion f(A) gegeben durch

$$f(A) = [q(A)]^{-1} p(A).$$

Für beliebige Matrixfunktionen f(A) und g(A) gilt

$$f(A)g(A) = g(A)f(A). \quad \square$$

Ist A eine normale Matrix, d.h. $AA^T = A^TA$, so ist

$$A = U \cdot \text{diag}(\lambda_i) \cdot U^* \quad \text{mit} \quad U^*U = I,$$

wobei U^* die zu U konjugiert transponierte Matrix bezeichnet. Dann ist auch $R_0(hA)$ normal, d.h.

$$R_0(hA) = U \cdot \text{diag}(R_0(h\lambda_i)) \cdot U^*.$$

In der Spektralnorm erhalten wir somit

$$\|R_0(hA)\|_2 = \max_{i=1}^{n} |R_0(h\lambda_i)|.$$

Für normale Matrizen A mit Re $\sigma[A]<0$ impliziert A-Stabilität einer RK-Methode unbedingte Kontraktivität in der Euklidischen Norm für die Klasse (1.3.3).

Mittels des folgenden Theorems läßt sich die unbedingte Kontraktivität einer RK-Methode auf der Klasse A auf die Klasse der dissipativen linearen Systeme mit konstanten Koeffizienten übertragen, wenn die Vektornorm durch eine Skalarproduktnorm induziert wird.

Theorem 2.7.10. *Sei R(z) eine rationale Funktion und analytisch in*

$$G(\mu) := \{z \in \mathbb{C} : \text{Re } z \leq \mu\}, \quad \mu \in \mathbb{R}.$$

Sei A eine (n,n)-Matrix mit

$$\langle Aw, w \rangle \leq \mu \|w\|^2, \quad \forall w \in \mathbb{R}^n.$$

Dann existiert R(A), und in der durch die Vektornorm induzierten Matrixnorm gilt

$$\|R(A)\| \leq \phi_R(\mu)$$

mit

$$\phi_R(\mu) := \sup\{|R(z)| : z \in G(\mu)\} = \sup\{|R(\mu + ix)| : x \in \mathbb{R}\}. \quad \square$$

Theorem 2.7.10 basiert auf einem Ergebnis von J. von Neumann [1951]. Einen direkten Beweis findet der Leser in Hairer/Bader/Lubich [1982].

Mit Theorem 2.7.10 kann A-Stabilität in der Form

$$\phi_R(0) = 1 \quad \text{und} \quad R(z) \text{ analytisch in } \mathbb{C}^-$$

geschrieben werden. Auf der Klasse (1.3.3) mit $\langle Aw,w\rangle \leq 0$ gilt somit für A-verträgliche Stabilitätsfunktionen $R_0(z)$

was
$$\|R_0(hA)\| \leq 1 ,$$
$$\|u_{m+1}-v_{m+1}\| \leq \|u_m-v_m\| \quad m=0,1,\ldots$$
impliziert.

Bemerkung 2.7.6. Wendet man die implizite Euler-Methode (Beispiel 2.5.3) auf die Klasse (1.3.3) an, so folgt

$$R_0(hA) = (I-hA)^{-1}.$$

Mit Lemma 1.3.5 ergibt sich, daß für lineare dissipative Systeme ($\mu[A]\leq 0$) die implizite Euler-Methode bez. jeder Vektornorm unbedingt kontraktiv ist. □

Bemerkung 2.7.7. Für Padé-Approximationen vom Index (j,j) gilt

$$\lim_{z\to\infty} R_0(z) = (-1)^j.$$

Diese Eigenschaft macht sich bei der numerischen Integration von linearen Systemen (1.3.3) bei denen die Matrix A negativ reelle Eigenwerte unterschiedlicher Größenordnung besitzt, störend bemerkbar. Ist z.B. j ungerade, so oszillieren die zu großen negativen Eigenwerten gehörenden Näherungswerte, wenn die Schrittweite h nicht klein genug gewählt wird. □

2.7.2. AN-Stabilität

Wir betrachten die nichtautonome Verallgemeinerung (2.7.2) der linearen Modellklasse (2.7.1). Eine s-stufige RK-Methode liefert nach (2.2.3) bei Anwendung auf die Klasse AN

mit
$$(I-AZ)U_m = eu_m$$
$$u_{m+1} = u_m + b^T Z U_m$$
$$Z=\text{diag}(z_1,\ldots,z_s) , \quad z_i=hq(t_m+c_ih).$$

Ist I-AZ nichtsingulär, so erhält man

$$u_{m+1} = r_0(Z)u_m , \qquad (2.7.14)$$

wobei die *verallgemeinerte Stabilitätsfunktion* $r_0(Z)$ durch

$$r_0(Z) = 1+b^T Z(I-AZ)^{-1}e \qquad (2.7.14')$$

gegeben ist. Nach (2.7.14) folgt

Theorem 2.7.11. (Butcher [1987]) Eine s-stufige RK-Methode ist genau dann AN-stabil, wenn für alle $z_i \in \mathbb{C}^-$, i=1(1)s, mit $z_i=z_j$ für $c_i=c_j$ gilt

$$\det(I-AZ) \neq 0 \quad \text{und} \quad |r_0(Z)| \leq 1. \quad \square$$

Theorem 2.7.12. *AN-Stabilität impliziert A-Stabilität.* □

Beispiel 2.7.1. Wir betrachten die 2-stufige Radau-IIA-Methode (Beispiel 2.5.3). Man erhält

$$\det(I-AZ) = 1 - (\tfrac{5}{12} z_1 + \tfrac{1}{4} z_2) + \tfrac{1}{6} z_1 z_2,$$

Für Re $z_i \leq 0$, $i=1,2$, ist $\det(I-AZ) \neq 0$. Die verallgemeinerte Stabilitätsfunktion $r_0(z)$ ist durch

$$r_0(Z) = \frac{1 + \tfrac{1}{3} z_1}{1-(\tfrac{5}{12} z_1 + \tfrac{1}{4} z_2) + \tfrac{1}{6} z_1 z_2},$$

gegeben, sie ist die Verallgemeinerung der (2,1)-Padé-Approximation

$$R_0(z) = \frac{1 + \tfrac{1}{3} z}{1 - \tfrac{2}{3} z + \tfrac{1}{6} z^2}.$$

Der Nenner von $r_0(Z)$ ist für Re $z_i \leq 0$ von Null verschieden. Zum Nachweis von $|r_0(Z)| \leq 1$ kann demzufolge das Maximumprinzip für analytische Funktionen zweier komplexer Variablen verwendet werden. D.h., es bleibt zu zeigen

$$|r_0(i\xi)| \leq 1 \text{ für } \xi = \text{diag}(\xi_1, \xi_2) \text{ mit } \xi_i \in \mathbb{R}.$$

Es ist

$$|r_0(i\xi)|^2 = \frac{1 + \tfrac{1}{9} \xi_1^2}{(1-\tfrac{1}{6} \xi_1 \xi_2)^2 + (\tfrac{5}{12} \xi_1 + \tfrac{1}{4} \xi_2)^2}.$$

Mit der Beziehung

$$(1-\tfrac{1}{6}\xi_1\xi_2)^2 + (\tfrac{5}{12}\xi_1+\tfrac{1}{4}\xi_2)^2 = 1+\tfrac{1}{9}\xi_1^2+\tfrac{9}{144}(\xi_1-\xi_2)^2+\tfrac{1}{36}\xi_1^2\xi_2^2$$

ergibt sich unmittelbar die Behauptung. □

Das nächste Beispiel zeigt, daß es A-stabile RK-Methoden gibt, die nicht AN-stabil sind.

Beispiel 2.7.2. Wir betrachten die 2-stufige Lobatto-IIIA-Methode, d.h. die Trapezregel (vgl. Beispiel 2.5.4). Die Stabilitätsfunktion $R_0(z)$ ist die (1,1)-Padé-Approximation

$$R_0(z) = (1+\tfrac{z}{2})(1-\tfrac{z}{2})^{-1}.$$

Für Re $z_i \leq 0$ ist $\det(I-AZ) = 1 - \tfrac{z_2}{2} \neq 0$. Für die verallgemeinerte Stabilitätsfunktion $r_0(Z)$ erhält man

$$r_0(Z) = (1+\tfrac{z_1}{2})(1-\tfrac{z_2}{2})^{-1}.$$

Ist $z_1 < -4$ und $z_2 = 0$, so folgt $|r_0(Z)| > 1$, d.h., die Trapezregel ist nicht AN-stabil (vgl. dazu auch Scherer [1979]). □

2.7.3. B- und BN-Stabilität

Eine Charakterisierung B- und BN-stabiler RK-Methoden führt zu einem weiteren Stabilitätsbegriff, der algebraischen Stabilität.

Definition 2.7.5. (Burrage/Butcher [1979], Crouzeix [1979]) Eine s-stufige RK-Methode heißt *algebraisch stabil*, wenn

$$B := \text{diag}(b_1,\ldots,b_s) \geq 0$$

und

$$M := BA + A^T B - bb^T \geq 0 \text{ (positiv semidefinit)}^{1)}$$

gilt. M heißt *Stabilitätsmatrix* der RK-Methode. □

Theorem 2.7.13. *Die Gauß-Legendre-Methoden, die Radau-IA-, Radau-IIA- und die Lobatto-IIIC-Methoden sind algebraisch stabil.*

Beweis. (Butcher [1987]) Die Gewichte b_i, i=1(1)s, dieser RK-Methoden sind positiv, so daß lediglich die positive Semidefinitheit von M zu zeigen bleibt. Da die (Vandermonde-) Matrix V_s regulär ist (die Knoten c_i sind paarweise voneinander verschieden), ist M genau dann positiv semidefinit, wenn die Matrix $Q := V_s^T M V_s$ positiv semidefinit ist. Die Elemente m_{ij} der Matrix M sind durch

$$m_{ij} = b_i a_{ij} + b_j a_{ji} - b_i b_j$$

gegeben, und für die Elemente q_{kl} der Matrix Q erhält man

$$q_{kl} = \sum_{i,j=1}^{s} (b_i a_{ij} + b_j a_{ji} - b_i b_j) c_i^{k-1} c_j^{l-1}.$$

Die Gauß-Legendre-Methoden erfüllen die vereinfachenden Bedingungen B(2s) und E(s,s) (vgl. Theorem 2.5.1 und 2.5.4), so daß gilt

$$\sum_{i,j=1}^{s} b_i c_i^{k-1} b_j c_j^{l-1} = \frac{1}{kl} \quad,\quad k,l=1(1)s$$

und

$$\sum_{i,j=1}^{s} b_i c_i^{k-1} a_{ij} c_j^{l-1} = \frac{1}{l(k+1)}.$$

Damit folgt

$$q_{kl} = \frac{1}{l(k+1)} + \frac{1}{k(l+1)} - \frac{1}{kl} = 0 \quad \text{für } k,l=1(1)s.$$

Die Radau-IA-Methoden genügen den Bedingungen B(2s-1), D(s) und

---

[1)] Eine symmetrische Matrix $A = (a_{ij})_{i,j=1}^{N}$ heißt positiv semidefinit, wenn gilt
$$x^T A x \geq 0 \text{ für alle Vektoren } x \in \mathbb{R}^N.$$

$E(s,s-1)$ (vgl. Theorem 2.5.7). Damit gilt für $k,l=1(1)s$, außer für $k=l=s$,

$$q_{kl} = \sum_{i,j=1}^{s} (b_i a_{ij} + b_j a_{ji} - b_i b_j) c_i^{k-1} c_j^{l-1} = 0.$$

Für das Element

$$q_{ss} = \sum_{i,j=1}^{s} (b_i a_{ij} + b_j a_{ji} - b_i b_j) c_i^{s-1} c_j^{s-1}$$

erhält man mit D(s) und B(2s-1)

$$q_{ss} = \frac{2}{s} \sum_{j=1}^{s} b_j (1-c_j^s) c_j^{s-1} - \frac{1}{s^2}.$$

Daraus folgt mit B(2s-1)

$$q_{ss} = \frac{1}{s^2} - \frac{2}{s} \sum_{j=1}^{s} b_j c_j^{2s-1}.$$

Es bleibt somit noch nachzuweisen

$$\sum_{j=1}^{s} b_j c_j^{2s-1} \leq \frac{1}{2s}. \qquad (2.7.15)$$

Wir zeigen, daß mit dem Polynom $P(x)=x(x-c_2)^2\ldots(x-c_s)^2$ die Ungleichung (2.7.15) äquivalent zu

$$\sum_{j=1}^{s} b_j P(c_j) \leq \int_0^1 P(x)\,dx \qquad (2.7.16)$$

ist.

Mit der Darstellung $P(x)=x^{2s-1}+P^*(x)$, wobei $P^*(x)$ eine Polynom vom Grade 2s-2 ist, ergibt sich aus (2.7.16)

$$\sum_{j=1}^{s} b_j c_j^{2s-1} + \sum_{j=1}^{s} b_j P^*(c_j) \leq \frac{1}{2s} + \int_0^1 P^*(x)\,dx. \qquad (2.7.17)$$

Eine Radau-IA-Methode integriert Polynome vom Grade ≤2s-2 exakt. Damit folgt aus (2.7.17) unmittelbar die Ungleichung (2.7.15). Andererseits folgt aus (2.7.15)

$$\sum_{j=1}^{s} b_j c_j^{2s-1} + \int_0^1 P^*(x)\,dx \leq \frac{1}{2s} + \int_0^1 P^*(x)\,dx,$$

woraus sich (2.7.16) ergibt.

Die Beziehung (2.7.16) ist offensichtlich erfüllt, denn die linke Seite verschwindet und der Integrand ist stets positiv.

Der Beweis für die Radau-IIA-Methoden ist völlig analog zu dem der Radau-IA-Methoden. Für den Beweis bez. der Lobatto-IIIC-Methoden verweisen wir auf Butcher [1987]. ∎

Beispiel 2.7.3. Die einstufigen impliziten RK-Methoden (vgl. Beispiel 2.5.7) sind genau dann algebraisch stabil, wenn $\gamma \geq 1/2$ ist. Die Klasse der zweistufigen SDIRK-Methoden mit der klassischen Ordnung p=2 (vgl. Beispiel 2.5.8) ist genau dann algebraisch stabil, wenn $c_2=1-\gamma$ und $\gamma \geq 1/4$ gilt (vgl. z.B. Burrage [1982]). □

Theorem 2.7.14. *Eine algebraisch stabile RK-Methode ist BN-stabil.*

Beweis. Aus (2.2.1) und

$$v_{m+1}^{(i)} = v_m + h \sum_{j=1}^{s} a_{ij} f(t_m + c_j h, v_{m+1}^{(j)}), \quad i=1(1)s$$

$$v_{m+1} = v_m + h \sum_{i=1}^{s} b_i f(t_m + c_i h, v_{m+1}^{(i)})$$
(2.7.18)

folgt durch Subtraktion und Übergang zur Skalarproduktnorm

$$\|u_{m+1} - v_{m+1}\|^2 = \|u_m - v_m + \sum_{i=1}^{s} b_i w_i\|^2$$

$$= \langle u_m - v_m + \sum_{i=1}^{s} b_i w_i, u_m - v_m + \sum_{i=1}^{s} b_i w_i \rangle$$

$$= \|u_m - v_m\|^2 + 2 \sum_{i=1}^{s} b_i \langle w_i, u_m - v_m \rangle + \sum_{i,j=1}^{s} b_i b_j \langle w_i, w_j \rangle, \quad (2.7.19)$$

wobei zur Abkürzung

$$w_i := h[f(t_m + c_i h, u_{m+1}^{(i)}) - f(t_m + c_i h, v_{m+1}^{(i)})]$$

gesetzt wurde. Mit

$$u_m - v_m = u_{m+1}^{(i)} - v_{m+1}^{(i)} - \sum_{j=1}^{s} a_{ij} w_j, \quad i=1(1)s,$$

erhält man aus (2.7.19)

$$\|u_{m+1} - v_{m+1}\|^2 = \|u_m - v_m\|^2 + 2 \sum_{i=1}^{s} b_i \langle u_{m+1}^{(i)} - v_{m+1}^{(i)}, w_i \rangle - 2 \sum_{i,j=1}^{s} b_i a_{ij} \langle w_i, w_j \rangle$$

$$+ \sum_{i,j=1}^{s} b_i b_j \langle w_i, w_j \rangle$$

$$= \|u_m - v_m\|^2 + 2 \sum_{i=1}^{s} b_i \langle u_{m+1}^{(i)} - v_{m+1}^{(i)}, w_i \rangle - \sum_{i,j=1}^{s} (b_i a_{ij} + b_j a_{ji} - b_i b_j) \langle w_i, w_j \rangle.$$

Aufgrund der positiven Semidefinitheit von M ist

$$\sum_{i,j=1}^{s} (b_i a_{ij} + b_j a_{ji} - b_i b_j) \langle w_i, w_j \rangle \geq 0.$$

Ferner gilt

$$\langle u_{m+1}^{(i)} - v_{m+1}^{(i)}, w_i \rangle = h \langle u_{m+1}^{(i)} - v_{m+1}^{(i)}, f(t_m + c_i h, u_{m+1}^{(i)}) - f(t_m + c_i h, v_{m+1}^{(i)}) \rangle \leq 0.$$

Damit folgt

$$\|u_{m+1} - v_{m+1}\|^2 \leq \|u_m - v_m\|^2,$$

was BN-Stabilität bedeutet. ∎

Theorem 2.7.15. *Eine algebraisch stabile RK-Methode ist AN-stabil.*

Beweis. Nach Theorem 2.7.13 ist eine algebraisch stabile RK-Methode BN-stabil und damit auch AN-stabil. ∎

Theorem 2.7.16. (Burrage/Butcher [1979]) *Eine AN-stabile RK-Methode mit paarweise verschiedenen Knoten c_i ist algebraisch stabil.*

Beweis. Wegen $c_i \neq c_j$ für $i \neq j$ kann $Z = \text{diag}(z_1, \ldots, z_s)$ in der linken komplexen Halbebene beliebig gewählt werden.

a) Angenommen es sei $b_i < 0$ für ein $i \in \{1, \ldots, s\}$. Wir wählen

$$z_i = -\varepsilon \quad \text{mit } \varepsilon > 0, \quad z_j = 0 \text{ für } j \neq i.$$

Für hinreichend kleine ε ist die Matrix $(I - ZA)$ regulär und aus (2.7.14') folgt für diese ε

$$r_0(Z) = 1 - \frac{b_i \varepsilon}{1 + a_{ii} \varepsilon},$$

so daß $|r_0(Z)| > 1$ gilt. D.h., AN-Stabilität impliziert $b_i \geq 0$ für $i = 1(1)s$.

b) Für den Nachweis der nichtnegativen Definitheit von M wählen wir

$$Z = \text{diag}(i\varepsilon\xi_1, i\varepsilon\xi_2, \ldots, i\varepsilon\xi_s)$$

mit $\xi = (\xi_1, \ldots, \xi_s)^T \in \mathbb{R}^s$, $\varepsilon \in \mathbb{R}\setminus\{0\}$, $i^2 = -1$. Für hinreichend kleine $|\varepsilon|$ ist $(I - AZ)$ regulär und es gilt

$$(I - AZ)^{-1} e = e + i\varepsilon A\xi + O(\varepsilon^2).$$

Aus (2.7.14') folgt

$$r_0(Z) = 1 + i\varepsilon b^T \xi - \varepsilon^2 \xi^T B A \xi + O(\varepsilon^3).$$

Daraus ergibt sich

$$|r_0(Z)|^2 = [1 + i\varepsilon\xi^T b - \varepsilon^2 \xi^T BA\xi + O(\varepsilon^3)][1 - i\varepsilon b^T \xi - \varepsilon^2 \xi^T A^T B \xi + O(\varepsilon^3)]$$

$$= 1 - \varepsilon^2 \xi^T [BA + A^T B - bb^T]\xi + O(\varepsilon^3)$$

$$= 1 - \varepsilon^2 \xi^T M \xi + O(\varepsilon^3).$$

AN-Stabilität impliziert

$$1 - \varepsilon^2 \xi^T M \xi + O(\varepsilon^3) \leq 1 \quad \text{für } |\varepsilon| \text{ hinreichend klein},$$

d.h. $\xi^T M \xi \geq 0$. ∎

Aus den Theoremen 2.7.15 und 2.7.16 ergibt sich die

Folgerung 2.7.2. Eine s-stufige RK-Methode mit paarweise verschiedenen Knoten ist AN-stabil genau dann, wenn sie BN-stabil ist. ▫

Es ist bemerkenswert, daß ausschließlich durch Bedingungen an die Koeffizienten einer RK-Methode die Kontraktivität der Näherungslösung für nichtlineare dissipative Systeme (f∈BN), gewährleistet werden kann.

Die folgende Abbildung veranschaulicht die Zusammenhänge der verschiedenen Stabilitätbegriffe.

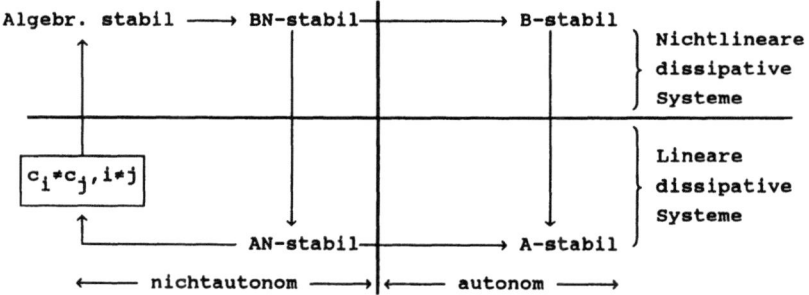

Abbildung 2.7.1. Stabilitätsschema für RK-Methoden

Von praktischem Interesse sind lediglich irreduzible RK-Methoden.

Definition 2.7.6. (Dahlquist/Jeltsch [1979]) Eine s-stufige RK-Methode heißt DJ-*reduzibel*, wenn zwei disjunkte Index-Mengen M_1 und M_2 mit $M_1 \cup M_2 = \{1,\ldots,s\}$ und $M_2 \neq \emptyset$ existieren, so daß gilt

$$b_j = 0 \text{ für } j \in M_2 \text{ und } a_{ij} = 0 \text{ für } i \in M_1 \text{ und } j \in M_2.$$

Eine RK-Methode heißt DJ-*irreduzibel*, wenn sie nicht DJ-reduzibel ist. ▫

Im Falle einer DJ-reduziblen RK-Methode werden die Stufen, deren Index in M_2 liegen, nicht verwendet. Die RK-Methode ist somit einer RK-Methode mit s^* Stufen ($s^* < s$) äquivalent, wobei s^* die Anzahl der Elemente der Index-Menge M_1 ist. Wir geben folgendes

Beispiel 2.7.4. (Hundsdorfer/Spijker [1981]) Für die zweistufige RK-Methode

$$\begin{array}{c|cc} -1 & -1 & 0 \\ 1 & 0 & 1 \\ \hline & 0 & 1 \end{array}$$

ist $M_2=\{1\}$ und $M_1=\{2\}$. Sie ist demzufolge der impliziten Euler-Methode äquivalent. □

Theorem 2.7.17. *Eine algebraisch stabile RK-Methode mit singulärer Matrix B ist DJ-reduzibel.*

Beweis. Für eine algebraisch stabile RK-Methode ist die Stabilitätsmatrix $M=BA+A^TB-bb^T$ nichtnegativ definit. Damit ist auch die Matrix $R:=BA+A^TB$ nichtnegativ definit. Die Elemente r_{ij} von R sind durch

$$r_{ij} = a_{ij}b_i + a_{ji}b_j \qquad (2.7.20)$$

gegeben. Sei nun

$$b_i=0 \text{ für } i \in M_2 \text{ und } b_j \neq 0 \text{ für } j \in M_1$$

mit $M_1 \cap M_2 = \emptyset$ und $M_1 \cup M_2 = \{1,2,\ldots s\}$. Aufgrund der Singularität von B ist die Indexmenge M_2 nicht leer. Aus (2.7.20) folgt

$$r_{ii}=0 \text{ für } i \in M_2 \text{ und } r_{ij}=a_{ji}b_j \text{ für } j \in M_1 \text{ und } i \in M_2.$$

Da R nichtnegativ definit ist, muß

$$r_{ij}=0 \text{ für } j \in M_1 \text{ und } i \in M_2$$

gelten, d.h.

$$a_{ji}=0 \text{ für } j \in M_1 \text{ und } i \in M_2 .$$

Die RK-Methode ist folglich DJ-reduzibel. ∎

Da positive Definitheit von B Irreduzibilität einer RK-Methode impliziert, ergibt sich die

Folgerung 2.7.3. *Eine irreduzible RK-Methode ist genau dann algebraisch stabil, wenn B>0 und M≥0 gilt.* □

Bemerkung 2.7.8. Der A-Stabilitätsbegriff ist durch eine analytische Eigenschaft der Stabilitätsfunktion $R_0(z)$ charakterisiert, der stärkere B-Stabilitätsbegriff dagegen ausschließlich durch eine algebraische Eigenschaft der Koeffizienten der RK-Methode. Zwischen beiden Stabilitätsbegriffen besteht jedoch ein enger Zusammenhang. Hairer/Türke [1984] zeigen, daß zu jeder A-verträglichen rationalen Funktion R(z) der Approximationsordnung p≥1 an exp(z) eine B-stabile Runge-Kutta-Methode existiert, deren Stabilitätsfunktion R(z) ist. □

In Tabelle 2.7.1 stellen wir abschließend wesentliche Eigenschaften impliziter RK-Methoden zusammen (vgl. auch Tabelle 4.5.3).

Methode	charakterisiert durch	klass. Ordn.	Stabilitätsfunktion	weitere Eigenschaften
Gauß-Legendre	$B(2s), C(s),$ $D(s)$	$2s$	(s,s)- Padé-Approx.	A regulär, $R_0(\infty)=(-1)^s$, BN-stabil
Radau-IA	$B(2s-1), C(s-1),$ $D(s-1), c_1=0$	$2s-1$	$(s,s-1)$- Padé-Approx.	A regulär, $R_0(\infty)=0$, BN-stabil
Radau-IIA	$B(2s-1), C(s),$ $D(s-1), c_s=1$	$2s-1$	$(s,s-1)$- Padé-Approx.	A regulär, $b_i=a_{si}$, BN-stabil
Lobatto-IIIA	$B(2s-2), C(s),$ $D(s-2), c_1=0, c_s=1$	$2s-2$	$(s-1,s-1)$- Padé-Approx.	A singulär, $a_{1s}=0$, $b_i=a_{si}$, $(a_{ij})_{i,j=2}^s$ regulär
Lobatto-IIIB	$B(2s-2), C(s-2),$ $D(s), c_1=0, c_s=1$	$2s-2$	$(s-1,s-1)$- Padé-Approx.	A singulär, $b_i \neq a_{si}$
Lobatto-IIIC	$B(2s-2), C(s-1),$ $D(s-1), c_1=0, c_s=1$	$2s-2$	$(s,s-2)$- Padé-Approx.	A regulär, $b_i=a_{si}$, BN-stabil

Tabelle 2.7.1. Eigenschaften impliziter RK-Methoden.

A-stabile RK-Methoden sind durch $S_A \supset C^-$ charakterisiert (S_A-Stabilitätsbereich, Definition 2.7.7). A-Stabilität und L-Stabilität führen dazu, daß wachsende analytische Lösungen durch betragsmäßig fallende numerische Lösungen dargestellt werden, wenn $z \in S_A \backslash C^- \neq \emptyset$ ist. Falls $S_A \backslash C^-$ "zu groß" ist, spricht man von *Superstabilität*.

2.7.4. Stabilitätsgebiete expliziter Runge-Kutta-Methoden

Die Stabilitätsfunktion $R_0(z)$ einer s-stufigen expliziten RK-Methode ist nach (2.7.8) wegen $A^s=0$ gegeben durch

$$R_0(z) = 1+zb^T(I+zA+\ldots+z^{s-1}A^{s-1})e.$$

Für Verfahren der Ordnung p wird

$$R_0(z) = \sum_{l=0}^{p} \frac{1}{l!}z^l + \sum_{l=p+1}^{s} \frac{a_l}{l!}z^l,$$

wobei die reellen Koeffizienten a_l, von der speziellen RK-Formel abhängen. Nach Abschnitt 2.3 (vgl. Tabelle 2.3.2) ist die Ordnung p=s für s≤4 möglich. Für diese "optimalen" Verfahren ist das Polynom

$R_0(z)$ für jedes s eindeutig bestimmt.

Wegen
$$|R_0(z)| \to \infty \text{ für } |z| \to \infty \qquad (2.7.21)$$

können explizite RK-Methoden nicht A-stabil sein. Zur Kennzeichnung ihrer Stabilitätseigenschaften hat man den Begriff der *absoluten Stabilität* eingeführt.

Definition 2.7.7. Eine s-stufige RK-Methode heißt für ein $z\in\mathbb{C}$ *absolut stabil*, wenn für dieses z gilt

$$|R_0(z)| \leq 1.$$

Das zu $R_0(z)$ zugehörende Gebiet der komplexen Ebene

$$S_A := \{z\in\mathbb{C}:\ |R_0(z)|\leq 1\}$$

heißt *absolutes Stabilitätsgebiet* der RK-Methode. □

Theorem 2.7.18. *Das Stabilitätsgebiet einer s-stufigen RK-Methode ist nicht leer, ist beschränkt und liegt lokal links vom Nullpunkt.*

Beweis. Aufgrund von (2.7.21) ist das Stabilitätsgebiet notwendig beschränkt. Für $p\geq 1$ gilt

$$R_0(z) = 1+z+O(|z^2|) \text{ für } z \to 0,$$

d.h., es existieren Punkte $z\in\mathbb{C}$ mit

$$|R_0(z)| < 1,$$

das Stabilitätsgebiet ist somit nicht leer. Ferner ist

$$|R_0(z)| \begin{cases} > 1 \text{ für } z\in\mathbb{R},\ z>0,\ z \text{ klein} \\ < 1 \text{ für } z\in\mathbb{R},\ z<0,\ |z| \text{ klein} \end{cases}$$

d.h., das Stabilitätsgebiet liegt lokal links vom Nullpunkt. ∎

Bei Anwendung einer expliziten RK-Methode auf die Klasse A, d.h. auf die skalare Testgleichung $y'(t)=qy(t)$, $q\in\mathbb{C}^-$, ist absolute Stabilität eine natürliche Forderung, da in diesem Fall die analytische Lösung $y(t)$ und die Näherungslösung u_h das gleiche qualitative Verhalten aufweisen, d.h., es gilt

$$|y(t_{m+1})| \leq |y(t_m)| \text{ und } |u_{m+1}| \leq |u_m|.$$

Explizite RK-Methoden sind gemäß Definition 2.7.1 auf der Klasse A bedingt kontraktiv. Für eine stabile Näherungslösung u_h einer expliziten RK-Methode ist die Schrittweite h so zu wählen, daß $hq\in S_A$ gilt. Für Re $q\ll 0$ bedeutet dies eine starke Einschränkung an h. Explizite RK-Methoden sind demzufolge zur Integration steifer Differentialgleichungen (vgl. Kapitel 3) nicht geeignet.

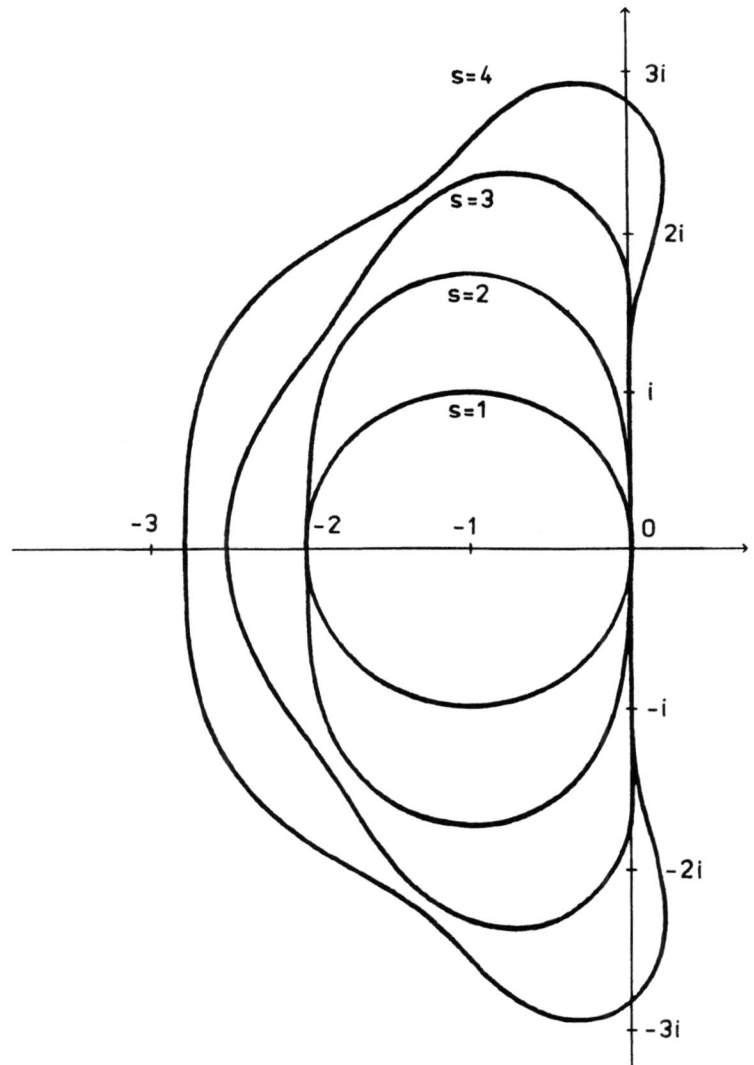

Abbildung 2.7.2. Stabilitätsgebiete expliziter RK-Methoden.

Der Rand des absoluten Stabilitätsgebietes S_A ist durch $|R_0(z)|=1$ gegeben. Man bestimmt ihn, indem man für $\phi \in [0, 2\pi)$ die Polynomglei-

chung
löst.

$$1 + zb^T(I+zA+\ldots+z^{s-1}A^{s-1})e = \exp(i\phi)$$

Die Abbildung 2.7.2 zeigt die absoluten Stabilitätsgebiete der expliziten RK-Methoden der Ordnung p=s für s=1,2,3,4.

2.8. Implementierung impliziter Runge-Kutta-Methoden

In diesem Abschnitt befassen wir uns mit der numerischen Lösung der auftretenden nichtlinearen Gleichungssysteme in impliziten RK-Methoden. Im Vordergrund stehen dabei transformierte SIRK-Methoden (vgl. Abschnitt 2.5.6), die eine effiziente Implementierung gestatten. Ferner geben wir zwei Konstruktionsprinzipien zur Gewinnung eingebetteter transformierter SIRK-Methoden an, beschreiben zwei verschiedene Arten der lokalen Fehlerschätzung in RK-Methoden und gehen auf die Schrittweitensteuerung in diesen ein.

2.8.1. Lösung der nichtlinearen Gleichungssysteme

In jedem Integrationsschritt einer impliziten RK-Methode (2.2.1') bzw. (2.2.3) ist zur Bestimmung des Vektors $k=(k_1,k_2,\ldots,k_s)^T \in \mathbb{R}^{sn}$ bzw. $U_m \in \mathbb{R}^{sn}$ ein nichtlineares Gleichungssystem der Dimension sn zu lösen. In einer effizienten numerischen Lösung dieses Systems liegt die Hauptschwierigkeit der Implementierung impliziter RK-Methoden.

Das gewöhnliche Iterationsverfahren

$$k_i^{(l+1)} = f(t_m+c_ih, u_m+h\sum_{j=1}^{s} a_{ij}k_j^{(l)}), \quad i=1(1)s, \quad \forall\ l\geq 0$$

liefert unter der Schrittweiteneinschränkung

$$q:=hL\cdot\max_i \sum_j |a_{ij}| < 1, \quad \text{d.h.} \quad h < \frac{1}{L\cdot\max_i \sum_j |a_{ij}|}$$

eine eindeutig bestimmte Lösung des nichtlinearen Gleichungssystems (2.2.1'). Ferner gilt die Fehlerabschätzung

$$\|k_i - k_i^{(l)}\| \leq \frac{q^l}{1-q}\|k_i^{(1)} - k_i^{(0)}\|.$$

Da q proportional h ist, erhält man nach l=p Iterationen eine Näherung für die Vektoren k_i der Ordnung $O(h^p)$. Besitzt die RK-Methode die Konsistenzordnung p, so bleibt die Ordnung erhalten, wenn man anstelle der exakten Lösung k_i die Iterierten $k_i^{(p)}$ verwendet. Als Startwert für die Iteration wird man i. allg. $k_i=f(t_m,u_m)$ wählen.

Implizite RK-Methoden werden i.allg. nur zur Lösung steifer Differentialgleichungssysteme (vgl. Kapitel 3) verwendet. Diese Systeme besitzen eine große Lipschitz-Konstante L, so daß aufgrund der Schrittweiteneinschränkung Funktionaliteration zur Lösung des nichtlinearen Gleichungssystems für k bzw. U_m nicht in Betracht kommt. In diesen Fällen muß man als Lösungsmethoden Newton-ähnliche Iterationsverfahren verwenden.

Die Anwendung eines vereinfachten Newton-Verfahrens auf (2.2.3a) mit der Funktionalmatrix von f im Punkt (t_m, u_m) liefert mit

die Iterationsvorschrift
$$Z_m := U_m - e \bullet u_m$$

$$[I - hA \bullet f_y(t_m, u_m)] \Delta Z_m = -Z_m + h(A \bullet I) F(t_m, Z_m)$$
$$Z_{m,neu} = Z_m + \Delta Z_m \ . \tag{2.8.1}$$

Die Koeffizientenmatrix dieses linearen Gleichungssystems hat die Struktur

$$[I - hA \bullet f_y(t_m, u_m)] = \begin{pmatrix} I - ha_{11}f_y & -ha_{12}f_y & \cdots & -ha_{1s}f_y \\ -ha_{21}f_y & I - ha_{22}f_y & \cdots & -ha_{2s}f_y \\ \vdots & \vdots & & \vdots \\ -ha_{s1}f_y & -ha_{s2}f_y & \cdots & I - ha_{ss}f_y \end{pmatrix} \ .$$

Neben den Funktionsauswertungen und der Bestimmung von f_y haben vor allem die LU-Zerlegung der Koeffizientenmatrix sowie die Rücksubstitutionen einen beträchtlichen Anteil an der Rechenzeit des Verfahrens (die sog. Kosten für die lineare Algebra). Der (enorme) Aufwand pro Integrationsschritt (für den Fall einer voll besetzten Jacobi-Matrix $f_y(t_m, u_m)$) ist aus der Tabelle 2.8.1 zu ersehen.

Für eine DIRK-Methode zerfällt das nichtlineare Gleichungssystem (2.2.3a) in s nichtlineare Systeme der Dimension n, die sukzessiv gelöst werden können. Im Fall einer SDIRK-Methode ($a_{ii} = \gamma$, i=1(1)s) besitzen bei Anwendung des vereinfachten Newton-Verfahrens die linearen Gleichungssysteme alle die gleiche Koeffizientenmatrix $[I - h\gamma f_y(t_m, u_m)]$. Damit reduziert sich der Aufwand pro Integrationsschritt beträchtlich (vgl. Tabelle 2.8.1). Der Nachteil besteht jedoch darin, daß diese Verfahren eine geringere Konsistenzordnung aufweisen (vgl. Bemerkung 2.5.4). Damit für dissipative Systeme ($\mu[f_y(t,y)] \le 0$) die linearen Gleichungssysteme für alle Schrittweiten h>0 eindeutig lösbar sind, ist gemäß Lemma 1.3.5 γ>0 erforderlich.

	Aufwand pro Integrationsschritt	
	IRK	SDIRK
LU-Zerlegung	$\frac{(sn)^3}{3}+\mathcal{O}(sn)$	$\frac{n^3}{3}+\mathcal{O}(n)$
Rücksubstitutionen	$(sn)^2+\mathcal{O}(sn)$	$sn^2+\mathcal{O}(sn)$

Tabelle 2.8.1. Anzahl der Multiplikationen für eine LU-Zerlegung einschließlich Rücksubstitutionen pro Integrationsschritt.

Transformierte SIRK-Methoden gestatten mittels einer von Butcher [1976] und Bickart [1977] eingeführten Transformation eine effiziente Implementierung. Sie entkoppelt das lineare Gleichungssystem (2.8.1) in s lineare Systeme der Dimension n mit gleicher Koeffizientenmatrix. Der Aufwand wird damit vergleichbar mit dem einer SDIRK-Methode. Wir stellen im folgenden diese Transformation vor.

Die Matrix R möge die Inverse der Verfahrensmatrix $A := V_s A_s V_s^{-1}$ einer transformierten SIRK-Methode in die Jordansche Normalform überführen, d.h., es gilt

$$\gamma R^{-1} A^{-1} R = J = \begin{pmatrix} 1 & 0 & 0 & \cdots & 0 \\ 1 & 1 & 0 & \cdots & 0 \\ 0 & 1 & 1 & \cdots & 0 \\ \vdots & & \ddots & \ddots & \\ 0 & \cdots & & 1 & 1 \end{pmatrix}.$$

Mit der Variablentransformation

$$W_m = \frac{1}{\gamma} (R^{-1} \otimes I) Z_m \qquad (2.8.2)$$

ergibt sich dann aus (2.8.1)

$$[\gamma R \otimes I - h\gamma AR \otimes f_y(t_m, u_m)] \Delta W_m = -\gamma (R \otimes I) W_m + h(A \otimes I) F(t_m, \gamma(R \otimes I) W_m),$$

und durch Multiplikation mit $R^{-1} A^{-1} \otimes I$ erhält man daraus die Iterationsvorschrift

$$[J \otimes I - h\gamma I \otimes f_y(t_m, u_m)] \Delta W_m = -(J \otimes I) W_m + h(R^{-1} \otimes I) F(t_m, \gamma(R \otimes I) W_m)$$

$$W_{m,neu} = W_m + \Delta W_m. \qquad (2.8.3)$$

Die Koeffizientenmatrix hat jetzt die einfache Struktur

$$\begin{pmatrix} I-h\gamma f_y & 0 & \cdots & 0 \\ I & I-h\gamma f_y & \cdots & 0 \\ 0 & \ddots & \ddots & \vdots \\ 0 & & I & I-h\gamma f_y \end{pmatrix},$$

so daß pro Integrationsschritt s lineare Gleichungssysteme der Dimension n zu lösen sind, die alle die gleiche Koeffizientenmatrix haben. Der abschließende Runge-Kutta Schritt ergibt sich dann nach (2.2.3b') zu

$$u_{m+1} = u_m + (b^T RJ \otimes I) W_{m,neu}.$$

Wegen $Z_m = O(h)$ kann als Startwert für die Newton-Iteration einfach

$$W_m = 0$$

gewählt werden.

Im Vergleich zu einer SDIRK-Methode tritt in einer transformierten SIRK-Methode pro Schritt ein zusätzlicher Rechenaufwand auf durch (vgl. Iterationsvorschrift (2.8.3)):

a) die Berechnung von $(\gamma R \otimes I) W_m$, d.h. Bildung von n Matrix-Vektor-Produkten der Dimension s. Dies erfordert ns^2 Operationen (Multiplikationen).

b) die Berechnung von Summen der Form

$$\sum_{j=i}^{s} (R^{-1} \otimes I)_{i,j} F_j(t_m, \gamma(R \otimes I) W_m) \quad \text{für } i=1(1)s,$$

was $ns(s+1)/2$ Operationen (Multiplikationen) bedeutet.

Damit beträgt der zusätzliche Rechenaufwand einer transformierten SIRK-Methode im wesentlichen

$$ns(3s+1)/2 \text{ Operationen (Multiplikationen)}$$

pro Newtonschritt.

Bemerkung 2.8.1. Zahlreiche Anwendungen, z.B. Semidiskretisierung parabolischer Anfangs-Randwertprobleme mittels finiter Elemente (vgl. Kapitel 8) führen auf Anfangswertprobleme der Form

$$My' = f(t,y) \quad y(t_0) = y_0 \qquad (2.8.4)$$

mit einer regulären, konstanten Matrix M. Dabei ist M häufig von spezieller Struktur (z.B. Bandmatrix; schwach besetzte (sparse) Matrix). Bei Anwendung von (2.8.3) auf 2.8.4) ergibt sich

$$[J \otimes M - h\gamma I \otimes f_y(t_m, u_m)] \Delta W_m = -(J \otimes M) W_m + h(R^{-1} \otimes I) F(t_m, \gamma(R \otimes I) W_m)$$

$$W_{m,neu} = W_m + \Delta W_m.$$

Man erkennt, daß in diese Iterationsvorschrift die Inverse von M nicht eingeht und die Struktur von M und f_y erhalten bleiben. □

Bemerkung 2.8.2. Erfolgt die Implementierung einer BN-stabilen RK-Methode auf der Grundlage des vereinfachten Newtonverfahrens (2.8.1) bzw. (2.8.3), so geht die BN-Stabilitätseigenschaft verloren (vgl. Verwer [1981]). □

2.8.2. Konstruktion eingebetteter einfach-impliziter Runge-Kutta-Methoden

Eingebettete SIRK-Methoden wurden erstmals von Burrage [1978] vorgestellt. Ausgehend von einer s-stufigen SIRK-Kollokationsmethode der Ordnung p=s, d.h., die SIRK-Methode erfüllt die Bedingungen B(s) und C(s), wird die Verfahrensmatrix $A=V_s A_s V_s^{-1}$ um die Zeile $(a_{s+1,1},\ldots,a_{s+1,s},\gamma)$ und um die Spalte $(0,0,\ldots 0,\gamma)^T$ erweitert. Der neue Zwischenwert $u_{m+1}^{(s+1)}$ der entstehenden (s+1)-stufigen SIRK-Methode wird zur Erreichung der Konsistenzordnung p=s+1 genutzt. Mit der Festlegung $a_{s+1,s+1}=\gamma$ benötigt man für die Berechnug von $u_{m+1}^{(s+1)}$ keine neue LU-Zerlegung. Die (s+1)-stufige transformierte SIRK-Methode (Fehlerschätzmethode) dient zur Schätzung des lokalen Diskretisierungsfehlers (vgl. Abschnitt 2.8.3). Die beiden SIRK-Methoden sind durch das Parameterschema

$$
\begin{array}{c|cccc}
c_1 & & & & 0 \\
c_2 & & & & 0 \\
\vdots & & V_s A_s V_s^{-1} & & \vdots \\
\vdots & & & & \vdots \\
c_s & & & & 0 \\
c_{s+1} & a_{s+1,1} & \cdots & a_{s+1,s} & \gamma \\
\hline
u_{m+1} & b_1 & \cdots & b_s & 0 \\
\hline
\tilde{u}_{m+1} & \tilde{b}_1 & \cdots & & \tilde{b}_{s+1}
\end{array}
\tag{2.8.5}
$$

charakterisiert. Die Elemente $a_{s+1,1},\ldots,a_{s+1,s}$ bestimmt man aus der vereinfachenden Bedingung

$$\sum_{j=1}^{s+1} a_{s+1,j} c_j^{k-1} = \frac{1}{k} c_{s+1}^k, \quad k=1(1)s.$$

Man erhält

$$(a_{s+1,1},\ldots,a_{s+1,s}) = (c_{s+1}-\gamma,\ldots,c_{s+1}^{s-1}(c_{s+1}/s-\gamma))V_s^{-1}.$$

Hierbei ist der Knoten c_{s+1} frei wählbar, z.B. kann er durch $c_{s+1}=0$ festgelegt werden. Die Gewichte $\tilde{b}_i$, i=1(1)s, bestimmt man aus der vereinfachenden Bedingung B(s+1), d.h., es ist

$$(\mathfrak{b}_1, \mathfrak{b}_2, \ldots \mathfrak{b}_{s+1}) = e_H V_{s+1}^{-1}.$$

Die (s+1)-stufige SIRK-Methode erfüllt damit die Bedingungen C(s) und B(s+1), so daß sie gemäß Theorem 2.5.3 eine transformierte Methode der Ordnung p=s+1 ist.

Das folgende Beispiel gibt zu der 2-stufigen SIRK-Kollokationsmethode (vgl. Beispiel 2.5.11) eine transformierte SIRK-Fehlerschätzmethode an.

Beispiel 2.8.1. Zweistufige SIRK-Kollokationmethode mit einer Fehlerschätzmethode der Ordnung 3

$(2-\sqrt{2})\gamma$	$\gamma(4-\sqrt{2})/4$	$\gamma(4-3\sqrt{2})/4$	0
$(2+\sqrt{2})\gamma$	$\gamma(4+3\sqrt{2})/4$	$\gamma(4+\sqrt{2})/4$	0
0	$-\gamma(1+\sqrt{2})/2$	$-\gamma(1-\sqrt{2})/2$	γ
u_{m+1}	$\dfrac{4\gamma(1+\sqrt{2})-\sqrt{2}}{8\gamma}$	$\dfrac{4\gamma(1-\sqrt{2})+\sqrt{2}}{8\gamma}$	0
$\tilde{u}_{m+1}$	$\dfrac{3\gamma(2+\sqrt{2})-2}{24\gamma^2(\sqrt{2}-1)}$	$\dfrac{3\gamma(\sqrt{2}-2)+2}{24\gamma^2(\sqrt{2}+1)}$	$1-b_1-b_2$

Die Stabilitätsfunktion der 2-stufigen SIRK-Kollokationsmethode ist durch

$$R_0(z) = \frac{1+(1-2\gamma)z+(1/2-2\gamma+\gamma^2)z^2}{(1-\gamma z)^2}$$

gegeben. Die Methode ist A-stabil für $\gamma \geq 1/4$ (vgl. Tabelle 4.4.1) und L-stabil für $\gamma=(2\pm\sqrt{2})/2$. Die 3-stufige SIRK-Fehlerschätzmethode besitzt die Stabilitätsfunktion

$$R_0(z) = \frac{1+(1-3\gamma)z+(1/2-3\gamma+3\gamma^2)z^2+(1/6-3\gamma/2+3\gamma^2-\gamma^3)z^3}{(1-\gamma z)^3},$$

sie ist A-verträglich für $\gamma \in [1/3, 1.06858]$.

Das Programm *STRIDE*, von Burrage/Butcher/Chipman [1980], das eine Schrittweiten- und Ordnungssteuerung enthält, basiert auf den eingebetteten SIRK-Methoden (2.8.5).

Die Knoten c_i der s-stufigen SIRK-Kollokationsmethode sind gemäß Theorem 2.5.16 durch

$$L_s^{(0)}\left(\frac{c_i}{\gamma}\right) = 0, \quad i=1(1)s$$

bestimmt. Für A-stabile SIRK-Kollokationsmethoden ergibt sich damit die unerwünschte Eigenschaft, daß zahlreiche Knoten c_i außerhalb des Intervalls [0,1] liegen. So bekommt man z.B. für

s=2: $c_1=(2-\sqrt{2})\gamma$, $c_2=(2+\sqrt{2})\gamma$, $\gamma\in[1/4,\infty)$

s=3: $c_1=0.241577\gamma$, $c_2=2.294280\gamma$, $c_3=6.289945\gamma$, $\gamma\in[1/3,1.06858]$

s=4: $c_1=0.322548\gamma$, $c_2=1.745761\gamma$, $c_3=4.536620\gamma$, $c_4=9.395071\gamma$,
$\gamma\in[0.39434,1.28057]$

s=5: $c_1=0.263560\gamma$, $c_2=1.413403\gamma$, $c_3=3.596426\gamma$, $c_4=7.085810\gamma$
$c_5=12.640801\gamma$, $\gamma\in[0.24651,0.36180] \cup [0.42079,0.47328]$.

Wir wollen daher noch eine andere Methode zur Konstruktion eingebetteter SIRK-Methoden vorstellen.

Ausgehend von einer s-stufigen transformierten SIRK-Methode der Ordnung s wird mit dem Gewichtsvektor

$$\tilde{b}^T = (1,\frac{1}{2},\ldots,\frac{1}{s-1},\tilde{b}_s)V_s^{-1}$$

eine weitere s-stufige SIRK-Methode erzeugt. Sie genügt den beiden Bedingungen B(s-1) und C(s) und besitzt damit gemäß Theorem 2.5.3 die Ordnung s-1. Der freie Parameter $\tilde{b}_s$ kann z.B. so gewählt werden, daß das Verfahren (bei geeignet gewähltem γ) L-stabil ist. Aus

$$R_0(\infty) = 1-b^T A^{-1} e$$

(vgl. Bemerkung 2.7.2) erhält man mit (2.5.3)

$$1-(1,\frac{1}{2},\ldots,\frac{1}{s-1},\tilde{b}_s)A_s^{-1}e_1 = 0 ,$$

und mit (2.5.3') folgt daraus

$$\tilde{b}_s = \sum_{i=1}^{s} \alpha_{is}.$$

Das Theorem 2.5.14 liefert dann

$$\tilde{b}_s = (s-1)! \sum_{i=1}^{s} (-1)^{s-i} \binom{s}{i-1} \gamma^{s-i+1}/(i-1)!.$$

Damit stehen zwei s-stufige transformierte SIRK-Methoden zur Verfügung, die eine Fehlerschätzung

$$\|u_{m+1}-\tilde{u}_{m+1}\| = \|(0,\ldots,0,\frac{1}{s} - \tilde{b}_s)(RJ\otimes I)W_{m,neu}\|$$

gestatten.

Bemerkung 2.8.3. Es ist nicht möglich, γ so zu wählen, daß auch die transformierte SIRK-Methode der Ordnung s L-stabil ist. Dies hätte $\tilde{b}=1/s$ zur Folge, d.h., beide SIRK-Methoden sind identisch. ◻

2.8.3. Fehlerschätzung und Schrittweitensteuerung

Die Effizienz einer Diskretisierungsmethode ist wesentlich von der Schrittweite h und ihrer Steuerung im Integrationsprozeß abhängig. Die Steuerung beruht üblicherweise auf einer Schätzung des lokalen Diskretisierungsfehlers und demgemäß darauf, die Schrittweite so einzurichten, daß der lokale Fehler eine vorgeschriebene Toleranz "tol" nicht überschreitet. Zur Gewinnung eines Schätzwertes für den lokalen Fehler geben wir zwei verschiedene Methoden an, die *Richardson-Extrapolation* und die *Einbettung*.

Bei der Richardson-Extrapolation bestimmt man mittels einer s-stufigen RK-Methode der Ordnung p mit einer (zunächst beliebigen) Schrittweite 2h, von (t_0, y_0) ausgehend, einen Näherungswert u_{2h} im Punkte t_0+2h und anschließend mit der gleichen RK-Methode mit der Schrittweite h zwei Näherungswerte u_h bzw. $u_{2 \times h}$ im Punkte t_0+h bzw. t_0+2h.

Da bei expliziten s-stufigen RK-Methoden im Anfangspunkt (t_0, y_0) der erste Funktionsaufruf stets der gleiche ist, werden zur Berechnung von u_{2h} und $u_{2 \times h}$ insgesamt 3s-1 Funktionsauswertungen benötigt.

Für den lokalen Diskretisierungsfehler im Punkt t_0+2h gilt

$$y(t_0+2h)-u_{2h} = C(t_0)(2h)^{p+1}+O(h^{p+2}). \qquad (2.8.6)$$

Bezeichnet $\hat{u}_h$ die numerische Lösung im Punkte t_0+2h mit dem "Anfangswert" auf der exakten Lösung $(t_0+h, y(t_0+h))$, so erhält man unter Anwendung des Mittelwertsatzes (vgl. Bemerkung 1.1.1)

$$y(t_0+2h)-u_{2 \times h} = y(t_0+2h)-\hat{u}_h+\hat{u}_h-u_{2 \times h}$$

$$= C(t_1)h^{p+1}+y(t_0+h)+h\Phi(t_0+h, y(t_0+h), h)-u_h-h\Phi(t_0+h, u_h, h)$$

$$+O(h^{p+2})$$

$$= 2C(t_0)h^{p+1}+O(h^{p+2}). \qquad (2.8.7)$$

Vernachlässigt man den $O(h^{p+2})$ Term, so kann aus (2.8.6) und (2.8.7) die *Fehlerkonstante* $C(t_0)$ bestimmt werden. Man erhält

$$2C(t_0) = \frac{u_{2 \times h}-u_{2h}}{2^p - 1} h^{-(p+1)}. \qquad (2.8.8)$$

Damit gilt

$$y(t_0+2h)-u_{2 \times h} = \frac{u_{2 \times h}- u_{2h}}{2^p - 1} + O(h^{p+2}), \qquad (2.8.9)$$

so daß

$$w = u_{2 \times h} + \frac{u_{2 \times h}- u_{2h}}{2^p - 1}$$

eine Approximation der Ordnung p+1 für $y(t_0+2h)$ darstellt.

Die Formel (2.8.9) gestattet, den Fehler $y(t_0+2h)-u_{2\times h}$ in erster Näherung zu schätzen. Der Übergang von u_{2h}, $u_{2\times h}$ zu w wird *Richardson-Extrapolation* genannt. w ist der Schnittpunkt der interpolierenden Gerade

$$g(t) = u_{2\times h} + (u_{2h} - u_{2\times h}) \frac{t-h^p}{(2h)^p - h^p}$$

durch die beiden Punkte

$$(t_1, g(t_1)) = (h^p, u_{2\times h}) \text{ und } (t_2, g(t_2)) = ((2h)^p, u_{2h})$$

mit der g-Achse. Man spricht demzufolge auch von *Extrapolation auf die Schrittweite* h=0, bzw. von *linearer Grenzwertextrapolation*.

Wir kommen nun zur Beschreibung einer automatischen Gittergenerierung, d.h., die Schrittweite soll automatisch so gesteuert werden, daß der nach (2.8.9) gegebene Fehler

$$\text{err} = \frac{\|u_{2\times h} - u_{2h}\|}{2^p - 1} \qquad (2.8.10)$$

eine vorgegebene Fehlertoleranz "tol" nicht überschreitet.

Ist err≤tol, so werden beide Integrationsschritte akzeptiert und man geht mit der Näherungslösung $u_{2\times h}$ bzw. w zum nächsten Integrationsschritt über. Im letzteren Fall spricht man von *lokaler Extrapolation*. Die neue Schrittweite soll einen Fehler liefern, der gleich der vorgegebenen Toleranz "tol" ist. Man fordert entsprechend (2.8.8)

d.h.
$$2\|C(t_0+2h)\| h_{neu}^{p+1} \doteq 2\|C(t_0)\| h_{neu}^{p+1} = \text{tol},$$

$$\text{err} \cdot \left(\frac{h_{neu}}{h}\right)^{p+1} = \text{tol}.$$

Damit ergibt sich der neue Schrittweitenvorschlag zu

$$h_{neu} = \left(\frac{\text{tol}}{\text{err}}\right)^{1/(p+1)} \cdot h$$

Diese *lokale optimale* Schrittweite wird noch modifiziert zu

$$h_{neu} = \alpha \cdot \left(\frac{\text{tol}}{\text{err}}\right)^{1/(p+1)} \cdot h \qquad (2.8.11)$$

In expliziten RK-Methoden wird i.allg. für den *Sicherheitsfaktor* $\alpha=0.8$, 0.9 oder $(0.25)^{1/(p+1)}$ verwendet. In impliziten RK-Methoden kann α in Abhängigkeit von der Anzahl der Newton-Iterationen "new" des Schrittes und von der Anzahl der Newton-Iterationen "new_{max}" (z.B $\text{new}_{max}=7$ oder 10) gewählt werden. Diese Strategie findet man beispielsweise im Programm "RADAU 5" (vgl. Hairer/Wanner [1988]) realisiert. Dort ist

$$\alpha := 0.9(2\text{new}_{max}+1)/(2\text{new}_{max}+\text{new}).$$

Falls nun err>tol ausfällt, werden beide Schritte von (t_0, y_0) mit der Schrittweite h_{neu} wiederholt. Im Anfangsschritt, d.h. von t_0 ausgehend, ist man auf eine Schätzung von h angewiesen, die i. allg. noch korrigiert werden muß.

Als Norm in (2.8.12) wird i.allg.

$$\|u_{2h} - u_{2\times h}\| = \max_{i=1}^{n} \frac{|u_{i,2\times h} - u_{i,2h}|}{d_i(t_0+2h)}$$

gewählt, wobei $d_i(t_0+2h)$ ein Skalierungsfaktor ist. Gebräuchlich ist eine gemischte Skalierung. So findet man in Progammen zur Lösung nichtsteifer Differentialgleichungssysteme

$$d_i(t_0+2h) = \max(|w_i|, |y_{0,i}|, \delta) \quad , \text{z.B.} \quad \delta=1, \delta=1.\text{E-6},$$

und in Programmen zur Lösung steifer Differentialgleichungssysteme

$$d_i(t_0+2h) = \max(|w_i|, d_i(t_0), \delta).$$

Eine zweite Möglichkeit, die Schrittweite im Integrationsprozeß zu steuern, bieten eingebettete RK-Methoden (vgl. Abschnitt 2.4.2 und 2.8.2). Mit der Differenz $u_{m+1} - \tilde{u}_{m+1}$ der Näherungswerte der Verfahren der Ordnung p und q steht mit

$$\text{err} := \|u_{m+1} - \tilde{u}_{m+1}\|$$

eine Schätzung des Hauptfehlerterms des lokalen Fehlers im Verfahren der Ordnung $q^* = \min(p,q)$ zur Verfügung. Der neue Schrittweitenvorschlag ergibt sich dann zu

$$h_{neu} = \alpha \cdot \left(\frac{\text{tol}}{\text{err}}\right)^{1/(q^*+1)} \cdot h.$$

Bemerkung 2.8.4. a) Zur Lösung nichtsteifer Systeme werden i.allg. eingebettete RK-Methoden (vgl. Abschnitt 2.4.2) verwendet.
b) Sowohl in Programmen für implizite RK-Methoden als auch für linear-implizite RK-Methoden (vgl. Abschnitt 4.3) wird, wenn die Approximation der Jacobi-Matrix beibehalten werden kann, und wenn für die neue Schrittweite

$$c \cdot h \leq h_{neu} \leq c^* \cdot h$$

gilt, die momentane Schrittweite nicht geändert. Damit kann im nächsten Integrationsschritt die aktuelle LU-Zerlegung wieder verwendet werden. Im Programm "RADAU 5" wurde c=1 und c^*=1.2 gewählt. □

Kapitel 3

Steife Differentialgleichungen

Zahlreiche Probleme aus den verschiedenen Anwendungsgebieten der Mathematik führen bei ihrer mathematischen Modellierung auf Anfangswertaufgaben gewöhnlicher Differentialgleichungen, für deren numerische Behandlung explizite Diskretisierungsmethoden, z.B. explizite RK-Methoden (vgl. Abschnitt 2.1), nicht geeignet sind. Diese Systeme besitzen eine spezielle Eigenschaft, die als Steifheit bezeichnet wird. Zur effektiven numerischen Integration derartiger Systeme werden Diskretisierungsmethoden benötigt, die besonders günstige Stabilitätseigenschaften (vgl. Abschnitt 2.7) aufweisen.

Der numerischen Behandlung steifer Systeme wurde in den letzten 30 Jahren große Aufmerksamkeit gewidmet. Obwohl seit ungefähr 15 Jahren für derartige Probleme effiziente Software zur Verfügung steht, z.B. die Programme EPISODE (Hindmarsh/Byrne [1977]), LSODE, LSODI (Hindmarsh [1980]) und METAN1 (Bader/Deuflhard [1983]), können die Untersuchungen zu dieser Thematik bis heute keineswegs als abgeschlossen angesehen werden. Die Hauptursache hierfür besteht darin, daß das Problem der Steifheit sehr vielschichtig sein kann und die verwendeten Diskretisierungsmethoden demzufolge nicht in allen Fällen zufriedenstellend arbeiten.

3.1. Steife Differentialgleichungen und ihre numerische Behandlung

In diesem Abschnitt werden die wesentlichen Aspekte der Steifheit (engl. stiffness) und die erforderlichen Eigenschaften von Diskretisierungsmethoden zur numerischen Lösung steifer Systeme an zwei einstufigen RK-Methoden (explizite und implizite Euler-Methode) und an der Klasse der singulär gestörten Systeme aufgezeigt.

3.1.1. Fehlerverhalten der expliziten und impliziten Euler-Methode

Wir betrachten zuerst den lokalen Diskretisierungsfehler le_{m+1} der expliziten und impliziten Euler-Methode. Für die explizite Euler-Methode (Beispiel 2.4.1) ist dieser nach (2.1.3) durch

$$le_{m+1} = y(t_{m+1}) - \hat{u}_{m+1}$$
$$= y(t_{m+1}) - y(t_m) - hf(t_m, y(t_m))$$

gegeben. Eine Taylorentwicklung im Punkt t_m liefert

$$le_{m+1} = \frac{h^2}{2} y''(t_m) + O(h^3) \quad \text{für } h \to 0. \tag{3.1.1}$$

Der lokale Diskretisierungsfehler le_{m+1} der impliziten Euler-Methode (einstufige Radau-IIA-Methode, vgl. Beispiel 2.5.3) ist

$$le_{m+1} = y(t_{m+1}) - y(t_m) - hf(t_{m+1}, \hat{u}_{m+1}). \tag{3.1.2}$$

Führt man den *Residuumfehler*

$$r_{m+1} := y(t_{m+1}) - y(t_m) - hf(t_{m+1}, y(t_{m+1})), \tag{3.1.3}$$

ein, der sich durch Einsetzen der exakten Lösung $y(t)$ des vorgelegten Differentialgleichungssystems (1.1.1) in die implizite Euler-Methode ergibt, so erhält man aus (3.1.2)

$$le_{m+1} = y(t_{m+1}) - y(t_m) - hf(t_{m+1}, \hat{u}_{m+1})$$
$$= r_{m+1} + h[f(t_{m+1}, y(t_{m+1})) - f(t_{m+1}, y(t_{m+1}) - le_{m+1})].$$

Geht man zur Linearisierung dieser Fehlergleichung über, d.h., vernachlässigt man in der Taylorentwicklung

$$le_{m+1} = r_{m+1} + hf_y(t_{m+1}, y(t_{m+1})) le_{m+1} + O(\|le_{m+1}\|^2)$$

das Restglied, so wird der lokale Diskretisierungsfehler der impliziten Euler-Methode in erster Näherung durch

$$le_{m+1} = [I - hf_y(t_{m+1}, y(t_{m+1}))]^{-1} r_{m+1} \tag{3.1.4}$$

dargestellt. Für hinreichend kleine Schrittweiten h folgt aus (3.1.4)

$$le_{m+1} \approx r_{m+1},$$

d.h., es gilt wie bei der expliziten Euler-Methode die Beziehung (3.1.1). Ist dagegen in einer Umgebung U der exakten Lösung $y(t)$ des Anfangswertproblems (1.1.1)

$$h \cdot \sup\{\|f_y(t,y)\|, (t,y) \in U\} \gg 1, \tag{3.1.5}$$

so besitzen explizite und implizite Euler-Methode ein unterschiedliches lokales Fehlerverhalten.

Für steife Differentialgleichungssysteme ist (3.1.5) eine charakteristische Eigenschaft.

Bemerkung 3.1.1. Der Residuumfehler ist ein Maß dafür, wie "gut" die exakte Lösung $y(t)$ des Anfangswertproblems (1.1.1) die Diskretisierungsmethode erfüllt. Der Unterschied zwischen dem lokalen Fehler und dem Residuumfehler einer Diskretisierungsmethode besteht darin, daß der Residuumfehler lediglich von der Glattheit der Lösung $y(t)$ des

Differentialgleichungssystems abhängt, d.h., in der Taylorentwicklung von r_{m+1} treten nur Ableitungen von $y(t)$ auf. Die Taylorentwicklung des lokalen Fehlers le_{m+1} ist, mit Ausnahme der expliziten Euler-Methode, von partiellen Ableitungen der Funktion f abhängig (vgl. Beispiel 2.1.1). □

Wir wollen nun das globale Fehlerverhalten der beiden betrachteten Diskretisierungsmethoden untersuchen.

Für den globalen Fehler der expliziten Euler-Methode erhält man

$$\begin{aligned}e(t_{m+1},h) &= y(t_{m+1})-u_{m+1}\\ &= y(t_{m+1})-u_m-hf(t_m,u_m)\\ &= e(t_m,h)+h[f(t_m,y(t_m))-f(t_m,y(t_m)-e(t_m,h))]+le_{m+1}.\end{aligned}$$

Eine Linearisierung dieser Fehlergleichung liefert für $e(t_{m+1},h)$ die Rekursionsformel

$$e(t_{m+1},h) = [I+hf_y(t_m,y(t_m))]e(t_m,h)+le_{m+1}. \qquad (3.1.6)$$

Der globale Fehler der expliziten Euler-Methode im Punkt t_{m+1} setzt sich gemäß (3.1.6) additiv aus dem globalen Fehler $e(t_m,h)$ im Punkte t_m multipliziert mit der *Übertragungsmatrix* $[I+hf_y(t_m,y(t_m))]$ und dem lokalen Diskretisierungsfehler le_{m+1} im Punkte t_{m+1} zusammen. Der erste Summand gibt die Fortpflanzung des globalen Fehlers von t_m nach t_{m+1} an, er charakterisiert somit das Stabilitätsverhalten der expliziten Euler-Methode. Der zweite Summand stellt den Fehler in einem Schritt dar, er charakterisiert damit die Genauigkeit dieser Methode.

Der globale Fehler der impliziten Euler-Methode ist durch

$$e(t_{m+1},h) = y(t_{m+1})-u_m-hf(t_{m+1},y(t_{m+1})-e(t_{m+1},h))$$

gegeben. Mit dem Residuumfehler (3.1.3) folgt

$$e(t_{m+1},h)=e(t_m,h)+h[f(t_{m+1},y(t_{m+1}))-f(t_{m+1},y(t_{m+1})-e(t_{m+1},h))]+r_{m+1}.$$

Daraus erhält man für $e(t_{m+1},h)$ die linearisierte Fehlergleichung

$$e(t_{m+1},h) = [I-hf_y(t_{m+1},y(t_{m+1}))]^{-1}e(t_m,h)+le_{m+1}. \qquad (3.1.7)$$

Auch hier setzt sich der globale Fehler $e(t_{m+1},h)$ aus einem Fehlerfortpflanzungsteil (erster Summand) und einem Genauigkeitsteil (zweiter Summand) zusammen. Der grundlegende Unterschied gegenüber (3.1.6) besteht in der Übertragungsmatrix, d.h., die bei der numerischen Behandlung steifer Differentialgleichungen auftretenden Probleme sind in erster Linie *Stabilitätsprobleme* (Dahlquist [1963]).

Die explizite Euler-Methode ist nach (3.1.6) stabil, wenn

$$\|I+hf_y(t,y(t))\| \leq 1 \qquad (3.1.8)$$

gilt. Stabilität der impliziten Euler-Methode liegt vor, wenn

$$\|[I-hf_y(t,y(t))]^{-1}\| \leq 1$$

ist. Nehmen wir an, daß das Differentialgleichungssystem $y'(t)=f(t,y)$ dissipativ ist, d.h. $\mu[f_y(t,y)] \leq \mu_0 \leq 0$ für $(t,y) \in U$, und daß die Lösung $y(t)$ des Anfangswertproblem (1.1.1) sich mit wachsendem t nur langsam ändert, so stellt im Falle $\|f_y(t,y)\| \gg 1$ für $(t,y) \in U$ die Bedingung (3.1.8) eine starke Einschränkung an die Schrittweite h dar, d.h., h wird in erster Linie durch die Stabilität und nicht durch die Genauigkeit der expliziten Euler-Methode eingeschränkt. Diese Eigenschaft ist für alle expliziten RK-Methoden charakteristisch. Für diese Diskretisierungsmethoden muß aus Stabilitätsgründen

$$h\|f_y(t,y)\| \leq C \text{ für alle } (t,y) \in U, \qquad (3.1.9)$$

gelten, wobei die Konstante C in der Größenordnung von 1 liegt.

Ganz anders verhält sich die implizite Euler-Methode. Nach Lemma 1.3.5 gilt für alle $(t,y) \in U$

$$\|[I-hf_y(t,y)]^{-1}\| \leq \frac{1}{1-h\mu_0} \text{ für alle } h>0.$$

Die impliziten Euler-Methode ist demzufolge für dissipative Systeme für alle Schrittweiten h stabil, d.h., h wird ausschließlich durch die Genauigkeit der Methode festgelegt.

Wir geben nun folgende Steifheitsdefinition:

Definition 3.1.1. Das Anfangswertproblem (1.1.1) besitze eine (eindeutige) Lösung $y(t)$. Dann heißt das Differentialgleichungssystem $y'(t)=f(t,y)$ *steif*, wenn für alle $(t,y) \in U$ gilt

$$(t_e-t_0)\sup \mu[f_y(t,y)] \leq \hat{\mu} \ll (t_e-t_0)\sup \|f_y(t,y)\|. \quad \square$$

Explizite Diskretisierungsmethoden erfordern wegen $h\|f_y(t,y)\|=O(1)$ für $(t,y) \in U$ sehr viele Schritte und kommen daher zur Lösung steifer Systeme nicht in Betracht. Für implizite Diskretisierungsmethoden, z.B. implizite RK-Methoden (vgl. Abschnitt 2.5), oder linear-implizite Diskretisierungsmethoden, z.B. linear-implizite RK-Methoden (vgl. Kapitel 4), ist i.allg. $h\|f_y(t,y)\| \gg 1$ für $(t,y) \in U$ gültig. Diese Methoden sind demzufolge zur Lösung steifer Systeme geeignet.

Bemerkung 3.1.2. Die Nützlichkeit der impliziten Euler-Methode zur Lösung steifer Systeme wurde erstmals von Curtiss und Hirschfelder erkannt (vgl. Curtiss/Hirschfelder [1952]). $\square$

Bemerkung 3.1.3. Für lineare Systeme mit konstanten Koeffizienten kann die Steifheit mit Hilfe der Eigenwerte der Jacobi-Matrix charakterisiert werden ($\hat{\mu}$ charakterisiert das Produkt von Länge des Integrationsintervalls und maximalem Realteil der Eigenwerte). Für nichtlineare Probleme ist eine analoge Charakterisierung der Steifheit i.allg. nicht möglich, da die Eigenwerte von $f_y(t,y)$ nicht in jedem Fall das qualitative Lösungsverhalten des Systems richtig widerspiegeln müssen (vgl. Beispiel 1.3.1). □

3.1.2. Singulär gestörte Differentialgleichungssysteme

Eine umfangreiche Klasse steifer Systeme stellen die *singulär gestörten Systeme*

$$\varepsilon u'(t) = g(t,u,v) \, , \quad u(0) = u_0 \, , \quad 0<\varepsilon<<1$$
$$v'(t) = f(t,u,v) \, , \quad v(0) = v_0 \, , \qquad (3.1.10)$$

mit g: $[0,t_e] \times \mathbb{R}^N \times \mathbb{R}^{n-N} \to \mathbb{R}^N$ und f: $[0,t_e] \times \mathbb{R}^N \times \mathbb{R}^{n-N} \to \mathbb{R}^{n-N}$ dar. Die Steifheit wird hier durch den Parameter ε beschrieben. Je kleiner ε ist, desto steifer ist das System (3.1.10).

Zahlreiche praktische Probleme führen bei ihrer mathematischen Modellierung auf singulär gestörte Systeme. Sie spielen daher auch bei vielen theoretischen Betrachtungen von Diskretisierungsmethoden für steife Systeme eine Rolle, z.B. bei Stabilitäts- und Konvergenzuntersuchungen (vgl. Abschnitt 4.4.2 und 5.4). Wendet man eine Diskretisierungsmethode auf (3.1.10) an, so erhält man durch Grenzübergang ($\varepsilon \to 0$) eine Diskretisierungsmethode für semi-explizite Algebro-Differentialgleichungssysteme (vgl. Kapitel 6).

Für die folgenden Untersuchungen wird stets vorausgesetzt:

(i) Die Funktionen f und g seien hinreichend glatt, d.h., beide Funktionen sind genügend oft stetig differenzierbar und ebenso wie ihre partiellen Ableitungen gleichmäßig in ε beschränkt.

(ii) Die logarithmische Norm der Jacobi-Matrix $g_u(t,u,v)$ sei in einer Umgebung U der Lösung $y(t,\varepsilon)=(u(t,\varepsilon),v(t,\varepsilon))^T$ des singulär gestörten Anfangswertproblems (3.1.10) streng negativ, d.h.

$$\mu[g_u(t,u,v)] \leq \mu_0<0, \; \forall \; (t,u,v) \in U. \qquad (3.1.11)$$

Wir suchen nun eine (asymptotische) Lösung $y(t,\varepsilon)$ des singulär gestörten Anfangswertproblems (3.1.10) in der Gestalt

$$y(t,\varepsilon) = \sum_{i=0}^{\infty} \begin{bmatrix} \tilde{u}_i(t) \\ \tilde{v}_i(t) \end{bmatrix} \varepsilon^i + \sum_{i=0}^{\infty} \begin{bmatrix} \hat{u}_i(\tau) \\ \hat{v}_i(\tau) \end{bmatrix} \varepsilon^i \qquad (3.1.12)$$

$$= \tilde{y}(t,\varepsilon) + \hat{y}(\tau,\varepsilon) \text{ mit } \tau=t/\varepsilon,$$

wobei

a) $\tilde{y}_i(t)$ und $\hat{y}_i(\tau)$, i=0,1,..., von ε unabhängige, glatte Funktionen sind,

und

b) die Funktionen $\hat{y}_i(\tau)$, i=0,1,..., der Abklingbedingung

$$\hat{y}_i(\tau) \longrightarrow 0 \text{ für } \tau \longrightarrow \infty \qquad (3.1.13)$$

genügen (vgl. Stetter [1975], O'Malley [1988]). Diese Bedingung wird auch als *Matchingbedingung* bezeichnet.

Die Zerlegung (3.1.12) impliziert für einen von ε unabhängigen Anfangsvektor $y(0)=(u_0,v_0)^T$ die Darstellung

$$\begin{aligned}\tilde{u}_i(0)+\hat{u}_i(0) &= u(0)\delta_{i0} \\ \tilde{v}_i(0)+\hat{v}_i(0) &= v(0)\delta_{i0}\end{aligned} \quad , \text{ i=0,1,...,} \qquad (3.1.14)$$

wobei δ_{i0} das Kronecker-Symbol bezeichnet.

1. *Schritt*: Die Funktionen $\tilde{u}_i(t)$, $\tilde{v}_i(t)$ werden so bestimmt, daß die Funktion

$$\tilde{y}(t,\varepsilon) = \sum_{i=0}^{\infty} \begin{bmatrix} \tilde{u}_i(t) \\ \tilde{v}_i(t) \end{bmatrix} \varepsilon^i$$

die Differentialgleichung (3.1.10) erfüllt. Setzt man $\tilde{y}(t,\varepsilon)$ in (3.1.10) ein und entwickelt die Funktionen $f(t,\tilde{u}(t,\varepsilon),\tilde{v}(t,\varepsilon))$, $g(t,\tilde{u}(t,\varepsilon),\tilde{v}(t,\varepsilon))$ im Punkt $(t,\tilde{u}_0(t),\tilde{v}_0(t))$ in Taylorreihen, so ergeben sich durch Koeffizientenvergleich bez. der ε-Potenzen für die Funktionen $\tilde{u}_0(t)$, $\tilde{v}_0(t)$ und $\tilde{u}_1(t)$, $\tilde{v}_1(t)$ die Beziehungen

$$\begin{aligned} 0 &= g(t,\tilde{u}_0,\tilde{v}_0) \\ \tilde{v}_0' &= f(t,\tilde{u}_0,\tilde{v}_0) \end{aligned} \qquad (3.1.15)$$

$$\begin{aligned} \tilde{u}_0' &= g_u(t,\tilde{u}_0,\tilde{v}_0)\tilde{u}_1+g_v(t,\tilde{u}_0,\tilde{v}_0)\tilde{v}_1 \\ \tilde{v}_1' &= f_u(t,\tilde{u}_0,\tilde{v}_0)\tilde{u}_1+f_v(t,\tilde{u}_0,\tilde{v}_0)\tilde{v}_1. \end{aligned} \qquad (3.1.16)$$

Für i=2,3,... erhält man

$$\tilde{u}'_{i-1} = g_u(t,\tilde{u}_0,\tilde{v}_0)\tilde{u}_i + g_v(t,\tilde{u}_0,\tilde{v}_0)\tilde{v}_i + \psi_i(t)$$

$$\tilde{v}'_i = f_u(t,\tilde{u}_0,\tilde{v}_0)\tilde{u}_i + f_v(t,\tilde{u}_0,\tilde{v}_0)\tilde{v}_i + \phi_i(t),$$

(3.1.17)

wobei die Funktionen $\psi_i(t)$ und $\phi_i(t)$ durch die vorangegangenen Koeffizientenfunktionen $\tilde{u}_0(t)$, $\tilde{v}_0(t)$,...,$\tilde{u}_{i-1}(t)$, $\tilde{v}_{i-1}(t)$ festgelegt sind.

Wegen $\mu[g_u(t,u,v)] \leq \mu_0 < 0$ liefert der Satz über implizite Funktionen die eindeutige Auflösbarkeit der ersten Gleichung von (3.1.15) nach $\tilde{u}_0(t)$, d.h.

$$\tilde{u}_0(t) = \chi(t,\tilde{v}_0(t)).$$

Die Funktion $\tilde{v}_0(t)$ ergibt sich dann mit (3.1.15) als Lösung des Anfangswertproblems

$$\tilde{v}'_0(t) = f(t,\chi(t,\tilde{v}_0(t)),\tilde{v}_0(t)) = F(t,\tilde{v}_0(t))$$

$$\tilde{v}_0(0) = v(0) - \hat{v}_0(0).$$

Das System (3.1.15) heißt das zu (3.1.10) zugehörige *reduzierte Problem*. Aufgrund der Voraussetzung (3.1.11) ist es ein *Algebro-Differentialgleichungssystem vom Index 1* (vgl. Kapitel 6). Sind die Funktionen $\tilde{u}_0(t)$ und $\tilde{v}_0(t)$ bestimmt, so ergeben sich die Funktionen $\tilde{u}_1(t)$ und $\tilde{v}_1(t)$ aus der linearen Algebro-Differentialgleichung (3.1.16) mit der Anfangsbedingung $\tilde{v}_1(0) = -\hat{v}_1(0)$. Dieses Algebro-Differentialgleichungssystem ist ebenfalls vom Index 1.

In analoger Weise ergeben sich die Funktionen $\tilde{u}_i(t)$ und $\tilde{v}_i(t)$, i=2,3,..., aus (3.1.17) sukzessiv als Lösung linearer Algebro-Differentialgleichungssysteme vom Index 1 mit den Anfangsbedingungen $\tilde{v}_i(0) = -\hat{v}_i(0)$.

Bemerkung 3.1.4. Die beiden Systeme (3.1.15) und (3.1.16) zusammen stellen ein semi-explizites Algebro-Differentialgleichungssystem vom Index 2 dar. Die Systeme (3.1.15), (3.1.16) und (3.1.17) zusammen bilden ein semi-explizites Algebro-Differentialgleichungssystem vom Index (i+1) (vgl. dazu Hairer/Lubich/Roche [1988]). □

2. *Schritt*: Mit der im ersten Schritt bestimmten Funktion $\tilde{y}(t,\varepsilon)$ erfüllt die zusammengesetzte Funktion $y(t,\varepsilon) = \tilde{y}(t,\varepsilon) + \hat{y}(\tau,\varepsilon)$ die Anfangsbedingung $v(0) = v_0$. Die Funktionen $\hat{y}_i(\tau) = (\hat{u}_i(\tau), \hat{v}_i(\tau))^T$ werden jetzt so bestimmt, daß $y(t,\varepsilon)$ der Differentialgleichung (3.1.10) und auch der Anfangsbedingung $u(0) = u_0$ genügt. Mit der Variablentransformation $\tau = \varepsilon t$ ergibt sich aus (3.1.12)

$$y'(\varepsilon\tau,\varepsilon) = \sum_{i=0}^{\infty} \tilde{y}'_i(\varepsilon\tau)\varepsilon^i + \sum_{i=0}^{\infty} \dot{\hat{y}}_i(\tau)\varepsilon^{i-1},$$

wobei "Strich" die Ableitung nach t und "Punkt" die Ableitung nach τ bedeutet. Damit folgt aus (3.1.10)

$$\sum_{i=0}^{\infty} \tilde{u}'_i(\varepsilon\tau)\varepsilon^{i+1} + \sum_{i=0}^{\infty} \dot{\hat{u}}_i(\tau)\varepsilon^i = g(t,u(t,\varepsilon),v(t,\varepsilon))$$

$$\sum_{i=0}^{\infty} \tilde{v}'_i(\varepsilon\tau)\varepsilon^i + \sum_{i=0}^{\infty} \dot{\hat{v}}_i(\tau)\varepsilon^{i-1} = f(t,u(t,\varepsilon),v(t,\varepsilon)).$$

(3.1.18)

Setzt man (3.1.12) in die rechten Seiten von (3.1.18) ein, entwickelt die Funktionen $\tilde{u}_i(\varepsilon\tau)$, $\tilde{v}_i(\varepsilon\tau)$, im Punkt t=0, die Funktionen g und f im Punkt $\{0,\tilde{u}_0(0)+\hat{u}_0(\tau),\tilde{v}_0(0)+\hat{v}_0(\tau)\}$ in Taylorreihen und führt anschließend einen Koeffizientenvergleich bez. ε durch, so bestimmen sich die Funktionen $\hat{u}_0(\tau)$, $\hat{v}_0(\tau)$ und $\hat{u}_1(\tau)$, $\hat{v}_1(\tau)$ aus den Beziehungen

$$\dot{\hat{v}}_0(\tau) = 0,$$
$$\dot{\hat{u}}_0(\tau) = g(0,\tilde{u}_0(0)+\hat{u}_0(\tau),\tilde{v}_0(0)+\hat{v}_0(\tau))$$

(3.1.19)

und

$$\dot{\hat{v}}_1(\tau) = f(0,\tilde{u}_0(0)+\hat{u}_0(\tau),\tilde{v}_0(0)+\hat{v}_0(\tau))-f(0,\tilde{u}_0(0),\tilde{v}_0(0)),$$
$$\dot{\hat{u}}_1(\tau) = g_u \hat{u}_1(\tau)+g_v \hat{v}_1(\tau)+\zeta(\tau),$$

(3.1.20)

wobei zur Abkürzung

$$g_t = g_t(0,\tilde{u}_0(0)+\hat{u}_0(\tau),\tilde{v}_0(0)+\hat{v}_0(\tau)),$$
$$g_u = g_u(0,\tilde{u}_0(0)+\hat{u}_0(\tau),\tilde{v}_0(0)+\hat{v}_0(\tau)),$$
$$g_v = g_v(0,\tilde{u}_0(0)+\hat{u}_0(\tau),\tilde{v}_0(0)+\hat{v}_0(\tau)),$$
$$\zeta(\tau) = g_t\tau+g_u[\tilde{u}'_0(0)\tau+\tilde{u}_1(0)]+g_v[\tilde{v}'_0(0)\tau+\tilde{v}_1(0)]-\tilde{u}'_0(0).$$

gesetzt wurde. Wegen (3.1.13) folgt aus (3.1.19)

$$\hat{v}_0(\tau) \equiv 0.$$

Damit liegt für das System (3.1.15) der Anfangsvektor $\tilde{v}_0(0)$ fest. Die Funktion $\hat{u}_0(\tau)$ ergibt sich als Lösung des Anfangswertproblems

$$\dot{\hat{u}}_0(\tau) = g(0,\tilde{u}_0(0)+\hat{u}_0(\tau),\tilde{v}_0(0))$$
$$\hat{u}_0(0) = u(0)-\tilde{u}_0(0).$$

(3.1.21)

Aus (3.1.20) folgt dann mit der Matchingbedingung (3.1.13) und der Anfangsbedingung (3.1.14)

$$\vartheta_1(\tau) = -\int_\tau^\infty [f(0,\tilde{u}_0(0)+\hat{u}_0(s),v_0(0))-f(0,\tilde{u}_0(0),v_0(0))]ds.$$

Damit ist der Anfangsvektor $\tilde{v}_1(0)$ für das lineare Algebro-Differentialgleichungssystem (3.1.16) bestimmt. Die Funktion $\hat{u}_1(\tau)$ bestimmt sich nach (3.1.20) als Lösung eines linearen Anfangswertproblems

$$\dot{\hat{u}}_1(\tau) = g_u \hat{u}_1(\tau)+q_1(\tau),$$

$$\hat{u}_1(0) = -\tilde{u}_1(0).$$

In analoger Weise ermittelt man die Funktionen $\hat{u}_i(\tau)$ und $\vartheta_i(\tau)$, für $i=2,3,\ldots$. Sie ergeben sich aus

$$\vartheta_i(\tau) = -\int_\tau^\infty [f_u(0,\tilde{u}_0(0)+\hat{u}_0(s),v(0)))\hat{u}_{i-1}(s)+p_i(s)]ds,$$

$$\dot{\hat{u}}_i(\tau) = g_u \hat{u}_i(\tau)+q_i(\tau),$$

$$\hat{u}_i(0) = -\tilde{u}_i(0),$$

wobei die Funktionen $p_i(\tau)$ und $q_i(\tau)$ durch die vorangegangenen Koeffizientenfunktionen festgelegt sind.

Die Ausführungen zeigen, daß sich die Koeffizientenfunktionen der asymptotischen Lösung (3.1.12) sukzessiv in geordneten Vierergruppen $\{\vartheta_i(\tau), \tilde{v}_i(t), \tilde{u}_i(t), \hat{u}_i(\tau)\}$, $i=1,2,\ldots$, bestimmen lassen.

Bemerkung 3.1.5. Wegen $g(0,\tilde{u}(0),v(0))=0$ und $\vartheta_0(\tau)=0$ ist

$$\hat{u}_0(\tau) \equiv 0$$

eine Lösung des Systems (3.1.19). Mit (3.1.11) liefert dann das Theorem 1.3.5

$$\|\hat{u}_0(\tau)\| \leq \exp(\mu\tau)\|\hat{u}_0(0)\|,$$

d.h., die Vektorfunktion $\hat{u}_0(\tau)$ besitzt für $\tau\to\infty$ ein exponentielles Abklingverhalten. Man überlegt sich leicht, daß dann auch alle weiteren Funktionen $\hat{u}_i(\tau)$ und $\vartheta_i(\tau)$, $i=1,2,\ldots$ für $\tau\to\infty$ exponentiell gegen Null gehen, d.h. die Matchingbedingung (3.1.13) erfüllen. □

Zusammenfassend erhalten wir:

Unter den Voraussetzungen (i) und (ii) setzt sich die Lösung $y(t,\varepsilon)$ des singulär gestörten Anfangswertproblems (3.1.10) zusammen aus

   einem *glatten* oder *regulären* Lösungsanteil $\tilde{y}(t,\varepsilon)$, auch *äußere Lösung* genannt,

und

einem *transienten (steifen)* Lösungsanteil $\hat{y}(t,\varepsilon)$, auch *Grenzschichtlösung* genannt, die für $\tau \to \infty$ exponentiell gegen Null geht.

Für $\varepsilon \to 0$ geht das singulär gestörte Problem (3.1.10) in das Algebro-Differentialgleichungssystem

$$0 = g(t,u,v) \quad , \quad u(0) = u_0$$
$$v' = f(t,u,v) \quad , \quad v(0) = v_0$$
(3.1.22)

über. Die äußere Lösung konvergiert gegen die Lösung von (3.1.22).

Damit ergibt sich folgendes qualitatives Lösungsverhalten eines singulär gestörten Systems (3.1.10):

Auf einem "kleinen" Intervall $[0,t_G]$, der *Grenzschicht*, wird die Lösung sowohl durch die äußere Lösung $\tilde{y}(t,\varepsilon)$ als auch durch die Grenzschichtlösung $\hat{y}(t,\varepsilon)$ bestimmt. Nach Durchlaufen dieser Grenzschicht ist $\hat{y}(t,\varepsilon)$ so weit abgeklungen, daß auf dem Intervall $[t_G, t_e]$ mit $t_e \gg t_G$, das Lösungsverhalten durch die äußere Lösung $\tilde{y}(t,\varepsilon)$ bestimmt wird.

Dieses qualitative Lösungsverhalten eines singulär gestörten Systems hat zur Folge, daß für eine numerische Behandlung singulär gestörter Anfangswertprobleme eine Diskretisierungsmethode in der Grenzschicht $[0,t_G]$ i.allg. kleine Schrittweiten verwenden muß, um den lokalen Fehler klein zu halten. D.h., zur näherungsweisen Berechnung von $y(t,\varepsilon)$ in $[0,t_G]$ kann eine *nichtsteife* Diskretisierungsmethode, z.B. eine explizite RK-Methode, verwendet werden. Zur näherungsweisen Berechnung der äußeren Lösung $\tilde{y}(t,\varepsilon)$ auf $[t_G, t_e]$ mit $t_e \gg t_G$ können dagegen größere Schrittweiten verwendet werden, falls die Diskretisierungsmethode entsprechende Stabilitätseigenschaften aufweist (vgl. Abschnitt 2.7). Sie muß nämlich in der Lage sein, die in der Nachbarschaft von $\tilde{y}(t,\varepsilon)$ vorhandenen schnell abklingenden Lösungsanteile auf Gittern mit beliebig großen Schrittweiten stabil zu integrieren, wie z.B. die implizite Euler-Methode. Diskretisierungsmethoden dieser Art, die implizit bzw. linear-implizit sind, erfordern zwar einen höheren Rechenaufwand, sind aber aufgrund der Verwendung größerer Schrittweiten effektiver als Methoden, bei denen die Schrittweite durch die Stabilität eingeschränkt wird (z.B. explizite RK-Methoden).

Abschließend wollen wir für ein einfaches Beispiel die äußere Lösung sowie die Grenzschichtlösung angeben.

Beispiel 3.1.1. Gegeben sei das singulär gestörte Anfangswertproblem

$$\varepsilon u'(t) = -u + \sin(t) \quad , \quad u(0) = u_0$$
$$v'(t) = u \quad , \quad v(0) = v_0.$$

Nach elementarer Rechnung erhält man für die äußere Lösung die Darstellung

$$\tilde{u}(t,\varepsilon) = \frac{1}{1+\varepsilon^2}[\sin(t)-\varepsilon\cos(t)],$$

$$\tilde{v}(t,\varepsilon) = \frac{-1}{1+\varepsilon^2}[\cos(t)+\varepsilon\sin(t)]+1+v_0+\varepsilon u_0,$$

und die Grenzschichtlösung ist durch

$$\hat{u}(\tau,\varepsilon) = \exp(-\tau)[u_0+\frac{\varepsilon}{1+\varepsilon^2}],$$

$$\hat{v}(\tau,\varepsilon) = -\varepsilon\exp(-\tau)[u_0+\frac{\varepsilon}{1+\varepsilon^2}]$$

gegeben. Für $\varepsilon \to 0$ konvergiert die äußere Lösung gegen

$$\tilde{u}(t,0) = \sin(t)$$
$$\tilde{v}(t,0) = -\cos(t)+1+v_0,$$

die Lösung des Algebro-Differentialgleichungssystems

$$0 = -u+\sin(t) \quad , \quad u(0) = 0$$
$$v' = u \quad , \quad v(0) = v_0. \quad \square$$

3.2. Einige Anwendungsgebiete steifer Systeme

In diesem Abschnitt beschreiben wir Klassen steifer Differentialgleichunssysteme, wie sie bei der mathematischen Modellierung chemischer Reaktionssysteme und elektrischer Netzwerke entstehen.

3.2.1. Chemische Reaktionskinetik

Chemische Systeme lassen sich mit Hilfe der Theorie des Massenwirkungsgesetzes mathematisch als Systeme gewöhnlicher Differentialgleichungen mit polynomialer rechter Seite modellieren. Diese Systeme sind i. allg. steif und häufig sehr groß. Ihre numerische Integration erfordert, unabhängig von der Diskretisierung, die Verwendung der Jacobi-Matrix des Systems bzw. einer Approximation derselben (vgl. Kapitel 4 und 5).

Betrachtet man ein abgeschlossenes, homogenes System mit konstantem Volumen und konstanter Temperatur, in dem N chemische Reaktionen zwischen n chemischen Substanzen G_i, $i=1(1)n$, gleichzeitig stattfinden, dann läßt sich der j-te Teilschritt dieser Reaktion durch

$$\sum_{i=1}^{n} p_{ij}G_i \xrightarrow{k_j} \sum_{i=1}^{n} q_{ij}G_i, \quad j=1(1)N$$

charakterisieren. Dabei sind p_{ij} und q_{ij} ganze, positive Zahlen (stöchiometrische Koeffizienten) und k_j kinetische Parameter, sog. *Reaktionsgeschwindigkeitskonstanten*, die aus Messungen bekannt sind oder als *inverses Problem* aus den Meßkurven der chemischen Substanzen bestimmt werden.

Bezeichnen $y_1(t),\ldots,y_n(t)$ die Konzentrationen der miteinander reagierenden chemischen Substanzen G_i, so läßt sich unter den obigen physikalischen Bedingungen und unter Anwendung des Massenwirkungsgesetzes für die Geschwindigkeitsfunktionen die chemische Reaktion durch das gewöhnliche (homogene) Differentialgleichungssystem

$$y_i'(t) = \sum_{j=1}^{N} (q_{ij}-p_{ij})k_j \cdot \prod_{l=1}^{n} \bigl(y_l(t)\bigr)^{p_{lj}}, \quad i=1(1)n \quad (3.2.1)$$

mit den zum Zeitpunkt t=0 vorgegebenen Anfangskonzentrationen

$$y_i(0) = y_{i0}$$

eindeutig beschreiben. Führt man die (n,N)-Matrizen Q und P, die Diagonalmatrix $K=\mathrm{diag}(k_j)$, $j=1,\ldots,N$, den Vektor $y(t)=(y_1(t),\ldots,y_n(t))^T$ und den Vektor $g=(g_1,\ldots,g_N)^T$ mit den Komponenten $g_j(y) = \prod_{l=1}^{N}\bigl(y_l(t)\bigr)^{p_{lj}}$ ein, so kann das System (3.2.1) in der kompakten Form

$$y'(t) = (Q-P)K \cdot g(y) =: f(y)$$
$$y(0) = y_0 \qquad (3.2.2)$$

geschrieben werden. Die Matrix S=Q-P heißt *stöchiometrische Matrix*. Ein reaktionskinetisches Modell ist demzufolge durch die beiden Matrizen S und P, die i.allg. schwach besetzt sind, sowie durch die nur aus positiven Elementen bestehende Diagonalmatrix K und den Vektor y_0 der Anfangskonzentrationen (mit nichtnegativen Elementen) charakterisiert. Die Jacobi-Matrix ∂f/∂y des Systems (3.2.2) läßt sich, da die Komponenten von f(y) polynomiale Ausdrücke in den Konzentrationen y_i sind, leicht analytisch berechnen. Man erhält

$$\partial f/\partial y = SK\mathrm{diag}(g_i(y))P^T\mathrm{diag}(1/y_i) \quad \text{für } y_i \neq 0.$$

Für ein abgeschlossenes System, wie es für (3.2.1) vorausgesetzt wurde, gilt das Massenerhaltungsgesetz, das durch

$$m^T y(t) = m^T y_0 = \alpha$$

ausgedrückt werden kann, wobei $m=(m_1,\ldots,m_n)^T$ der Molekulargewichtsvektor der Substanzen $G=(G_1,\ldots,G_n)^T$ und α eine Konstante > 0 ist. Daraus folgt

$$m^T y'(t) = 0,$$

d.h., der Vektor $y'(t)$ liegt in einem zum Vektor m orthogonalen Unterraum Λ. Sind alle Anfangskonzentrationen $y_{i0} \geq 0$, i=1(1)n, so folgt für alle Konzentrationen (vgl. Edsberg [1975])

$$y_i(t) \geq 0 \text{ für } t>0.$$

Beispiel 3.2.1. Chemische Pyrolyse (vgl. Aiken [1985]).

$$G_1 \xrightarrow{k_1} G_2+G_3$$
$$G_2+G_3 \xrightarrow{k_2} G_5$$
$$G_1+G_3 \xrightarrow{k_3} G_4$$
$$G_4 \xrightarrow{k_4} G_3+G_6.$$

Das zugehörige gewöhnliche Differentialgleichungssystem für die Konzentrationen $y_i(t)$ lautet dann

$$\begin{aligned}
y_1'(t) &= -k_1 y_1 - k_3 y_1 y_3 \\
y_2'(t) &= k_1 y_1 - k_2 y_2 y_3 \\
y_3'(t) &= k_1 y_1 - k_2 y_2 y_3 - k_3 y_1 y_3 + k_4 y_4 \\
y_4'(t) &= k_3 y_1 y_3 - k_4 y_4 \\
y_5'(t) &= k_2 y_2 y_3 \\
y_6'(t) &= k_4 y_4
\end{aligned} \qquad (3.2.3)$$

mit den Matrizen

$$S = \begin{pmatrix} -1 & 0 & -1 & 0 \\ 1 & -1 & 0 & 0 \\ 1 & -1 & -1 & 1 \\ 0 & 0 & 1 & -1 \\ 0 & 1 & 0 & 0 \\ 0 & 0 & 0 & 1 \end{pmatrix}, \quad P = \begin{pmatrix} 1 & 0 & 1 & 0 \\ 0 & 1 & 0 & 0 \\ 0 & 1 & 1 & 0 \\ 0 & 0 & 0 & 1 \\ 0 & 0 & 0 & 0 \\ 0 & 0 & 0 & 0 \end{pmatrix}.$$

Die Geschwindigkeitskonstanten k_i in diesem Testproblem sind

$$k_1 = 7.89 \cdot 10^{-10}, \quad k_2 = 1.13 \cdot 10^9, \quad k_3 = 1.1 \cdot 10^7, \quad k_4 = 1.13 \cdot 10^3,$$

und die Anfangskonzentrationen lauten

$y_1(0)=1.76 \cdot 10^{-3}$, $y_i(0)=0$ für $i=2(1)6$.

Wegen rang(S)=4 ergeben sich aus (3.2.3) die linearen Beziehungen

$$y_2' = y_3'+y_4' \quad \text{und} \quad 2y_1'+y_2'+y_3'+3y_4'+2y_5'+2y_6'=0.$$

Die stark unterschiedlichen Zeitordnungen, in denen die Reaktionen ablaufen, hervorgerufen durch die stark unterschiedlichen Geschwindigkeitskonstanten k_i, bedingen, daß Eigenwerte der Jacobi-Matrix der rechten Seite von (3.2.3) mit stark unterschiedlichem Betrag existieren. Die Lösungsstruktur von (3.2.3) setzt sich demzufolge aus einem Grenzschichtbereich und einem asymptotischen Bereich zusammen, d.h., das System ist steif. Dieses Beispiel ist auch eines der Testprobleme von Enright, Hull und Lindberg [1975] für den Vergleich von Diskretisierungsmethoden für steife Systeme. □

Bemerkung 3.2.1. a) Das gewöhnliche Differentialgleichungssystem (3.2.2) wird i. allg. mittels eines sog. "chemischen Compilers" oder "chemischen Interpreters" automatisch erzeugt (vgl. Curtis [1979], Edelson [1976], Kee/Miller/Jefferson [1980], Stabler/Chesick [1978].
b) Das Programmpaket "*LARKIN*" (vgl. Deufhard/Bader/Nowak [1981], Bader/Nowak/Deuflhard [1982]) für die numerische Simulation chemischer Reaktionssysteme erzeugt mittels eines chemischen Compilers ein FORTRAN-Programm für f(y), die Nicht-Null-Elemente der Jacobi-Matrix ∂f/∂y und die zugeordnete, schwach besetzte Struktur von ∂f/∂y. Die numerische Integration des Systems (3.2.2) basiert auf der linear-impliziten Mittelpunktsregel (vgl. Bader/Deufhard [1983]).

3.2.2. Diffusions-Reaktions-Modelle

Wir nehmen nun an, daß mit der chemischen Reaktion ein Stofftransport verbunden ist, der durch Diffusion geschieht. Setzen wir weiterhin voraus, daß dieser Stofftransport nur in einer Raumrichtung x erfolgt, so geht das gewöhnliche Differentialgleichungssystem (3.2.1) in das partielle, quasilineare Differentialgleichungssystem

$$\frac{\partial y_i(t,x)}{\partial t} = \sum_{j=1}^{N}(q_{ij}-p_{ij})k_j \cdot \prod_{l=1}^{n}\left(y_l\right)^{p_{lj}} + \frac{\partial}{\partial x}\left(d_i(x)\frac{\partial y_i}{\partial x}\right), \quad i=1(1)n. \quad (3.2.4)$$

mit $x \in [0,1]$, $t \in [0,t_e]$ über. Dabei ist $d_i(x)>0$ der Diffusionskoeffizient der Substanz G_i. In (3.2.4) beschreibt der erste Term auf der rechten Seite den Reaktionsanteil und der zweite den Diffusionsanteil. Man spricht daher von einem *Diffusions-Reaktions-Modell*. Zu (3.2.4) kommen noch die Anfangsbedingungen

$$y_i(0,x) = y_{i0} \text{ für } 0 \leq x \leq 1,$$

sowie Randbedingungen hinzu, so daß (3.2.4) ein parabolisches Anfangs-Randwertproblem darstellt. Eine Semidiskretisierung bez. des Ortes (vgl. Kapitel 7) liefert dann ein gewöhnliches Differentialgleichungssystem, das steif ist. Die Steifheit kann durch die Ortsdiskretisierung, als auch durch den Ablauf der chemischen Reaktionen hervorgerufen werden.

Beispiel 3.2.2. Wir betrachten die autokatalytische chemische Reaktion

$$G_1 \xrightarrow{k_1} G_2 \quad , \quad k_1 = 0.04$$

$$G_2 + G_3 \xrightarrow{k_2} G_1 + G_3 \quad , \quad k_2 = 10^4$$

$$2G_2 \xrightarrow{k_3} G_3 + G_2 \quad , \quad k_3 = 3 \cdot 10^7$$

(vgl. Robertson [1966]). Das zugehörige partielle Differentialgleichungssystem dieser Reaktion ist bei angenommener konstanter Diffusion in der Raumrichtung x dann durch

$$\frac{\partial y_1}{\partial t} = -k_1 y_1 + k_2 y_2 y_3 + d \frac{\partial^2 y_1}{\partial x^2} , \qquad 0 \leq x \leq 1$$

$$\frac{\partial y_2}{\partial t} = k_1 y_1 - k_2 y_2 y_3 - k_3 y_2^2 + d \frac{\partial^2 y_2}{\partial x^2} ,$$

$$\frac{\partial y_3}{\partial t} = k_3 y_2^2 + d \frac{\partial^2 y_3}{\partial x^2} .$$

gegeben. Zum Zeitpunkt t=0 seien die Anfangskonzentrationen

$$y_1(0,x) = 1.0 \quad , \quad y_2(0,x) = 0 \quad , \quad y_3(0,x) = 0$$

vorgegeben. Auf dem Rand soll die Lösung den Bedingungen

$$\frac{\partial y_1}{\partial x} = \frac{\partial y_2}{\partial x} = \frac{\partial y_3}{\partial x} = 0 \text{ für } x = 0, 1,$$

genügen, d.h., es findet kein Stofftransport durch den Rand statt. Das daraus resultierende semidiskrete System ist auch für grobe Ortsdiskretisierung steif. Die Steifheit ist durch die stark unterschiedlich ablaufenden chemischen Reaktionen (sehr unterschiedliche Reaktionsgeschwindigkeitskonstanten) bedingt. Bez. der Semidiskretisierung von parabolischen Anfangs-Randwertproblemen verweisen wir auf Abschnitt 7.2.

3.2.3. Elektrische Netzwerke

Werden Transistoren oder andere nichtlineare Halbleiter mit stark unterschiedlichen Zeitkonstanten[1] zu Netzwerken verbunden, so führt ihre mathematische Modellierung auf steife Differentialgleichungssysteme. Wir betrachten folgendes

Beispiel 3.2.3. Ein einfaches Netzwerk stellt die *Tunneldiode* (vgl. Miranker [1981]) dar. Sie besteht aus einer elektromotorischen Kraft E, einer Induktivität (Spule) L, einem Widerstand R, einem Kondensator der Kapazität C und einem nichtlinearen Element, durch das ein Strom $I=f(U)$ fließt (vgl. Abbildung 3.2.1).

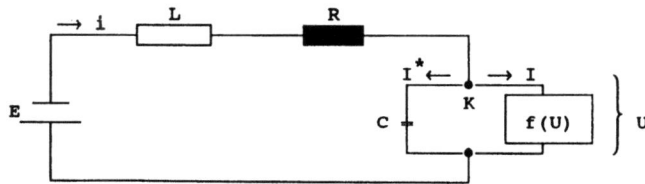

Abbildung 3.2.1. Tunneldiode.

Zur Aufstellung des Differentialgleichungssystems eines elektrischen Netzwerkes dienen die beiden *Kirchhoffschen* Sätze:

Stromsatz: *In jedem Punkt eines Leitersystems ist die Summe der ankommenden Ströme gleich der Summe der abfließenden.*

Spannungssatz: *In jedem geschlossenen Teil eines Leitersystems, d.h. in jeder Masche des Leitersystems, ist die Summe aller Teilspannungen gleich der Summe der in dieser Masche enthaltenen elektromotorischen Kräfte.*

Für die Tunneldiode (Abbildung 3.2.1) erhält man nach dem Spannungssatz die Differentialgleichung

$$L \frac{di}{dt} + Ri + U = E. \qquad (3.2.5)$$

Trägt der Kondensator die Ladung Q, so entsteht in ihm eine Spannung U, die proportional zu Q ist, d.h.

---

[1] Die unterschiedlichen Zeitkonstanten sind für ein Differentialgleichunssystem (1.1.1) lokal durch

$$\tau_i = \frac{1}{\text{Re } \lambda_i}$$

gegeben, wobei λ_i die Eigenwerte der Jacobi-Matrix $f_y(t,y(t))$ sind.

$$Q = CU.$$

Aufgrund des Kirchhoffschen Stromsatzes gilt damit für die Ströme im Knotenpunkt K

$$i = I^* + f(U).$$

Definitionsgemäß ist

$$\frac{dQ}{dt} = I^*,$$

so daß sich die Stromdifferentialgleichung

$$C\frac{dU}{dt} = i - f(U). \tag{3.2.6}$$

ergibt. Die Tunneldiode (Abbildung 3.2.1) ist damit durch das Differentialgleichungssystem (3.2.5) und (3.2.6) vollständig beschrieben.

Führt man die neuen Variablen

$$x = \frac{R}{L}t, \quad \varepsilon = \frac{CR^2}{L}, \quad J = Ri, \quad F(U) = Rf(U)$$

ein, so geht (3.2.5), (3.2.6) über in das singulär gestörte System

$$\varepsilon\frac{dU}{dx} = J - F(U)$$

$$\frac{dJ}{dx} = E - U - J,$$

das für $0 < \varepsilon \ll 1$ steif ist. □

3.2.4. Die Van der Polsche Gleichung der Elektrotechnik

Die nach *Van der Pol* benannte gewöhnliche Differentialgleichung zweiter Ordnung

$$y_1''(t) - \eta(1-y_1^2)y_1'(t) + y_1(t) = 0, \quad \eta \in \mathbb{R} \tag{3.2.7}$$

spielt in der Theorie der Röhrengeneratoren eine dominierende Rolle. Das korrespondierende System ist durch

$$\begin{aligned} y_1'(t) &= y_2 \\ y_2'(t) &= -y_1 + \eta(1-y_1^2)y_2 \end{aligned} \tag{3.2.8}$$

gegeben. Es besitzt die stationäre Lösung $(y_1(t), y_2(t))^T = 0$. Ferner gilt

$$\|(0, -\eta(y_1^2(t)y_2(t))^T\| = o(\|(y_1, y_2)^T\|) \quad \text{für} \quad \|(y_1, y_2)^T\| \to 0.$$

Da die Matrix $A = \begin{pmatrix} 0 & 1 \\ -1 & \eta \end{pmatrix}$ des linearisierten Systems (3.2.8) für $\eta > 0$ durchweg positive und für $\eta < 0$ durchweg negative Realteile hat, folgt nach Theorem 1.3.2, daß die Lösung $y(t) = 0$ für $\eta < 0$ asymptotisch stabil und für $\eta>0$ instabil ist. Der Fall $\eta<0$ ist physikalisch uninteressant. Wir betrachten daher im weiteren den Fall $\eta>0$.

Das Lösungsverhalten von (3.2.7) wird durch das Vorzeichen von $\eta(1-y_1^2)$ geprägt. Ist für wachsende t

$$|y_1(t)| < 1 ,$$

so liegt für $\eta>0$ eine anwachsende Schwingung vor, solange bis

$$|y_1(t)| > 1$$

gilt. Die Schwingung wird dann gedämpft, bis wieder $|y_1(t)|<1$ ist. Dann wiederholt sich dieser Vorgang. Man kann demzufolge erwarten, daß für $t \to \infty$ alle Lösungen gegen eine stabile periodische Grenzlösung $y^*(t)=(y_1^*(t),y_2^*(t))^T$ konvergieren. In der (y_1,y_2)-Ebene (Phasenebene) stellt die Grenzlösung eine geschlossene Trajektorie dar, man spricht demzufolge von einem *Grenzzyklus*.

Die Existenz eines Grenzzyklus für die Van der Polsche Gleichung läßt sich für $\eta>0$ mit Hilfe des folgenden Theorems (vgl. Heuser [1989]) nachweisen:

Theorem 3.2.1. *Gegeben sei das System*

$$y_1'(t) = y_2$$
$$y_2'(t) = -f(y_1)y_2(t)-g(y_1) , \qquad (3.2.9)$$

das den folgenden Bedingungen genügt:

a) $f(\xi)$ *und* $g(\xi)$ *sind auf* $\mathbb{R}$ *stetig differenzierbar,*
b) $f(\xi)$ *ist eine gerade und* $g(\xi)$ *eine ungerade Funktion mit* $f(0)<0$, $g(\xi)>0$ *für alle* $\xi>0$,
c) *zu der Funktion*

$$F(\xi) := \int_0^\xi f(s)ds , \quad \xi \in \mathbb{R}$$

existiert ein c>0, so daß gilt:

$F(\xi)<0$ *für* $0<\xi<c$, $F(c)=0$, $F(\xi)>0$ *für* $\xi>c$,
$F(\xi)$ *ist auf* $[c,\infty)$ *monoton wachsend,*
$F(\xi) \to \infty$ *für* $\xi \to \infty$.

Dann besitzt das System (3.2.9) genau einen Grenzzyklus, der um die stationäre Lösung $y^T=(0,0)$ *läuft. Jede andere (nichtdegenerierte) Trajektorie schmiegt sich ihm für* $t \to \infty$ *spiralförmig an.* □

Für die Bereiche des Grenzzyklus der Van der Polschen Gleichung (3.2.8), in deren Umgebung

$$y_1^2 > 1 \text{ und } |y_2| < \frac{y_1^2-1}{2|y_1|}$$

gilt, erhält man für die Jacobi-Matrix J des Systems (3.2.8)

$$\|J\|_\infty = 1+2\eta|y_1 y_2|+\eta|1-y_1^2| \gg 1 \; , \; \mu_\infty[J] = 1 \; ,$$

d.h., nach Definition 3.1.1 ist für große η die Van der Polsche Gleichung sehr steif.

Bezüglich weiterer Anwendungsgebiete steifer Differentialgleichungen verweisen wir auf Aiken [1985].

Kapitel 4

Linear-implizite Runge-Kutta-Methoden

In diesem Kapitel untersuchen wir linear-implizite RK-Methoden. Es werden die bewährten Klassen der adaptiven RK-Methoden und der Rosenbrock-Typ-Methoden vorgestellt. Im Mittelpunkt der Betrachtungen stehen Stabilitätsuntersuchungen und Fragen der B-Konsistenz und B-Konvergenz.

4.1. Definition der Methoden

Wir hatten bereits festgestellt (vgl. Kapitel 3), daß Diskretisierungsmethoden für steife Systeme durchweg von impliziter Struktur sind. Für die numerische Behandlung dieser impliziten Verfahrensvorschriften ist die Jacobi-Matrix f_y des Systems (1.1.1) oder eine Approximation derselben unumgänglich. Ihr Einsatz im Rahmen der numerischen Methoden kann erfolgen entweder

(i) durch die Behandlung der in impliziten Diskretisierungsmethoden auftretenden nichtlinearen Gleichungssysteme mittels vereinfachter Newton-Iteration (vgl. Abschnitt 2.8.1)

oder

(ii) durch eine direkte Einbeziehung in die Verfahrensvorschrift.

Zu den Methoden vom Typ (i) zählen z.B. die bewährten BDF-Methoden (*backward differentiation formulas*, vgl. Gear [1971], Hairer/Nørsett/ Wanner [1987]) sowie die impliziten RK-Methoden (vgl. Abschnitt 2.5). Diskretisierungsverfahren vom Typ (ii) heißen linear-implizite RK-Methoden. Sie verbinden gute Implementierbarkeit mit guten Stabilitätseigenschaften, so daß sie sich zur Lösung umfangreicher Klassen steifer Systeme ausgezeichnet eignen. Im Gegensatz zu impliziten RK-Methoden erfordern sie in jedem Integrationsschritt nur die Lösung linearer Gleichungssysteme. Zwar geht die B- bzw. BN-Stabilität verloren, jedoch können sie ein unbeschränktes Stabilitätsgebiet besitzen und A- bzw. L-stabil sein.

Eine allgemeine *s-stufige linear-implizite RK-Methode* (*LIRK-Methode*) zur Lösung von (1.1.1) ist gegeben durch

$$u_{m+1}^{(1)} = u_m$$

$$u_{m+1}^{(i)} = R_0^{(i)}(c_i hT)u_m + h\sum_{j=1}^{i-1} A_{ij}(hT)[f(t_m+c_j h, u_{m+1}^{(j)}) - Tu_{m+1}^{(j)}], \quad i=2(1)s$$

$$u_{m+1} = R_0^{(s+1)}(hT)u_m + h\sum_{j=1}^{s} B_j(hT)[f(t_m+c_j h, u_{m+1}^{(j)}) - Tu_{m+1}^{(j)}] \quad (4.1.1)$$

Hierbei ist T eine beliebige, konstante Matrix. Aus Stabilitätsgründen verwendet man i. allg. eine Approximation an die Jacobi-Matrix $f_y(t_m, u_m)$. Die Matrixfunktionen $R_0^{(i)}(\cdot)$ sind durch rationale Funktionen $R_0^{(i)}(z)$, $i=2(1)s+1$, $z \in \mathbb{C}$, (vgl. Bemerkung 2.7.5) festgelegt, die Approximationen an exp(z) für $z \to 0$ sind. Die Matrixfunktionen $A_{ij}(\cdot)$, $B_j(\cdot)$ sind ebenfalls durch rationale Funktionen $A_{ij}(z)$, $B_j(z)$ bestimmt. Die Knoten c_i ($c_1=0$) und die Matrixfunktionen $R_0^{(i)}(z)$, $A_{ij}(z)$, $B_j(z)$ sind die Parameter der LIRK-Methode.

Analog zu expliziten RK-Methoden werden LIRK-Methoden durch das Parameterschema

$$\begin{array}{c|cccc} 0 & & & & \\ c_2 & A_{21} & & & \\ c_3 & A_{31} & A_{32} & & \\ \vdots & \vdots & & \ddots & \\ c_s & A_{s1} & \cdots & \cdots & A_{ss-1} \\ \hline & B_1 & \cdots & \cdots & B_{s-1} \quad B_s \end{array} \quad (4.1.2)$$

charakterisiert.

Für T=0 geht eine LIRK-Methode in eine explizite RK-Methode (vgl. Abschnitt 2.4) mit den Koeffizienten

$$a_{ij} = A_{ij}(0) \quad \text{und} \quad b_j = B_j(0)$$

über, die als *zugeordnete RK-Methode* bezeichnet wird.

Für die praktische Anwendbarkeit der Verfahren (4.1.1) müssen bestimmte Beziehungen zwischen den rationalen Funktionen $R_0^{(i)}(z)$ und $A_{ij}(z)$ sowie $R_0^{(s+1)}(z)$ und $B_j(z)$ bestehen, die sich aus der Translationsinvarianz der Methoden ergeben.

Definition 4.1.1. Eine Einschrittmethode (2.1.1) heißt *translationsinvariant*, wenn die Funktionen $\Phi^{(i)}(t_m, u_m, h)$, $i=2(1)s$, und die Verfahrensfunktion $\Phi(t_m, u_m, h)$ nicht explizit von u_m abhängen, sondern nur über die Funktion f. □

Die Translationsinvarianz ist eine natürliche Forderung an eine Diskretisierungsmethode. Mittels der Transformation $Y(t)=y(t)+w$, wobei $w \in \mathbb{R}^n$, $w \neq 0$, ein konstanter Verschiebungsvektor ist, geht das Anfangswertproblem (1.1.1) über in

$$Y'(t) = f(t, Y-w) = g(t, Y)$$
$$Y(t_0) = Y_0 = y_0 + w.$$

Die Translationsinvarianz garantiert nun, daß dann auch die numerischen Lösungen

$$u_m \approx y(t_m) \text{ und } v_m \approx Y(t_m)$$

der Beziehung

$$v_m = u_m + w$$

genügen. Bei einer LIRK-Methode (4.1.1) ist dabei zu beachten, daß die Matrix T zur Berechnung von u_{m+1} bzw. v_{m+1} entsprechend $T(u(\cdot))$ bzw. $T(u(\cdot)+w)$ gewählt wird. Ist ein Verfahren nicht translationsinvariant, so ist der lokale Diskretisierungsfehler

$$le_{m+1} = Y(t_{m+1}) - v_{m+1}$$

vom Verschiebungsvektor w abhängig. Zur Illustration betrachten wir folgendes

Beispiel 4.1.1. (Hundsdorfer [1984]) Das einstufige *Lawson-Verfahren* (verallgemeinerte Euler-Methode) ist gegeben durch

$$u_{m+1} = R_0^{(2)}(hT)u_m + hR_0^{(2)}(hT)[f(t_m, u_m) - Tu_m]$$

(vgl. Grigorieff [1977]). Die Stabilitätsfunktion $R_0^{(2)}(z)$ sei eine Approximation von mindestens erster Ordnung an $\exp(z)$ für $z \to 0$, d.h., das Verfahren besitzt die Konsistenzordnung p=1. Betrachten wir das skalare Anfangswertproblem

$$y'(t) = \lambda y, \quad \lambda \in \mathbb{C} \text{ mit Re } \lambda < 0$$
$$y(0) = 0,$$

dann lautet die transformierte Differentialgleichung

$$Y'(t) = \lambda(Y-w)$$
$$Y(0) = w.$$

Für den lokalen Diskretisierungsfehler erhält man

$$le_{m+1} = Y(t_{m+1}) - R_0^{(2)}(h\lambda)[Y(t_m) - h\lambda w].$$

Wegen $Y(t) \equiv w$ folgt

$$le_{m+1} = \left\{1 - R_0^{(2)}(h\lambda)[1 - h\lambda]\right\}w.$$

Ist die Stabilitätsfunktion $R_0^{(2)}(z) = (1-z)^{-1}$, so ist der lokale Diskretisierungsfehler vom Verschiebungsvektor w abhängig. Das einstufige Lawson-Verfahren ist lediglich für $R_0^{(2)}(z)=(1-z)^{-1}$ translationsinvariant. Im Abschnitt 4.5. werden wir sehen, daß eine nicht translationsinvariante Methode auch nicht B-konvergent sein kann. □

Theorem 4.1.1. *Eine LIRK-Methode ist genau dann translationsinvariant, wenn gilt*

$$R_0^{(i)}(c_i hT) = I+hT \sum_{j=1}^{i-1} A_{ij}(hT) \ , \ i=2(1)s$$

$$R_0^{(s+1)}(hT) = I+hT \sum_{j=1}^{s} B_j(hT).$$

(4.1.3)

Beweis. Mit (4.1.1) ist

$$\Phi^{(i)} = [\frac{1}{h}(R_0^{(i)}(c_i hT)-I)-T\sum_{j=1}^{i-1} A_{ij}(hT)]u_m +$$

$$\sum_{j=1}^{i-1} A_{ij}(hT)[f(t_m+c_j h, u_{m+1}^{(j)}) - hT\Phi^{(j)}(t_m, u_m, h)],$$

woraus mittels vollständiger Induktion unmittelbar die Behauptung folgt. ■

Konkrete LIRK-Methoden werden durch spezielle Wahl der Koeffizienten $A_{ij}(z)$ und $B_j(z)$ festgelegt. Diese Koeffizienten bestimmen die Konsistenzordnung und die Stabilität der Methoden.

Neben der Translationsinvarianz setzen wir im folgenden stets voraus:

(A1) Die Approximationsordnung r_i von $R_0^{(i)}(z)$ an $\exp(z)$ ist genügend groß.

(A2) $R_0^{(i)}(z)$ besitzt keine Polstellen für Re $z \leq 0$ und es gilt $|R_0^{(i)}(\infty)| < \infty$.

(A3) $|A_{ij}(z)|$, $|B_j(z)|$, $|zA_{ij}(z)|$, $|zB_j(z)|$ sind gleichmäßig beschränkt für Re $z \leq 0$.

Wie die weiteren Untersuchungen zeigen, sind diese Voraussetzungen zweckmäßig und leicht zu erfüllen. Für die gebräuchlichen LIRK-Methoden sind diese Voraussetzungen stets erfüllt.

Im wesentlichen haben sich zwei Typen von LIRK-Methoden bewährt, die *adaptiven Runge-Kutta-Methoden* und die *Rosenbrock-Typ-Methoden*. Diese Methoden werden in den beiden folgenden Abschnitten ausführlich vorgestellt. Sie wurden unabhängig von der Darstellung (4.1.1) entwickelt, sind aber in dieser Form angebbar.

4.2. Adaptive Runge-Kutta-Methoden

4.2.1. Konstruktion der Methoden

Ausgangspunkt für die Konstruktion adaptiver RK-Methoden ist eine formale Linearisierung von (1.1.1) in jedem Diskretisierungsintervall $[t_m, t_m+h]$ in der Form

$$y'(t) = f(t,y) = Ty + g(t,y) \quad \text{mit} \quad g(t,y) = f(t,y) - Ty,$$

wobei T eine in $[t_m, t_m+h]$ konstante (n,n)-Matrix ist. Die Idee hierzu findet man für eine Diagonalmatrix T bei Certaine [1960] und eine Verallgemeinerung auf Systeme 1. Ordnung bei Friedli [1978].

Zur Gewinnung einer s-stufigen adaptiven RK-Methode wird in jedem Intervall $[t_m, t_m+c_ih]$, m=0,1..., die Funktion $g(t,y)$ durch ein Polynom vom Grad ρ_i mit $\rho_i \leq \rho_{i+1}$, approximiert (vgl. Strehmel [1981]), d.h.

mit
$$g(t,y) \approx g_h^{(i)}(t) = \sum_{l=0}^{\rho_i} a_l^{(i)}(t-t_m)^l, \quad i=2(1)s+1,$$

$$h^l a_l^{(i)} = \sum_{j=1}^{i-1} \lambda_{lj}^{(i)} g(t_m+c_jh, u_{m+1}^{(j)}), \quad \lambda_{lj}^{(i)} \in \mathbb{R}.$$

Damit erhält man in $[t_m, t_m+c_ih]$ ein lineares, inhomogenes Anfangswertproblem der Gestalt

$$y'(t) = Ty(t) + g_h^{(i)}(t),$$
$$y(t_m) = u_m,$$

dessen exakte Lösung an der Stelle t_m+c_ih durch

$$y(t_m+c_ih) = e_0(c_ihT)u_m + h \sum_{l=0}^{\rho_i} e_{l+1}(c_ihT) a_l^{(i)} h^l c_i^{l+1} \qquad (4.2.1)$$

gegeben ist. Die Matrixfunktionen $e_l(\cdot)$ sind hierbei definiert durch

$$e_0(z) = \exp(z), \quad e_1(z) = \frac{e_0(z)-1}{z}$$

$$e_{l+1}(z) = \frac{le_l(z)-1}{z}, \quad l=1(1)\rho_{s+1}.$$

Für die numerische Rechnung ist (4.2.1) wegen der auftretenden Exponentialmatrizen nicht geeignet. Daher werden die Funktionen $e_l(z)$ durch rationale Funktionen

$$e_0(z) \approx R_0^{(i)}(z)$$

$$e_1(z) \approx R_1^{(i)}(z) = \frac{R_0^{(i)}(z)-1}{z}$$ (4.2.2)

$$e_{l+1}(z) \approx R_{l+1}^{(i)}(z) = \frac{lR_l^{(i)}(z)-1}{z}, \quad l=1(1)\rho_i,$$

approximiert. Damit ergibt sich aus (4.2.1) für die i-te Stufe eine Näherungslösung zu

$$u_{m+1}^{(i)} = R_0^{(i)}(c_ihT)u_m + h\sum_{l=0}^{\rho_i} c_i^{l+1} R_{l+1}^{(i)}(c_ihT) \sum_{j=1}^{i-1} \lambda_{lj}^{(i)}[f(t_m+c_jh, u_{m+1}^{(j)}) - Tu_{m+1}^{(j)}].$$

Die Koeffizienten einer LIRK-Methode (4.1.1) sind demgemäß für eine adaptive RK-Methode durch

$$A_{ij}(hT) = \sum_{l=0}^{\rho_i} R_{l+1}^{(i)}(c_ihT) \lambda_{lj}^{(i)} c_i^{l+1}$$

$$B_j(hT) = \sum_{l=0}^{\rho_{s+1}} R_{l+1}^{(s+1)}(hT) \lambda_{lj}^{(s+1)}$$ (4.2.3)

bestimmt. Zur Berechnung der Werte $u_{m+1}^{(i)}$, $i=2(1)s+1$, sind lineare Gleichungssysteme zu lösen. Die Koeffizientenmatrix dieser linearen Systeme ist durch den Nenner der rationalen Funktion $R_0^{(i)}(z)$ gegeben, denn es gilt das

Theorem 4.2.1. *Für die Approximationsordnung r_i der Funktion $R_0^{(i)}(z)$ an exp(z) gelte $r_i \geq \rho_i$. Dann haben die Funktionen $R_l^{(i)}(z)$, $l=0(1)\rho_i+1$, alle den gleichen Nenner.*

Beweis. Aus (4.2.2) folgt

$$R_l^{(i)}(z) = (l-1)! \frac{R_0^{(i)}(z) - Q_{l-1}(z)}{z^l}, \quad l=1(1)\rho_i+1,$$

mit

$$Q_{l-1}(z) = \sum_{k=0}^{l-1} \frac{z^k}{k!}.$$

Wegen $r_i \geq \rho_i$ gilt

$$R_0^{(i)}(z) = Q_{\rho_i}(z) + O(z^{\rho_i+1}) \quad \text{für } z \to 0.$$

Hieraus ergibt sich

$R_0^{(i)}(z)-1 = O(z)$ und $lR_0^{(i)}(z)-1 = O(z)$ für $z \to 0$.

Mit (4.2.2) folgt, daß die Funktionen $R_1^{(i)}(z)$ für $l=1(1)\rho_i+1$ den gleichen Nenner wie $R_0^{(i)}(z)$ besitzen. ∎

Bemerkung 4.2.1. a) Mit $r_i = \rho_i$, $i=2(1)s+1$, geht die adaptive RK-Methode (4.2.3) für T=0 in die zugeordnete explizite RK-Methode mit den Koeffizienten

$$a_{ij} = \sum_{l=0}^{\rho_i} \frac{\lambda_{lj}^{(i)} c_i^{l+1}}{l+1}, \quad b_j = \sum_{l=0}^{\rho_{s+1}} \frac{\lambda_{lj}^{(s+1)}}{l+1} \qquad (4.2.4)$$

über.

b) Die Voraussetzungen (A1) und (A2) sind durch die Wahl geeigneter Funktionen $R_0^{(i)}(z)$ leicht zu erfüllen. Aus (A2) folgt mit (4.2.3) sofort (A3). □

Die Translationsinvarianz wird durch das folgende Theorem gewährleistet.

Theorem 4.2.2. Unter den Bedingungen

$$\sum_{j=1}^{i-1} \lambda_{lj}^{(i)} = \begin{cases} 1 & \text{für } l=0 \\ 0 & \text{für } l>0 \end{cases} \quad i=2(1)s+1 \qquad (4.2.5)$$

ist eine adaptive RK-Methode translationsinvariant.

Beweis. Es gilt

$$I+hT \sum_{j=1}^{s} B_j(hT) = I+hT \sum_{j=1}^{s} \sum_{l=0}^{\rho_{s+1}} R_{l+1}^{(s+1)}(hT) \lambda_{lj}^{(s+1)}$$

$$= I+hT \sum_{l=0}^{\rho_{s+1}} R_{l+1}^{(s+1)}(hT) \sum_{j=1}^{s} \lambda_{lj}^{(s+1)},$$

und mit (4.2.5) erhält man unter Berücksichtigung von (4.2.2)

$$I+hT \sum_{j=1}^{s} B_j(hT) = I+hTR_1^{(s+1)}(hT) = R_0^{(s+1)}(hT),$$

woraus mit Theorem 4.1.1 die Translationsinvarianz folgt. Für $i=2(1)s$ ist der Beweis analog. ∎

Bemerkung 4.2.2. Die Bedingung (4.2.5) ist eine natürliche Voraussetzung, sie folgt aus der Forderung nach der Beschränktheit der Polynomkoeffizienten $a_l^{(i)}$ für $h \to 0$ (vgl. Strehmel/Weiner[1982]). □

4.2.2. Konsistenz

Die Konsistenzordnung einer adaptiven RK-Methode wird bestimmt durch die Koeffizienten $\lambda_{ij}^{(1)}$. Wir geben im folgenden die Konsistenzbedingungen bis zur Ordnung p=4 an. Dazu definieren wir

$$a_{ij}^{(k)} = \sum_{l=0}^{\rho_i} \frac{\lambda_{ij}^{(i)} c_i^{1+k}}{\binom{1+k}{k}} \quad , \quad b_j^{(k)} = \sum_{l=0}^{\rho_{s+1}} \frac{\lambda_{ij}^{(s+1)}}{\binom{1+k}{k}}. \quad (4.2.6)$$

Für k=1 gilt

$$a_{ij}^{(1)} = a_{ij} \quad \text{und} \quad b_j^{(1)} = b_j ,$$

wobei a_{ij} und b_j die Koeffizienten (4.2.4) der zugeordneten expliziten RK-Methode sind. Eine Herleitung der Konsistenzbedingungen für autonome Systeme mittels Taylorentwicklung findet man in Weiner [1981], mittels Butcherreihen in Bruder [1985].

Bemerkung 4.2.3. Die Anwendung einer adaptiven RK-Methode mit einer Matrix T auf ein nichtautonomes System (1.1.1) ist äquivalent mit der Anwendung des Verfahrens mit der Matrix

$$\tilde{T} = \begin{pmatrix} T & 0 \\ 0 & 0 \end{pmatrix}$$

auf das in autonome Form gebrachte System (1.1.1'). Die Konsistenzbedingungen für eine beliebige Matrix T garantieren dann die entsprechende Ordnung auch für das nichtautonome System (1.1.1). □

Neben den elementaren Differentialen aus Tabelle 2.3.3 treten für LIRK-Methoden auch Differentiale auf, die die Matrix T enthalten. Diese Differentiale erhält man formal durch Ersetzen von f' durch T in den elementaren Differentialen. So treten z.B. neben f'f'f noch f'Tf, Tf'f, TTf auf. Für ein autonomes System ergeben sich für translationsinvariante adaptive RK-Methoden der Ordnung p dann bei beliebiger Matrix T die folgenden Konsistenzbedingungen:

a) $R_0^{(i)}(z)$ besitzt eine genügend hohe Approximationsordnung r_i ($r_i \geq p-1$, $i=2,\ldots,s$, $r_{s+1} \geq p$),

b) die Bedingungen der Translationsinvarianz (4.2.5),

c) Bedingungen an die Koeffizienten des Verfahrens.

Für $T=f_y(u_m)+O(h)$ bzw. $T=f_y(u_m)$ fallen bestimmte Konsistenzbedingungen weg. Um das deutlich sichtbar zu machen, haben wir die Differentiale in etwas anderer Form zusammengefaßt. Die folgende Tabelle gibt die Differentiale und die zugehörigen Konsistenzbedingungen an. Wegen a) und b) sind für gewisse Differentiale die Bedingungen automatisch erfüllt, diese Differentiale sind daher nicht in der Tabelle 4.2.1 enthalten. (Alle Differentiale für die Ordnung p≤4 findet man in Tabelle 4.3.1.). Das Symbol $\sum$ ist definiert analog zu Tabelle 2.3.3 unter Beachtung von $a_{ij}^{(1)}=0$ für $j\geq i$.

Nr.	Ordnung	Differential	Ordnungsbedingung	
1	1	f	$\sum b_i$	$= 1$
2	2	$(f'-T)f$	$\sum b_i c_i$	$= 1/2$
3	3	$f''ff$	$\sum b_i c_i^2$	$= 1/3$
4		$T(f'-T)f$	$\sum b_i^{(2)} c_i$	$= 1/3$
5		$(f'-T)(f'-T)f$	$\sum b_i a_{ij} c_j$	$= 1/6$
6	4	$f'''fff$	$\sum b_i c_i^3$	$= 1/4$
7		$f''(f'-T)ff$	$\sum b_i c_i a_{ij} c_j$	$= 1/8$
8		$(f'-T)f''ff$	$\sum b_i a_{ij} c_j^2$	$= 1/12$
9		$Tf''ff$	$\sum b_i^{(2)} c_i^2$	$= 1/6$
10		$TT(f'-T)f$	$\sum b_i^{(3)} c_i$	$= 1/4$
11		$T(f'-T)(f'-T)f$	$\sum b_i^{(2)} a_{ij} c_j$	$= 1/12$
12		$(f'-T)T(f'-T)f$	$\sum b_i a_{ij}^{(2)} c_j$	$= 1/12$
13		$(f'-T)(f'-T)(f'-T)f$	$\sum b_i a_{ij} a_{jk} c_k$	$= 1/24$

Tabelle 4.2.1. Differentiale und Konsistenzbedingungen für adaptive RK-Methoden bis zur Ordnung p=4.

Bemerkung 4.2.4. Für T=0 (explizite RK-Methode) ergeben die Nummern 1,2,3,5,6,7,8,13 der Tabelle 4.2.1 die elementaren Differentiale und Konsistenzbedingungen von Tabelle 2.3.3. □

Bei der praktischen Konstruktion einer adaptiven RK-Methode wird man von einem gebräuchlichen expliziten RK-Verfahren der Ordnung p ausgehen. Damit sind für p≤4 die Bedingungen 1,2,3,5,6,7,8,13 bis zur Ordnung p erfüllt. Danach werden die Koeffizienten $\lambda_{0j}^{(i)}$ durch

$$\lambda_{0j}^{(i)} = \frac{1}{\bar{c}_i}[a_{ij} - \sum_{l=1}^{\rho_i} \frac{c_i^{l+1}}{l+1} \lambda_{1j}^{(i)}], \quad i=2(1)s,$$

$$\lambda_{0j}^{(s+1)} = b_j - \sum_{l=1}^{\rho_{s+1}} \frac{1}{l+1} \lambda_{1j}^{(s+1)}$$

(4.2.7)

ausgedrückt und die übrigen Koeffizienten $\lambda_{1j}^{(i)}$, $l \geq 1$, aus den restlichen Bedingungen ermittelt. Dieses Vorgehen ist zweckmäßig und führt zum Ziel, denn es gilt das

Theorem 4.2.3. Zu jeder s-stufigen expliziten RK-Methode der Ordnung p läßt sich unter der Voraussetzung $r_i \geq p-1$, $i=2,\ldots,s$, $r_{s+1} \geq p$ mit $\rho_i \geq \max(0,p-3)$, $i=2,\ldots,s$, $\rho_{s+1} \geq \max(0,p-2)$, eine s-stufige translationsinvariante adaptive RK-Methode der gleichen Ordnung p konstruieren. □

Den Beweis findet man in Bruder [1985].

Folgerung 4.2.1. Es existieren adaptive RK-Methoden mit p=s für s=1,2,3,4 unter Verwendung einer beliebigen Matrix T. □

4.2.3. Beispiele

Wir geben zu einigen expliziten RK-Methoden zugeordnete adaptive RK-Methoden an.

Beispiel 4.2.1. Die zur expliziten Euler-Methode (vgl. Beispiel 2.4.1) gehörende translationsinvariante linear-implizite Euler-Methode

$$\begin{array}{c|c} 0 & \\ \hline & R_1^{(2)} \end{array} \qquad (4.2.8)$$

besitzt mit $r_2 \geq 1$ die Konsistenzordnung p=1. □

Beispiel 4.2.2. Die zweistufigen adaptiven RK-Methoden

$$\begin{array}{c|cc} 0 & & \\ c_2 & c_2 R_1^{(2)} & \\ \hline & (1 - \frac{1}{2c_2}) R_1^{(3)} & \frac{1}{2c_2} R_1^{(3)} \end{array} \qquad (4.2.9a)$$

$$\begin{array}{c|cc} 0 & & \\ c_2 & c_2 R_1^{(2)} & \\ \hline & R_1^{(3)} - \frac{1}{c_2} R_2^{(3)} & \frac{1}{c_2} R_2^{(3)} \end{array} \qquad (4.2.9b)$$

mit der zugeordneten expliziten RK-Methode der Ordnung 2

$$\begin{array}{c|cc} 0 & & \\ c_2 & c_2 & \\ \hline & 1 - \frac{1}{2c_2} & \frac{1}{2c_2} \end{array}$$

besitzen mit $r_2 \geq 1$, $r_3 \geq 2$ die Konsistenzordnung p=2. □

Beispiel 4.2.3. Die 3-stufige adaptive RK-Methode

$$
\begin{array}{c|ccc}
0 & & & \\
\frac{1}{2} & \frac{1}{2} R_1^{(2)} & & \\
1 & -40 R_1^{(3)} + 78 R_2^{(3)} & 41 R_1^{(3)} - 78 R_2^{(3)} & \\
\hline
 & \frac{1}{3} R_1^{(4)} - R_2^{(4)} + R_3^{(4)} & \frac{4}{3} R_1^{(4)} - 2 R_3^{(4)} & -\frac{2}{3} R_1^{(4)} + R_2^{(4)} + R_3^{(4)}
\end{array}
$$
(4.2.10)

die sich für T=0 auf das Verfahren von Kutta

$$
\begin{array}{c|ccc}
0 & & & \\
\frac{1}{2} & \frac{1}{2} & & \\
1 & -1 & 2 & \\
\hline
 & \frac{1}{6} & \frac{2}{3} & \frac{1}{6}
\end{array}
$$

(vgl. Beispiel 2.4.3) reduziert, besitzt mit $r_2, r_3 \geq 2$, $r_4 \geq 3$ die Konsistenzordnung p=3. □

Weitere Beispiele, auch für Verfahren 4.Ordnung, findet der Leser in Weiner [1981], Strehmel/Weiner [1982].

Die Bedingungen 1 bis 13 von Tabelle 4.2.1 garantieren die entsprechende Konsistenzordnung für beliebige Matrizen T. Wird bei autonomen Systemen die Matrix T in jedem Schritt gleich der Jacobi-Matrix $f_y(u_m)$ gesetzt bzw. nach einigen Schritten wieder der aktuellen Jacobi-Matrix angepaßt ($T = f_y(u_m) + O(h)$), so verringert sich die Anzahl der Konsistenzbedingungen. Die folgende Tabelle gibt die noch zu erfüllenden Bedingungsgleichungen an.

Ordnung	Ordnungsbedingung $T = f_y(u_m) + O(h)$	Ordnungsbedingung $T = f_y(u_m)$
1	1	1
2	—	—
3	2,3	3
4	4,6,9	6,9

Tabelle 4.2.2. Konsistenzbedingungen für autonome Systeme.

Beispiel 4.2.4. Mit $T = f_y(u_m)$ läßt sich eine 2-stufige adaptive RK-Methode der Ordnung p=4 konstruieren. Die Bedingungen 1,3,6,9 lauten

$$b_1+b_2=1, \quad b_2 c_2^2 = 1/3, \quad b_2 c_2^3 = 1/4, \quad b_2^{(2)} c_2^2 = 1/6.$$

Daraus folgt

$$b_1=11/27, \quad b_2=16/27, \quad c_2=3/4, \quad b_2^{(2)}=8/27.$$

Mit $\rho_2=0$, $\rho_3=1$ ergibt sich aus (4.2.5)

$$\lambda_{01}^{(3)}+\lambda_{02}^{(3)} = 1, \quad \lambda_{11}^{(3)}+\lambda_{12}^{(3)} = 0,$$

sowie aus (4.2.6)

$$b_2^{(2)} = \lambda_{02}^{(3)} + \tfrac{1}{3}\lambda_{12}^{(3)}.$$

Mit $\lambda_{12}^{(3)}$ als freien Parameter erhalten wir für $T=f_y(u_m)$, $r_2 \geq 3$, $r_3 \geq 4$ die folgende adaptive RK-Methode der Ordnung 4 für autonome Systeme

0		
$\tfrac{3}{4}$	$\tfrac{3}{4} R_1^{(2)}$	
	$\left(\tfrac{19}{27} + \tfrac{1}{3}\lambda_{12}^{(3)}\right)R_1^{(3)} - \lambda_{12}R_2^{(3)}$	$\left(\tfrac{8}{27} - \tfrac{1}{3}\lambda_{12}^{(3)}\right)R_1^{(3)} + \lambda_{12}R_2^{(3)}$. □

4.3. Rosenbrock-Typ-Methoden

4.3.1. Definition der Methoden

Diese Methoden lassen sich aus diagonal-impliziten Runge-Kutta-Methoden (vgl. Abschnitt 2.5.5) ableiten, wenn man bei der Lösung der s nichtlinearen Gleichungssysteme (2.2.1') (für autonome Systeme)

$$k_i = f(u_m + h \sum_{j=1}^{i} a_{ij} k_j), \quad i=1(1)s$$

nur einen Iterationsschritt mit einem vereinfachten Newton-Verfahren und einem Startvektor $k_i^{(0)}$ durchführt. Man erhält

$$[I - h a_{ii} T_i][k_i^{(1)} - k_i^{(0)}] = -k_i^{(0)} + f(u_m + h \sum_{j=1}^{i-1} a_{ij} k_j + h a_{ii} k_i^{(0)}).$$

Setzt man

$$k_i^{(0)} = -\frac{1}{a_{ii}} \sum_{j=1}^{i-1} \gamma_{ij} k_j, \quad \gamma_{ij} \in \mathbb{R}$$

und

$$k_i = k_i^{(1)}, \quad \alpha_{ij} = a_{ij} - \gamma_{ij}, \quad \gamma_{ii} = a_{ii},$$

so ergibt sich

131

$$[I-h\gamma_{ii}T_i]k_i = f(u_m+h\sum_{j=1}^{i-1}\alpha_{ij}k_j)+hT_i\sum_{j=1}^{i-1}\gamma_{ij}k_j \;, \quad i=1(1)s$$

$$u_{m+1} = u_m+h\sum_{i=1}^{s}b_ik_i . \tag{4.3.1}$$

Derartige Methoden wurden mit

$$\gamma_{ij}=0 \text{ für } i\neq j \quad \text{und} \quad T_i=f_y(u_m+h\sum_{j=1}^{i-1}\alpha_{ij}k_j)$$

erstmals von Rosenbrock [1963] vorgestellt. Calahan [1968] setzt $T_i=f_y(u_m)$ und $\gamma_{ii}=\gamma$, so daß zur Lösung der s linearen Gleichungssysteme nur eine LU-Zerlegung und s Rücksubstitutionen pro Integrationsschritt benötigt werden. Wanner [1977] führte die Koeffizienten γ_{ij} für i>j ein. Diese Methoden für autonome Systeme (1.1.1'), die dann durch

$$[I-h\gamma f_y(u_m)]k_i = f(u_m+h\sum_{j=1}^{i-1}\alpha_{ij}k_j)+hf_y(u_m)\sum_{j=1}^{i-1}\gamma_{ij}k_j \;, \quad i=1(1)s,$$

$$u_{m+1} = u_m+h\sum_{i=1}^{s}b_ik_i \tag{4.3.2}$$

definiert sind, werden häufig *Rosenbrock-Wanner-Methoden* (*ROW-Methoden*) genannt.

Bemerkung 4.3.1. Die Anwendung einer ROW-Methode auf ein in autonome Form (1.1.1') gebrachtes System (1.1.1) mit der Jacobi-Matrix

$$\begin{pmatrix} 0 & 0 \\ f_t & f_y \end{pmatrix}$$

ist äquivalent mit folgender "*nichtautonomen*" Form einer ROW-Methode für das nichtautonome Differentialgleichungssystem (1.1.1):

$$(I-h\gamma T)k_i = f(t_m+c_ih,u_m+h\sum_{j=1}^{i-1}\alpha_{ij}k_j)+hT\sum_{j=1}^{i-1}\gamma_{ij}k_j+hD_if_t(t_m,u_m)$$

$$u_{m+1} = u_m+h\sum_{i=1}^{s}b_ik_i, \tag{4.3.3}$$

mit

$$c_i = \sum_{j=1}^{i-1}\alpha_{ij} \;, \quad D_i = \gamma+\sum_{j=1}^{i-1}\gamma_{ij} \;, \quad T = f_y(t_m,u_m) . \;\square$$

ROW-Methoden erfordern die Berechnung der Jacobi-Matrix $f_y(u_m)$ in jedem Integrationsschritt. Verwer/Scholz/Blom/Louter-Nool [1983] ersetzen $f_y(u_m)$ durch die Jacobi-Matrix an einer zurückliegenden Stelle ("time-lagged" Jacobian), Kaps/Ostermann [1989] betrachten allgemein

$T=f_y(u_m)+O(h)$. Diese Modifikationen ersparen Rechenaufwand, führen aber auf zusätzliche Konsistenzbedingungen (vgl. Abschnitt 4.3.2). Ist die Matrix T beliebig, so erhält man (auch für nichtautonome Systeme) die von Steihaug/Wolfbrandt [1979] betrachteten W-Methoden. Eine s-stufige W-Methode ist mit $c_i = \sum_{j=1}^{i-1} a_{ij}$ durch

$$(I-h\gamma T)k_i = f(t_m+c_i h, u_m+h\sum_{j=1}^{i-1}\alpha_{ij}k_j)+hT\sum_{j=1}^{i-1}\gamma_{ij}k_j, \quad i=1(1)s$$

$$u_{m+1} = u_m + h\sum_{i=1}^{s} b_i k_i, \qquad (4.3.4)$$

definiert. Für $T=0$ geht (4.3.4) in die zugeordnete explizite RK-Methode über. Diese Methoden erfordern nicht die Neuberechnung der Jacobi-Matrix in jedem Schritt, andererseits wächst die Anzahl der Konsistenzbedingungen stark an. Im Vergleich zu (4.3.3) fehlt hier der Term mit f_t, wodurch auch für $T=f_y(t_m, u_m)$ die Ordnung von (4.3.4) i.allg. geringer ist als bei (4.3.3). Die direkte Einbeziehung von f_t in (4.3.3) kann aber, wie folgendes Beispiel zeigt, die Stabilitätseigenschaften der Verfahren z.T. erheblich verschlechtern und damit bei sehr steifen Problemen zu schlechten numerischen Ergebnissen führen (vgl. hierzu auch Verwer [1982]).

Beispiel 4.3.1. Wir betrachten die Differentialgleichung (vgl. Kaps [1985])

$$y'(t) = -(2+\sin(nt))y,$$

deren Gleichgewichtslage asymptotisch stabil ist (vgl. Abschnitt 1.3.1). Eine einstufige W-Methode (4.3.4) liefert mit $T=f_y(t_m, u_m)$

$$u_{m+1} = \frac{1-h(1-\gamma)(2+\sin(nt_m))}{1+h\gamma(2+\sin(nt_m))} u_m.$$

Die numerische Lösung ist für $\gamma \geq 1/2$ ebenfalls stabil, es gilt

$$|u_{m+1}| < |u_m|.$$

Demgegenüber liefert die nichtautonome Form (4.3.3) der einstufigen ROW-Methode

$$u_{m+1} = \frac{1-h(1-\gamma)(2+\sin(nt_m))-h^2\gamma n\cos(nt_m)}{1+h\gamma(2+\sin(nt_m))} u_m.$$

Man sieht unmittelbar, daß für fixiertes h und $u_0=1$, $t_0=0$, $\gamma \neq 0$, gilt

$$|u_1| \to \infty \quad \text{für} \quad n \to \infty,$$

d.h., die numerische Lösung ist instabil. □

Die Methoden (4.3.2)-(4.3.4) erfordern, wie die adaptiven RK-Methoden, nur die Lösung linearer Gleichungssysteme, sie sind ebenfalls linear-implizit. Die Koeffizienten der allgemeinen Form einer LIRK-Methode (4.1.1) sind mit den Bezeichnungen

$$A(z) = \begin{pmatrix} 0 & & & & \\ A_{21} & & & & \\ A_{31} & A_{32} & & & \\ \vdots & & \ddots & & \\ A_{s1} & A_{s2} & \cdots & A_{s,s-1} & 0 \end{pmatrix}, \quad \begin{matrix} B^T(z) = (B_1, B_2, \cdots, B_s) \\ b^T = (b_1, b_2, \cdots, b_s) \end{matrix}$$

$$\alpha = \begin{pmatrix} 0 & & & & \\ \alpha_{21} & & & & \\ \alpha_{31} & \alpha_{32} & & & \\ \vdots & & \ddots & & \\ \alpha_{s1} & \alpha_{s2} & \cdots & \alpha_{s,s-1} & 0 \end{pmatrix}, \quad \beta = \begin{pmatrix} 0 & & & & \\ \beta_{21} & & & & \\ \beta_{31} & \beta_{32} & & & \\ \vdots & & \ddots & & \\ \beta_{s1} & \beta_{s2} & \cdots & \beta_{s,s-1} & 0 \end{pmatrix}$$

und $\beta_{ij} = \alpha_{ij} + \gamma_{ij}$ für j<i gegeben durch

$$A = \alpha(I - \gamma zI - z\beta)^{-1}, \quad B^T = b^T(I - \gamma zI - z\beta)^{-1}, \quad (4.3.5)$$

sowie

$$R_0^{(i)}(c_i z) = 1 + z \sum_{j=1}^{i-1} A_{ij}(z), \quad i = 2(1)s$$

$$R_0^{(s+1)}(z) = 1 + z \sum_{j=1}^{s} B_j(z). \quad (4.3.6)$$

Aus (4.3.6) folgt nach Theorem 4.1.1 unmittelbar die Translationsinvarianz von ROW- und W-Methoden. Weiterhin sieht man sofort, daß $\gamma > 0$ hinreichend für die Erfüllung der Voraussetzungen (A2) und (A3) ist.

Andererseits läßt sich jede translationsinvariante s-stufige LIRK-Methode, bei der die Koeffizienten A_{ij}, B_j durch

$$B_j(z) = (1 - \gamma z)^{-\rho_{s+1}} P_{s+1,j}(z), \quad A_{ij}(z) = (1 - \gamma z)^{-\rho_i} P_{ij}(z)$$

mit $\gamma > 0$ und Polynomen P_{ij} vom Grad $<\rho_i$ gegeben sind, als W-Methode mit maximal $s \cdot \max\{\rho_i, i=2(1)s+1\}$ Stufen schreiben (Weiner u.a. [1991]). Diese Wahl der Koeffizienten B_j, A_{ij} erweist sich als vorteilhaft für die effektive Implementierung einer LIRK-Methode (vgl. Abschnitt 4.6.1). Für konkrete LIRK-Methoden läßt sich durch genauere Untersuchungen i.allg. eine äquivalente W-Methode mit nur $\rho_2 + \ldots + \rho_{s+1}$ Stufen konstruieren.

Beispiel 4.3.2. Sei eine 2-stufige LIRK-Methode (4.1.1) gegeben durch

$$R_0^{(2)}(c_2 z) = \frac{1+(c_2-\gamma)z}{1-\gamma z} \quad , \quad R_0^{(3)}(z) = \frac{1+(1-2\gamma)z}{(1-\gamma z)^2} \quad , \quad \gamma = 1+\frac{1}{2}\sqrt{2} \quad , \quad c_2 \neq 0 \quad ,$$

$$A_{21} = c_2 R_1^{(2)}(c_2 z) \quad , \quad B_1 = R_1^{(3)}(z) - \frac{1}{c_2} R_2^{(3)}(z) \quad , \quad B_2 = \frac{1}{c_2} R_2^{(3)}(z) ,$$

R_1, R_2 nach (4.2.2).

Für diese Methode existiert eine äquivalente W-Methode mit $\rho_2 + \rho_3 = 3$ Stufen und den Parametern

$\gamma_{21} = -c_2$, $\gamma_{31} = (1/2-\gamma)(1-\gamma/c_2)/b_3 - c_2$, $\gamma_{32} = (1/2-\gamma)\gamma/(b_3 c_2)$,

$b_1 = 1 - 1/(2c_2)$, $b_2 = 1/(2c_2) - b_3$, $b_3 \neq 0$ beliebig. □

4.3.2. Konsistenzbedingungen

Wir geben in diesem Abschnitt die Konsistenzbedingungen für W- und ROW-Methoden für (4.3.1) bis zur Ordnung p=4 an. Diese Bedingungen bis einschließlich zur Ordnung p=5 findet man in Kaps/Ostermann [1989], ihre Herleitung in Nørsett/Wolfbrandt [1979], Hairer [1981]. Dabei verwenden wir die folgenden Abkürzungen:

$$\beta_{ij} = \alpha_{ij} + \gamma_{ij} \quad , \quad \beta_i = \sum_{j=1}^{i-1} \beta_{ij} \quad , \quad c_i = \sum_{j=1}^{i-1} \alpha_{ij} \quad , \qquad (4.3.7)$$

sowie die Summenkonvention entsprechend Tabelle 2.3.3.

Bemerkung 4.3.2. Da die Matrix T bei W-Methoden beliebig ist, garantieren die Bedingungen in der Tabelle 4.3.1 die entsprechende Ordnung p auch für das nichtautonome System (1.1.1) (vgl. hierzu Bemerkung 4.2.3). □

Für autonome Systeme verringert sich die Anzahl der Konsistenzbedingungen unter der Voraussetzung $T = f_y(u_m) + O(h)$ bzw. $T = f_y(u_m)$ wesentlich. Tabelle 4.3.2 gibt die noch verbleibenden Bedingungen aus Tabelle 4.3.1 an.

Für p=5 sind für W-Methoden 58, für $T = f_y(u_m) + O(h)$ 26 und für ROW-Methoden 17 Konsistenzbedingungen zu erfüllen (vgl. Kaps/Ostermann [1989]). Konsistenzbedingungen für ROW-Methoden der Ordnung 6 findet man in Kaps/Wanner [1981].

Nr.	p	Differential	Ordnungsbedingung	
1	1	f	$\sum b_i$	$= 1$
2	2	$(f'-T)f$	$\sum b_i c_i$	$= 1/2$
3		Tf	$\sum b_i \beta_i$	$= 1/2-\gamma$
4	3	$f''ff$	$\sum b_i c_i^2$	$= 1/3$
5		$(f'-T)(f'-T)f$	$\sum b_i \alpha_{ij} c_j$	$= 1/6$
6		$(f'-T)Tf$	$\sum b_i \alpha_{ij} \beta_j$	$= 1/6-\gamma/2$
7		$T(f'-T)f$	$\sum b_i \beta_{ij} c_j$	$= 1/6-\gamma/2$
8		TTf	$\sum b_i \beta_{ij} \beta_j$	$= 1/6-\gamma+\gamma^2$
9	4	$f'''fff$	$\sum b_i c_i^3$	$= 1/4$
10		$f''(f'-T)ff$	$\sum b_i c_i a_{ij} c_j$	$= 1/8$
11		$f''Tff$	$\sum b_i c_i \alpha_{ij} \beta_j$	$= 1/8-\gamma/3$
12		$(f'-T)f''ff$	$\sum b_i \alpha_{ij} c_j^2$	$= 1/12$
13		$Tf''ff$	$\sum b_i \beta_{ij} c_j^2$	$= 1/12-\gamma/3$
14		$(f'-T)(f'-T)(f'-T)f$	$\sum b_i \alpha_{ij} \alpha_{jk} c_k$	$= 1/24$
15		$(f'-T)(f'-T)Tf$	$\sum b_i \alpha_{ij} \alpha_{jk} \beta_k$	$= 1/24-\gamma/6$
16		$(f'-T)T(f'-T)f$	$\sum b_i \alpha_{ij} \beta_{jk} c_k$	$= 1/24-\gamma/6$
17		$(f'-T)TTf$	$\sum b_i \alpha_{ij} \beta_{jk} \beta_k$	$= 1/24-\gamma/3+\gamma^2/2$
18		$T(f'-T)(f'-T)f$	$\sum b_i \beta_{ij} \alpha_{jk} c_k$	$= 1/24-\gamma/6$
19		$T(f'-T)Tf$	$\sum b_i \beta_{ij} \alpha_{jk} \beta_k$	$= 1/24-\gamma/3+\gamma^2/2$
20		$TT(f'-T)f$	$\sum b_i \beta_{ij} \beta_{jk} c_k$	$= 1/24-\gamma/3+\gamma^2/2$
21		$TTTf$	$\sum b_i \beta_{ij} \beta_{jk} \beta_k$	$= 1/24-\gamma/2+3\gamma^2/2-\gamma^3$

Tabelle 4.3.1. Differentiale und Konsistenzbedingungen für W-Methoden bis zur Ordnung p=4.

p	Bedingungen für $T=f_y(u_m)+O(h)$	Bedingungen für $T=f_y(u_m)$ (ROW-Methoden)
1	1	1
2	3	3
3	2,4,8	4,8
4	6,7,9,11,13,21	9,11,13,21

Tabelle 4.3.2. Konsistenzbedingungen für autonome Systeme.

Bei Anwendung auf die skalare Differentialgleichung $y'=qy$ liefern ROW- bzw. W-Methoden mit $T=q$ (vgl. (4.4.1))

$$u_{m+1} = R_0^{(s+1)}(z)u_m, \quad z=hq, \quad (4.3.8)$$

mit $R_0^{(s+1)}(z)=P(z)/(1-\gamma z)^s$, wobei $P(z)$ ein Polynom vom Grad höchstens s ist. Die Stabilitätsfunktion $R_0^{(s+1)}(z)$ ist somit eine rationale Funktion mit mehrfacher reeller Nennernullstelle. Die Approximationsordnung derartiger Funktion an $\exp(z)$ für $z \to 0$ kann nach Theorem 2.7.9 maximal s+1 betragen. Wir erhalten damit sofort das

Theorem 4.3.1. *Die Ordnung einer s-stufigen ROW- bzw. W-Methode kann s+1 nicht übersteigen.* □

Genauer gilt für die maximale Ordnung p^* einer s-stufigen ROW-Methode

s	1	2	3	4
p^*	2	3	4	4

.

Diese Ergebnisse folgen aus den Untersuchungen in Kaps/Wanner [1981], wo auch ROW-Methoden mit p=s für s=5,6 konstruiert werden.

Bemerkung 4.3.3. Für $\gamma<0$ besitzen die Stabilitätsfunktionen $R_0^{(i)}(z)$ eine Polstelle für Re $z<0$. Wegen (A2) und (A3) (vgl. Abschnitt 4.1) setzen wir im weiteren stets $\gamma>0$ voraus. □

Bemerkung 4.3.4. Als spezielle mehrstufige W-Methode mit verschiedenen γ-Werten können die linear-impliziten Extrapolationsverfahren (vgl. Bader/Deuflhard [1983], Deuflhard [1983]) aufgefaßt werden. □

4.3.3. Beispiele von Rosenbrock-Typ-Methoden und stetige Erweiterung

Im folgenden geben wir einige spezielle Rosenbrock-Typ-Methoden an und befassen uns mit der Existenz von stetigen Rosenbrock-Typ-Methoden erster Art.

Beispiel 4.3.3. Für s=1 erhalten wir die W-Methode

$$(I-h\gamma T)k_1 = f(t_m, u_m)$$
$$u_{m+1} = u_m + hk_1 \qquad (4.3.9)$$

der Ordnung p=1. Die Stabilitätsfunktion $R_0^{(2)}(z)$ ist gegeben durch

$$R_0^{(2)}(z) = \frac{1+(1-\gamma)z}{1-\gamma z}.$$

Wird für die adaptive Euler-Methode (4.2.8) diese Stabilitätsfunktion gewählt, so sind beide Methoden identisch. Für autonome Systeme, $T=f_y(u_m)+O(h)$ und $\gamma=1/2$ besitzt die Methode die Ordnung p=2. ▫

Beispiel 4.3.4. Die 2-stufige W-Methode

$$(I-h\gamma T)k_1 = f(t_m, u_m)$$
$$(I-h\gamma T)k_2 = f(t_m+\alpha_{21}h, u_m+h\alpha_{21}k_1) - 2\alpha_{21}\gamma hTk_1$$
$$u_{m+1} = u_m + h[(1-\frac{1}{2\alpha_{21}})k_1 + \frac{1}{2\alpha_{21}}k_2]$$

besitzt mit $\alpha_{21} \neq 0$ die Konsistenzordnung p=2. Für autonome Systeme, $T=f_y(u_m)+O(h)$, $\alpha_{21}=2/3$ und $\gamma=1/2+\sqrt{3}/6$ hat sie die Ordnung 3. ▫

Beispiel 4.3.5. Die folgenden Koeffizienten (Kaps/Rentrop [1979]) definieren eine 4-stufige ROW-Methode der Ordnung p=4. Durch die spezielle Wahl von $\alpha_{41}=\alpha_{31}$, $\alpha_{42}=\alpha_{32}$, $\alpha_{43}=0$ werden nur 3 Funktionsaufrufe benötigt. Mit Hilfe der Koeffizienten $\hat{b}_i$ ist außerdem eine Näherungslösung 3. Ordnung bestimmt. Damit ist eine Schrittweitensteuerung durch Einbettung möglich. Dieser Algorithmus GRK4T (Kaps/Rentrop [1979]) liefert bei steifen Systemen sehr gute numerische Ergebnisse (vgl. auch Abschnitt 4.6.4).

$\gamma = 0.231$, $\alpha_{21} = 0.462$, $\alpha_{31} = -0.0815668168327$

$\alpha_{32} = 0.961775150166$, $\gamma_{21} = -0.270629667752$, $\gamma_{31} = 0.311254483294$

$\gamma_{32} = 0.00852445628482$, $\gamma_{41} = 0.282816832044$, $\gamma_{42} = -0.457959483281$

$\gamma_{43} = -0.111208333333$, $b_1 = 0.217487371653$, $b_2 = 0.486229037990$

$b_3 = 0$, $b_4 = 0.296283590357$, $\hat{b}_1 = -0.717088504499$

$\hat{b}_2 = 1.77617912176$, $\hat{b}_3 = -0.0590906172617$. ▫

Die Struktur einer W-Methode (4.3.4) legt den Gedanken an eine *stetige W-Methode* 1. Art nahe. Gemäß der Definition 2.6.1 suchen wir für das Intervall $[t_m, t_m+h]$ eine Interpolationsvorschrift der Form

$$u(t_m+\theta h) = u_m + h \sum_{i=1}^{s} b_i(\theta) k_i, \quad 0 \leq \theta \leq 1. \quad (4.3.10)$$

Die Koeffizienten α_{ij}, γ_{ij}, γ sind unabhängig von θ, wodurch nur ein unwesentlicher Mehraufwand bei der Berechnung von $u(t_m+\theta h)$ entsteht.

Beispiel 4.3.6. Die Ordnungsbedingungen für eine 3-stufige stetige W-Methode 1. Art bis zur Ordnung 3 sind für autonome Systeme in der folgenden Tabelle enthalten.

Nr.	p	Differential	Ordnungsbedingung	
1	1	f	$\sum b_i$	$= \theta$
2	2	$(f'-T)f$	$\sum b_i c_i$	$= \theta^2/2$
3		Tf	$\sum b_i \beta_i$	$= \theta^2/2 - \gamma\theta$
4	3	$f''ff$	$\sum b_i c_i^2$	$= \theta^3/3$
5		$(f'-T)(f'-T)f$	$\sum b_i \alpha_{ij} c_j$	$= \theta^3/6$
6		$(f'-T)Tf$	$\sum b_i \alpha_{ij} \beta_j$	$= \theta^3/6 - \gamma\theta^2/2$
7		$T(f'-T)f$	$\sum b_i \beta_{ij} c_j$	$= \theta^3/6 - \gamma\theta^2/2$
8		TTf	$\sum b_i \beta_{ij} \beta_j$	$= \theta^3/6 - \gamma\theta^2 + \gamma^2\theta$

Tabelle 4.3.3. Konsistenzbedingungen für eine stetige W-Methode 1. Art.

Eine einfache Rechnung zeigt, daß für $\gamma > 0$, selbst für $T = f_y(u_m)$, keine stetige W-Methode 1. Art der gleichmäßigen Konsistenzordnung 3 mit 3 Stufen existiert. Ebenfalls gibt es für $\gamma > 0$ keine stetige W-Methode 1. Art der gleichmäßigen Ordnung p=2 für $0 < \theta < 1$ und p=3 für $\theta = 1$ mit beliebiger Matrix T. Unser Ziel ist es daher, im folgenden eine stetige W-Methode 1. Art zu finden, die für beliebige Matrizen T und $0 < \theta < 1$ die gleichmäßige Ordnung p=2 und für $\theta = 1$ unter der Voraussetzung $T = f_y(u_m) + \mathcal{O}(h)$ die Ordnung p=3 besitzt. Weiterhin soll für $\theta = 1$ die Ordnung p=3 auch für das zugrunde liegende explizite RK-Verfahren gelten (T=0). Mit $b_2(1) = b_2$, $b_3(1) = b_3$ liefert die Tabelle 4.3.3 die Bedingungsgleichungen

$$b_1(\theta)+b_2(\theta)+b_3(\theta)=\theta \quad , \quad b_2c_2^2+b_3c_3^2=1/3 ,$$

$$b_2(\theta)c_2+b_3(\theta)c_3=\theta^2/2 \quad , \quad b_3\alpha_{32}c_2=1/6 ,$$

$$b_2(\theta)\beta_2+b_3(\theta)\beta_3=\theta^2/2-\gamma\theta \quad , \quad b_3\beta_{32}\beta_2=1/6-\gamma+\gamma^2.$$

Eine Lösung dieser Gleichungen ist

$$b_3(\theta) = \frac{\theta^2(c_2-\beta_2)/2-\gamma\theta c_2}{c_2\beta_3-c_3\beta_2} \quad , \quad b_2(\theta) = \frac{\theta^2/2-b_3(\theta)c_3}{c_2}$$

$$b_1(\theta) = \theta-b_2(\theta)-b_3(\theta) \quad , \quad \beta_{32} = \frac{1/6-\gamma+\gamma^2}{b_3\beta_2} \quad , \quad a_{32} = \frac{1}{6b_3c_2} ,$$

$$\beta_3 = \frac{(c_3-c_2)c_3c_2(1/2-\gamma)+c_3\beta_2(1/3-c_3/2)}{(1/3-c_2/2)c_2}$$

mit den freien Parametern c_2, c_3, β_2 und γ. Mit $c_2=1/3$, $c_3=1$, $\beta=1/3-\gamma$ erhält man die folgende stetige W-Methode 1. Art:

$$b_1(\theta)=0 \quad , \quad b_2(\theta)=-3\theta^2/4+3\theta/2 \quad , \quad b_3(\theta)=3\theta^2/4-\theta/2,$$

$$\alpha_{32}=2 \quad , \quad \alpha_{31}=-1 \quad , \quad \alpha_{21}=1/3,$$

$$\gamma_{21}=-\gamma \quad , \quad \gamma_{31}=\frac{5\gamma-9\gamma^2}{1-3\gamma} \quad , \quad \gamma_{32}=\frac{12\gamma^2-6\gamma}{1-3\gamma}.$$

Diese Methode ist für beliebiges T und $0<\theta<1$ von der Ordnung p=2, für $T=f_y(u_m)+O(h)$ und $\theta=1$ von der Ordnung p=3. Die zugrunde liegende explizite RK-Methode

0			
$\frac{1}{3}$	$\frac{1}{3}$		
1	-1	2	
	0	$\frac{3}{4}$	$\frac{1}{4}$

besitzt die Ordnung p=3. □

Ostermann [1990] erhält allgemeine Aussagen über die Existenz von stetigen ROW-Methoden (4.3.3) und W-Methoden. Es gilt folgendes

Theorem 4.3.2. *Zu jeder ROW-Methode und jeder W-Methode der Ordnng p gibt es eine stetige Methode 1. Art der Ordnung*

$$q = [(p+1)/2] ,$$

wobei [x] den größten ganzen Anteil der reellen Zahl x bezeichnet. □

Der Beweis dieses Theorems (vgl. Osterman [1990]) gibt explizit ein

Gleichungssystem zur Bestimmung der Koeffizienten einer stetigen Rosenbrock-Typ-Methode 1. Art an.

4.4. Stabilität linear-impliziter Runge-Kutta-Methoden

In diesem Abschnitt befassen wir uns mit linearen und nichtlinearen Stabilitätseigenschaften von LIRK-Methoden.

4.4.1. A- und AN-Stabilität

Bei Anwendung auf die Klasse A (2.7.1) liefert eine LIRK-Methode (4.1.1) mit T=q

$$u_{m+1} = R_0^{(s+1)}(z)u_m, \quad z=hq.$$

Für die Zwischenwerte ergibt sich analog

$$u_{m+1}^{(i)} = R_0^{(i)}(c_i z)u_m.$$

Damit erhalten wir unmittelbar das

Theorem 4.4.1. *Ein LIRK-Methode ist A-, stark A- bzw. L-stabil genau dann, wenn die Stabilitätsfunktion $R_0^{(s+1)}(z)$ A-, stark A- bzw. L-verträglich ist.* □

Für das Verhalten der Verfahren bei Anwendung auf steife Systeme ist auch die Stabilität der Zwischenwerte $u_{m+1}^{(i)}$ von Bedeutung. Man spricht in diesem Fall von *interner Stabilität*. Es gilt das

Theorem 4.4.2. *Eine LIRK-Methode ist intern A-, stark A- bzw. L-stabil, wenn die internen Stabilitätsfunktionen $R_0^{(i)}(z)$ A-, stark A- bzw. L-verträglich sind.* □

Analoge Aussagen gelten für $A(\alpha)$- bzw. $L(\alpha)$-Stabilität.

Für ROW- und W-Methoden sind die Stabilitätsfunktionen bestimmt durch die Koeffizienten γ und β_{ij} der Methode. Mit $T=f_y=q$ erhalten wir nach (4.3.5) und (4.3.6) für eine s-stufige Methode

$$R_0^{(s+1)}(z) = 1+z\sum_{j=1}^{s} B_j(z) = 1+zb^T[(1-\gamma z)I-z\beta]^{-1}e$$

$$= 1+\frac{1}{1-\gamma z}b^T[I-\frac{z}{1-\gamma z}\beta]^{-1}e,$$

und wegen $\beta^s=0$ folgt

$$R_0^{(s+1)}(z) = 1+\sum_{j=1}^{s} b^T\beta^{j-1}e(\frac{z}{1-\gamma z})^j. \qquad (4.4.1)$$

Analog gilt für die internen Stabilitätsfunktionen

$$R_0^{(i)}(z) = 1 + \sum_{j=1}^{s} \alpha_i^T \beta^{j-1} e(\frac{z}{1-\gamma z})^j \qquad (4.4.2)$$

mit $\alpha_i^T = (\alpha_{i1}, \ldots, \alpha_{i,i-1}, 0, \ldots)$.

Die Stabilitätsfunktion (4.4.1) ist eine rationale Funktion mit einer s-fachen reellen Polstelle im Punkte $z=1/\gamma$.

Definition 4.4.1. Eine rationale Funktion

$$R_0(z) = P(z)/(1-\gamma z)^s \text{ mit Grad } P(z)=r,$$

für die gilt

$$|R_0(z) - \exp(z)| = O(z^{r+1}) \text{ für } z \to 0,$$

heißt *eingeschränkte Padé-Approximation* an $\exp(z)$, d.h., $R_0(z)$ besitzt mindestens die Approximationsordnung r an $\exp(z)$. □

Weitere Eigenschaften der Stabilitätsfunktion (4.4.1) lassen sich mit Hilfe der verallgemeinerten Laguerre-Polynome (Definition 2.5.3) nachweisen.

Lemma 4.4.1. *Es gilt*

$$\exp(z) = 1 - \frac{1}{\gamma} \sum_{k=1}^{\infty} \frac{1}{k} L_{k-1}^{(1)}(\frac{1}{\gamma})(\frac{-\gamma z}{1-\gamma z})^k. \qquad (4.4.3)$$

Beweis. Mit der Variablentransformation $z = w/(1+\gamma w)$ erhält man

$$\exp(z) = 1 + \sum_{k=1}^{\infty} \frac{w^k}{(1+\gamma w)^k k!},$$

und unter Beachtung von

$$\frac{1}{(1+\gamma w)^n} = \sum_{l=0}^{\infty} (-1)^l \binom{n+l-1}{n-1} (\gamma w)^l$$

ergibt sich

$$\exp(z) = 1 + \sum_{k=1}^{\infty} \sum_{l=0}^{k-1} (\gamma w)^k (\frac{1}{\gamma})^{k-1} \frac{1}{(k-1)!} (-1)^l \binom{k-1}{k-1-l}$$

$$= 1 - \frac{1}{\gamma} \sum_{k=1}^{\infty} \frac{1}{k} \sum_{m=0}^{k-1} (-1)^m \frac{1}{m!} \binom{k}{k-m-1} (\frac{1}{\gamma})^m (-\gamma w)^k$$

$$= 1 - \frac{1}{\gamma} \sum_{k=1}^{\infty} \frac{1}{k} L_{k-1}^{(1)}(\frac{1}{\gamma})(-\gamma w)^k. \blacksquare$$

Mit Lemma 4.4.1 folgt damit unmittelbar das

Theorem 4.4.3. (Kaps/Wanner [1981]) *Sei die Ordnung einer s-stufigen ROW- oder W-Methode p≥s. Dann ist die Stabilitätsfunktion durch*

$$R_0^{(s+1)}(z) = 1 - \frac{1}{\gamma} \sum_{k=1}^{s} \frac{1}{k} L_{k-1}^{(1)}(\frac{1}{\gamma})(\frac{-\gamma z}{1-\gamma z})^k \qquad (4.4.4)$$

gegeben. □

Damit ergibt sich die

Folgerung 4.4.1. *Die Stabilitätsfunktion* $R_0^{(s+1)}(z)$ *einer s-stufigen ROW- und W-Methode der Ordnung p≥s ist eindeutig durch den Parameter γ festgelegt, sie ist eine eingeschränkte Padé-Approximation an* exp(z) *mit einer Approximationsordnung r≥s.* □

Aus (4.4.3) und (4.4.4) erhält man

$$R_0^{(s+1)}(z) - \exp(z) = (-1)^s \frac{\gamma^s}{s+1} L_s^{(1)}(\frac{1}{\gamma}) z^{s+1} + O(z^{s+2}) ,$$

d.h., $R_0^{(s+1)}(z)$ besitzt genau dann die Approximationsordnung r=s+1, wenn

$$L_s^{(1)}(\frac{1}{\gamma}) = 0$$

gilt.

Schreibt man die Stabilitätsfunktion (4.4.4) in der Form

$$R_0^{(s+1)}(z) = P(z)/(1-\gamma z)^s , \qquad (4.4.4')$$

so bekommt man für das Polynom P(z) die Darstellung

$$P(z) = \sum_{j=0}^{s} z^j \sum_{i=0}^{j} \binom{s}{i} \frac{(-\gamma)^i}{(j-i)!} = \sum_{j=0}^{s} L_j^{(s-j)}(\frac{1}{\gamma})(-\gamma z)^j .$$

Die Stabilität im Unendlichen ist folglich durch

$$R_0^{(s+1)}(\infty) = L_s^{(0)}(\frac{1}{\gamma})$$

bestimmt.

Wir wollen uns nun der Frage zuwenden, wann eine eingeschränkte Padé-Approximation an exp(z) mit einer Approximationsordnung r≥s (Stabilitätsfunktion (4.4.4)) A-verträglich ist. Ein wichtiges Hilfsmittel für diese Untersuchung stellt das Maximumprinzip für analytische Funktionen dar. Damit folgt

Lemma 4.4.2. (vgl. Grigorieff [1972]) *Eine rationale Funktion R(z) besitzt genau dann die Eigenschaft |R(z)|<1 für Re z<0, wenn R(z) für Re z<0 analytisch ist und |R(z)|≤1 für Re z=0 gilt.* □

Gemäß Lemma 4.2.2 ist eine eingeschränkte Padé-Approximation mit γ>0 genau dann A-verträglich, wenn gilt

$$|(1-i\gamma y)^s|^2 - |P(iy)|^2 \geq 0 \quad \forall\ y \in \mathbb{R}, \qquad (4.4.5)$$

d.h., der Aufwand zur Bestimmung der A-Stabilität reduziert sich auf die Untersuchung des Verhaltens der Funktion $R_0(z)$ längs der imaginären Achse.

Wird die gerade Funktion (4.4.5) mit $E(v)$, $v:=y^2$, bezeichnet (sog. E-Polynom von Nørsett [1975]), so erhält man für die eingeschränkte Padé-Approximation (4.4.4')

$$E(v) = (1+\gamma^2 v)^s - \left(\sum_{j=0}^{[s/2]} (-\gamma^2 v)^j L_{2j}^{(s-2j)}(\tfrac{1}{\gamma}) \right)^2$$

$$- \gamma^2 v \left(\sum_{j=0}^{[(s-1)/2]} (-\gamma^2 v)^j L_{2j+1}^{(s-2j-1)}(\tfrac{1}{\gamma}) \right)^2.$$

Für s=1 ergibt sich

$$E(v) = v(2\gamma - 1).$$

Eine eingeschränkte Padé-Approximation an $\exp(z)$ mit einer Approximationsordnung r=1 ist folglich A-verträglich für $\gamma \geq 1/2$ und L-verträglich ($L_1^{(0)}(1/\gamma) = 0$) für $\gamma = 1$. Für s=2 bekommt man

$$E(v) = 4v^2 (\gamma - \tfrac{1}{4})(\gamma - \tfrac{1}{2})^2,$$

so daß für eine eingeschränkte Padé-Approximation an $\exp(z)$ der Ordnung r=2 A-Verträglichkeit für $\gamma \geq 1/4$ und L-Verträglichkeit für $\gamma = 1 \pm \tfrac{1}{2}\sqrt{2}$ vorliegt. Soll die eingeschränkte Padé-Approximation an $\exp(z)$ die Ordnung r=s+1 besitzen ($L_s^{(1)}(1/\gamma) = 0$) und A-verträglich sein, so erhält man $\gamma = 1/2$ für s=1 und $\gamma = (3+\sqrt{3})/6$ für s=2.

s	A-verträglich für γ aus	L-verträglich	A-verträglich und r=s+1
1	[1/2,∞)	1	1/2
2	[1/4,∞)	1±√2/2	(3+√3)/6
3	[1/3,1.06858]	0.435866	1.06858
4	[0.39434,1.28057]	0.57282	—
5	[0.24651,0.36180] ∪ [0.42079,0.47328]	0.27805	0.47328
6	[0.28407,0.54090]	0.33414	—

Tabelle 4.4.1. Stabilitätseigenschaften eingeschränkter Padé-Approximationen der Ordnung r≥s in Abhängigkeit von γ.

Tabelle 4.4.1 (vgl. Burrage [1978], Wanner [1980]) gibt eine Zusammenfassung der Stabilitätseigenschaften eingeschränkter Padé-Approximationen der Approximationsordnung r=s an exp(z).

Bemerkung 4.4.1. Wanner/Hairer/Nørsett [1978] zeigen, daß eine eingeschränkte Padé-Approximation der Ordnung r=s+1 an exp(z) genau dann A-verträglich ist, wenn s=1,2,3 und 5 ist. Wolfbrandt [1977] zeigt, daß für 6<s≤15 eine eingeschränkte Padé-Approximation der Ordnung s an exp(z) nur im Falle s=8 L-verträglich ist (γ=0.23437). □

Für adaptive RK-Methoden können die Stabilitätsfunktionen $R_0^{(i)}(z)$ unter Beachtung der Konsistenzordnung beliebig gewählt werden. Gemäß Abschnitt 2.7.1 sowie Tabelle 4.4.1 bereitet die Auswahl A-verträglicher Stabilitätsfunktionen keine Schwierigkeiten. Wir wollen jedoch bemerken, daß neben der Stabilität auch Fragen der Implementierung eine entscheidende Rolle bei der Wahl der rationalen Funktionen $R_0^{(i)}(z)$ spielen (vgl. Abschnitt 4.6).

Bezüglich der AN-Stabilität gilt folgendes

Theorem 4.4.4. a) *Die linear-implizite Euler-Methode* (4.2.8) *ist mit* $T=q(t_m)$ *und einer A-akzeptablen Stabilitätsfunktion AN-stabil.*

b) *Eine LIRK-Methode mit* s≥2 *und* $T=f_y(t_m,u_m)$ *kann nicht AN-stabil sein.*

Beweis. a) Bei Anwendung auf die Klasse AN (2.7.2) liefert die linear-implizite Euler-Methode (4.2.8)

$$u_{m+1} = R_0^{(2)}(hq(t_m))u_m ,$$

woraus unmittelbar die Behauptung folgt.

b) Wir betrachten das spezielle Anfangswertproblem

$$y'(t) = -t^2 y , \quad y(0)=1.$$

Eine LIRK-Methode (4.1.1) geht für T=0 in die zugeordnete explizite RK-Methode über. Daher ergibt sich mit $T=f_y(t_0,u_0)=0$ und $u_0=1$

$$u_1^{(i)} = 1 + h\sum_{j=1}^{i-1} a_{ij} c_j^2 h^2 u_1^{(j)} , \quad i=2(1)s$$

$$u_1 = 1 + h\sum_{j=1}^{s} b_j c_j^2 h^2 u_1^{(j)} = 1 + P(h) ,$$

wobei P(h) ein Polynom vom Grade ≥ 3 mit P(0)=0 ist, das nicht identisch verschwindet. Für genügend große h gilt

$$|u_1| > |u_0| ,$$

was ein Widerspruch zur AN-Stabilität ist. ∎

4.4.2. D-Stabilität

Die Testgleichung der A-Stabilität spielt trotz ihrer Einfachheit eine fundamentale Rolle bei der Einschätzung numerischer Verfahren für steife Systeme. Andererseits kann sie aber eben wegen dieser Einfachheit nicht alle Effekte berücksichtigen, die in steifen Systemen auftreten. Verschiedene Autoren (z.B. Miranker [1973], Dahlquist [1974]) schlugen daher die Untersuchung zeitabhängiger Probleme vor, in denen gleichzeitig schnell und langsam veränderliche Lösungskomponenten enthalten sind. Van Veldhuizen [1981] führte zu diesem Zweck den Begriff der D-Stabilität ein, bei dem eine spezielle Klasse zeitabhängiger linearer, singulär gestörter Probleme zugrunde gelegt wird.

Betrachtet wird die folgende *Klasse* $\mathcal{D}$ singulär gestörter Anfangswertprobleme

mit
$$y'(t) = A(t)y, \quad 0 \le t \le t_e,$$
$$y(0) = y_0 \tag{4.4.6}$$

$$A(t) = S(t)D(t)S^{-1}(t), \tag{4.4.7}$$
$$D(t) = \mathrm{diag}(d_1(t)/\varepsilon, d_2(t)), \quad d_1(t) \le d_0 < 0 \quad \forall\, t \in [0, t_e], \quad \varepsilon \in (0, \varepsilon_0].$$

Hierbei sind die Funktionen S, S^{-1}, d_1, d_2 glatt von t und möglicherweise von ε abhängig, d.h., ihre Ableitungen bis zu einer genügend hohen Ordnung sind gleichmäßig beschränkt in $t \in [0, t_e]$ und $\varepsilon \in (0, \varepsilon_0]$ durch eine Konstante C. Durch den Parameter ε kann das System (4.4.6) beliebig steif werden ($\varepsilon \to 0$).

Definition 4.4.2. (Hairer [1984]) Eine Diskretisierungsmethode heißt *D-stabil*, wenn ein h_0 existiert, so daß für alle Probleme aus der *Klasse* $\mathcal{D}$ und für alle $h \in (0, h_0]$ gilt

$$\|u_1\| \le M \|u_0\|.$$

Hierbei darf die Konstante M nicht von h und vom speziellen Beispiel (insbesondere von ε) abhängen, sie kann aber von h_0, ε_0, d_0 und der Konstanten C abhängen. □

Wir wollen an dieser Stelle ausdrücklich betonen, daß die D-Stabilität die gleichmäßige Beschränktheit des lokalen Fehlers garantiert, aber keine Aussagen über die Fehlerfortpflanzung erlaubt.

Die zeitabhängige Matrix S in (4.4.7) bewirkt eine Kopplung zwischen der steifen (schnell veränderlichen) und der glatten (langsam veränderlichen) Lösungskomponente (vgl. Abschnitt 3.1.2). Die Art dieser Kopplung erweist sich als wesentlich für die D-Stabilitätseigenschaften von LIRK-Methoden. Im folgenden wollen wir darauf näher eingehen.

Mit

$$S(t) = \begin{pmatrix} s_{11} & s_{12} \\ s_{21} & s_{22} \end{pmatrix},$$

$$A(t) = \frac{1}{\det S} \begin{pmatrix} \frac{1}{\varepsilon} d_1 s_{11} s_{22} - d_2 s_{12} s_{21} & -\frac{1}{\varepsilon} d_1 s_{11} s_{12} + d_2 s_{12} s_{11} \\ \frac{1}{\varepsilon} d_1 s_{21} s_{22} - d_2 s_{22} s_{21} & -\frac{1}{\varepsilon} d_1 s_{21} s_{12} + d_2 s_{22} s_{11} \end{pmatrix} \quad (4.4.8)$$

gilt die

Definition 4.4.3. (Dekker/Verwer [1984]) Die Klasse $\mathcal{D}_{st}$ bzw. $\mathcal{D}_{ts}$ ist die Klasse von Problemen aus $\mathcal{D}$, für die gilt

$$s_{12} = O(\varepsilon) \text{ bzw. } s_{21} = O(\varepsilon) \text{ für } \varepsilon \to 0.$$

Wird in Definition 4.4.2 die Klasse $\mathcal{D}$ durch die Klasse $\mathcal{D}_{st}$ bzw. $\mathcal{D}_{ts}$ ersetzt, so sprechen wir von D_{st}- bzw. D_{ts}-*Stabilität*. □

Mit der Transformation $v(t)=S^{-1}(t)y(t)$ wird das System (4.4.6) in

$$v'(t) = [D(t)-C(t)]v(t), \quad C(t)=S^{-1}(t)S'(t)$$

überführt, wobei $v_1(t)$ die steife und $v_2(t)$ die nichtsteife Komponente darstellt. Die Kopplung dieser Komponenten geschieht über die Kopplungsmatrix $C(t)$. Durch $s_{12}=O(\varepsilon)$ bzw. $s_{21}=O(\varepsilon)$ wird $C_{12}(t)=O(\varepsilon)$ bzw. $C_{21}(t)=O(\varepsilon)$ impliziert. Das führt zur folgenden

Definition 4.4.4. Die Kopplung von der *langsam* zu der *schnell* veränderlichen Komponente heißt *schwach*, wenn für alle $t \in [0,t_e]$ gilt

$$C_{12}(t) = O(\varepsilon) \text{ für } \varepsilon \to 0.$$

Die Kopplung von der *schnell* zu der *langsam* veränderlichen Komponente heißt *schwach*, wenn für alle $t \in [0,t_e]$ gilt

$$C_{21}(t) = O(\varepsilon) \text{ für } \varepsilon \to 0.$$

Kopplungen, die nicht schwach sind, heißen stark. □

Die Klasse $\mathcal{D}_{st}$ enthält folglich alle Probleme mit schwacher Kopplung von der langsam veränderlichen zu der schnell veränderlichen Lösungskomponente, und $\mathcal{D}_{ts}$ enthält alle Probleme mit schwacher Kopplung von der schnell zu der langsam veränderlichen Lösungskomponente.

Bei Anwendung einer LIRK-Methode zur Berechnung von u_1 setzen wir $T=A(0)$ und $u_0=y_0$. Damit ergibt sich nach (4.4.1)

$$u_1^{(i)} = R_0^{(i)}(c_i hT)u_0 + h\sum_{j=1}^{i-1} A_{ij}[A(c_j h)-T]u_1^{(j)}, \quad i=2(1)s$$

$$u_1 = R_0^{(s+1)}(hT)u_0 + h\sum_{j=1}^{s} B_j[A(c_j h)-T]u_1^{(j)}.$$

(4.4.9)

Für die rationalen Matrixfunktionen A_{ij} (und analog B_j) gilt mit (4.4.8)

$$A_{ij}(c_i hT) = \frac{1}{\det S}\begin{pmatrix} A_1 s_{11}s_{22} - A_2 s_{12}s_{21} & -A_1 s_{11}s_{12} + A_2 s_{12}s_{11} \\ A_1 s_{21}s_{22} - A_2 s_{22}s_{21} & -A_1 s_{12}s_{21} + A_2 s_{11}s_{22} \end{pmatrix}$$

(4.4.10)

wobei zur Abkürzung

$$A_1 = A_{ij}(c_i hd_1(0)/\varepsilon), \quad A_2 = A_{ij}(c_i hd_2(0)), \quad s_{ij} = s_{ij}(0)$$

gesetzt wurde.

Für $\varepsilon/h \to 0$ ergibt sich mit den Voraussetzungen (A2), (A3) aus Abschnitt 4.1 für die Klasse $\mathcal{D}_{st}$

$$A_{ij}(c_i hT) = \begin{pmatrix} O(\varepsilon/h) & O(\varepsilon/h) \\ O(1) & O(1) \end{pmatrix}, \quad A(c_i h) = \begin{pmatrix} O(1/\varepsilon) & O(1) \\ O(1/\varepsilon) & O(1) \end{pmatrix}$$

(4.4.11)

und für die Klasse $\mathcal{D}_{ts}$

$$A_{ij}(c_i hT) = \begin{pmatrix} O(\varepsilon/h) & O(1) \\ O(\varepsilon/h) & O(1) \end{pmatrix}, \quad A(c_i h) = \begin{pmatrix} O(1/\varepsilon) & O(1/\varepsilon) \\ O(1) & O(1) \end{pmatrix}.$$

(4.4.12)

Mit Hilfe dieser Bedingungen werden wir konkrete D-Stabilitätseigenschaften für LIRK-Methoden nachweisen.

Theorem 4.4.5. *Die linear-implizite Euler-Methode* (4.2.8) *ist D-stabil*.

Beweis. Es gilt

$$u_1 = R_0^{(2)}(hT)u_0 = S(0)\operatorname{diag}(R_0^{(2)}(hd_1/\varepsilon), R_0^{(2)}(hd_2))S^{-1}(0)u_0,$$

woraus wegen (A2) unmittelbar die Behauptung folgt. ∎

Für mehrstufige Methoden ist diese Aussage jedoch nicht mehr gültig, diese Methoden sind nicht D-stabil. Die Ursache dafür ist die Tatsache, daß die Differenz $A(c_i h)-T$ für $c_i \neq 0$, $i \geq 2$, nicht mehr verschwindet. Wir wollen das an einem einfachen Beispiel demonstrieren.

Beispiel 4.4.1. Wir betrachten die auf der zweistufigen expliziten RK-Methode

$$\begin{array}{c|cc} 0 \\ c_2 & a_{21} \\ \hline & b_1 & b_2 \end{array} \quad , \; b_2 \neq 0, \; c_2 > 0$$

beruhende LIRK-Methode

$$\begin{array}{c|cc} 0 \\ c_2 & A_{21} \\ \hline & B_1 & B_2 \end{array} \quad , \qquad (4.4.13)$$

angewendet auf (4.4.6), (4.4.7) mit

$$D = \text{diag}(-1/\varepsilon, 0) \text{ und } S(t) = \begin{pmatrix} \cos t & -\sin t \\ \sin t & \cos t \end{pmatrix}.$$

Wir erhalten

$$u_1^{(2)} = R_0^{(2)}(c_2 hT) u_0$$

$$u_1 = R_0^{(3)}(hT) u_0 + hB_2[A(c_2 h) - T] u_1^{(2)}.$$

Daraus folgt

$$u_1 = \left\{ \begin{pmatrix} R_0^{(3)}(-h/\varepsilon) & 0 \\ 0 & 1 \end{pmatrix} + h \begin{pmatrix} B_2(-h/\varepsilon) & 0 \\ 0 & b_2 \end{pmatrix} \cdot Q \cdot \begin{pmatrix} R_0^{(2)}(-h/\varepsilon) & 0 \\ 0 & 1 \end{pmatrix} \right\} u_0 ,$$

wobei zur Abkürzung

$$Q = \begin{pmatrix} \sin^2(c_2 h)/\varepsilon & -\cos(c_2 h)\sin(c_2 h)/\varepsilon \\ -\cos(c_2 h)\sin(c_2 h)/\varepsilon & -\sin^2(c_2 h)/\varepsilon \end{pmatrix}$$

gesetzt wurde. Mit $u_0 = (0,1)^T$ ergibt sich für die 2. Komponente von u_1

$$u_{1,2} = 1 - hb_2 \sin^2(c_2 h)/\varepsilon ,$$

d.h., der Näherungsvektor u_1 ist für $\varepsilon \to 0$ nicht beschränkt. □

In diesem Beispiel ist die Kopplung zwischen den beiden Lösungskomponenten stark. Für die Klassen $\mathcal{D}_{st}$ und $\mathcal{D}_{ts}$ sind die Aussagen wesentlich günstiger.

Theorem 4.4.6. *Eine LIRK-Methode (4.1.1) ist D_{ts}-stabil.*

Beweis. Es genügt offensichtlich $\varepsilon/h \to 0$ zu betrachten. Wir beweisen die Behauptung mittels Induktion über die Stufen i. Für i=2 ist

149

$$u_1^{(2)} = R_0^{(2)}(c_2 hT) u_0.$$

Wegen (A2) gilt damit

$$\|u_1^{(2)}\| \le M_2 \|u_0\|.$$

Sei für alle j=2(1)i-1

$$\|u_1^{(j)}\| \le M_j \|u_0\|.$$

In der i-ten Stufe gilt dann

$$u_1^{(i)} = R_0^{(i)}(c_i hT) u_0 + h \sum_{j=1}^{i-1} A_{ij}(c_i hT)[A(c_j h) - T] u_1^{(j)}.$$

Mit (4.4.12) folgt

$$hA_{ij}[A(c_j h) - T] = \begin{pmatrix} O(1) & O(1) \\ O(1) & O(1) \end{pmatrix},$$

und daraus ergibt sich mit der Induktionsvoraussetzung unmittelbar

$$\|u_1^{(i)}\| \le M_i \|u_0\|.$$

Für die (s+1)-te Stufe erhalten wir somit die Behauptung. ∎

Theorem 4.4.7. Gilt $R_0^{(i)}(\infty) = 0$ für $i=2(1)s$, so ist eine LIRK-Methode D_{st}-stabil.

Beweis. Wegen $R_0^{(i)}(\infty) = 0$ gilt für $\varepsilon/h \to 0$

$$R_0^{(i)}(c_i hT) = \begin{pmatrix} O(\varepsilon/h) & O(\varepsilon/h) \\ O(1) & O(1) \end{pmatrix} \quad \text{für } i=2(1)s. \quad (4.4.14)$$

Durch Induktion über die Stufen i zeigen wir für $\varepsilon/h \to 0$

$$u_1^{(i)} = \begin{pmatrix} O(\varepsilon/h) & O(\varepsilon/h) \\ O(1) & O(1) \end{pmatrix} u_0.$$

Für i=2 ist wegen (4.4.14) die Behauptung erfüllt. Sei die Behauptung richtig für j=2(1)i-1. In der i-ten Stufe gilt

$$u_1^{(i)} = R_0^{(i)}(c_i hT) u_0 + h \sum_{j=2}^{i-1} A_{ij}[A(c_j h) - T] u_1^{(j)}$$

$$= \left\{ R_0^{(i)}(c_i hT) + h \sum_{j=2}^{i-1} A_{ij}[A(c_j h) - T] \begin{pmatrix} O(\varepsilon/h) & O(\varepsilon/h) \\ O(1) & O(1) \end{pmatrix} \right\} u_0.$$

Wegen (4.4.11) ist

$$hA_{ij}[A(c_jh)-T] = \begin{pmatrix} \mathcal{O}(1) & \mathcal{O}(\varepsilon) \\ \mathcal{O}(h/\varepsilon) & \mathcal{O}(h) \end{pmatrix},$$

und damit folgt

$$hA_{ij}[A(c_jh)-T] \cdot \begin{pmatrix} \mathcal{O}(\varepsilon/h) & \mathcal{O}(\varepsilon/h) \\ \mathcal{O}(1) & \mathcal{O}(1) \end{pmatrix} = \begin{pmatrix} \mathcal{O}(\varepsilon/h) & \mathcal{O}(\varepsilon/h) \\ \mathcal{O}(1) & \mathcal{O}(1) \end{pmatrix},$$

so daß gilt

$$u_1^{(i)} = \begin{pmatrix} \mathcal{O}(\varepsilon/h) & \mathcal{O}(\varepsilon/h) \\ \mathcal{O}(1) & \mathcal{O}(1) \end{pmatrix} u_0,$$

d.h.
$$\|u_1^{(i)}\| \leq M_i \|u_0\|.$$

Unter Beachtung von $R_0^{(s+1)}(hT) = \mathcal{O}(1)$ folgt unmittelbar

$$\|u_1\| \leq M\|u_0\|. \quad \blacksquare$$

Das folgende Beispiel zeigt, daß die Voraussetzung $R_0^{(i)}(\infty)=0$, $i=2(1)s$, wesentlich für die D_{st}-Stabilität einer LIRK-Methode ist.

Beispiel 4.4.2. Sei $D(t)=\text{diag}(-1/\varepsilon, 0)$ und $S(t)=\begin{pmatrix} 1 & 0 \\ t & 1 \end{pmatrix}$. Dann erhalten wir für die zweistufige LIRK-Methode (4.4.13)

$$u_1 = \begin{pmatrix} R_0^{(3)}(-h/\varepsilon) & 0 \\ -b_2c_2h^2R_0^{(2)}(-h/\varepsilon)/\varepsilon & 1 \end{pmatrix} u_0,$$

was mit $R_0^{(2)}(\infty) \neq 0$ für $\varepsilon \to 0$ nicht beschränkt ist. $\square$

Bemerkung 4.4.2. Die nichtautonome Form einer ROW-Methode (4.3.3) besitzt wesentlich schlechtere D-Stabilitätseigenschaften als die W-Methoden (vgl. Dekker/Verwer [1984]). So ist die einstufige nichtautonome ROW-Methode nicht einmal D_{st}-stabil, während die einstufige ROW-Methode (4.3.2) nach Theorem 4.4.4 D-stabil ist. $\square$

Bemerkung 4.4.3. Hairer [1984] beweist für implizite RK-Verfahren: Wenn für alle Eigenwerte λ der erzeugenden Matrix A einer RK-Methode Re $\lambda > 0$ gilt, so ist die Methode D-stabil. $\square$

Bemerkung 4.4.4. Neben der D-Stabilität gibt es noch andere Verallgemeinerungen der Testgleichung der A-Stabilität. So wurde von Prothero/Robinson [1974] anhand der Testgleichung

$$y'(t) = \lambda(y-v(t))+v'(t), \quad \text{Re } \lambda \leq \lambda_0 < 0 \qquad (4.4.15)$$

der Begriff der *S-Stabilität* eingeführt. Untersuchungen für LIRK-

Methoden (Verwer [1977], Strehmel/Weiner [1982]) zeigen, daß S-Stabilität für diese Verfahren im wesentlichen äquivalent mit starker A-Stabilität ist. □

4.4.3. Nichtlineare Stabilität

Aufgrund ihrer Struktur können LIRK-Methoden nicht B-stabil sein, wie das folgende Beispiel veranschaulicht.

Beispiel 4.4.3. Wir betrachten die Differentialgleichung

$$y'(t) = -y^3 + 3y^2 - 3y.$$

Für die logarithmische Norm $\mu[f_y]$ gilt

$$\mu[f_y] = -3(y-1)^2 \leq 0 \quad \forall\ y \in \mathbb{R},$$

so daß die Differentialgleichung dissipativ ist. Die Anwendung einer LIRK-Methode mit $u_0=0$ liefert $u_1=0$. Für $v_0=1$ erhalten wir $T=f_y(1)=0$. Damit reduziert sich in diesem Schritt die LIRK-Methode auf eine explizite RK-Methode. Wir erhalten $v_1=v_0+P(h)$ wobei $P(h)$ ein Polynom von mindestens 1.Grades in h ist. Damit folgt

$$|u_1-v_1| > |u_0-v_0| \quad \forall\ h \geq h_0,$$

was ein Widerspruch zur B-Stabilität ist. □

Die guten Stabilitätseigenschaften von LIRK-Methoden für lineare Systeme bleiben aber erhalten, wenn die Steifheit eines nichtlinearen Systems durch einen konstanten linearen Anteil hervorgerufen wird, z.B. durch konstante Materialparameter in technischen Prozessen.

Wir betrachten im folgenden die *Klasse* $\mathcal{F}$ semi-linearer Probleme

$$y'(t) = f(t,y) = Ay + g(t,y) \tag{4.4.16}$$

mit

1. $\langle Aw,w \rangle \leq \mu \|w\|^2, \quad \mu \leq 0, \quad \forall\ w \in \mathbb{R}^n$

2. $\|g(t,u) - g(t,v)\| \leq L \|u-v\| \quad \forall\ t \in [t_0, t_e],\ u,v \in \mathbb{R}^n,$ (4.4.17)

wobei die Norm durch ein Skalarprodukt induziert wird ($\|\cdot\|^2 = \langle \cdot, \cdot \rangle$).

Das System (4.4.16) besitzt die einseitige Lipschitzkonstante $\mu+L$, es ist folglich für $\mu+L \leq 0$ dissipativ. Die folgenden Untersuchungen basieren auf den Ergebnissen von Hairer/Bader/Lubich [1982], wo die Testgleichung (4.4.16) eingeführt und die Anwendung von W-Methoden diskutiert wird.

Um positive Kontraktivitätsaussagen für LIRK-Methoden zu erhalten, ist die Bedingung $\mu+L \leq 0$ i.allg. nicht ausreichend. Wir geben daher die

Definition 4.4.5. Eine LIRK-Methode heißt nichtlinear kontraktiv für α^*, wenn bei Anwendung auf jedes Problem (4.4.16), (4.4.17) für jedes $\alpha > \alpha^* \geq 1$ mit $\mu + \alpha L \leq 0$ für alle $h \in [0, C/L]$

$$\|u_1 - w_1\| \leq \|u_0 - w_0\|$$

gilt, wobei C unabhängig von μ, L und vom konkreten Problem (4.4.16) ist, und u_1, w_1 zwei mit der Schrittweite h aus u_0, w_0 berechnete Näherungslösungen sind. □

Bemerkung 4.4.5. Infolge der Unabhängigkeit vom konkreten Problem hängt die Einschränkung an die Schrittweite h nicht von der Steifheit (große Norm der Matrix A) ab. Im Sinne der Definition 2.7.1 ist eine für die Klasse $\mathcal{F}$ nichtlinear kontraktive LIRK-Methode bedingt kontraktiv. □

In den nachfolgenden Untersuchungen setzen wir in (4.1.1) T=A. Damit sind speziell die adaptiven RK-Methoden und die W-Methoden erfaßt, jedoch nicht die ROW-Methoden.

Entscheidende Bedeutung für die α^*-Kontraktivität von LIRK-Methoden kommt der starken A-Verträglichkeit der Stabilitätsfunktion $R_0^{(s+1)}(z)$ zu. Es gilt das

Theorem 4.4.8. Seien alle Knoten c_i einer s stufigen LIRK-Methode voneinander verschieden und gelte

$$|R_0^{(s+1)}(\infty)| = 1,$$

$$B_j(z) R_0^{(j)}(\infty) \neq 0 \text{ für ein } j \text{ mit } 1 \leq j \leq s.$$

Dann ist die LIRK-Methode nicht α^*-kontraktiv.

Beweis. (indirekt) Angenommen die LIRK-Methode sei α^*-kontraktiv. Wir betrachten $\alpha > \alpha^*$ und die folgende Testgleichung

$$y'(t) = \begin{pmatrix} \nu & 0 \\ 0 & \mu \end{pmatrix} y + g(t) L \begin{pmatrix} 0 & 0 \\ 1 & 0 \end{pmatrix} y \text{ mit } |g(t)| \leq 1.$$

Mit $T = \begin{pmatrix} \nu & 0 \\ 0 & \mu \end{pmatrix}$ ergibt sich

$$u_1 = \begin{pmatrix} R_0^{(s+1)}(h\nu) & 0 \\ hL \sum_{j=1}^{s} B_j(h\mu) g(t_m + c_j h) R_0^{(j)}(c_j h\nu) & R_0^{(s+1)}(h\mu) \end{pmatrix} u_0.$$

Sei $u_0=(1,0)^T$, $\nu<\mu<0$ und $B_1(z^*)R_0^{(1)}(\infty)\neq 0$ für $z^*<0$, $l\in\{1,\ldots,s\}$. Dann existiert ein $h\leq C/L$ und ein $\mu\leq-\alpha L$, so daß $h\mu=z^*$. Die Funktion $g(t)$ legen wir nun durch

$$g(t_m+c_jh)=0 \; \forall \; j\neq l \text{ und } g(t_m+c_lh)=1$$

fest. Wegen $w_1=(0,0)^T$ für $w_0=(0,0)^T$ folgt sofort

$$\|u_1-w_1\| > \|u_0-w_0\| \text{ für } \nu\rightarrow-\infty ,$$

was einen Widerspruch zur α^*-Kontraktivität darstellt. ∎

Im folgenden wollen wir hinreichende Bedingungen für nichtlineare Kontraktivität herleiten. Zur Abschätzung der auftretenden rationalen Matrixfunktionen verwenden wir Theorem 2.7.10 und bezeichnen

$$\bar{R}_0^{(s+1)}(x) = \sup\{|R_0^{(s+1)}(z)|, \text{ Re } z\leq x\}. \qquad (4.4.18)$$

Analog sind die Größen $\bar{A}_{ij}(x)$, $\bar{B}_j(x)$ definiert.

Das folgende Theorem liefert Abschätzungen für die einzelnen Stufen einer LIRK-Methode.

Theorem 4.4.9. Für die aus u_0 und w_0 berechneten Näherungen gilt

$$\|u_1^{(i)}-w_1^{(i)}\| \leq v_i(h\mu,hL)\|u_0-w_0\|, \; i=2(1)s+1,$$

mit

$$v_1 = 1,$$

$$v_l(h\mu,hL) = \bar{R}_0^{(1)}(c_lh\mu)+hL\sum_{j=1}^{l-1}\bar{A}_{lj}(h\mu)v_j(h\mu,hL), \; l=2(1)s ,$$

$$v_{s+1}(h\mu,hL) = \bar{R}_0^{(s+1)}(h\mu)+hL\sum_{j=1}^{s}\bar{B}_j(h\mu)v_j(h\mu,hL).$$

Beweis. Der Beweis ergibt sich mittels vollständiger Induktion unter Beachtung von Theorem 2.7.10 und Beziehung (4.4.18). ∎

Eine LIRK-Methode ist folglich nichtlinear kontraktiv, falls $v_{s+1}\leq 1$ erfüllt ist.

Aufgrund der Voraussetzung (A3) gilt

$$\bar{B}_j(x)\rightarrow 0 \text{ für } x\rightarrow-\infty.$$

Mit einer stark A-verträglichen Stabilitätsfunktion $R_0^{(s+1)}(z)$ folgt daher bei fixiertem L für alle $h\mu\leq\mu_0<0$, $|\mu_0|$ hinreichend groß,

$$\|u_1-w_1\| \leq \|u_0-w_0\|.$$

Weiterhin ergibt sich

$$u_1 - w_1 \to 0 \quad \text{für} \quad h\mu \to -\infty$$

genau dann, wenn $R_0^{(s+1)}(z)$ L-verträglich ist.

In den folgenden Theoremen geben wir Abschätzungen für α^* in Abhängigkeit von den Koeffizienten B_j einer LIRK-Methode an.

Theorem 4.4.10. Sei

$$\bar{R}_0^{(s+1)}(x) = 1 + x + o(x) \quad \text{für} \quad x \to 0. \tag{4.4.19}$$

Dann ist eine LIRK-Methode nichtlinear kontraktiv für

$$\alpha_0 = \sum_{j=1}^{s} \bar{B}_j(0) \bar{R}_0^{(j)}(0).$$

Beweis. Sei $\alpha = \alpha_0 + \varepsilon$ mit $\varepsilon > 0$. Es ist

$$v_{s+1}(h\mu, hL) = \bar{R}_0^{(s+1)}(h\mu) + hL \sum_{j=1}^{s} \bar{B}_j(h\mu) v_j(h\mu, hL).$$

Aufgrund der Monotonie und der Stetigkeit von $\bar{R}_0^{(s+1)}(x)$ und $\bar{B}_j(x)$ für $x \leq 0$ gilt

$$\bar{R}_0^{(s+1)}(h\mu) \leq \bar{R}_0^{(s+1)}(-(\alpha_0+\varepsilon)hL) = 1-(\alpha_0+\varepsilon)hL + o(hL),$$

$$\bar{B}_j(h\mu) v_j(h_m, hL) \leq \bar{B}_j(-(\alpha_0+\varepsilon)hL) v_j(-(\alpha_0+\varepsilon)hL, hL)$$

$$\leq \bar{B}_j(0) v_j(0,0) + o(1) = \bar{B}_j(0) \bar{R}_0^{(j)}(0) + o(1).$$

Hieraus ergibt sich

$$v_{s+1}(h\mu, hL) \leq 1 - \varepsilon hL + o(hL) \quad \text{für} \quad hL \to 0.$$

Es existiert folglich eine Konstante C, so daß für alle $h \in [0, C/L]$ gilt

$$\|u_1 - w_1\| \leq \|u_0 - w_0\|.$$

Dabei hängt C i.allg. von ε ab, ist aber unabhängig von μ und L. ∎

Bemerkung 4.4.6. Wenn $R_0^{(s+1)}(z)$ eine A-verträgliche Approximation an $\exp(z)$ der Ordnung $r_{s+1} \geq 1$ ist und weiterhin

$$|R_0^{(s+1)}(iy)| < 1 \quad \text{für} \quad y \neq 0, \quad |R_0^{(s+1)}(\infty)| < 1$$

gilt, so ist die Beziehung (4.4.19) erfüllt (vgl. Hairer/Bader/Lubich [1982]). ▫

Der optimale Wert für α_0 ist $\alpha_0 = 1$. Dann ist das Verfahren nichtlinear kontraktiv für $\alpha^* = \alpha_0 = 1$. Es gilt das

Theorem 4.4.11. *Eine LIRK-Methode besitze die Ordnung* $p\geq 1$. *Dann gilt* $\alpha_0=1$ *genau dann, wenn*

$$\bar{B}_j(0)\bar{R}_0^{(j)}(0) = B_j(0) \quad \text{für } 1\leq j\leq s$$

ist.

Beweis. Wegen $p\geq 1$ folgt $\sum_{j=1}^{s} B_j(0)=1$. Damit gilt

$$\alpha_0 = \sum_{j=1}^{s} \bar{B}_j(0)\bar{R}_0^{(j)}(0) \geq \sum_{j=1}^{s} \bar{B}_j(0) \geq \sum_{j=1}^{s} |B_j(0)| \geq \sum_{j=1}^{s} B_j(0) = 1. \blacksquare$$

Die bisherigen Bedingungen garantieren nichtlineare Kontraktivität für $\alpha^*=\alpha_0$. Falls $\alpha_0>1$ bleibt offen, ob nichtlineare Kontraktivität für $\alpha^*<\alpha_0$ vorliegen kann. Eine teilweise Antwort gibt

Theorem 4.4.12. *Eine LIRK-Methode der Ordnung* $p\geq 1$ *sei nichtlinear kontraktiv für* α^*. *Dann gilt*

$$\alpha^* \geq \sum_{j=1}^{s} |B_j(0)|.$$

Beweis. Nach Voraussetzung existiert ein $C>0$, so daß für $h\in[0,C/L]$ und $\mu+(\alpha^*+\varepsilon)L\leq 0$ mit $\varepsilon>0$

$$\|u_1-w_1\| \leq \|u_0-w_0\|$$

erfüllt ist. Wir betrachten die skalare Differentialgleichung

$$y'(t) = \mu y + g(t)y \text{ mit } g(t) \text{ stetig und } |g(t)| \leq L$$

und zeigen, daß

$$\varepsilon = \tfrac{1}{2}(\sum_{j=1}^{s} |B_j(0)| - \alpha^*) > 0$$

auf einen Widerspruch führt. Dazu wählen wir für fixiertes h die Funktion g(t) so, daß

$$g(t_0+c_j h) = L\,\text{sign}(B_j(0)), \quad j=1(1)s$$

ist und setzen $\mu=-(\alpha^*+\varepsilon)L$. Die Bedingung $hL\leq C$ ist für genügend kleine L erfüllt. Es folgt

$$u_1 = R_0^{(s+1)}(-h(\alpha^*+\varepsilon)L)u_0 + h\sum_{j=1}^{s} B_j(-h(\alpha^*+\varepsilon)L)L\,\text{sign}(B_j(0))u_1^{(j)}$$

und damit

$$u_1 = (1+\varepsilon hL+o(hL))u_0 \quad \text{für } hL\to 0,$$

so daß mit $w_0=w_1=0$

$$\|u_1-w_1\| > \|u_0-w_0\|$$

folgt, was im Widerspruch zur Kontraktivität steht. $\blacksquare$

Beispiel 4.4.4. Wir betrachten die 2-stufige LIRK-Methode (4.2.9a). Die Stabilitätsfunktion $R_0^{(3)}(z)$ sei A-verträglich und erfülle die Bedingungen

$$|R_0^{(3)}(iy)|<1 \text{ für } y\neq 0, \quad |R_0^{(3)}(\infty)|<1.$$

Ferner sei $c_2 \geq 1/2$. Nach Theorem 4.4.11 gilt $\alpha^*=1$ genau dann, wenn $\bar{R}_1^{(3)}(0)=1$ ist. Die Stabilitätsfunktion

$$R_0^{(3)}(z) = \frac{(1+(1-2\gamma)z}{(1-\gamma z)^2} \quad \text{mit} \quad \gamma = 1-\sqrt{2}/2 \qquad (4.4.20)$$

erfüllt diese Bedingungen.

Gilt

$$\bar{R}_0^{(3)}(h\mu) = R_0^{(3)}(h\mu) \quad \text{und} \quad \bar{R}_1^{(3)}(h\mu) = R_1^{(3)}(h\mu) \quad \text{für } h\mu \leq \mu_0 < 0,$$

so folgt mit $R_0^{(2)}(z) := R_0^{(3)}(z)$ unter Beachtung von (4.2.2)

$$\|u_1 - w_1\| \leq (R_0^{(3)}(h\mu) - h\mu R_1^{(3)}(h\mu))\|u_0 - w_0\| = \|u_0 - w_0\| \quad \forall \ h\mu \leq \mu_0, \ \mu + L \leq 0.$$

Für die Stabilitätsfunktion (4.4.20) mit $\gamma = 1+\sqrt{2}/2$ gilt z.B.

$$\bar{R}_0^{(3)}(x) = R_0^{(3)}(x) \quad \text{für } x \leq 0$$

und

$$\bar{R}_1^{(3)}(x) = \begin{cases} \dfrac{\gamma^2}{2\sqrt{\gamma^2(1-\gamma x)^2 - (1-\gamma^2 x)^2}} & \text{für } x \geq (1-\gamma)/\gamma^2 \\ R_1^{(3)}(x) & \text{für } x \leq (1-\gamma)/\gamma^2. \end{cases}$$

Die LIRK-Methode (4.2.9a) ist damit für $c_2 \geq 1/2$ und $\mu + L \leq 0$ für alle $h\mu \leq (1-\gamma)/\gamma^2$ nichtlinear kontraktiv. ▫

Weitere Beispiele findet man in Strehmel/Weiner [1983].

4.5. B-Konsistenz und B-Konvergenz

4.5.1. Motivation

Klassische Konsistenz- und Konvergenzresultate für Diskretisierungsmethoden gewöhnlicher Differentialgleichungen (vgl. Stetter [1973], Hairer/Nørsett/Wanner [1987]) unterscheiden weder zwischen expliziten und impliziten Methoden und somit weder zwischen nichtsteifen und steifen Problemen. In die Abschätzungen für den lokalen und globalen Diskretisierungsfehler geht i.allg. die Lipschitz-Konstante L des Systems ein (vgl. Abschnitt 2.1). Diese ist, wie bereits erwähnt, für steife Systeme sehr groß, so daß die Schranken für den lokalen und globalen Fehler in der glatten Phase unrealistisch werden. Andererseits ist die Genauigkeit numerischer Verfahren bei Anwendung auf steife Systeme häufig schlechter als es die klassische Konsistenzordnung erwarten läßt. Die Methoden erfahren eine sog. *Ordnungsreduktion* (vgl. Dekker/Verwer [1984], Verwer [1985]). Wir wollen dieses Verhalten am folgenden Beispiel veranschaulichen.

Beispiel 4.5.1. Betrachtet wird das Modellproblem (4.4.15) mit $v(t)=t$, d.h.

$$y'(t) = \lambda(y-t)+1, \quad \lambda\in\mathbb{R}, \quad \lambda<0$$

unter der Anfangsbedingung $y(0)=0$. Die Anwendung der zweistufigen W-Methode der klassischen Konsistenzordnung $p=2$ (vgl. Tabelle 4.3.1)

$$(I-hT)k_1 = f(t_m, u_m)$$
$$(I-hT)k_2 = f(t_m+h/2, u_m+hk_1/2)-hTk_1$$
$$u_{m+1} = u_m+hk_2$$

liefert mit $u_0=0$ und $T=\lambda$

$$u_1 = h\,\frac{1-2h\lambda+h^2\lambda^2/2}{(1-h\lambda)^2}.$$

Für den lokalen Fehler ergibt sich damit

$$\|le_1\| = \|u_1-y(h)\| = \|u_1-h\| = h^3\frac{\lambda^2}{2(1-h\lambda)^2}.$$

Für festes λ folgt

$$\|le_1\| \leq Ch^3 \quad \text{für } h\to 0,$$

d.h., die (klassische) Konsistenzordnung ist $p=2$. In die Konstante C geht die Lipschitzkonstante $|\lambda|$ der Funktion f ein. Für $\lambda\to-\infty$ und $h\to 0$ gilt offensichtlich $C\to\infty$. Speziell für $h\to 0$ und $h\lambda\to-\infty$ erhalten wir $le_1\approx h/2$, d.h., die Konsistenzordnung der zweistufigen W-Methode reduziert sich auf 0. □

Numerische Verfahren für steife Systeme sind nur dann effektiv, wenn (zumindestens in der glatten Phase) $hL\gg 1$ gilt. Man ist demzufolge an Ordnungsaussagen und Fehlerschranken interessiert, die unabhängig von der Steifheit einer Problemklasse $\mathcal{F}$ sind. Die ersten Untersuchungen in dieser Richtung wurden von Prothero/Robinson [1974] für die einfache Modellgleichung (4.4.15) durchgeführt. Sie untersuchten bez. der glatten Lösung $v(t)$ das Verhalten des lokalen Fehlers für $h\to 0$ und Re $h\lambda\to-\infty$ für RK-Methoden, die auf Quadraturverfahren beruhen (vgl. Abschnitt 2.5). Eine Ausdehnung dieser Untersuchungen auf nichtlineare Probleme, die einer einseitigen Lipschitzbedingung (vgl. Definition 1.1.1) genügen, wurde von Frank/Schneid/Ueberhuber [1981] initiiert. Sie führten die Begriffe der *B-Konsistenz* und *B-Konvergenz* ein. In dieser Theorie hängen die Schranken für den lokalen und globalen Diskretisierungsfehler nicht mehr von der klassischen, sondern von der einseitigen Lipschitzkonstante der Funktion f ab. Diese ist häufig auch für beliebig steife Probleme von "gemäßigter" Größe. D.h., in der B-Konsistenz- und B-Konvergenztheorie geht es um die Ableitung von *steifheitsunabhängigen* Fehlerschranken für den lokalen und globalen Diskretisierungsfehler.

Für LIRK-Methoden können wir wegen des Fehlens der B-Stabilität keine positiven B-Konvergenzaussagen für allgemeine nichtlineare Probleme erwarten. Wir betrachten daher in diesem Abschnitt, wie im Abschnitt 4.4.2, wieder die Klasse $\mathcal{F}$ semi-linearer Probleme

$$y'(t) = f(t,y) = Ay+g(t,y) \qquad (4.5.1)$$

mit

1. $\langle Aw,w \rangle \leq \mu \|w\|^2$, $\mu \leq 0$, $\forall w \in \mathbb{R}^n$

2. $\|g(t,u)-g(t,v)\| \leq L\|u-v\|$ $\forall t \in [t_0, t_e]$, $u,v \in \mathbb{R}^n$. $\qquad (4.5.2)$

Hierbei soll die Lipschitzkonstante L der Funktion g von "gemäßigter" Größe sein. Probleme dieser Klasse können beliebig steif sein, es gibt keine Einschränkung an $\|A\|$ und damit an die Lipschitzkonstante von f. Andererseits ist die einseitige Lipschitzkonstante $\nu = \mu + L$ von gemäßigter Größe. Man beachte, daß die Funktion g normmäßig keiner Einschränkung unterliegt. So gehört das Modellproblem (4.4.15) zur Klasse $\mathcal{F}$. In diesem Fall ist

$$g(t,y) = g(t) = -\lambda v(t) + v'(t), \quad |g(t)| \to \infty \text{ für } |\lambda| \to \infty.$$

Bemerkung 4.5.1. Die Voraussetzung $\mu \leq 0$ erlaubt im weiteren eine Vereinfachung der Beweise. Analoge Resultate gelten aber auch für $\mu > 0$. □

4.5.2. B-Konsistenz und B-Konvergenz für die Klasse $\mathcal{F}$

In den folgenden Definitionen sind die Konstanten γ_i, γ, β, h_0 unabhängig von $\|A\|$, d.h. unabhängig von der Steifheit der Problemklasse $\mathcal{F}$. Die (maximale) Schrittweite h_0 ist abhängig von den Koeffizienten der LIRK-Methode sowie von μ und L. Die Konstanten γ_i, γ, β sind von den Koeffizienten der LIRK-Methode, von μ, L, t_0, t_e und von Schranken für gewisse Ableitungen der exakten Lösung $y(t)$ abhängig.

Definition 4.5.1. Eine LIRK-Methode besitzt in der i-ten Stufe auf der Klasse $\mathcal{F}$ die B-Stufenordnung q_i, wenn gilt

$$\|le_{m+1}^{(i)}\| \leq \gamma_i h^{q_i+1} \quad \text{für } h \leq h_0.$$

Sie ist B-konsistent von der Ordnung q, wenn

$$\|le_{m+1}\| \leq \gamma h^{q+1} \quad \text{mit } h \leq h_0$$

ist. □

Definition 4.5.2. Eine LIRK-Methode ist B-konvergent von der Ordnung q auf der Klasse $\mathcal{F}$, wenn gilt

$$\|y(t_m)-u_m\| \leq \beta h^q \quad \text{für } u_0=y_0, \ h \leq h_0, \ t_0 \leq t_m \leq t_e. \ \square$$

Bei Anwendung von LIRK-Methoden (4.1.1) auf die Klasse $\mathcal{F}$ betrachten wir konstante Schrittweiten und setzen vorerst für die Matrix des Verfahrens T=A. Weiterhin benutzen wir zur Vereinfachung der Schreibweise die Abkürzungen

$$g_j := g(t_m+c_j h, u_{m+1}^{(j)}), \quad y^{(l)} := \frac{d^l}{dt^l} y(t_m), \quad g^{(l)} := \frac{d^l}{dt^l} g(t_m, y(t_m)).$$

Ferner werden wieder die Bedingungen (A1)-(A3) vorausgesetzt.

Im folgenden geben wir für LIRK-Methoden Bedingungsgleichungen an, die eine B-Konsistenzordnung q auf der Klasse $\mathcal{F}$ garantieren (vgl. Strehmel/Weiner [1987]). Die Herleitung dieser Bedingungen zeigt gleichzeitig ein einfaches Prinzip auf, mit dessen Hilfe wir im Abschnitt 4.5.3 B-konsistente Verfahren konstruieren.

Zur Untersuchung der B-Konsistenz definieren wir zunächst die beiden folgenden Indexmengen

$$K_i = \{j | \ 1 \leq j \leq i-1, \ A_{ij}(z) \neq 0\}, \ i=2,\ldots,s,$$
$$K_{s+1} = \{j | \ 1 \leq j \leq s, \ B_j(z) \neq 0\}. \tag{4.5.3}$$

Wegen $u_{m+1}^{(1)} = u_m$ setzen wir für die Stufenordnung der 1.Stufe $q_1 = \infty$.

Es gilt nun das

Theorem 4.5.1. Sei $q_i^{(1)} = \min\{q_j, \ j \in K_i\}$ und gelte

$$\sum_{j=1}^{i-1} A_{ij} c_j^l = c_i^{l+1} R_{l+1}^{(i)}(c_i z) \quad \text{für } l=0(1)q_i^{(2)}, \tag{4.5.4}$$

wobei die rationalen Funktionen $R_{l+1}^{(i)}(z)$ durch (4.2.2) definiert sind. Dann besitzt eine LIRK-Methode (4.1.1) in der i-ten Stufe die B-Stufenordnung

$$q_i = \min(q_i^{(1)}+1, q_i^{(2)})$$

auf $\mathcal{F}$.

Beweis. Mit (4.5.1) gilt

$$u_{m+1}^{(i)} = R_0^{(i)} y + h \sum_{j=1}^{i-1} A_{ij}[g_j + y'(t_m+c_j h) - Ay(t_m+c_j h) - g(t_m+c_j h, y(t_m+c_j h))].$$

Mit den Voraussetzungen und (4.5.2) folgt für $j \in K_i$

$$\|g(t_m+c_j h, u_{m+1}^{(j)}) - g(t_m+c_j h, y(t_m+c_j h))\| \le L \|u_{m+1}^{(j)} - y(t_m+c_j h)\|$$

$$\le L \gamma_j h^{q_i^{(1)}+1} = O(h^{q_i}) \text{ für } h \le h_0.$$

Damit erhält man

$$u_{m+1}^{(i)} = R_0^{(i)} y + h \sum_{j=1}^{i-1} A_{ij}[(y'(t_m+c_j h) - Ay(t_m+c_j h)] + O(h^{q_i+1}).$$

Mit einer Taylorentwicklung der exakten Lösung ergibt sich

$$u_{m+1}^{(i)} = \sum_{l=0}^{q_i} \frac{1}{l!}(c_i h)^l y^{(l)} - \sum_{l=0}^{q_i} \frac{1}{l!}(c_i h)^l y^{(l)} + R_0^{(i)} y +$$

$$\sum_{l=0}^{q_i} \frac{1}{l!} h^{l+1} \left[\sum_{j=1}^{i-1} A_{ij} c_j^l\right] [y^{(l+1)} - Ay^{(l)}] + O(h^{q_i+1}). \quad (4.5.5)$$

Unter Beachtung von (4.5.4) folgt

$$u_{m+1}^{(i)} = y(t_m+c_i h) + [R_0^{(i)} - I - c_i h A R_1^{(i)}] y +$$

$$\sum_{l=1}^{q_i} \frac{h^l}{l!} c_i^l [-I + l R_l^{(i)} - c_i h A R_{l+1}^{(i)}] y^{(l)} + O(h^{q_i+1}),$$

und mit (4.2.2) erhalten wir schließlich

$$u_{m+1}^{(i)} = y(t_m+c_i h) + O(h^{q_i+1}). \quad \blacksquare$$

Folgerung 4.5.1. *Sei* $q^{(1)} = \min\{q_j, j \in K_{s+1}\}$ *und*

$$\sum_{j=1}^{s} B_j c_j^l = R_{l+1}^{(s+1)}(z) \text{ für } l=0(1)q^{(2)}. \quad (4.5.6)$$

Dann ist eine LIRK-Methode B-konsistent von der Ordnung

$$q = \min(q^{(1)}+1, q^{(2)})$$

auf der Klasse $\mathcal{F}$. □

Bemerkung 4.5.2. a) Aus dem Erfülltsein der Bedingungen (4.5.4) und (4.5.6) für l=0 folgt nach Theorem 4.1.1 die Translationsinvarianz der LIRK-Methoden.

b) Für z=0 ergibt (4.5.6) die vereinfachende RK-Bedingung $B(q^{(2)}+1)$ (vgl. Definition 2.5.1). □

Das folgende Theorem zeigt, daß die Bedingung (4.5.6) auch notwendig für die entsprechende B-Konsistenzordnung ist.

Theorem 4.5.2. *Für die B-Konsistenzordnung q einer LIRK-Methode auf der Klasse $\mathcal{F}$ sind die Bedingungen (4.5.6) für l=0(1)q notwendig.*

Beweis (indirekt). Die LIRK-Methode habe die B-Konsistenzordnung q. Die Bedingungen (4.5.6) seien aber nur für $l=0(1)q_0<q$ erfüllt. Wir betrachten das Modellproblem (4.4.15)

$$y'(t) = \lambda(y-v(t))+v'(t)$$
$$y(0) = 0.$$

mit $v(t)=t^{q_0+1}$. Wegen $y(t)\equiv v(t)$ und $y^{(q_0+1)}(t)=(q_0+1)!$ sowie $y^{(k)}(t)=0$ für $k>q_0+1$ gilt mit $z=h\lambda$

$$y(t_m+h) = R_0^{(s+1)}(z)y + h\sum_{j=1}^{s} B_j[v'(t_m+c_jh)-\lambda v(t_m+c_jh)]+$$

$$h^{q_0+1}\left[1-(q_0+1)R_{q_0+1}^{(s+1)}(z)+z\sum_{j=1}^{s} B_j c_j^{q_0+1}\right].$$

Aus dem Vergleich mit der numerischen Lösung

$$\hat{u}_{m+1} = R_0^{(s+1)}(z)\hat{u}_m + h\sum_{j=1}^{s} B_j[v'(t_m+c_jh)-\lambda v(t_m+c_jh)]$$

mit $\hat{u}_m=y(t_m)$ erhalten wir

$$y(t_m+h)-\hat{u}_{m+1} = h^{q_0+1}\left[1-(q_0+1)R_{q_0+1}^{(s+1)}(z)+z\sum_{j=1}^{s} B_j c_j^{q_0+1}\right],$$

woraus wegen $q_0<q$ ein Widerspruch zur B-Konsistenzordnung q folgt. ∎

Dieses Theorem zeigt, daß für die Klasse $\mathcal{F}$ insgesamt die B-Konsistenzordnung nicht größer als $q^{(2)}$ sein kann ($q^{(2)}$ aus Folgerung 4.5.1). Für gewisse Unterklassen von $\mathcal{F}$ können wir ein besseres B-Konsistenzresultat nachweisen. Wir betrachten im folgenden Probleme aus $\mathcal{F}$, für die die Ableitungen der Funktion $g(t,y(t))$ beschränkt sind:

$$\|\frac{d^l}{dt^l} g(t,y(t))\| \leq M \text{ für } t\in[t_0,t_e].\qquad(4.5.7)$$

Für diese Probleme gilt

Theorem 4.5.3. Sei $q_i^{(1)}$=min{q_j, j∈K_i}. Seien ferner die Bedingungen (4.5.4) für l=0(1)$q_i^{(2)}$ und (4.5.7) für l=0(1)min($q_i^{(1)}$,$q_i^{(2)}$)+1 erfüllt. Dann besitzt eine LIRK-Methode in der i-ten Stufe die B-Stufenordnung

$$q_i = \min(q_i^{(1)}, q_i^{(2)})+1.$$

Beweis. Der Beginn des Beweises ist analog zum Beweis von Theorem 4.5.1. Aus (4.5.5) (jetzt aber mit q_i=min($q_i^{(1)}$,$q_i^{(2)}$)+1) folgt dann mit (4.2.2)

$$u_{m+1}^{(i)} = y(t_m+c_ih)+\frac{1}{q_i!}[c_i^{q_i+1}R_{q_i+1}^{(i)}-\sum_{j=1}^{i-1}A_{ij}c_j^{q_i}]Ty^{(q_i)}+\mathcal{O}(h^{q_i+1}).$$

Wegen $Ty^{(q_i)}=y^{(q_i+1)}-g^{(q_i)}$ ergibt sich mit (4.5.7) die Behauptung. ∎

Folgerung 4.5.2. Sei $q^{(1)}$=min{q_j, j∈K_{s+1}}, und seien (4.5.6) für l=0(1)$q^{(2)}$ und (4.5.7) für l=0(1)min($q^{(1)}$,$q^{(2)}$)+1 erfüllt. Dann besitzt die LIRK-Methode die B-Konsistenzordnung

$$q = \min(q^{(1)},q^{(2)})+1. \quad\square$$

Der Zusammenhang zwischen B-Konsistenz und B-Konvergenz wird durch das folgende Theorem hergestellt:

Theorem 4.5.4. Sei eine LIRK-Methode B-konsistent von der Ordnung q auf $\mathcal{F}$. Sei ferner $R_0^{(s+1)}(z)$ A-verträglich. Dann ist die LIRK-Methode B-konvergent von der Ordnung q auf $\mathcal{F}$.

Zum Beweis dieses Theorems benötigen wir folgendes

Lemma 4.5.1. Sei $R_0^{(s+1)}(z)$ A-verträglich. Dann gilt bei Anwendung auf (4.5.1) für zwei Näherungslösungen

$$\|u_{m+1}-v_{m+1}\| \leq (1+C_0h)\|u_m-v_m\| \text{ für } h\leq h_0,$$

wobei C_0 und h_0 unabhängig von $\|A\|$ sind.

Beweis. a) Mit Induktion über die Stufen i des Verfahrens zeigen wir

$$\|u_{m+1}^{(i)}-v_{m+1}^{(i)}\| \leq C_i\|u_m-v_m\| \text{ für } h\leq h_0.$$

Es gilt

$$\|u^{(2)}_{m+1}-v^{(2)}_{m+1}\| = \|R^{(2)}_0(c_2 hA)(u_m-v_m)+hA_{21}(g(t_m,u_m)-g(t_m,v_m))\|,$$

und mit (4.4.18) erhalten wir

$$\|u^{(2)}_{m+1}-v^{(2)}_{m+1}\| \le [\bar{R}^{(2)}_0(0)+hL\bar{A}_{21}(0)]\|u_m-v_m\|.$$

Unter Beachtung von (A2) und (A3) ergibt sich

$$\|u^{(2)}_{m+1}-v^{(2)}_{m+1}\| \le C_2\|u_m-v_m\|$$

mit einer von $\|A\|$ unabhängig Konstanten C_2. Sei nun

$$\|u^{(j)}_{m+1}-v^{(j)}_{m+1}\| \le C_j\|u_m-v_m\|, \quad j=1(1)i-1,$$

dann gilt

$$\|u^{(i)}_{m+1}-v^{(i)}_{m+1}\| \le [\bar{R}^{(i)}_0(0)+hL\sum_{j=1}^{i-1}\bar{A}_{ij}(0)C_j]\|u_m-v_m\| \le C_i\|u_m-v_m\|.$$

b) Für die Endstufe ergibt sich

$$\|u_{m+1}-v_{m+1}\| \le (1+hC_0)\|u_m-v_m\|,$$

wobei $C_0 = L\sum_{j=1}^{s}\bar{B}_j(0)C_j$ unabhängig von $\|A\|$ ist. ∎

Beweis von Theorem 4.5.4. Sei $\hat{u}_{m+1}$ wieder die numerische Lösung mit $\hat{u}_m = y(t_m)$. Dann gilt für den globalen Fehler

$$\|e_{m+1}\| = \|y(t_{m+1})-\hat{u}_{m+1}+\hat{u}_{m+1}-u_{m+1}\| \le \|le_{m+1}\| + \|\hat{u}_{m+1}-u_{m+1}\|.$$

Aufgrund der B-Konsistenzordnung q gilt

$$\|le_{m+1}\| \le \gamma h^{q+1},$$

und mit Lemma 4.5.1 ergibt sich

$$\|e_{m+1}\| \le (1+C_0h)\|e_m\|+h\gamma^{q+1}$$

$$\le (1+C_0h)^{m+1}\|e_0\|+\gamma h^{q+1}\sum_{l=0}^{m}(1+c_0h)^l.$$

Mit $e_0 = y_0 - u_0 = 0$ erhalten wir schließlich

$$\|e_{m+1}\| \le \gamma h^{q+1}(m+1)e^{mC_0h} \le \gamma h^q(t_e-t_0)e^{C_0(t_e-t_0)} = \beta h^q. \quad \blacksquare$$

Bemerkung 4.5.3. a) Die Abschätzung in Lemma 4.5.1 wird nach Dekker/Verwer [1984] auch als C-*Stabilität* bezeichnet.

b) Hundsdorfer [1986] zeigt ohne Betrachtung der B-Konsistenz, daß die LIRK-Methoden von van der Houwen [1977] unter gewissen natürlichen Voraussetzungen B-konvergent von der Ordnung 1 auf $\mathcal{F}$ sind. Eine Ordnung q>1 wird nur für L=0, d.h. g(t,y)=g(t) gezeigt. □

Theorem 4.5.4 gibt nicht immer das bestmögliche B-Konvergenzresultat. So wurde für implizite RK-Methoden gezeigt, daß die B-Konvergenzordnung mitunter q+1 statt q betragen kann (vgl. dazu Verwer [1985], Burrage/Hundsdorfer/Verwer [1986], sowie Abschnitt 4.5.6). Wir wollen jetzt untersuchen, wann für LIRK-Methoden analoge Aussagen gelten.

Theorem 4.5.5. *Sei* L=0, *d.h.* g(t,y)=g(t) *in* (4.5.1). *Sei ferner* $R_0^{(s+1)}(z)$ *A-verträglich und* (4.5.6) *für* l=0(1)q *erfüllt. Dann gilt*

a) *Die LIRK-Methode ist B-konsistent von der Ordnung q*.

b) *Ist außerdem*

$$D(z) = [R_1^{(s+1)}(z)]^{-1}[R_{q+2}^{(s+1)}(z) - \sum_{j=1}^{s} B_j c_j^{q+1}] \qquad (4.5.8)$$

gleichmäßig beschränkt für Re z≤0, *dann ist die LIRK-Methode B-konvergent von der Ordnung* q+1.

Beweis. Behauptung a) ergibt sich unmittelbar aus der Folgerung 4.5.1, da die internen Werte $u_{m+1}^{(i)}$ nicht in die Berechnung von u_{m+1} eingehen.

Um b) zu zeigen, betrachten wir den globalen Diskretisierungsfehler

$$e_{m+1} = u_{m+1} - y(t_{m+1}) = u_{m+1} - \hat{u}_{m+1} + \hat{u}_{m+1} - y(t_{m+1}), \quad e_0 = 0.$$

und den *gestörten globalen Diskretisierungsfehler*

$$\hat{e}_{m+1} = e_{m+1} + h^{q+1} G y^{(q+1)}(t_m + h)$$

mit

$$G(hT) = \frac{1}{(q+1)!} D(hA).$$

Es gilt

$$u_{m+1} - \hat{u}_{m+1} = R_0^{(s+1)}(hA)e_m,$$

$$\hat{u}_{m+1} - y(t_{m+1}) = \frac{1}{(q+1)!} h^{q+1} hT [R_{q+2}^{(s+1)} - \sum_{j=1}^{s} B_j c_j^{q+1}] y^{(q+1)} + \mathcal{O}(h^{q+2}).$$

Nach Voraussetzung ist

$$\hat{e}_{m+1} = e_{m+1} + \mathcal{O}(h^{q+1}).$$

Andererseits gilt

$$\hat{e}_{m+1} = R_0^{(s+1)}\hat{e}_m + h^{q+1}[G - R_0^{(s+1)}G + hAR_1^{(s+1)}G]y^{(q+1)} + O(h^{q+2}),$$

und mit (4.2.2) erhält man

$$\hat{e}_{m+1} = R_0^{(s+1)}\hat{e}_m + O(h^{q+2}).$$

Wegen der A-Verträglichkeit folgt analog zum Beweis von Theorem 4.5.4

$$\hat{e}_{m+1} = O(h^{q+1})$$

und damit

$$e_{m+1} = O(h^{q+1}). \blacksquare$$

Bemerkung 4.5.4. Die Idee der Betrachtung des gestörten Fehlers $\hat{e}_{m+1}$ geht auf Hundsdorfer [1986] zurück, wo eine analoge Aussage zu b) für die Verfahren von Van der Houwen [1977] bewiesen wird. □

Für spezielle Probleme kann auch für L≠0 eine B-Konvergenzordnung q+1 nachgewiesen werden. Wir betrachten dazu die Klasse $\mathcal{F}_\varepsilon$ der *singulär gestörten Probleme*

$$y' = \frac{1}{\varepsilon} Ay + g(t,y) \qquad (4.5.9)$$

mit den Voraussetzungen (4.5.2), aber jetzt mit $\mu \leq \mu_0 < 0$, was die Beschränktheit von A^{-1} garantiert. Für diese Problemklasse gilt dann das

Theorem 4.5.6. *Sei $q_j \geq q_i - 1$ für alle $j \in K_i$ und (4.5.4) erfüllt für $l=0(1)q_i$, $i=2,\ldots,s$. Sei $q_j \geq q-1$ für $j \in K_{s+1}$ und (4.5.6) erfüllt für $l=0(1)q$. Gelte weiterhin $|R_0^{(s+1)}(z)| < 1$ für alle $z \in \mathbb{C}^-$, $z \neq 0$ und $|R_0^{(s+1)}(\infty)| < 1$. Dann besitzt die LIRK-Methode mit $T = \frac{1}{\varepsilon}A$ auf $\mathcal{F}_\varepsilon$ die B-Konvergenzordnung q+1.* □

Den recht aufwendigen Beweis dieses Theorems findet man in Strehmel/Weiner/Dannehl [1988].

Die folgenden zwei numerischen Beispiele veranschaulichen die Aussage von Theorem 4.5.6. Wir betrachten dazu die LIRK-Methode (4.2.9b) mit $c_2 = 1/2$

$$\begin{array}{c|cc} 0 & & \\ \frac{1}{2} & \dfrac{R_1^{(2)}}{2} & \\ \hline & R_1^{(3)} - 2R_2^{(3)} & 2R_2^{(3)} \end{array} \qquad (4.5.10)$$

mit

$$R_0^{(2)}(z) = \frac{1+(1-2\gamma)z}{1-2\gamma z}, \quad R_0^{(3)}(z) = \frac{1+(1-2\gamma)z}{(1-\gamma z)^2}, \quad \gamma = 1 + \frac{\sqrt{2}}{2},$$

welche L-stabil ist und die klassische Konsistenzordnung p=2 sowie die B-Konsistenzordnung q=1 besitzt (vgl. Abschnitt 4.5.3). Diese Methode wenden wir auf die beiden folgenden Probleme der Gestalt (4.5.9) an.

Problem 1. Sei

$$A = \begin{pmatrix} -10 & 1 \\ 1 & -1 \end{pmatrix},$$

und

$$g_1(t,y) = \sin(y_1-a_1(t))+(y_2-a_2(t))\cos(t)+a_1'(t)+\frac{1}{\varepsilon}r_1(t),$$

$$g_2(t,y) = (y_1-a_1(t))\sin(t)+(y_2-a_2(t))(1+\cos(t))+a_2'(t)+\frac{1}{\varepsilon}r_2(t),$$

mit

$$r_1(t) = 10a_1(t)-a_2(t), \quad r_2(t) = a_2(t)-a_1(t),$$
$$a_1(t) = 2\sin(t), \quad a_2(t) = \cos(2t).$$

Für $y(0)=(a_1(0),a_2(0))^T$ ergibt sich die exakte Lösung zu

$$y_1(t) = a_1(t), \quad y_2(t) = a_2(t).$$

Problem 2. Sei

$$A = \begin{pmatrix} -10 & 1 \\ 1 & -0.1 \end{pmatrix}, \quad \text{und } r_2(t) = \frac{1}{10}a_2(t)-a_1(t).$$

Alle anderen Funktionen und die Anfangswerte sind wie in Problem 1 gewählt, so daß sich die gleiche exakte Lösung ergibt.

Die folgenden Tabellen zeigen die Euklidische Norm des absoluten Fehlers e_h bzw. $e_{h/2}$ mit der Schrittweite h bzw. h/2 im Endpunkt $t_e=1$, die numerisch *beobachtete Konvergenzordnung*

$$\tilde{q}_{num} := \log_2 \frac{\|e_h\|}{\|e_{h/2}\|}$$

und die numerisch *beobachtete Konsistenzordnung*

$$q_{num} := \log_2 \frac{\|le(h)\|}{\|le(h/2)\|} - 1,$$

wobei le(h) bzw. le(h/2) den lokalen Fehler nach einem Schritt mit der Schrittweite h bzw. h/2 bezeichnen.

Die Tabellen zeigen für $\varepsilon=1$ (nichtsteifes System) für beide Probleme die klassische Ordnung 2. Für kleine ε sinkt die beobachtete Konsistenzordnung auf die B-Konsistenzordnung q=1. Problem 1 genügt der Bedingung $\mu_2[A]<0$. Das Verfahren (4.5.10) erfüllt die Voraussetzungen von Theorem 4.5.6. Tabelle 4.5.1 zeigt deutlich die erwartete B-Konvergenzordnung $\tilde{q}=q+1=2$. In Problem 2 ist die Matrix A singulär, es gilt $\mu_2[A]=0$. Damit ist Theorem 4.5.6 nicht anwendbar, die numerisch beobachtete Konvergenzordnung beträgt $\tilde{q}=q=1$.

ε	h	$\|e_h\|$	$\|e_{h/2}\|$	$\tilde{q}_{num}$	q_{num}
1.0 E+0	1.0 E-2	9.2 E-4	2.5 E-4	1.90	2.06
1.0 E-6	1.0 E-2	5.8 E-5	1.4 E-5	1.99	1.00
1.0 E-10	1.0 E-2	5.8 E-5	1.4 E-5	1.99	0.99
1.0 E 0	1.0 E-4	1.1 E-7	2.7 E-8	2.00	2.00
1.0 E-6	1.0 E-4	5.7 E-9	1.4 E-9	2.04	1.05
1.0 E-10	1.0 E-4	5.9 E-9	1.5 E-9	2.00	1.00

Tabelle 4.5.1. Ergebnisse für Problem 1.

ε	h	$\|e_h\|$	$\|e_{h/2}\|$	$\tilde{q}_{num}$	q_{num}
1.0 E 0	1.0 E-2	9.0 E-4	2.5 E-4	1.86	2.04
1.0 E-6	1.0 E-2	5.6 E-3	2.8 E-3	0.97	1.01
1.0 E-10	1.0 E-2	5.6 E-3	2.8 E-3	0.97	1.01
1.0 E 0	1.0 E-4	1.1 E-7	2.7 E-8	2.00	2.00
1.0 E-6	1.0 E-4	5.8 E-5	2.9 E-5	1.00	0.99
1.0 E-10	1.0 E-4	5.9 E-5	3.0 E-5	0.98	1.01

Tab. 4.5.2. Ergebnisse für Problem 2.

4.5.3. Beispiele B-konsistenter linear-impliziter Runge-Kutta-Methoden

Mit Hilfe von Theorem 4.5.1 und Folgerung 4.5.1 werden wir jetzt für die Klasse $\mathcal{F}$ einige LIRK-Methoden möglichst hoher B-Konsistenzordnung konstruieren.

Beispiel 4.5.2. Für die linear-implizite Euler-Methode (4.2.8) der klassischen Konsistenzordnung $q=1$ kann die Bedingung (4.5.6) wegen $c_1=0$ nur für $l=0$ gelten, d.h., es ist $B_1=R_1^{(2)}$. Die Methode besitzt daher lediglich die B-Konsistenzordnung $q=0$, ist aber B-konvergent von der Ordnung $\tilde{q}=1$ (vgl. Hundsdorfer [1986], Strehmel/Weiner/Dannehl [1988]).

Gilt die Bedingung (4.5.7) für $l=1$, so besitzt die linear-implizite Euler-Methode wegen

$$\hat{u}_{m+1} = y(t_m) + hR_1^{(2)}(hA)y'(t_m)$$
$$= y(t_m) + hy'(t_m) + h^2R_2^{(2)}(hA)(y''(t_m) - g'(t_m,y(t_m)))$$

die B-Konsistenzordnung q=1. □

Beispiel 4.5.3. Für zweistufige LIRK-Methoden können wir aufgrund von $q_2=0$ nach Folgerung 4.5.1 nur die B-Konsistenzordnug q=1 erwarten. Dafür ist nach (4.5.6) die Erfüllung der Bedingungen

$$B_1+B_2 = R_1^{(3)} \quad \text{und} \quad B_2c_2 = R_2^{(3)}$$

erforderlich. Die LIRK-Methoden (4.2.9b) der klassischen Konsistenzordnung p=2 besitzen somit die B-Konsistenzordnung q=1.

Sei jetzt g(t,y)=g(t). Da in diesem Fall die Stufenordnungen q_i keinen Einfluß auf die B-Konsistenzordnung haben, besitzt die zweistufige LIRK-Methode (4.2.9b) die B-Konsistenzordnung q=2, wenn zusätzlich

$$B_2c_2^2 = R_3^{(3)}$$

gilt. Das bedeutet

$$R_3^{(3)} = c_2 R_2^{(3)}.$$

Hieraus folgt mit (4.2.2)

$$R_2^{(3)}(z) = \frac{1/2}{1-c_2z/2}$$

und weiter

$$R_0^{(3)}(z) = \frac{1+(1-c_2/2)z+(1-c_2)z^2/2}{1-c_2z/2}.$$

Aufgrund der Voraussetzung (A2) muß $c_2=1$ gelten. Mit der A-verträglichen Stabilitätsfunktion

$$R_0^{(3)}(z) = \frac{1+z/2}{1-z/2}$$

besitzt daher die LIRK-Methode (4.2.9b) mit $c_2=1$ für g(t,y)=g(t) die B-Konsistenzordnung q=2. □

Beispiel 4.5.4. Damit eine dreistufige LIRK-Methode die B-Konsistenzordnung q=2 besitzt, ist $B_2=0$ erforderlich. Theorem 4.5.1 und Folgerung 4.5.1 liefern die Bedingungen

$$A_{21} = c_2 R_1^{(2)}, \quad A_{31}+A_{32} = c_3 R_1^{(3)}, \quad A_{32}c_2 = c_3^2 R_2^{(3)}$$

$$B_1+B_3 = R_1^{(4)}, \quad B_3c_3 = R_2^{(4)}, \quad B_3c_3^2 = R_3^{(4)}.$$

Analog zum Beispiel 4.5.3 folgt hieraus

$$c_3 = 1 \quad \text{und} \quad R_0^{(4)}(z) = \frac{1+z/2}{1-z/2}.$$

Mit dieser Wahl besitzt die 3-stufige LIRK-Methode

$$
\begin{array}{c|ccc}
0 & & & \\
c_2 & c_2 R_1^{(2)} & & \\
1 & R_1^{(3)} - \frac{1}{c_2} R_2^{(3)} & \frac{1}{c_2} R_2^{(3)} & \\
\hline
 & R_1^{(4)} - R_2^{(4)} & 0 & R_2^{(4)}
\end{array}
\qquad (4.5.11)
$$

die B-Konsistenzordnung q=2. □

Beispiel 4.5.5. Für eine 4-stufige LIRK-Methode ist nach (4.5.4) und (4.5.6) höchstens q=2 möglich. Die Koeffizienten A_{21}, A_{31}, A_{32} sowie B_1, B_2, B_3 und B_4 (B_2=0) sind für eine frei wählbare Stabilitätsfunktion $R_0^{(5)}(z)$ eindeutig durch c_2, c_3, c_4 ($c_3 \neq c_4$) bestimmt. Die Koeffizienten A_{41}, A_{42}, A_{43} sind dagegen nicht eindeutig festgelegt, sie müssen lediglich den Bedingungen

$$A_{41}+A_{42}+A_{43} = c_4 R_1^{(4)}, \quad A_{42} c_2 + A_{43} c_3 = c_4^2 R_2^{(4)}$$

genügen. Eine derartige Familie von LIRK-Methoden der B-Konsistenzordnung q=2 ist gegeben durch

$$
\begin{array}{c|cccc}
0 & & & & \\
c_2 & c_2 R_1^{(2)} & & & \\
c_3 & c_3 R_1^{(3)} - \frac{c_3^2 R_2^{(3)}}{c_2} & \frac{c_3^2 R_2^{(3)}}{c_2} & & \\
c_4 & c_4 R_1^{(4)} + \left(\frac{c_4^2}{c_2} - \frac{2c_4^2}{c_3}\right) R_2^{(4)} & -\frac{c_4^2 R_2^{(4)}}{c_2} & \frac{2c_4^2 R_2^{(4)}}{c_3} & \\
\hline
 & B_1 & B_2 & B_3 & B_4
\end{array}
\qquad (4.5.12)
$$

mit

$$B_2 = 0, \quad B_1 = R_1^{(5)} - B_3 - B_4, \quad B_3 = \frac{c_4 R_2^{(5)} - R_3^{(5)}}{c_3(c_4 - c_3)}, \quad B_4 = \frac{R_3^{(5)} - c_3 R_2^{(5)}}{c_4(c_4 - c_3)}$$

Die Methode besitzt mindestens die gewöhnliche Konsistenzordnung p=3. Für die spezielle Wahl $c_2 = c_3 = 1/2$, $c_4 = 1$ erhalten wir eine Methode der Ordnung p=4, die sich für T=0 auf die explizite England-Methode (vgl. Beispiel 2.4.4) reduziert. □

Die Bestimmung der Koeffizienten der 4. Stufe in Beispiel 4.5.5

nach der Forderung, daß (4.5.4) bis l=2 erfüllt ist, führt auf eine weitere Klasse von Methoden der B-Konsistenzordnung 2, die speziell für die Behandlung singulär gestörter Probleme vorteilhafte Eigenschaften aufweist (vgl. Abschnitt 5.4).

In der gleichen Weise wie in den betrachteten Beispielen können LIRK-Methoden höherer Ordnung konstruiert werden (z.B. q=3 mit s=7 usw.). Da die Ordnung wegen $q_i \leq q_i^{(1)}+1$ nur stufenweise erhöht werden kann, sind zum Erreichen einer B-Konsistenzordnung q wesentlich mehr Stufen notwendig als für die gleiche klassische Konsistenzordnung p=q.

4.5.4. B-Konsistenz von W-Methoden

Für eine gegebene W-Methode können wir unter Beachtung von (4.3.5), (4.3.6) mit Hilfe von Theorem 4.5.1 und Folgerung 4.5.1 Aussagen über die B-Konsistenzordnung treffen. Andererseits liefern die Bedingungen (4.5.4), (4.5.6) bei der Konstruktion B-konsistenter Methoden gerade LIRK-Methoden in der Form adaptiver RK-Methoden (4.2.3). Eine Umformung so gewonnener Verfahren in W-Methoden ist sehr aufwendig und auch nicht für beliebige Stabilitätsfunktionen $R_0^{(i)}(z)$ möglich. Wir wollen in diesem Abschnitt zeigen, wie man Bedingungen direkt an die Koeffizienten einer W-Methode erhält. Dazu beschränken wir uns zunächst auf die Unterklasse $\mathcal{F}_{\mathcal{PR}}$ (Modellproblem (4.4.15) von Prothero/Robinson) der Klasse $\mathcal{F}$:

$$\mathcal{F}_{\mathcal{PR}}: \quad y' = \lambda(y(t)-v(t))+v'(t) \quad , \quad \text{Re } \lambda < 0.$$

Die Bedingungen für die B-Konsistenz von W-Methoden auf $\mathcal{F}_{\mathcal{PR}}$ erhalten wir aus (4.5.6) mit Hilfe der Koeffizienten der W-Methode. Mit den Bezeichnungen

$$c^0 = (1,\ldots,1)^T = e, \quad c^l = (0, c_2^l, \ldots, c_s^l)^T, \quad l=1,2,\ldots,q \qquad (4.5.13)$$

lautet die Beziehung (4.5.6)

$$B^T c^l = R_{l+1}^{(s+1)}(z).$$

Mit der Koeffizientenmatrix β aus Abschnitt 4.3.1 und

$$w = z/(1-\gamma z) \qquad (4.5.14)$$

erhalten wir aus (4.4.1)

$$R_0^{(s+1)}(z) = 1 + \sum_{j=0}^{s-1} b^T \beta^j e w^{j+1}$$

und analog aus (4.3.5)

$$B^T(z) = \sum_{j=0}^{s-1} b^T \beta^j w^j (\gamma w + 1). \qquad (4.5.15)$$

Wegen der Translationsvarianz (vgl. Definition 4.1.1) ist (4.5.6) für l=0 stets erfüllt. Für l≥1 gilt das

Theorem 4.5.7. *Für eine s-stufige W-Methode sind die Bedingungen (4.5.6) für l=1(1)q äquivalent mit*

$$\sum_{j=0}^{s-1} b^T \beta^j w^j [w(c^l - l\gamma c^{l-1}) - lc^{l-1}] = -1. \qquad (4.5.16)$$

Beweis (induktiv). Für l=1 gilt mit

$$B^T c = R_2^{(s+1)}(z) = [(R_1^{(s+1)}(z) - 1]/z,$$

unter Beachtung der aus der Translationsinvarianz folgenden Relation $B^T e = R_1^{(s+1)}(z)$ und (4.5.15), die Äquivalenz

$$-1 = B^T(zc-e) = \sum_{j=0}^{s-1} b^T \beta^j w^j (1+\gamma w)[\frac{w}{1+\gamma w} c - e]$$

$$= \sum_{j=0}^{s-1} b^T \beta^j w^j [w(c-\gamma e) - e].$$

Sei (4.5.16) gültig bis k-1. Damit erhalten wir aus

$$B^T c^k = R_{k+1}^{(s+1)}(z) = [kR_k^{(s+1)}(z) - 1]/z$$

mit (4.5.15) und der Induktionsvoraussetzung

$$-1 = zB^T c^k - kR_k^{(s+1)}(z) = B^T (zc^k - kc^{k-1})$$

$$= \sum_{j=0}^{s-1} b^T \beta^j w^j (\gamma w + 1)[\frac{w}{1+\gamma w} c^k - kc^{k-1}]$$

$$= \sum_{j=0}^{s-1} b^T \beta^j w^j [w(c^k - k\gamma c^{k-1}) - kc^{k-1}]. \qquad \blacksquare$$

Für die Klasse $\mathcal{F}_{\mathcal{PR}}$ ergibt sich hieraus unmittelbar das

Theorem 4.5.8. *Eine s-stufige W-Methode besitzt für die Klasse $\mathcal{F}_{\mathcal{PR}}$ die B-Konsistenzordnung q≥1 genau dann, wenn (4.5.16) für l=1(1)q erfüllt ist.*

Beweis. Die Aussage ist eine Folgerung aus (4.5.6) und den Theoremen 4.5.2, und 4.5.7. ∎

Beispiel 4.5.6. Sei s=2. Aus (4.5.16) folgen für l=1 durch Koeffizientenvergleich bez. w^k, k=0,...,s die Bedingungen

$$b_1+b_2 = 1, \quad b_2c_2-\gamma-b_2\beta_{21} = 0, \quad b_2\beta_{21}\gamma = 0.$$

Wegen $\gamma>0$ folgt hieraus mit $\beta_{21}=0$, $b_2c_2=\gamma$ die B-Konsistenzordnung $q=1$ für $\mathcal{F}_{\mathcal{PR}}$ und auch für $\mathcal{F}$. Fordern wir zusätzlich, daß das Verfahren die klassische Ordnung $p=2$ besitzen soll, so ergibt sich als weitere Bedingung

$$b_2c_2 = 1/2 = \gamma.$$

Die 2-stufige W-Methode mit den Koeffizienten

$$\gamma=1/2, \quad \alpha_{21}=c_2, \quad \gamma_{21}=-c_2, \quad b_2=c_2/2, \quad b_1=1-c_2/2 \qquad (4.5.17)$$

besitzt für $0<c_2\leq 1$ die klassische Konsistenzordnung $p=2$ und die B-Konsistenzordnung $q=1$.
Aus (4.5.16) folgt für $l=2$ nur die zusätzliche Bedingung

$$b_2c_2(c_2-2\gamma) = 0.$$

Nach Theorem 4.5.8 besitzt daher die W-Methode (4.5.17) mit $c_2=1$ die B-Konsistenzordnung $q=2$ für $\mathcal{F}_{\mathcal{PR}}$. □

Beispiel 4.5.7. Mit 2 Stufen besitzt eine W-Methode der Ordnung $p=2$ die B-Konsistenzordnung $q=1$ nur für $\gamma=1/2$, d.h., die Methode ist A-aber nicht stark A-stabil. Um starke A-Stabilität zu erreichen benötigen wir mindestens 3 Stufen. Damit der Aufwand pro Integrationsschritt möglichst gering bleibt, setzen wir

$$\alpha_{32}=0, \quad \alpha_{21}=\alpha_{31}=c_2=c_3,$$

d.h., die W-Methode benötigt nur 2 Funktionsaufrufe. Aus (4.5.16) für $l=1$ und der Forderung nach der klassischen Ordnung $p=2$ folgen für beliebiges $\gamma>0$ die Bedingungen

$$b_1+b_2+b_3=1, \quad (b_2+b_3)c_2=1/2, \quad b_3(\beta_{31}+\beta_{32})=1/2-\gamma$$

$$b_3\beta_{32}c_2=\gamma(1/2-\gamma), \quad \beta_{21}=0.$$

Die 3-stufige W-Methode mit 2 Funktionsaufrufen und den Parametern c_2, b_3, γ

$$\alpha_{21}=c_2, \quad \gamma_{21}=-c_2, \quad \alpha_{32}=0, \quad \gamma_{32}=(1/2-\gamma)\gamma/(b_3c_2), \quad \alpha_{31}=c_2,$$
$$(4.5.18)$$
$$\gamma_{31}=(1/2-\gamma)(1-\gamma/c_2)/b_3-c_2, \quad b_2=\frac{1}{2c_2}-b_3, \quad b_1=1-\frac{1}{2c_2}$$

besitzt die klassische Ordnung $p=2$ und die B-Konsistenzordnung $q=1$ für $\mathcal{F}_{\mathcal{PR}}$ und $\mathcal{F}$. Da γ nicht festgelegt ist können stark A- bzw. L-stabile W-Methoden gewonnen werden. Die Ordnung $q=2$ für $\mathcal{F}_{\mathcal{PR}}$ ist nur für $b_3=0$, $\gamma=1/2$, $c_2=1$ zu erreichen, d.h., (4.5.18) reduziert sich auf die

W-Methode (4.5.17). □

Mit 3 Stufen kann eine W-Methode auf $\mathcal{F}_{\mathcal{PR}}$ nicht die B-Konsistenzordnung q=3 besitzen. Die folgenden Theoreme zeigen, daß gerade eine hohe Approximationsordnung der Stabilitätsfunktion sich nachteilig auf die B-Konsistenzordnung auswirkt.

Theorem 4.5.9. *Besitze die Stabilitätsfunktion $R_0^{(s+1)}(z)$ einer s-stufigen W-Methode die Approximationsordnung r_{s+1}=s+1 an exp(z). Dann ist die B-Konsistenzordnung q dieser Methode für die Klasse $\mathcal{F}_{\mathcal{PR}}$ (und damit für $\mathcal{F}$) q=0.*

Beweis. Nach Theorem 4.4.3 gilt für $r_{s+1} \geq s$

$$R_0^{(s+1)}(z) = 1 + \sum_{j=1}^{s} (-1)^{j-1} \cdot \frac{1}{j} L_{j-1}^{(1)}(\frac{1}{\gamma}) \gamma^{j-1} w^j,$$

und mit $zB^T e = R_0^{(s+1)}(z) - 1$ folgt

$$\sum_{j=1}^{s} b^T \beta^{j-1} e w^j = \sum_{j=1}^{s} (-1)^{j-1} \cdot \frac{1}{j} L_{j-1}^{(1)}(\frac{1}{\gamma}) \gamma^{j-1} w^j. \qquad (4.5.19)$$

Für die Koeffizienten bei w^s ergibt sich hieraus

$$b^T \beta^{s+1} e = (-1)^{s-1} \cdot \frac{1}{s} L_{s-1}^{(1)}(\frac{1}{\gamma}) \gamma^{s-1}.$$

Für r_{s+1}=s+1 gilt $L_s^{(1)}(\frac{1}{\gamma})$=0 (vgl. Abschnitt 4.4) und damit wegen der Teilerfremdheit von $L_s^{(1)}(x)$ und $L_{s-1}^{(1)}(x)$

$$b^T \beta^{s-1} e \neq 0. \qquad (4.5.20)$$

Andererseits folgt $b^T \beta^{s-1}(c - \gamma e) = 0$ aus (4.5.16) bei w^s für l=1. Da in β^{s-1} nur das Element in der s-ten Zeile und in der 1. Spalte verschieden von Null sein kann, erhalten wir $b^T \beta^{s-1} c = 0$ und damit

$$b^T \beta^{s-1} e = 0 \text{ für } \gamma > 0,$$

was im Widerspruch zu (4.5.20) steht. Die Bedingung (4.5.16) ist also für l=1 nicht erfüllt, die W-Methode besitzt nach Theorem 4.5.8 nur die B-Konsistenzordnung q=0. ∎

Theorem 4.5.10. *Sei r_{s+1}=s. Dann gilt für eine s-stufige W-Methode*

a) *Die maximale B-Konsistenzordnung auf $\mathcal{F}_{\mathcal{PR}}$ ist q=2.*

b) *Für $\gamma \neq c_2/2$ gilt $q \leq 1$.*

c) *Für $L_{s-1}^{(1)}(\frac{1}{\gamma}) \neq 0$ gilt q=0.*

Beweis. Aus (4.5.16) erhalten wir für l=1 bei Betrachtung der Koeffizienten bei w^s, w^{s-1}

$$b^T \beta^{s-1} e = 0 \qquad (4.5.21)$$
$$b^T \beta^{s-2}(c-\gamma e) = 0. \qquad (4.5.22)$$

Damit folgt bei w^s aus (4.5.19) sofort $L^{(1)}_{s-1}(\frac{1}{\gamma}) = 0$ und die Behauptung c).

Für l=2 liefert (4.5.16) bei w^{s-1}

$$b^T \beta^{s-2}(c^2 - 2\gamma c) = 0. \qquad (4.5.23)$$

Da $L^{(1)}_{s-2}(\frac{1}{\gamma}) \neq 0$ für $L^{(1)}_{s-1}(\frac{1}{\gamma})=0$ ist, ergibt sich aus (4.5.19) für w^{s-1}

$$b^T \beta^{s-2} e \neq 0$$

und damit aus (4.5.22)

$$b^T \beta^{s-2} c = b_s \beta_{s,s-1} \cdots \beta_{32} c_2 \neq 0, \qquad (4.5.24)$$

so daß (4.5.23) nur für $\gamma = c_2/2$ gelten kann, woraus unmittelbar die Behauptung b) folgt.

Für q=3 muß (4.5.16) bis l=3 erfüllt sein. Mit l=3 ergibt sich aus (4.5.16) bei w^{s-1}

$$b^T \beta^{s-2}(c^3 - 3\gamma c^2) = 0. \qquad (4.5.25)$$

Wegen (4.5.24) folgt aus (4.5.23) und (4.5.25) unmittelbar $\gamma = c_2 = 0$, was im Widerspruch zu $\gamma > 0$ steht. Die maximale B-Konsistenzordnung auf der Klasse $\mathcal{F}_{\mathcal{PR}}$ und damit auf der Klasse $\mathcal{F}$ kann folglich q=2 nicht überschreiten. ∎

Bemerkung 4.5.5. Scholz [1988] zeigt unter der strengeren Voraussetzung Re $h\lambda \leq \kappa < 0$ für s-stufige nichtautonome ROW-Methoden (4.3.3) der klassischen Konsistenzordnung p=s+1 bzw. p=s, daß für die B-Konsistenzordnung auf $\mathcal{F}_{\mathcal{PR}}$ stets q≤1 bzw. q≤3 gilt. Im Gegensatz dazu wird in den Theoremen 4.5.9, 4.5.10 nicht die Konsistenzordnung p=s+1 bzw. p=s vorausgesetzt, sondern nur die Approximationsordnung $r_{s+1}=s+1$ bzw. $r_{s+1}=s$ der Stabilitätsfunktion an die Exponentialfunktion. □

Bemerkung 4.5.6. Durch analoge Umformung der Bedingungen (4.5.4) erhalten wir Bedingungen an die Koeffizienten einer W-Methode für die Klasse $\mathcal{F}$, die die Konstruktion entsprechender Methoden erlauben (vgl. Strehmel/Weiner/Büttner [1991]). Die folgende 8-stufige W-Methode mit 4 Funktionsaufrufen besitzt die B-Konsistenzordnung q=2 auf $\mathcal{F}$, die klassische Konsistenzordnung ist p=3.

$c_i=1/2$, $i=2,\ldots,5$,

$c_i=1$, $i=6,7,8$,

$b_1=1/6$, $b_5=2/3$, $b_8=1/6$, die restlichen $b_i=0$,

$\alpha_{21}=\alpha_{31}=1/2$,

$\alpha_{41}=\alpha_{43}=\alpha_{51}=\alpha_{53}=1/4$,

$\alpha_{63}=\alpha_{73}=\alpha_{83}=-1$, $\alpha_{65}=\alpha_{75}=\alpha_{85}=2$, $\alpha_{ij}=0$ sonst,

$\beta_{31}=1/2-3\gamma+4\gamma^2$, $\beta_{32}=\gamma-4\gamma^2$, $\beta_{51}=1/2-5\gamma/2+3\gamma^2$, $\beta_{54}=\gamma-3\gamma^2$,

$\beta_{71}=1-9\gamma+28\gamma^2-42\gamma^3+24\gamma^4$, $\beta_{74}=4\gamma-32\gamma^2+72\gamma^3-48\gamma^4$,

$\beta_{76}=-\gamma+10\gamma^2-30\gamma^3+24\gamma^4$, $\beta_{81}=-2+21\gamma-48\gamma^2+24\gamma^3$,

$\beta_{84}=4-32\gamma+84\gamma^2-48\gamma^3$, $\beta_{86}=-2+11\gamma-36\gamma^2+24\gamma^3$, $\beta_{87}=1$,

alle anderen $\beta_{ij}=0$.

4.5.5. Zur Wahl der Matrix T

In den bisherigen Untersuchungen zur B-Konsistenz und B-Konvergenz von LIRK-Methoden auf der Klasse $\mathcal{F}$ haben wir vorausgesetzt, daß die Matrix T der LIRK-Methode gleich der Matrix A des Differentialgleichungssystems (4.5.1) gesetzt wird. In einer implementierten Methode wird aber i.allg. die Matrix T gleich der Jacobi-Matrix des Systems ($=A+g_y$ für (4.5.1)) an einer Stelle (t_1,u_1) gesetzt, eine gewisse Anzahl von Schritten konstant gehalten und dann wieder der aktuellen Jacobi-Matrix angepaßt. Wir betrachten daher jetzt den Fall, daß das Verfahren für (4.5.1) im Intervall $[t_m,t_m+h]$ eine Matrix $A+P_m$ verwendet. Neben (A1)-(A3) (vgl. Abschnitt 4.1) setzen wir zusätzlich voraus

(A4) $\|P_m\| \leq \kappa$ für alle $m=0,1,\ldots$

(A5) $R_0^{(s+1)}(z)$ erfülle $|R_0^{(s+1)}(iy)|<1$ für $y\in\mathbb{R}$, $y\neq 0$, $|R_0^{(s+1)}(\infty)|<1$.

Für die B-Konsistenz ergeben sich für $A+P_m$ für die Klasse $\mathcal{F}$ die gleichen Aussagen wie in Abschnitt 4.5.2:

Theorem 4.5.11. *Unter den Voraussetzungen von Theorem 4.5.1 besitzt die LIRK-Methode mit $A+P_m$ in der i-ten Stufe die B-Stufenordnung*

$$q_i = \min(q_i^{(1)}+1, q_i^{(2)}).$$

Beweis. Analog zum Beweis von Theorem 4.5.1 unter Beachtung von

$$P_m u_{m+1}^{(j)} - P_m y(t_m+c_j h) = \mathcal{O}(h^{q_i}) \text{ für } j\in K_i. \blacksquare$$

Folgerung 4.5.3. Sei $q^{(1)}=\min\{q_j, j\in K_{s+1}\}$ und gelte die Bedingung (4.5.6) für $l=0(1)q^{(2)}$. Dann besitzt die LIRK-Methode mit $A+P_m$ die B-Konsistenzordnung

$$q = \min(q^{(1)}+1, q^{(2)})$$

auf $\mathcal{F}$. □

Zum Nachweis der B-Konvergenz spalten wir den globalen Fehler e_{m+1} auf in

$$\|e_{m+1}\| = \|y(t_{m+1})-u_{m+1}\| = \|y(t_{m+1})-v_{m+1}+v_{m+1}-u_{m+1}\|$$

$$\leq \|y(t_{m+1})-v_{m+1}\|+\|v_{m+1}-u_{m+1}\|. \tag{4.5.26}$$

Hierbei ist v_{m+1} die numerische Lösung, die, ausgehend von $v_m=y(t_m)$, mit der Matrix $A+P_m$ berechnet wird. Wir verwenden also bei der Berechnung von v_{m+1} die gleiche Matrix P_m wie zur Berechnung von u_{m+1}. Diese Wahl hat den Vorteil, daß die rationalen Funktionen bei der Berechnung von v_{m+1} und u_{m+1} die gleichen Argumente besitzen, und so einfach Abschätzungen für den 2.Summanden in (4.5.26) hergeleitet werden können. Es gilt das

Lemma 4.5.2. Für den 2.Summanden in (4.5.26) gilt

$$\|v_{m+1}-u_{m+1}\| \leq (1+hD)\|v_m-u_m\| \text{ für } h\leq h_0,$$

wobei D und h_0 unabhängig von $\|A\|$ sind.

Beweis. Wir haben

$$v_{m+1}-u_{m+1}=R_0^{(s+1)}(h(A+P_m))(v_m-u_m) +$$

$$h \sum_{j=1}^{s} B_j(h(A+P_m))[g(t_m+c_j h, v_{m+1}^{(j)})-g(t_m+c_j h, u_{m+1}^{(j)})-$$

$$P_m(v_{m+1}^{(j)}-u_{m+1}^{(j)})].$$

Für die Zwischenwerte gilt offensichtlich

$$\|v_{m+1}^{(j)}-u_{m+1}^{(j)}\| \leq D_1 \|v_m-u_m\|$$

mit einer von $\|A\|$ unabhängigen Konstanten D_1. Damit folgt unter Beachtung der Voraussetzung (A4)

$$\|v_{m+1}-u_{m+1}\| \leq [\|R_0^{(s+1)}(h(A+P_m))\|+h\sum_{j=1}^{s}\|B_j\|D_1(L+\kappa)]\|v_m-u_m\|.$$

Wegen (A2) und (A5) gilt mit Bemerkung 4.4.6

$$\|R_0^{(s+1)}(h(A+P_m))\| \le 1+D_2h \quad \text{für } h \le h_0$$

und damit

$$\|v_{m+1}-u_{m+1}\| \le (1+Dh)\|v_m-u_m\| \quad \text{für } h \le h_0. \quad \blacksquare$$

Bez. der B-Konvergenz ergibt sich damit das folgende

Theorem 4.5.12. *Sei eine LIRK-Methode mit $A+P_m$ B-konsistent von der Ordnung q auf $\mathcal{F}$. Dann ist sie unter den Voraussetzungen (A1)-(A5) B-konvergent von der Ordnung q.*

Beweis. Wegen $v_m = y(t_m)$ ist der erste Summand in (4.5.26) der lokale Fehler. Mit der B-Konsistenzordnung q und Lemma 4.5.2 folgt aus (4.5.26)

$$\|e_{m+1}\| \le (1+Dh)\|e_m\|+Ch^{q+1} \quad \text{für } h \le h_0, \; e_0 = 0.$$

Hieraus erhalten wir

$$\|e_{m+1}\| \le c_1 h^q$$

mit

$$c_1 = \begin{cases} C(t_e-t_0) & \text{für } D \le 0 \\ C\dfrac{\exp(D(t_e-t_0))-1}{D} & \text{für } D > 0. \end{cases} \quad \blacksquare$$

Die Untersuchungen dieses Abschnittes zeigen, daß die B-Konsistenzordnung und die B-Konvergenzordnung erhalten bleiben, wenn in einer LIRK-Methode eine Matrix $A+P_m$ verwendet wird. Hierbei wird P_m i.allg. eine Approximation an die Jacobi-Matrix $g_y(t_m, u_m)$ sein, so daß die Voraussetzung (A4) wegen (4.5.2) erfüllt ist.

4.5.6. Übersicht über B-Konvergenz impliziter Runge-Kutta-Methoden

In Zusammenhang mit der Problematik der B-Konvergenz wollen wir in diesem Abschnitt wesentliche Resultate über die B-Konvergenz der in Kapitel 2 behandelten impliziten RK-Methoden zusammenstellen. Da diese Methoden B-stabil sein können, ist es möglich, positive B-Konvergenzaussagen für eine umfangreichere Problemklasse als die Klasse $\mathcal{F}$ zu erhalten.

Implizite RK-Methoden wurden hinsichtlich ihrer B-Konvergenzeigenschaften von zahlreichen Autoren untersucht (vgl. z.B. Dekker/Verwer [1984], Frank/Schneid/Ueberhuber [1985a], [1985b], Kraaijevanger [1985], Spijker [1986], Burrage/Hundsdorfer [1987], Hundsdorfer/Schneid [1989], [1990], Schneid [1989], [1990], Dekker/Kraaijevanger/Schneid [1990].

Eine zentrale Rolle in den B-Konvergenzuntersuchungen impliziter

RK-Methoden spielt die *Stufenordnung*. Gelten für die Residuenfehler einer RK-Methode

$$r_{m+1}^{(i)} = y(t_{m+1}) - y(t_m) - h \sum_{j=1}^{s} a_{ij} y'(t_m + c_j h), \quad i=1(1)s$$

$$r_{m+1}^{(s+1)} = y(t_{m+1}) - y(t_m) - h \sum_{i=1}^{s} b_i y'(t_m + c_i h)$$

die asymptotischen Beziehungen

$$\|r_{m+1}^{(i)}\| \le d_i h^{q_i+1}, \quad i=1(1)s,$$

$$\|r_{m+1}\| \le d_{s+1} h^{q_{s+1}} \text{ für } h \to 0,$$

so heißt

$$q = \min\{q_1, q_2, \ldots, q_{s+1}\}$$

die *Stufenordnung*[1] der RK-Methode. Durch Taylorentwicklung zeigt man, daß q die größte positive ganze Zahl ist, für die die beiden vereinfachenden RK-Bedingungen B(q) und C(q) gelten. I.allg. ist die Stufenordnung mindestens gleich eins.

Wir betrachten die Aufgabenklasse

$$\mathfrak{F}(\mu): \langle f(t,u) - f(t,v), u-v \rangle \le \mu \|u-v\|^2, \quad t \in [t_0, t_e], \quad u,v \in \mathbb{R}^n$$

mit der einseitigen Lipschitz-Konstanten $\mu \in \mathbb{R}$. Ferner setzen wir voraus, daß die RK-Methode DJ-irreduzibel (vgl. Definition 2.7.6) ist, und daß alle Knoten c_i im Intervall [0,1] liegen.

Zahlreiche B-Konvergenzresultate von RK-Methoden auf $\mathfrak{F}(\mu)$ basieren auf der algebraischen Stabilität (vgl. Definition 2.7.5) und der diagonalen Stabilität.

Definition 4.5.3. Eine RK-Methode heißt *diagonal stabil*, wenn eine Diagonalmatrix D existiert, so daß die Matrizen D und $DA + A^T D$ positiv definit sind. □

Notwendige und hinreichende Bedingungen für diagonale Stabilität findet man in Barker/Berman/Plemmons [1978]. Ferner sei vermerkt, daß für eine diagonal stabile RK-Methode das nichtlineare Gleichungssystem für die Stufenwerte $u_{m+1}^{(i)}$, i=1(1)s, (vgl. 2.2.1) eine eindeutige Lösung für alle $f \in \mathfrak{F}(\mu)$ besitzt (im Falle $\mu > 0$ unter einer schwachen Schrittweiteneinschränkung) (vgl. Dekker/Verwer [1984], Crouzeix/

---

[1] Die Stufenordnung einer RK-Methode ist nicht identisch mit der durch Definition 4.5.1 erklärten Stufenordnung einer LIRK-Methode.

Hundsdorfer/Spijker [1983]).

Unter der Voraussetzung der algebraischen und diagonalen Stabilität einer DJ-irreduziblen RK-Methode erhält man auf der Klasse $\mathcal{F}(\mu)$ folgende B-Konvergenzaussagen (vgl. Hundsdorfer/Schneid [1989]), Schneid [1989], Dekker/Kraaijevanger/Schneid [1990]:

Theorem 4.5.13. Sei $\mu<0$. Die RK-Methode habe die Stufenordnung $q\geq 1$ und die Verfahrensmatrix A sei nichtsingulär. Dann folgt:
Algebraische Stabilität impliziert B-Konvergenz auf $\mathcal{F}(\mu)$ von der Ordnung $\geq q-1/2$.
Genügt die Stabilitätsfunktion $R_0(z)$ der RK-Methode der Bedingung $R_0(\infty)=1-b^T A^{-1}e \in [-1,1)^{2)}$, dann hat die Methode mindestens die B-Konvergenzordnung q auf $\mathcal{F}(\mu)$. □

Theorem 4.5.14. Sei $\mu\in R$. Die Knoten c_i der RK-Methode erfüllen die Bedingung $c_i-c_j\in Z$ für $i\neq j$. Dann folgt:
B-Konvergenz auf $\mathcal{F}(\mu)$ impliziert algebraische Stabilität. □

Theorem 4.5.15. Sei $\mu\in R$. Die RK-Methode habe die Stufenordnung $q\geq 1$. Dann folgt:
Algebraische und diagonale Stabilität implizieren B-Konvergenz auf $\mathcal{F}(\mu)$ von der Ordnung q. □

Theorem 4.5.16. Sei $\mu\geq 0$. Für die RK-Methode gelte $b_i\neq 0$ für alle i und $c_i-c_j\in Z$ für $i\neq j$. Wird zusätzlich vorausgesetzt, daß im Falle $c_j=0$ die j-te Zeile von A von Null verschieden ist, dann folgt:
B-Konvergenz auf $\mathcal{F}(\mu)$ impliziert diagonale Stabilität. □

Für zahlreiche Klassen impliziter RK-Methoden kann mittels dieser Theoreme die B-Konvergenz auf $\mathcal{F}(\mu)$ gezeigt werden. So sind z.B. die Gauß-Legendre-Methoden, die Radau-IA- und Radau-IIA-Methoden sowie die Lobatto-IIIC-Methoden algebraisch stabil (vgl. Theorem 2.7.13). Die Gauß-Legendre-Methoden, die Radau-IA- und Radau-IIA-Methoden sowie die zweistufige Lobatto-IIIC-Methode sind diagonal stabil (vgl. Frank/Schneid/Ueberhuber [1985a]). Gemäß Theorem 4.5.15 sind demzufolge diese Methoden auf $\mathcal{F}(\mu)$, $\mu\in R$, B-konvergent von der Ordnung mindestens q. Die einstufige Gauß-Legendre-Methode (implizite Mittelpunktsregel) ist auf $\mathcal{F}(\mu)$, $\mu\in R$, B-konvergent von der Ordnung 2 (vgl. Kraaijevanger [1985]). Sie ist ein Beispiel dafür, daß die Stufenordnung (q=1) nicht notwendigerweise die maximale B-Konvergenzordnung darstellt. Bekannt ist, daß für DJ-irreduzible RK-Methoden die B-Konvergenzordnung stets $\leq q+1$ ist. Abgesehen von der impliziten Mittelpunktsregel gibt es einige spezielle RK-Methoden, für die die B-Kon-

---

[2)] Algebraische Stabilität impliziert $R_0(\infty)=1-b^T A^{-1}e \in [-1,1]$.

vergenzordnung q+1 erreicht werden kann (vgl. Burrage/Hundsdorfer
[1987]). Die Lobatto-IIIC-Methoden mit $s \geq 3$ sind nicht diagonal stabil
(vgl. Dekker/Hairer [1985]). Aus den Theoremem 4.5.13 und 4.5.16
folgt, daß diese Methoden auf $\mathcal{F}(\mu)$ genau dann B-konvergent sind, wenn
$\mu<0$ ist. Die Nicht-B-Konvergenz der Lobatto-IIIB-Methoden auf $\mathcal{F}(\mu)$,
$\mu \in \mathbb{R}$, ergibt sich aus den Untersuchungen von Prothero/Robinson [1974].

Betrachtet man s-stufige diagonal-implizite RK-Methoden (vgl. Abschnitt 2.5.5), so sind diese genau dann diagonal stabil, wenn $a_{ii}>0$, i=1(s), ist. Für alle algebraisch stabilen, DJ-irreduziblen DIRK-Methoden gilt $a_{ii}>0$ für alle i. Daraus ergibt sich die folgende B-Konvergenzaussage:

Theorem 4.5.17. *Alle algebraisch stabilen, DJ-irreduziblen DIRK-Methoden sind auf $\mathcal{F}(\mu)$ B-konvergent von der Ordnung ≥ 1.* □

In Tabelle 4.5.3 haben wir für implizite RK-Methoden, die auf Quadraturmethoden hoher Ordnung beruhen (vgl. Abschnitt 2.5), die zugehörigen Stabilitäts- und Konvergenzeigenschaften zusammengefaßt.

Methode	klass. Ordn.	algebr. stabil	diag. stabil	q	B-konv. auf $\mathcal{F}(\mu)$	B-Ordn.
Gauß-Legendre s=1	2	ja	ja	1	$\mu \in \mathbb{R}$	2
Gauß-Legendre s≥2	2s	ja	ja	s	$\mu \in \mathbb{R}$	s
Radau-IA	2s-1	ja	ja	s-1	$\mu \in \mathbb{R}$	s-1
Radau-IIA	2s-1	ja	ja	s	$\mu \in \mathbb{R}$	s
Lobatto-IIIA s=2	2	nein	nein	2	$\mu \in \mathbb{R}$	2
Lobatto-IIIB	2s-2	nein	nein	s-2	nein	—
Lobatto-IIIC s=2	2	ja	ja	1	$\mu \in \mathbb{R}$	1
Lobatto-IIIC s≥3	2s-2	ja	nein	s-1	⇔ $\mu<0$	s-1

Tabelle 4.5.3 Stabilitäts- und Konvergenzeigenschaften impliziter RK-Methoden.

4.6. Fragen der Implementierung

In diesem Abschnitt gehen wir auf einige Schwerpunkte bei der Implementierung von LIRK-Methoden ein. Speziell für ROW-, W- und adaptive RK-Methoden zeigen wir Möglichkeiten der Ausnutzung der Struktur der Methoden auf.

4.6.1. Reduzierung der Matrizenoperationen

Die Erhöhung der Dimension der Differentialgleichungssysteme bewirkt ein starkes Anwachsen des Aufwandes für die Matrizenoperationen. Daher ist es wesentlich, diese möglichst zu reduzieren. Wir stellen als erstes fest, daß bei ROW- und W-Methoden keine Matrizenmultiplikationen auftreten. Für adaptive RK-Methoden werden diese ebenfalls vermieden, wenn die Stabilitätsfunktionen $R_0^{(i)}(z)$, $i=2(1)s+1$, als rationale Funktionen mit ausschließlich reellen Nennernullstellen gewählt werden. Die linearen Gleichungssysteme werden durch LU-Zerlegung und anschließende Rücksubstitutionen gelöst. Für ROW- und W-Methoden ist offensichtlich nur eine LU-Zerlegung je Integrationsschritt erforderlich. Werden für adaptive RK-Methoden die Stabilitätsfunktionen $R_0^{(i)}(z)$, $i=2(1)s+1$, in der Form

$$R_0^{(i)}(z) = \sum_{j=0}^{k_i} a_j z^j / (1-\gamma_i z)^{k_i}, \quad \gamma_i = \gamma/c_i, \tag{4.6.1}$$

gewählt, so benötigen die Verfahren ebenfalls nur eine LU-Zerlegung, allerdings sind in der i-ten Stufe k_i Rücksubstitutionen erforderlich.

Wir wollen bemerken, daß für beliebige Matrizen T die linearen Gleichungssysteme für genügend kleine Schrittweiten h>0 stets eindeutig lösbar sind. Gilt für die logarithmische Norm der Matrix T die Beziehung $\mu[T] \leq 0$, d.h, für $T=f_y(t,y)$ ist das vorgelegte Differentialgleichungssystem dissipativ (vgl. Abschnitt 1.3.2), so sind die linearen Gleichungssysteme wegen $\gamma>0$ für alle Schrittweiten h>0 eindeutig lösbar.

Das Ausnutzen einer speziellen Struktur der Matrix T (Bandmatrix, sparse Matrix) bereitet bei LIRK-Methoden keine Schwierigkeiten.

Die Matrizenoperationen können bei der Implementierung noch weiter eingeschränkt werden. So treten für ROW- bzw. W-Methoden der Form (4.3.4) durch die äquivalente Darstellung (vgl. Kaps/Wanner [1981])

$$(I-h\gamma T)k_i^* = f(t_m+c_ih, u_m+h\sum_{j=1}^{i-1}a_{ij}^*k_j^*) + \sum_{j=1}^{i-1}\gamma_{ij}^*k_j^*$$

$$u_{m+1} = u_m + h\sum_{i=1}^{s}b_i^*k_i^*$$

(4.6.2)

mit

$$\gamma_{ij}^* = \sum_{k=1}^{i-1}\gamma_{ik}(\delta_{kj}-\gamma_{kj}^*)/d, \quad a_{ij}^* = \sum_{k=1}^{i-1}a_{ik}(\delta_{kj}-\gamma_{kj}^*), \quad b_j^* = \sum_{k=1}^{s}b_k(\delta_{kj}-\gamma_{kj}^*)$$

keine Matrix-Vektor-Multiplikationen auf. Häufig wird in (4.6.2) noch durch hγ dividiert, wodurch die n^2 Multiplikationen (hγ)T entfallen.

Adaptive RK-Methoden können bei Verwendung von Stabilitätsfunktionen der Form (4.6.1) ebenfalls ohne Matrix-Vektor-Multiplikationen implementiert werden (ohne sie vorher in eine W-Methode umzuwandeln, vgl. Abschnitt 4.3.1). Wir demonstrieren dieses Vorgehen am Beispiel der Methode (4.2.9b). Wir wählen

$$R_0^{(2)}(z) = \frac{1+(1-\gamma_2)z}{1-\gamma_2 z}, \quad R_0^{(3)}(z) = \frac{1+(1-2\gamma)z+(1/2-2\gamma+\gamma^2)z^2}{(1-\gamma z)^2}$$

und $\gamma=1\pm\sqrt{2}/2$, womit die Methode L-stabil ist (vgl. Tabelle 4.4.1). Sie läßt sich dann in folgender Weise darstellen

$$(I-h\gamma T)(u_{m+1}^{(2)}-u_m) = c_2 hf(t_m, u_m)$$

$$(I-h\gamma T)((I-h\gamma T)(u_{m+1}-v_3)-v_2) = v_1 \qquad (4.6.3)$$

mit

$$v_1 = h(1-\gamma)(1-\gamma_2)f(t_m,u_m) + h\gamma_2(1-\gamma)f(t_m+c_2h, u_{m+1}^{(2)}) + (1-\gamma)(u_m-u_{m+1}^{(2)})/c_2$$

$$v_2 = \gamma_2(u_m-u_{m+1}^{(2)}-h(f(t_m,u_m)-f(t_m+c_2h,u_{m+1}^{(2)}))) + h\gamma f(t_m,u_m)$$

$$v_3 = (1-1/c_2)u_m + (1/c_2)u_{m+1}^{(2)}, \quad \gamma_2=\gamma/c_2.$$

Man erkennt unmittelbar, daß keine Matrix-Vektor-Multiplikationen auftreten. In der Endstufe wird durch aufeinanderfolgendes Lösen von

$$(I-h\gamma T)w = v_1$$

$$(I-h\gamma T)(u_{m+1}-v_3) = w+v_2$$

der neue Näherungswert u_{m+1} gefunden.

4.6.2. Berechnung der Jacobi-Matrix und Schrittweitensteuerung

Bei ROW-Methoden muß zur Gewährleistung der Konsistenzordnung die Jacobi-Matrix in jedem Integrationsschritt berechnet werden. Dies geschieht i.allg. durch eine Approximation mittels Differenzenquotienten, bei sehr empfindlichen Problemen empfiehlt sich eine analytische Berechnung. Da bei W- und adaptiven RK-Methoden die Konsistenzordnung nicht von der Matrix T abhängt, wird diese mehrere Schritte konstant gehalten und dann aus Stabilitätsgründen wieder der momentanen Jacobi-Matrix angepaßt. Die maximale Anzahl der Schritte mit konstanter Matrix T wird gewöhnlich nach Erfahrungswerten vorgegeben (ca. 4-8 Schritte). In den implementierten Algorithmen wird außerdem bei Schrittwiederholung i.allg. die Jacobi-Matrix neu berechnet, eine verfeinerte Strategie zur Neuberechnung findet man bei Ostermann [1988]. Ungenauigkeiten bei der Berechnung der Jacobi-Matrix wirken sich bei W- und adaptiven RK-Methoden wesentlich schwächer aus als bei ROW-Methoden. Weiterhin kann durch Weglassen betragsmäßig "kleiner" Elemente der Matrix hT für bestimmte Probleme eine einfachere Struktur der linearen Gleichungssysteme erreicht werden, eine wichtige Anwendung dafür sind die partitionierten LIRK-Methoden (vgl. Kapitel 5).

Zur Schrittweitensteuerung stehen wieder Einbettung und Richardson-Extrapolation zur Wahl (vgl. Abschnitt 2.8.3). Obwohl der Aufwand je Integrationsschritt bei einer Steuerung mittels Richardson-Extrapolation wesentlich größer ist als mittels Einbettung, zeigen die Untersuchungen von Kaps/Poon/Bui [1985] für 4-stufige ROW-Methoden bei schärferen Genauigkeitsforderungen eine Überlegenheit der Steuerung mittels Richardson-Extrapolation. Wir wollen bemerken, daß ROW-Methoden im Gegensatz zu W- und adaptiven RK-Methoden bei Richardson-Extrapolation (2×h;1×2h) für jeden Schritt mit h die Berechnung der Jacobi-Matrix erfordern. Möglichkeiten, durch geeignete Modifizierung den Aufwand bei Richardson-Extrapolation zu senken, werden in Strehmel/Weiner [1984a] und Kaps/Ostermann [1989] aufgezeigt. Weicht bei nicht geänderter Matrix T bei W- und adaptiven RK-Methoden die neu vorgeschlagene Schrittweite nur geringfügig von der alten Schrittweite ab, so wird man i.allg. die alte Schrittweite beibehalten, da in diesem Fall keine neue LU-Zerlegung benötigt wird (vgl. Abschnitt 5.2.4).

4.6.3. Anwendung auf implizite Differentialgleichungen

Häufig treten implizite Differentialgleichungssysteme der Form

$$My'(t) = f(t,y) \, , \, y(t_0) = y_0 \tag{4.6.4}$$

mit einer regulären, konstanten Matrix M auf, wobei M und f_y spezielle Strukturen besitzen (vgl. Bemerkung 2.8.1). Diese Strukturen würden bei einer Umwandlung in die explizite Form

$$y'(t) = M^{-1}f(t,y) \, , \, y(t_0) = y_0$$

verlorengehen, da die Matrix $M^{-1}f_y$ i.allg. vollbesetzt ist. Daher ist eine direkte Anwendung von LIRK-Methoden auf (4.6.4) wünschenswert. Durch eine formale Multiplikation mit M^{-1}, Anwendung von (4.6.2) und anschließende Multiplikation beider Seiten mit M erhalten wir ROW- bzw. W-Methoden für (4.6.4) in der Form

$$(M-h\gamma T)k_i^* = f(t_m+c_ih, u_m+h\sum_{j=1}^{i-1} a_{ij}^* k_j^*) + M\sum_{j=1}^{i-1} \gamma_{ij}^* k_j^*.$$

Eine explizite Berechnung von M^{-1} ist also nicht erforderlich, im Vergleich mit (4.6.2) kommen als zusätzlicher Aufwand lediglich Matrix-Vektor-Multiplikationen hinzu.

Für adaptive RK-Methoden mit Stabilitätsfunktionen (4.6.1) ist dieses Vorgehen, wie man sich leicht am Beispiel des Verfahrens (4.6.3) verdeutlicht, übertragbar.

4.6.4. Software und Einschätzung der Verfahren

Die beschriebenen Strategien zur Implementierung wurden in zahlreichen Programmen verwirklicht. Bewährte ROW-Methoden sind die vierstufigen Methoden der Ordnung 4 GRK4A, GRK4T (Kaps/Rentrop [1979]), ROW4A (Gottwald/Wanner [1981]), ROWR4 von Kaps/Poon/Bui [1985] sowie die sechsstufige Methode der Ordnung 6 ROW6B (Kaps/Wanner [1981]). Diese Methoden sind für autonome Systeme implementiert, die Schrittweitensteuerung geschieht in GRK4A und GRK4T mittels einer eingebetteten dreistufigen ROW-Methode, in ROWR4 und ROW6B durch Richardson-Extrapolation. In GRK4A sind beide Methoden A-stabil ($\gamma=0.395$) aber nicht intern A-stabil, in GRK4T ist die Methode 4. Ordnung A($89,3°$)-stabil ($\gamma=0.231$) und intern A-stabil, die eingebettete Methode der Ordnung 3 ist nicht stabil ($R_0(\infty)\approx2.6$). GRK4T hat eine kleinere Fehlerkonstante als GRK4A. In ROW4A sind die gleichen ROW-Methoden wie in GRK4A zugrunde gelegt, jedoch wird in gewissen Fällen der Schrittwiederholung eine Rückschrittstrategie verwendet. Diese Strategie

macht das Programm zuverlässiger. ROWR4 wurde für verschiedene
γ-Werte getestet, als geeignet hat sich $\gamma=0.2204284102592123$ erwiesen
(Kaps/Poon/Bui[1985]), womit die Methode L(α)-stabil und intern A-
stabil ist. Mit $\gamma=0.17315586842719120$ ist ROW6B A(85.74^o)-stabil. Für
die Wahl des Parameters γ in diesen Methoden sind im wesentlichen
Stabilitätsgründe sowie die Genauigkeit der Approximation der ent-
sprechenden Stabilitätsfunktion an exp(z) ausschlaggebend. Weitere
Implementierungen von ROW-Methoden findet man in Shampine [1982],
Verwer/Scholz [1983].

Eine effektive adaptive RK-Methode ist PAI4 (Bruder [1985], Bru-
der/Strehmel/Weiner [1988]). Sie beruht auf der Methode (4.2.10) und
arbeitet mit intervallweiser automatischer Steifheitserkennung, d.h.,
sie wählt zwischen der adaptiven RK-Methode ($T \approx f_y(t_m, u_m)$) und der zugeordneten expliziten RK-Methode (T=0) aus. Auf diese Steifheitserkennung, auf die gewählten Stabilitätsfunktionen und die Schrittweitensteuerung gehen wir im Kapitel 5 ein. Durch entsprechende Vorgaben
kann der Nutzer die automatische Verfahrenswahl unterdrücken, so daß
nur linear-implizit bzw. explizit gerechnet wird.

Linear-implizite RK-Methoden haben sich bei der Lösung steifer Systeme als effektiv erwiesen. Numerische Ergebnisse findet man in
Kaps/Rentrop [1979], Kaps/Wanner [1981], Kaps/Poon/Bui [1985], Streh-
mel/Weiner [1982], Bruder [1983]. In Kaps/Wanner [1981] wird anhand
der 25 steifen Standard-Testbeispiele (*STIFF DETEST*) aus Enright/
Hull/Lindberg [1975] gezeigt, daß für Toleranzen 10^{-2}, 10^{-3} ROW4A
schneller ist als ROW6B, für Toleranzen $\leq 10^{-4}$ ist das Verhältnis umgekehrt.

In den folgenden Tabellen geben wir die Rechenzeiten für mehrere
linear-implizite Methoden im Vergleich zu einer 3-stufigen einfach-
impliziten RK-Methode (SIRKR, Claus [1990], vgl. Abschnitt 2.8.3) der
Ordnung 3 mit Richardson-Extrapolation und dem bekannten BDF-Programm
LSODE (Hindmarsh [1982]) für die 16 nichtlinearen steifen Testbeispiele C1 bis E5 aus *STIFF DETEST* an. Die untersuchten LIRK-Methoden
sind die schon beschriebenen ROW-Methoden GRK4A, GRK4T, ROWR4, sowie
eine adaptive RK-Methode 3. Ordnung ARK3. Diese adaptive RK-Methode
mit dem Parameterschema (4.2.10) wurde mit der (2,1)-Padé-Approxima-
tion als Stabilitätsfunktion implementiert, wodurch sie L-stabil ist.
Die Schrittweitensteuerung erfolgt mittels Richardson-Extrapolation.
Bei dieser Wahl der Stabilitätsfunktion sind eine Matrizenmultiplika-
tion sowie mehrere Matrix-Vektor-Produkte erforderlich, andererseits
wird pro Stufe nur eine Rücksubstitution benötigt.

Klasse	TOL	LSODE	SIRKR	GRK4A	GRK4T	ROWR4	ARK3
C	1.E-2	2.16	1.94	1.46	1.28	1.40	1.72
	1.E-4	4.62	3.60	4.78	4.42	3.06	4.76
	1.E-6	8.54	10.50	17.16	13.98	7.86	13.66
D	1.E-2	1.54	1.64	0.98	0.76	1.26	1.26
	1.E-4	3.20	3.50	2.88	2.90	2.28	2.60
	1.E-6	6.94	8.14	16.62	16.96	5.88	7.08
E	1.E-2	2.24	2.26	1.10	1.02	1.56	1.78
	1.E-4	4.44	5.10	2.46	2.78	2.94	3.86
	1.E-6	8.52	9.20	9.50	8.94	5.74	9.14

Tabelle 4.6.1. Rechenzeiten in sec. für die Klassen C,D,E.

TOL	LSODE	SIRKR	GRK4A	GRK4T	ROWR4	ARK3
1.E-2	5.94	5.84	3.54	3.06	4.22	4.76
1.E-4	12.26	12.20	10.12	10.10	8.28	11.22
1.E-6	24.00	27.84	43.28	39.88	19.48	29.88

Tabelle 4.6.2. Summe der Rechenzeiten über alle Beispiele.

Der Vergleich der LIRK-Methoden untereinander zeigt, daß für die betrachteten Beispiele und Toleranzen ROWR4 das effektivste Verfahren ist. Für TOL=1.E-2 sind die ROW-Methoden mit Einbettung schneller, bei TOL=1.E-6 sind die beiden LIRK-Methoden mit Richardson-Extrapolation klar überlegen. Überraschenderweise erweist sich ARK3 trotz der Matrizenmultiplikationen als konkurrenzfähig. Bei größeren Systemen ist eine andere Wahl der Stabilitätsfunktion gemäß Abschnitt 4.6.1, wie sie z.B. in PAI4 erfolgt, vorzuziehen.

Die angeführten Ergebnisse bestätigen die aus zahlreichen anderen Rechnungen gewonnene Erkenntnis, daß im Vergleich zu den bewährten BDF-Programmen (z.B. LSODE) LIRK-Methoden konkurrenzfähig und insbesondere bei nicht zu großen Systemen (n<20) bzw. bei Jacobi-Matrizen mit spezieller Struktur und Toleranzen $\geq 10^{-6}$ z.T. überlegen sind. Die wesentlichen Ursachen für das günstige Abschneiden sind der geringe Organisationsaufwand und gute Stabilitätseigenschaften. Im Gegensatz zu den BDF bereiten Eigenwerte der Jacobi-Matrix mit großem Imaginärteil keine Schwierigkeiten bez. der Stabilität. Andererseits sind LIRK-Methoden auf Grund ihrer Konstruktion den BDF bei Problemen mit sich stark ändernder Jacobi-Matrix unterlegen. Gegenüber impliziten RK-Methoden, z.B. *STRIDE* (vgl.Burrage/Butcher/Chipman [1980]), sind LIRK-Methoden i.allg. effektiver. Die hier getestete SIRK-Methode erweist sich jedoch als durchaus vergleichbar.

Bemerkung 4.6.1. Als sehr effektiv, speziell bei sehr hohen Genauigkeitsansprüchen, haben sich die auf den linear-impliziten Extrapolationsverfahren (vgl. Bemerkung 4.3.4) beruhenden Programme METAN1 und EULSIM erwiesen (vgl. Deuflhard [1989]). □

Kapitel 5

Partitionierte linear-implizite Runge-Kutta-Methoden

Dieses Kapitel befaßt sich mit Partitionierungsstrategien für Diskretisierungsmethoden gewöhnlicher Differentialgleichungen. Im Mittelpunkt stehen dabei die linear-impliziten Runge-Kutta-Methoden. Zwei Wege der Software-Enwicklung (intervallweise Partitionierung, Partitionierung in Teilsystemen) werden dargestellt. Die Software soll dem unerfahrenen Nutzer die 'a priori' Entscheidung zwischen steifen und nichtsteifen Komponenten abnehmen. Der erfahrene Nutzer möchte durch eine problemspezifische Unterteilung des Differentialgleichungssystems Rechenzeit einsparen. Für beide Wege stellen wir verschiedene Lösungsstrategien vor. Ferner untersuchen wir das Fehlerverhalten von linear-impliziten Runge-Kutta-Methoden bei Anwendung auf die Klasse singulär gestörter Systeme.

5.1. Arten der Partitionierung

Im Vergleich zu expliziten RK-Methoden ist der Aufwand je Integrationsschritt bei impliziten RK-Methoden (vgl. Abschnitt 2.8.1) bzw. linear-impliziten RK-Methoden wesentlich höher. Dieser Mehraufwand wird hervorgerufen durch die Notwendigkeit, nichtlineare bzw. lineare Gleichungssysteme zu lösen. Er beinhaltet Berechnungen der Jacobi-Matrix, LU-Zerlegungen und Rücksubstitutionen und wächst mit zunehmender Dimension des Differentialgleichungssystems stark an.

Bei steifen Systemen ist dieser zusätzliche Aufwand aus Stabilitätsgründen i. allg. notwendig und wird durch die Verwendung wesentlich größerer Schrittweiten als bei expliziten Verfahren mehr als kompensiert. Nicht immer aber wird im gesamten Integrationsintervall $[t_0, t_e]$ die Schrittweite bei expliziten Methoden durch Stabilitätsforderungen beschränkt. So gibt es Teilintervalle (häufig die Anfangsphase; vgl. Abschnitt 3.1.2) in denen, bedingt durch den Lösungsverlauf, Genauigkeitsforderungen die Schrittweite stärker einschränken als Stabilitätsforderungen. In diesen Intervallen bietet dann eine implizite bzw. linear-implizite Methode keine Vorteile, im Gegenteil, der Mehraufwand kann nicht durch größere Schrittweiten ausgeglichen werden.

Häufig sind weiterhin nicht alle Komponenten eines Differentialgleichungssystems steif. Es ist dann vorteilhaft, nur die steifen Komponenten mit einer impliziten bzw. linear-impliziten Methode zu berechnen, die nichtsteifen aber mit einer expliziten Methode. Die Dimension der zu lösenden Gleichungssysteme reduziert sich dadurch auf die Anzahl der steifen Komponenten. Dieses Vorgehen bezeichnet man als *Partitionierung* des Differentialgleichungssystems, die entstehenden Diskretisierungsmethoden als *partitionierte Diskretisierungsmethoden*.

Die Anzahl der Komponenten, die als steif angesehen werden müssen, ist abhängig von der benutzten expliziten Methode, von der vorgegebenen Toleranz und vom Lösungsverlauf im betrachteten Intervall. Wir bezeichnen die im Teilintervall I_1 als steif behandelten Komponenten mit N_1. Die automatische Festlegung dieser Komponenten durch die Diskretisierungsmethode ist schwierig und keineswegs zufriedenstellend gelöst. Auf Ansätze zur Lösung dieses Problems und erste Ergebnisse gehen wir im Abschnitt 5.3.4 ein. Wesentlich umfangreichere theoretische Resultate sowie zuverlässige und effektive numerische Methoden existieren für 2 wichtige Spezialfälle der Partitionierung:

a) *Automatische Steifheitserkennung* für das Gesamtsystem, automatische Auswahl zwischen expliziter und linear-impliziter RK-Methode. Falls Steifheit erkannt wird, wird $N_1=n$ in I_1 gesetzt, ansonsten $N_1=0$. Diese sogenannte *intervallweise Partitionierung* untersuchen wir im Abschnitt 5.2.

b) *Feste, komponentenweise Partitionierung*. Die steifen Komponenten sind bekannt, ihre Anzahl ist N<<n, d.h. $N_1=N$ für alle I_1. Eine wichtige Klasse derartiger Systeme sind die singulär gestörten Probleme. (vgl. Abschnitt 3.1.2). Den entsprechenden numerischen Methoden wenden wir uns in den Abschnitten 5.3 und 5.4 zu.

5.2. Automatische Verfahrenswahl

5.2.1. Motivation

Aus Stabilitätsgründen muß für explizite RK-Methoden bei Anwendung auf (1.1.1) $h \cdot L = O(1)$ gelten, wobei L die Lipschitzkonstante von f bezeichnet. Wendet man auf ein steifes System statt einer impliziten bzw. linear-impliziten Methode eine explizite Methode an, so sind die Folgen (vgl. Rentrop [1985]):

- Vergrößerung der Rechenzeit um einen Faktor bis zu 1000,
- fehlerhafte Ergebnisse bzw. völliges Versagen.

Die Anwendung einer impliziten bzw. linear-impliziten Methode auf ein nichtsteifes System führt i. allg. zu einer Erhöhung der Rechenzeit um einen Faktor 2-20 (bei großen Systemen noch höher) und zu einem Genauigkeitsverlust von 1-2 Stellen. Zur Veranschaulichung betrachten wir die Anwendung des auf der adaptiven RK-Methode (4.2.10) beruhenden Algorithmus PAI4 auf die 25 nichtsteifen Testbeispiele aus DETEST (vgl. Hull u.a. [1972]). Eine detaillierte Beschreibung von PAI4 geben wir im Abschnitt 5.2.3. Die folgende Tabelle zeigt den Aufwand für die adaptive RK-Methode (PAI4 (steif)) sowie für die zugeordnete explizite RK-Methode (T=0, PAI4 (nichtsteif)).

	Funktionsaufrufe	Rechenzeit (sec.)
PAI4 (nichtsteif)	11720	16.70
PAI4 (steif)	14341	106.36

Tabelle 5.2.1. Aufwand für DETEST für TOL=1.E-4.

Bei vielen Problemen aus der Praxis kann aus Erfahrung eingeschätzt werden, ob ein Problem steif ist. Häufig ist aber die richtige Einordnung eines Problems für den Nutzer schwierig, zumal der Charakter eines Systems sich in Abhängigkeit von Parametern und Anfangswerten stark ändern kann. Wie empfindlich die Steifheit von den Anfangswerten abhängen, und wie unsicher demzufolge eine aus Erfahrung getroffene Verfahrensauswahl sein kann, wird durch das folgende Beispiel, welches ein einfaches Nierenmodell beschreibt (vgl. Scott/Watts [1975], Rentrop [1985]), anschaulich demonstriert:

$y_1'(t) = 100(y_3-y_1)y_1/y_2$, $y_1(0)=1$, $0 \le t \le 1$

$y_2'(t) = -100(y_3-y_1)$, $y_2(0)=1$

$y_3'(t) = [0.9-1000(y_3-y_5)-100(y_3-y_1)y_3]/y_4$, $y_3(0)=1$ (5.2.1)

$y_4'(t) = 100(y_3-y_1)$, $y_4(0)=-10$

$y_5'(t) = 100(y_3-y_5)$, $y_5(0)= \ldots$

Die folgende Tabelle enthält in Abhängigkeit vom Anfangswert $y_5(0)$ die Anzahl der Funktionsaufrufe für PAI4 (steif) und PAI4 (nichtsteif), sowie den Verlauf des betragsmäßig größten Eigenwertes der Jacobi-Matrix entlang der numerischen Lösung. Dieser Eigenwert ist reell, die restlichen Eigenwerte liegen in der Nähe des Nullpunktes.

$y_5(0)$	PAI4 (nichtsteif)	PAI4 (steif)	Eigenwert
1.0304879856	231	217	$-100 \to 0.47$
0.9925211341	259	290	$-100 \to 0.89$
0.9902688359	509	198	$-100 \to -290$
0.99	>5000	340	$-100 \to -1.1E6$

Tabelle 5.2.2. Funktionsaufrufe und betragsmäßig größter Eigenwert für (5.2.1) in Abhängigkeit von $y_5(0)$ (TOL=1.E-4).

Für $y_5(0)=0.99$ wird das System steif. Der Verlauf des Eigenwertes zeigt, daß die Norm der Jacobi-Matrix und damit die Lipschitz-Konstante L entlang der Lösung sehr groß werden, was zum Versagen des expliziten Verfahrens führt (die Rechnung wurde bei 5000 Funktionsaufrufen abgebrochen).

Es ergibt sich folglich die Aufgabe, Algorithmen zu entwickeln, die sich aus Methoden für steife und nichtsteife Systeme zusammensetzen und automatisch die entsprechende Methode auswählen, d.h. das Gesamtsystem als steif oder nichtsteif behandeln. Wir betrachten die Anwendung von LIRK-Methoden, d.h., für nichtsteife Systeme wird eine explizite, für steife Systeme eine linear-implizite RK-Methode verwendet.

Ziel der automatischen Verfahrenswahl ist das effektive Lösen des vorgelegten Anfangswertproblems. Das bedeutet praktisch, daß dort, wo die Schrittweite durch die Genauigkeit und nicht durch die Stabilität der Diskretisierungsmethode bestimmt wird, eine explizite RK-Methode verwendet werden sollte.

In den beiden nächsten Abschnitten befassen wir uns mit Kriterien zur automatischen Verfahrenswahl und ihrer Realisierung.

5.2.2. Umschaltkriterien

Auf die Schrittweite eines expliziten Verfahrens haben verschiedene Faktoren Einfluß:

a) *Die Ordnung und das Stabilitätsgebiet der Diskretisierungsmethode.*

Wird die Schrittweite durch die geforderte Genauigkeit eingeschränkt, so erlauben Methoden höherer Ordnung eine größere Schrittweite. Für explizite RK-Methoden, die zu gegebener Stufenzahl s die maximale Ordnung p besitzen, vergrößert sich mit wachsender Ordnung auch das Stabilitätsgebiet (vgl. Abschnitt

2.7.4). Andererseits können Verfahren geringerer Ordnung mit zusätzlichen Stufen konstruiert werden, deren Stabilitätsgebiete spezielle Eigenschaften aufweisen. So werden in van der Houwen/Sommeijer [1980], Verwer/Hundsdorfer/Sommeijer [1990] explizite RK-Methoden mit einem ausgedehnten Stabilitätsgebiet längs der negativen reellen Achse zur Lösung semidiskreter parabolischer Differentialgleichungen angewandt. Für allgemeine steife Systeme ist eine derartige Vorgehensweise allerdings nicht möglich.

b) *Die geforderte Genauigkeit.*
Höhere Genauigkeit führt zu kleineren Schrittweiten. Bei starken Genauigkeitsforderungen kann daher auch bei steifen Systemen die Einschränkung der Schrittweite durch Stabilitätsforderungen an Bedeutung verlieren.

c) *Der Lösungsverlauf.*
Bei schnell veränderlicher Lösung sind zur Einhaltung der Toleranz kleine Schrittweiten erforderlich. Das trifft auch bei steifen Systemen für die transiente Phase, häufig ist dies die Anfangsphase, zu. In solchen Intervallen können dann explizite RK-Methoden genutzt werden. Wird die Lösung hingegen von den langsam veränderlichen Komponenten bestimmt, so läßt die Genauigkeit große Schrittweiten zu. Um diese nicht durch die Stabilität zu beschränken, muß eine implizite oder linear-implizite Methode verwendet werden.

Unser Ziel bei der automatischen Verfahrenswahl besteht in folgendem:

Wird bei steifen Systemen die Schrittweite einer expliziten RK-Methode durch Stabilitätsforderungen wesentlich stärker eingeschränkt als durch Genauigkeitsforderungen, so wollen wir zu einer LIRK-Methode umschalten, da diese bei gleicher Ordnung wesentlich größere Schrittweiten zuläßt. Wird andererseits bei Rechnung mit einer LIRK-Methode die Schrittweite durch die Genauigkeitsforderungen stark eingeschränkt, so setzen wir die Rechnung mit einer expliziten RK-Methode fort, wenn diese Schrittweite eine stabile Integration erlaubt.

Es ergibt sich folglich die Aufgabe, anhand der von der Schrittweitensteuerung festgelegten Schrittweite zu entscheiden, welche Diskretisierungsmethode zu nutzen ist. Dazu bieten sich zwei verschiedene Umschaltkriterien an:

1. Parallele Rechnung mit einer expliziten und einer linearimpliziten RK-Methode und Vergleich der jeweils vorgeschlagenen Schrittweiten.

2. Geeignete Approximation des Stabilitätsgebietes der verwendeten expliziten RK-Methode und Überprüfung, ob $h \cdot \lambda_i$, $i=1,\ldots,n$, wobei λ_i ein Eigenwert der Jacobi-Matrix $f_y(t,y)$ im Punkte (t_m, u_m) ist, im approximierten Stabilitätsgebiet liegt.

5.2.3. Realisierung und Einschätzung der Umschaltkriterien

Beim ersten Umschaltkriterium wird die geeignete Diskretisierungsmethode durch eine parallele Rechnung nach einer gewissen Anzahl von Schritten und Vergleich der jeweils vorgeschlagenen Schrittweiten ausgewählt. Sind beide Schrittweiten vergleichbar, d.h., das endliche Stabilitätsgebiet der expliziten RK-Methode hat keinen Einfluß auf die Schrittweite, so wird für den nächsten Integrationsschritt die explizite RK-Methode verwendet. Ist dagegen die von der LIRK-Methode vorgeschlagene Schrittweite wesentlich größer als die von der expliziten RK-Methode, so wird der nächste Integrationsschritt mit der LIRK-Methode ausgeführt.

Diese Vorgehensweise besitzt jedoch wesentliche Nachteile. Die Rechnung paralleler Schritte bedeutet einen relativ großen Mehraufwand, so daß dieser Test nicht in jedem Integrationsschritt ausgeführt werden kann. Die Schrittweitensteuerung erkennt aber häufig nicht sofort das Verlassen des Stabilitätsgebietes. Nach wenigen Schritten mit der expliziten Methode führt die Instabilität zu Fehlern, die den Diskretisierungsfehler plötzlich um ein Vielfaches überschreiten. Erfolgt an dieser Stelle die parallele Rechnung, so wird problemlos erkannt, daß die LIRK-Methode genutzt werden muß. Ein Weiterrechnen mit der expliziten Methode, d.h., zu diesem Zeitpunkt wird keine parallele Rechnung vorgenommen, führt zu einer Schrittweitenverkleinerung. Das Verfahren arbeitet wieder im Stabilitätsgebiet und für einige Schritte dominiert der Diskretisierungsfehler. Eine parallele Rechnung an dieser Stelle würde vergleichbare Schrittweiten und damit eine falsche Schlußfolgerung liefern.

Noch unzuverlässiger wird der Test bei einer Rechnung mit der LIRK-Methode. Eine stark A-stabile Methode dämpft den Fehler des transienten Lösungsanteils sehr stark. Bei einem Testschritt mit der expliziten RK-Methode werden diese Fehler i. allg. nicht unmittelbar so verstärkt, daß sie die Schrittweite sofort einschränken. Die dadurch vergleichbar vorgeschlagenen Schrittweiten täuschen eine Stabilität der expliziten Methode vor und führen zur Auswahl der falschen

Methode. Häufigere parallele Rechnung würde die Zuverlässigkeit erhöhen, der dafür notwendige Aufwand ist aber nicht vertretbar.

Beispiel 5.2.1. Betrachtet wird das skalare Anfangswertproblem

$$y'(t) = -10^4(y-t^3)+3t^2 \quad , \quad y(0) = 0$$

mit der exakten Lösung $y=t^3$. Wir berechnen mit der konstanten Schrittweite $h=10^{-2}$ Näherungslösungen mit der expliziten Euler-Methode (Beispiel 2.4.1) und mit der linear-impliziten Euler-Methode (4.2.8), wobei als Stabilitätsfunktion die $(1,0)$-Padé-Approximation verwendet wird $(R_0^{(2)}(z)=\frac{1}{1-z})$. Für die ersten 4 Schritte erhält man folgende Ergebnisse:

t	exakte Lösung y(t)	linear-impl. Euler-Meth.	explizite Euler-Meth.	ESTEX
0.01	1.E-6	0	0	5.15 E-5
0.02	8.E-6	1.02 E-6	1.30 E-4	4.69 E-3
0.03	2.7 E-5	8.05 E-6	-9.38 E-3	4.66 E-1
0.04	6.4 E-5	2.71 E-5	9.32 E-1	4.61 E-1

Hierbei bezeichnet ESTEX den geschätzten Fehler für die explizite Methode mit Hilfe der zweistufigen RKF-Methode 1(2) (vgl. Beispiel 2.4.5). Nach dem ersten Schritt liefern beide Methoden den gleichen Näherungswert. Der geschätzte Fehler für die explizite Euler-Methode läßt keinen Schluß auf die Steifheit des Problems zu. Ein Steifheitstest durch parallele Rechnung an dieser Stelle würde versagen. In den nächsten Schritten zeigt sich bereits die Instabilität der expliziten Euler-Methode für diese Schrittweite. Der geschätzte Fehler würde jeweils zu einem Schrittweitenvorschlag führen, der wesentlich kleiner als die vorgeschlagene Schrittweite der linear-impliziten Methode wäre, so daß eine parallele Rechnung die Steifheit des Problems anzeigen würde. □

Die Strategie der parallelen Rechnung wird von Rentrop [1985] für das Verfahren RKF4RW genutzt. Dieser Algorithmus wählt zwischen der expliziten RKF-Methode der Ordnung 4(5) (vgl. Beispiel 2.4.8) und einer 6-stufigen ROW-Methode (mit gleichen c_i und $\alpha_{ij}=a_{ij}$) der Ordnung 4(3), wobei die Methode 4. Ordnung stark A-stabil ist. Der Algorithmus beginnt mit der expliziten Methode. Nach $k=\max(16,n)$ Schritten erfolgt eine parallele Rechnung mit der ROW-Methode. Gilt

$$fac \cdot h_{expl} < h_{ROW} ,$$

so wird zur ROW-Methode umgeschaltet. Der Faktor "fac" berücksichtigt den größeren Aufwand der ROW-Methode und ist bei Rentrop [1985] durch fac=1+n/6 festgelegt. Wegen der oben beschriebenen Schwierigkeiten beim Umschalten von linear-implizit zu explizit ist dafür zusätzlich ein Norm-Test der Jacobi-Matrix (vgl. zweites Umschaltkriterium) eingebaut. Numerische Tests und Vergleiche in Bruder/Strehmel/Weiner [1988] zeigen, daß RKF4RW, bedingt durch die Nachteile der Verfahrenswahl mittels paralleler Rechnung, bei einigen Beispielen Schwierigkeiten hat, die richtige Methode auszuwählen. Das führt zu einem starken Anwachsen des Aufwandes gegenüber dem in Abschnitt 5.2.4. beschriebenen Algorithmus PAI4.

Bemerkung 5.2.1. Shampine [1977] testet für RKF4(5), ob die darin enthaltene Euler-Methode (mit der Schrittweite h/4) ebenfalls die geforderte Genauigkeit einhält. Ist das für 50 Schritte mindestens 25 mal der Fall, so wird eingeschätzt, daß die Schrittweiteneinschränkung nicht durch die geforderte Genauigkeit, sondern durch Stabilitätsforderungen bestimmt wird, das System wird als steif deklariert.□

Wir kommen nun zur Realisierung und Einschätzung des zweiten Umschaltkriteriums.

Damit eine explizite RK-Methode stabile Näherungslösungen liefert, muß für alle Eigenwerte λ_i der Jacobi-Matrix das Produkt $h \cdot \lambda_i$ im Stabilitätsgebiet (vgl. Abschnitt 2.7.4) der Methode liegen. Die Berechnung der Eigenwerte erfordert jedoch einen unvertretbar hohen Rechenaufwand, so daß der Spektralradius $\rho(f_y)$ mit Hilfe einer geeigneten Norm der Jacobi-Matrix

$$\max_i |h\lambda_i| = h\rho(f_y) \le h\|f_y\| \qquad (5.2.2)$$

abgeschätzt wird. Approximiert man das Stabilitätsgebiet einer expliziten RK-Methode durch einen Halbkreis mit dem Radius r um den Ursprung, der innerhalb des Stabilitätsgebietes liegt, so ergibt sich bei Verwendung der expliziten RK-Methode gemäß (5.2.2) die Bedingung

$$h\|f_y\| \le c \cdot r. \qquad (5.2.3)$$

Der Faktor c stellt eine gewisse Kompensation für die durch die Abschätzung (5.2.2) und durch die Approximation des Stabilitätsgebietes entstehenden Ungenauigkeiten dar. Ein zu großer Faktor c läßt mehr Integrationsschritte mit der expliziten RK-Methode, ein kleiner Faktor c dagegen mehr Schritte mit der LIRK-Methode zu. Der Faktor c liegt in der Nähe von 1, der konkrete Wert für eine spezielle Diskretisierungsmethode wird durch numerische Tests bestimmt. Der Aufwand für den Test (5.2.3) ist bei Rechnung mit der LIRK-Methode minimal. Da eine Näherung der Jacobi-Matrix für die Methode benötigt wird, bleibt als zusätzlicher Aufwand nur die Normberechnung. Bei Rechnung mit der expliziten Methode wird nach einer gewissen Anzahl von Schritten zusätzlich die Jacobi-Matrix berechnet.

Im Vergleich zur parallelen Rechnung ist die Abschätzung $h\|f_y\|$ wesentlich weniger aufwendig. Die Norm der Jacobi-Matrix braucht nicht in jedem Schritt neu berechnet werden. Der entscheidende Vorteil ist, daß der Test (5.2.3) trotzdem in jedem Integrationsschritt mit der aktuellen Schrittweite durchgeführt werden kann, wodurch bei geeignetem Faktor c diese Strategie sehr zuverlässig arbeitet.

Diese Umschalttechnik wird z.B. von Shampine [1982] zur Auswahl zwischen RKF 4(5) und einer 4-stufigen, eingebetteten und stark A-stabilen ROW-Methode der Ordnung 3 und 4 genutzt. Ebenfalls auf dieser Strategie basiert die Verfahrenswahl im Algorithmus PAI4 (vgl. Bruder [1985], Bruder/Strehmel/Weiner [1988]), den wir im nächsten Abschnitt beschreiben.

Bemerkung 5.2.2. Bei großen Systemen ist, bei expliziter Rechnung, die Berechnung der Jacobi-Matrix mit einem erheblichen Mehraufwand verbunden. Weniger aufwendig, wenn auch nicht immer zuverlässig, ist die direkte Abschätzung des Spektralradius mit Hilfe der Potenzmethode unter Ausnutzung der von der expliziten RK-Methode verwendeten Funktionswerte (vgl. Day [1984], Sottas [1984]). So ist für autonome Systeme eine grobe Schätzung des Spektralradius z.B. durch

$$h\rho \approx \|hf_y(u_m)f(u_m)\|_\infty / \|f(u_m)\|_\infty \approx \|k_2-k_1\|_\infty / (\|k_1\|_\infty \cdot a_{21})$$

gegeben. Wolfbrandt [1982] verwendet für eine 3-stufige explizite RK-Methode die Größe $\|k_3-k_2\|/\|k_2-k_1\|$ als Umschaltkriterium, Butcher [1990] schlägt vor, durch berechnete Funktionswerte einer expliziten RK-Methode die Lipschitzkonstante zu schätzen. Eine Übersicht über weitere Möglichkeiten zur Schätzung des Spektralradius findet man in Day [1984]. □

5.2.4. Der Algorithmus PAI4

Der Algorithmus PAI4 (Partitionierte adaptive RK-Methode mit intervallweiser Partitionierung der Ordnung 4, Bruder [1985], Bruder/Strehmel/Weiner [1988]) wählt automatisch zwischen der adaptiven RK-Methode (4.2.10) und der zugeordneten expliziten RK-Methode (Methode von Kutta; vgl. Beispiel 2.4.3), die die klassische Konsistenzordnung p=3 hat. Die Schrittweitensteuerung erfolgt mittels Richardson-Extrapolation (vgl. Abschnitt 2.8.3), wodurch die Erhöhung der klassischen Ordnung auf p=4 ermöglicht wird.

Die adaptive RK-Methode verwendet folgende Stabilitätsfunktionen:

$$R_0^{(i)}(z) = \frac{1+(1-2\gamma_i)z+(\frac{1}{2}-2\gamma_i+\gamma_i^2)z^2}{(1-\gamma_i z)^2}, \quad i=2,3$$

$$R_0^{(4)}(z) = \frac{1+(1-3\gamma)z+(\frac{1}{2}-3\gamma+\gamma^2)z^2}{(1-\gamma z)^3}, \quad \gamma=0.4358665215084592.$$

Mit $\gamma_2=2\gamma$, $\gamma_3=\gamma$ erfordert die Methode nur eine LU-Zerlegung. Durch die Implementierung gemäß Abschnitt 4.6.1 wird keine Matrix-Vektor-Multiplikation benötigt. Die Methode ist L-stabil und intern stark A-stabil, die L-Stabilität bleibt bei der Extrapolation erhalten. Die B-Konsistenzordnung ist q=1.

Die neue Schrittweite wird durch

$$h_{neu} = 0.9 \cdot \left(\frac{tol}{err} \right)^{1/4} \cdot h$$

bestimmt (vgl.(2.8.11)). Aufgrund der Richardson-Extrapolation werden bei neuberechneter Matrix T für die zwei Schritte mit der Schrittweite h und einen Schritt mit der Schrittweite 2h zwei LU-Zerlegungen benötigt. Um bei nicht geänderter Matrix T LU-Zerlegungen einzusparen, wird die neue Schrittweite modifiziert zu

$h_{neu}=0.5h$ für $0.5h \leq h_{neu} \leq 0.7h$ (eine neue LU-Zerlegung),

$h_{neu}=h$ für $h \leq h_{neu} \leq 1.3h$ (keine neue LU-Zerlegung),

$h_{neu}=2h$ für $2h \leq h_{neu} \leq 3h$ (eine neue LU-Zerlegung).

Die automatische Verfahrenswahl erfolgt sowohl bei Umschaltung von nichtsteif zu steif als auch von steif zu nichtsteif nach dem Kriterium (5.2.3) mit r=1.8, c=1.1. Dieser Test wird in jedem Schritt mit der aktuellen Schrittweite durchgeführt. Als Norm wird jeweils das Minimum von Zeilen- und Spaltensummennorm verwendet.

Die Neuberechnung der Matrix T geschieht auf folgende Weise:

Für $t=t_0$ wird $T=f_y(t_0,y_0)$ gesetzt, wobei $f_y(t_0,y_0)$ durch Differenzenquotienten approximiert wird. Diese Matrix wird bis zu einer Stelle (t_k,u_k) konstant gehalten, dann wird T wieder der momentanen Jacobi-Matrix angepaßt, d.h., wir setzen $T=f_y(t_k,u_k)$. Bei Rechnung mit der expliziten RK-Methode wird die Jacobi-Matrix für den Test (5.2.3) neu berechnet, wenn sich die Schrittweite stark geändert hat, ansonsten nach maximal 16 Schritten, wobei wir zwei Schritte für eine Richardson-Extrapolation zählen. Für die adaptive RK-Methode erfolgt eine Neuberechnung bei $h_{neu}<h$ bzw. nach 8 Schritten.

5.2.5. Numerische Ergebnisse

Die Effektivität des Algorithmus PAI4 wollen wir mit der des bekannten Programms LSODA (Hindmarsh [1982], Petzold [1983]) vergleichen. Das Programm LSODA arbeitet mit automatischer Verfahrenswahl zwischen Mehrschrittmethoden vom BDF-Typ für steife und Mehrschrittmethoden vom Adams-Typ für nichtsteife Systeme. Eine Beschreibung der Umschalttechnik findet man in Petzold [1983].

Für den Vergleich der beiden Algorithmen betrachten wir zuerst die folgende Testserie:

a) Die 25 steifen Probleme A1-E5 aus STIFF DETEST (vgl. Enright u.a.[1975]),

b) Die 5 steifen Probleme F1-F5 von Gottwald/Wanner [1981],

c) Die 25 nichtsteifen Beispiele NA1-NE5 aus DETEST (vgl. Hull u.a. [1972]).

Alle Rechnungen wurden auf der Rechenanlage ES 1040 der Martin-Luther-Universität Halle-Wittenberg in FORTRAN double precision durchgeführt. Die folgende Tabelle zeigt die Rechenzeiten (in Sekunden) beider Methoden für die Toleranzen TOL=1.E-2, 1.E-4 und 1.E-6.

Methode	TOL	STIFF DETEST TIME	F1 - F5 TIME	DETEST TIME
	1.E-2	17.2	4.6	91.7
LSODA	1.E-4	33.5	18.8	24.9
	1.E-6	67.4	46.5	39.1
	1.E-2	14.9	4.8	21.5
PAI4	1.E-4	28.9	10.5	32.6
	1.E-6	76.8	29.2	59.0

Tabelle 5.2.3. Rechenzeiten für STIFF DETEST, für die Beispiele F1-F5 und für DETEST.

Tabelle 5.2.4 zeigt die Summe der Rechenzeiten, die Summe der Anzahl der Funktionsaufrufe, einschließliche der numerischen Berechnung der Jacobi-Matrix (FCN), die Summe der Anzahl der Berechnungen der Jacobi-Matrix (JAC) sowie die Summe der Anzahl der Schritte mit der steifen bzw. nichtsteifen Methode (STEPIM bzw.STEPEX) für alle 55 Beispiele in Abhängigkeit von der Toleranz TOL.

Die Ergebnisse zeigen, daß für die Toleranz TOL=1.E-2 PAI4 schneller als LSODA ist, für die Toleranz TOL=1.E-4 und 1.E-6 sind PAI4 und LSODA vergleichbar. Hierbei ist LSODA bei den Systemen großer Dimensionen (NC4, NC5 mit n=51, 30) wesentlich schneller. Werden diese beiden Beispiele in der Summe der Rechenzeiten nicht berücksichtigt, so fällt der Vergleich deutlich zugunsten von PAI4 aus. Eine Schätzung des Spektralradius ohne Berechnung der Jacobi-Matrix (vgl. Bemerkung 5.2.2) könnte hier den Aufwand von PAI4 senken.

	TOL	FCN	JAC	STEPIM	STEPEX	TIME	TIME ohne NC4,NC5
LSODA	1.E-2	28575	1992	3244	7085	113.5	110.3
	1.E-4	15535	552	2622	4135	77.2	72.1
	1.E-6	29969	819	5165	8568	153.0	146.0
PAI4	1.E-2	12041	407	952	1274	41.2	28.9
	1.E-4	26229	784	1804	3276	72.0	57.3
	1.E-6	68759	1793	4590	10044	165.0	140.4

Tabelle 5.2.4. Summe über alle 55 Beispiele.

Die Genauigkeit beider Verfahren ist vergleichbar (vgl. Bruder/ Strehmel/Weiner [1988]). Während LSODA bei den ND-Beispielen große Fehler liefert, ist PAI4 für das Beispiel F3 sehr ungenau. Die automatische Verfahrenswahl arbeitet bei PAI4 bei allen Beispielen und allen Toleranzen zuverlässig, LSODA hat bei der Toleranz TOL=1.E-2 Schwierigkeiten mit der richtigen Verfahrenswahl bei den DETEST-Beispielen.

PAI4 wurde an zahlreichen weiteren Beispielen getestet, sowohl an Testproblemen als auch an real life Problemen. Bei allen diesen Problemen arbeitete die automatische Verfahrenswahl zuverlässig.

Für die Effektivität sind neben der Umschalttechnik auch die Eigenschaften der Grundverfahren entscheidend. So haben die BDF-Algorithmen Schwierigkeiten bei Eigenwerten der Jacobi-Matrix mit großem Imaginärteil. PAI4 als linear-implizites Verfahren verliert an Effektivität, wenn sich die Jacobi-Matrix sehr stark ändert. Diese Aussage wird durch die beiden folgenden Tabellen belegt.

Tabelle 5.2.5 gibt die Rechenzeiten für ein System von 33 gewöhnlichen Differentialgleichungen an, welches den Masse-Energie- und Impulsaustausch im ersten Kreislauf eines Kernkraftwerkes beschreibt.

TOL	LSODA	PAI4
1.E-2	23.0	20.1
1.E-4	123.6	48.5
1.E-6	Abbruch bei 180 sec.	168.2

Tabelle 5.2.5. Rechenzeiten für ein Kernkraftwerksmodell.

Trotz großer Dimension des Problems ist PAI4 wesentlich schneller als LSODA. Ursache dafür ist die schlechte Stabilität der BDF-Verfahren höherer Ordnung bei komplexen Eigenwerten (vgl. z.B. Gear [1971]).

Die Tabelle 5.2.6 gibt die Rechenzeiten (TIME) und Fehler (ERR) für das Kreiss-Beispiel (vgl. Veldhuizen [1984])

mit
$$y' = R(t)\Lambda(\varepsilon)R^{-1}(t)y \ , \ 0 \le t \le 1 \qquad (5.2.4)$$

an.
$$R(t) = \begin{pmatrix} \cos(-\theta t) & \sin(-\theta t) \\ -\sin(\theta t) & \cos(-\theta t) \end{pmatrix}, \ \Lambda(\varepsilon) = \begin{pmatrix} -1/\varepsilon & 0 \\ 0 & -1 \end{pmatrix}, \ y_0(0) = \begin{pmatrix} 1 \\ 2.6 \end{pmatrix}$$

		LSODA		PAI4	
ε	θ	TIME	ERR	TIME	ERR
1.E-1	0	0.22	2.E-6	0.14	7.E-6
	1	0.22	2.E-5	0.18	2.E-5
	4	0.22	1.E-5	0.18	2.E-5
1.E-4	0	0.36	3.E-4	0.30	1.E-5
	1	0.66	7.E-5	5.20	3.E-2
	4	1.04	1.E-4	11.82	8.E-2

Tabelle 5.2.6. Rechenzeiten und Fehler für (5.2.4) bei TOL=1.E-4.

Bei großem ε sind LSODA und PAI4 vergleichbar, beide Verfahren halten die vorgegebene Genauigkeit ein und verwenden die "nichtsteife" Diskretisierungsmethode. Für kleine ε und $\theta=0$ (steif, aber keine Kopplung zwischen den Komponenten) sind beide Verfahren ebenfalls vergleichbar, sie wählen die "steife" Diskretisierungsmethode aus. Für kleine ε und $\theta \ne 0$ ist PAI4 wesentlich langsamer und ungenauer als LSODA. Die Jacobi-Matrix ändert sich sehr schnell, so daß sich die fehlende D-Stabilität der linear-impliziten Methode auswirkt (vgl. Abschnitt 4.4.2).

Insgesamt belegen die umfangreichen Testergebnisse die Zuverlässigkeit der Verfahrenswahl von PAI4. Dem Nutzer wird die für ihn oft schwierige Entscheidung der Wahl der geeigneten Diskretisierungsmethode abgenommen.

5.3. Linear-implizite Runge-Kutta-Methoden mit komponentenweiser Partitionierung

5.3.1. Steifheit in bekanntem Teilsystem

Zahlreiche steife Systeme aus praktischen Anwendungen besitzen eine spezielle Struktur (vgl. Hall/Watt [1976]), sie sind aufgespalten in zwei miteinander gekoppelte Teilsysteme

$$u'(t) = g(t,u,v), \quad u(t_0) = u_0$$
$$v'(t) = f(t,u,v), \quad v(t_0) = v_0. \qquad (5.3.1)$$

Hierbei bezeichnet $u(t) \in \mathbb{R}^N$ den Vektor der steifen und $v(t) \in \mathbb{R}^{n-N}$ den Vektor der nichtsteifen Komponenten, d.h. $\|g_u\| \gg \max(\|f_u\|, \|f_v\|) = O(1)$. Eine solche Partitionierung in steife und nichtsteife Komponenten ist häufig aus Kenntnissen über den durch das Differentialgleichungssystem beschriebenen Prozeß möglich. Eine wichtige Klasse derartiger Probleme sind die im Abschnitt 3.1.2 betrachteten singulär gestörten Systeme, deren numerischer Behandlung wir uns im Abschnitt 5.4 zuwenden.

Bemerkung 5.3.1. Zur Vereinfachung betrachten wir eine Partitionierung in zwei Teilsysteme. Eine Verallgemeinerung der Darstellung auf mehrere steife Teilsysteme bereitet keine Schwierigkeiten. ▫

Für $N \ll n$ ist die Ausnutzung der Partitionierung des Systems (5.3.1) für eine effektive numerische Behandlung erforderlich. Dazu gibt es zwei prinzipielle Möglichkeiten:

a) Zur Lösung des Systems (5.3.1) wird eine implizite Diskretisierungsmethode (z.B. implizite RK-Methode) verwendet, wobei die iterative Lösung der nichtlinearen Gleichungssysteme für die steifen Komponenten durch vereinfachte Newton-Iteration (vgl. Abschnitt 2.8.1) und für die nichtsteifen Komponenten durch Funktionaliteration erfolgt (vgl. Robertson [1976], Enright/Kamel [1979], Higham [1989]).

b) Das Systems (5.3.1) wird mit einer partitionierten Diskretisierungsmethode gelöst, d.h., für das nichtsteife Teilsystem wird eine "nichtsteife" Methode und für das steife Teilsystem eine "steife" Methode verwendet.
Beispiele für dieses Vorgehen sind die Kombination von

- expliziter und diagonal-impliziter RK-Methode (Griepentrog [1978]),
- expliziter Mittelpunktregel und Trapezregel (Hofer [1976]),
- expliziter RK-Methode und BDF (Söderlind [1980]).

Einen Überblick über weitere Beispiele partitionierter Methoden und ihre Anwendung zur Lösung konkreter Probleme findet man in Aiken [1985].

Die beiden Vorgehensweisen a) und b) nutzen die spezielle Struktur des Systems (5.3.1) aus. Obwohl sie sich ähneln, besitzen die entstehenden Methoden unterschiedliche Eigenschaften. Im ersten Fall hat das aufgespaltene Iterationsschema nur Einfluß auf die Konvergenz der Iteration, nicht aber auf die Konsistenzordnung und Stabilität der Gesamtmethode. Im zweiten Fall müssen für die entstehende partitionierte Methode Ordnungs- und Stabilitätsuntersuchungen durchgeführt werden.

Zur Vorgehensweise b) gehören auch die partitionierten linearimpliziten RK-Methoden, die eine Kombination von expliziten und linear-impliziten RK-Methoden darstellen. Bevor wir diese Methoden im nächsten Abschnitt ableiten, wollen wir noch auf eine spezielle Möglichkeit zur Lösung des Systems (5.3.1) eingehen, die in der Praxis häufig angewendet wird.

Ausgehend von der aus physikalischen Betrachtungen oder Experimenten gewonnenen Kenntnis, daß gewisse steife Komponenten sehr schnell einen stationären Zustand erreichen, wird die Zeitableitung der steifen Komponenten null gesetzt. Das System (5.3.1) geht dadurch über in ein Algebro-Differentialgleichungssystem (vgl. Kapitel 6)

$$0 = g(t,u,v)$$
$$v'(t) = f(t,u,v), \quad v(t_0) = v_0.$$
(5.3.2)

Dieses Vorgehen, in der englischsprachigen Literatur als *Quasi-Steady State* (QSS, vgl. z.B. Gelinas [1972]) bzw. *Pseudo Steady-State Approximation* (vgl. Shampine/Gear [1979]) bezeichnet, besitzt die folgenden Nachteile:

1. Wird sofort im Anfangspunkt t_0 das System (5.3.1) durch das System (5.3.2) ersetzt, so kann die Genauigkeit der numerischen Lösung zu gering sein, der Fehler kann sich im weiteren auf die Lösung des nichtsteifen Teilsystems auswirken (vgl. Gelinas [1972]). Der geeignete Zeitpunkt für die Anwendung von QSS ist i.allg. nicht bekannt.

2. Häufig spiegelt das System (5.3.1) gewisse Erhaltungssätze oder Balancegleichungen wider (z.B. bei Gleichungen der chemischen Reaktionskinetik). Diese Balancegleichungen werden durch die QSS-Approximation zerstört, was in einzelnen Komponenten zu spürbaren Fehlern führen kann, die im Laufe der Rechnung das Gesamtsystem beeinflussen können (vgl. Edelson

[1973]).

3. Die Anfangsbedingung $u(t_0)=u_0$ wird bei der QSS-Approximation i.allg. nicht mehr erfüllt. Es kann mehrere Lösungszweige geben. Dann muß der Zweig gefunden werden, der der vorgegebenen Anfangsbedingung entspricht, weiterhin muß überprüft werden, ob dieser Zweig eine stabile Lösung ist.

Wir betrachten folgendes

Beispiel 5.3.1. (vgl. Dahlquist u.a. [1980]).

Für die Differentialgleichung

$$\varepsilon y'(t) = (1-t)y - y^2$$

liefert die QSS-Approximation die beiden Lösungen

$$y_1(t) = 1-t \text{ und } y_2(t) = 0.$$

Wegen

$$\frac{\partial g}{\partial y} = 1-t-2y(t) < 0 \begin{cases} \text{für } y(t)=y_1(t), & 0<t<1 \\ \text{für } y(t)=y_2(t), & t>1 \end{cases}$$

nähert sich die Lösung der Differentialgleichung mit wachsendem t für $0<t<1$ der Funktion $y_1(t)$ und für $t>1$ der Funktion $y_2(t)$ an. Im Punkte $t=1$ ist sowohl für $y_1(t)$ als auch für $y_2(t)$ die Index-1-Bedingung für eine semi-explizite Algebro-Differentialgleichung, d.h. $\frac{\partial g}{\partial y} \neq 0$ (vgl. dazu Kapitel 6) nicht erfüllt. Unter der Anfangsbedingung $y(0)=1$ liegt die exakte Lösung der Differentialgleichung für $t<1$ in einer Umgebung von $y_1(t)$ und für $t>1$ in einer Umgebung von $y_2(t)$. □

Die aufgeführten Nachteile werden zum großen Teil bei der Lösung von (5.3.1) mit partitionierten Methoden vermieden, so daß diese Methoden einer Quasi-Steady State Approximation vorzuziehen sind.

Häufig werden reale Prozesse aber direkt durch Algebro-Differentialgleichungssysteme (5.3.2) beschrieben. Mit ihrer numerischen Behandlung befassen wir uns im Kapitel 6.

5.3.2. Definition und Konsistenzordnung partitionierter linear-impliziter Runge-Kutta-Methoden

Aus einer s-stufigen LIRK-Methode (4.1.1) zur Lösung von (5.3.1) mit

$$f(t,u,v) := (g(t,u,v), f(t,u,v))^T$$

entsteht durch spezielle Wahl der Matrix T eine *partitionierte LIRK-Methode*. Dazu setzen wir (vgl. Strehmel/Weiner [1984b])

$$T = \begin{pmatrix} T_1 & T_2 \\ 0 & 0 \end{pmatrix}, \qquad (5.3.3)$$

wobei T_1 eine (N,N)-Matrix und T_2 eine $(N,(n-N))$-Matrix ist. Da die Koeffizienten A_{ij}, B_j rationale Funktionen von hT sind und Potenzen von T die gleiche Struktur wie (5.3.3) aufweisen, werden die nichtsteifen v-Komponenten explizit berechnet. Zur Berechnung der steifen Komponenten u ist nur die Lösung linearer Gleichungssysteme der Dimension N erforderlich. Durch Einsetzen von (5.3.3) in (4.1.1) erhalten wir die explizite Darstellung einer partitionierten LIRK-Methode für das partitionierte System (5.3.1)

$$u_{m+1}^{(1)} = u_m, \quad v_{m+1}^{(1)} = v_m$$

$$u_{m+1}^{(i)} = R_0^{(i)}(c_i h T_1) u_m + c_i h R_1^{(i)}(c_i h T_1) T_2 v_m +$$
$$\qquad h \sum_{j=1}^{i-1} [A_{ij}(hT_1) r_j + h A_{ij}^*(hT_1) T_2 f_j],$$

$$v_{m+1}^{(i)} = v_m + h \sum_{j=1}^{i-1} a_{ij} f_j, \quad i=2(1)s,$$

$$u_{m+1} = R_0^{(s+1)}(hT_1) u_m + h R_1^{(s+1)}(hT_1) T_2 v_m +$$
$$\qquad h \sum_{i=1}^{s} [B_i(hT_1) r_i + h B_i^*(hT_1) T_2 f_i],$$

$$v_{m+1} = v_m + h \sum_{i=1}^{s} b_i f_i \qquad (5.3.4)$$

mit

$$r_j = g(t_m + c_j h, u_{m+1}^{(j)}, v_{m+1}^{(j)}) - T_1 u_{m+1}^{(j)} - T_2 v_{m+1}^{(j)},$$

$$f_j = f(t_m + c_j h, u_{m+1}^{(j)}, v_{m+1}^{(j)}), \quad a_{ij} = A_{ij}(0), \quad b_j = B_j(0)$$

und

$$A_{ij}^*(z) = \frac{A_{ij}(z) - a_{ij}}{z}, \qquad B_j^*(z) = \frac{B_j(z) - b_j}{z}.$$

Aus Stabilitätsgründen wird man hierbei für T_1 eine Approximation an $g_u(t_m, u_m, v_m)$ wählen. Für T_2 bietet sich analog $T_2 \approx g_v(t_m, u_m, v_m)$ an. Die Wahl $T_2=0$ verringert jedoch den Aufwand pro Integrationsschritt wesentlich und hat sich bei zahlreichen praktischen Rechnungen bewährt, insbesondere wenn $\|g_v\|$ von moderater Größe ist.

Beispiel 5.3.2. Die linear-implizite Euler-Methode (4.2.8) mit der Stabilitätsfunktion $R_0^{(2)}(z)=1/(1-z)$ ist für ein steifes System

(1.1.1) durch

$$(I-hT)u_{m+1} = u_m + h[f(t_m, u_m) - Tu_m]$$

gegeben. Bei Anwendung auf (5.3.1) erhält man mit (5.3.3)

$$\begin{pmatrix} I_N - hT_1 & -hT_2 \\ 0 & I_{n-N} \end{pmatrix} \cdot \begin{pmatrix} u_{m+1} \\ v_{m+1} \end{pmatrix} = \begin{pmatrix} u_m \\ v_m \end{pmatrix} + h \begin{pmatrix} g(t_m, u_m, v_m) - T_1 u_m - T_2 v_m \\ f(t_m, u_m, v_m) \end{pmatrix}.$$

Hieraus ergibt sich die partitionierte linear-implizite Euler-Methode zu

$$(I_N - hT_1)u_{m+1} = u_m + h[g(t_m, u_m, v_m) - T_1 u_m] + h^2 T_2 f(t_m, u_m, v_m)$$

$$v_{m+1} = v_m + hf(t_m, u_m, v_m).$$

Die nichtsteifen Komponenten v_{m+1} werden folglich durch die explizite Euler-Methode bestimmt. Zur Berechnung von u_{m+1} ist ein lineares Gleichungssystem der Dimension N zu lösen. Speziell für $T_2 = 0$ ergibt sich

$$(I_N - hT_1)u_{m+1} = u_m + h[g(t_m, u_m, v_m) - T_1 u_m]$$

$$v_{m+1} = v_m + hf(t_m, u_m, v_m). \quad \square$$

Ist die Konsistenzordnung der LIRK-Methode unabhängig von der Wahl der Matrix T (z.B. W-Methoden, adaptive RK-Methoden), so bleibt diese Ordnung natürlich auch für die spezielle Wahl von T nach (5.3.3) erhalten. Damit folgt sofort das

Theorem 5.3.1. *Partitionierte W- und partitionierte adaptive RK-Methoden besitzen die gleiche Konsistenzordnung wie die zugehörigen Grundverfahren.* □

Mit der Folgerung 4.2.1 erhalten wir die

Folgerung 5.3.1. *Es existieren s-stufige partitionierte adaptive RK-Methoden der Ordnung p=s für s≤4.* □

Im allgemeinen erhöht sich bei der Kombination einer expliziten und einer impliziten bzw. linear-impliziten Methode zu einer partitionierten Methode die Anzahl der Konsistenzbedingungen.

Rentrop [1985] konstruiert für autonome Systeme mit der Wahl $T_1 = g_u(u_m, v_m)$, und $T_2 = 0$ partitionierte ROW-Methoden. Diese ergeben sich aus (4.3.2) zu

$$(I-h\gamma T_1)k_i = g(u_m+h\sum_{j=1}^{i-1}\alpha_{ij}k_j, v_m+h\sum_{j=1}^{i-1}\alpha_{ij}l_j)+hT_1\sum_{j=1}^{i-1}\gamma_{ij}k_j$$

$$l_i = f(u_m+h\sum_{j=1}^{i-1}\alpha_{ij}k_j, v_m+h\sum_{j=1}^{i-1}\alpha_{ij}l_j), \quad i=1(1)s \qquad (5.3.5)$$

$$u_{m+1} = u_m+h\sum_{i=1}^{s}b_ik_i, \quad v_{m+1} = v_m+h\sum_{i=1}^{s}b_il_i.$$

Da die Matrix T jetzt nicht mehr die Jacobi-Matrix des Gesamtsystems ist, vereinfachen sich die Konsistenzbedingungen aus Tabelle 4.3.1 nicht mehr zu denen in Tabelle 4.3.2. Im wesentlichen ergeben sich die Bedingungen für W-Methoden. Für p≤3 sind die Konsistenzbedingungen für partitionierte ROW-Methoden (5.3.5) identisch mit denen in Tabelle 4.3.1. Für p=4 entfällt lediglich die Bedingung 19, da das Differential $T(f'-T)Tf$ wegen $T=\begin{pmatrix}\ast & 0 \\ 0 & 0\end{pmatrix}$ und $f'-T=\begin{pmatrix}0 & \ast \\ \ast & \ast\end{pmatrix}$ nicht in der numerischen Lösung auftritt. Es ergeben sich somit für p=4 statt der 21 Bedingungsgleichungen für W-Methoden für eine partitionierte ROW-Methode 20 Bedingungsgleichungen. Bezüglich der Lösung dieser Bedingungsgleichungen gilt

Theorem 5.3.2. (Rentrop [1985]) *Es existieren keine partitionierten ROW-Methoden mit p=s=3 und p=s=4 mit A-stabilem ROW-Anteil.* □

Bemerkung 5.3.2. Rentrop [1985] konstruiert und testet eine 6-stufige partitionierte ROW-Methode 4.Ordnung (PRK4) mit einer eingebetteten Methode 3.Ordnung und L-stabilem ROW-Anteil. □

Bemerkung 5.3.3. Griepentrog [1978] erhält eine 4-stufige partitionierte RK-Methode durch Kombination der klassischen expliziten RK-Methode 4. Ordnung mit einer diagonal-impliziten RK-Methode. Die partitionierte Methode besitzt die Konsistenzordnung p=3. □

Abschließend wollen wir auf die B-Konsistenz partitionierter LIRK-Methoden (5.3.1) eingehen. Dazu betrachten wir die Aufgabenklasse $\mathcal{F}_p$

$$u'(t) = T_1u+T_2v+g(t,u,v)$$
$$v'(t) = f(t,u,v) \qquad (5.3.6)$$

mit den Voraussetzungen

(B1) $\langle T_1w,w\rangle \le \mu\|w\|^2$, $\mu\le\mu_0<0$ für alle $w\in\mathbb{R}^N$, wobei die Norm wieder durch ein Skalarprodukt im $\mathbb{R}^N$ induziert wird.

(B2) g und f genügen Lipschitzbedingungen bez. u und v, wobei die Lipschitz-Konstanten von moderater Größe sind.

(B3) $\|T_1^{-1}T_2\| \le C_{\mathcal{F}_p}$.

Bemerkung 5.3.4. Die Voraussetzung (B3) ist z.B. für das singulär gestörte System

$$u'(t) = \frac{1}{\varepsilon}(\tilde{T}_1 u + \tilde{T}_2 v) + g(t,u,v,\varepsilon)$$

$$v'(t) = f(t,u,v,\varepsilon) ,$$

erfüllt, wenn $\tilde{T}_1$ der Voraussetzung (B1) genügt und $\|\tilde{T}_2\|$ beschränkt ist. □

Unser Ziel ist die Wahl eines geeigneten Skalarproduktes, so daß sich die Resultate über die B-Konvergenz von LIRK-Methoden (vgl. Abschnitt 4.5) übertragen lassen. Dazu benutzen wir den Sachverhalt, daß sich jedes Skalarprodukt $<\cdot,\cdot>$ im $\mathbb{R}^n$ durch

$$<x,y>_C = <C^{-1}x, C^{-1}y>_2$$

(genannt "transformiertes Skalarprodukt") mit einer regulären Matrix C darstellen läßt, wobei $<x,y>_2 = x^T y$ das gewöhnliche Skalarprodukt bezeichnet. Damit gilt für die entsprechende (transformierte) Vektornorm

$$\|y\|_C = \|C^{-1}y\|_2$$

(vgl. Collatz [1964], S. 137)).

Theorem 5.3.3. Seien die Voraussetzungen (B1) und (B3) erfüllt. Dann existiert eine reguläre Matrix C, so daß mit $A = \begin{pmatrix} T_1 & T_2 \\ 0 & 0 \end{pmatrix}$ für alle $y \in \mathbb{R}^n$ gilt

$$<Ay,y>_C \leq 0 .$$

Die Beschränkung der Norm von C auf $\mathcal{F}_\rho$ ist hierbei abhängig von $C_{\mathcal{F}_\rho}$, aber nicht von $\|T_1\|$, $\|T_2\|$.

Beweis. Mit

$$D = \begin{pmatrix} I & -T_1^{-1}T_2 \\ 0 & I \end{pmatrix} , \quad D^{-1} = \begin{pmatrix} I & T_1^{-1}T_2 \\ 0 & I \end{pmatrix}$$

folgt

$$D^{-1}AD = \begin{pmatrix} T_1 & 0 \\ 0 & 0 \end{pmatrix}.$$

Nach (B1) gilt für eine reguläre Matrix $\tilde{B}$ auf $\mathcal{F}_\rho$

$$<T_1 u, u>_{\tilde{B}} = <\tilde{B}^{-1}T_1 u, \tilde{B}^{-1}u>_2 \leq \mu \|u\|_{\tilde{B}}^2 , \quad \mu \leq \mu_0 < 0 , \text{ für alle } u \in \mathbb{R}^N.$$

Mit $C = DB$ und $B = \begin{pmatrix} \tilde{B} & 0 \\ 0 & I \end{pmatrix}$ ergibt sich für $y = \begin{pmatrix} u \\ v \end{pmatrix}$

$$\langle Ay,y\rangle_C = \langle B^{-1}D^{-1}Ay, B^{-1}D^{-1}y\rangle_2 = \langle B^{-1}\begin{pmatrix} T_1 & 0 \\ 0 & 0 \end{pmatrix} D^{-1}y, B^{-1}D^{-1}y\rangle_2$$

und mit $z = \begin{pmatrix} z_N \\ z_{n-N} \end{pmatrix} = D^{-1}y$ folgt

$$\langle Ay,y\rangle_C = \langle \tilde{B}^{-1}T_1 z_N, \tilde{B}^{-1}z_N\rangle_2 = \langle T_1 z_N, z_N\rangle_{\tilde{B}} \leq 0 \ .$$

Wegen C=DB ergibt sich aus (B3) die Beschränktheit der Norm von C. ∎

Theorem 5.3.3. garantiert die Existenz eines Skalarproduktes, für welches (5.3.6) die Bedingung (4.5.1) erfüllt. Damit erhalten wir die

Folgerung 5.3.2. *Für eine partitionierte LIRK-Methode gelten bei Anwendung auf $\mathcal{F}_\rho$ die B-Konsistenz- und B-Konvergenzaussagen aus Abschnitt 4.5.* □

In der Klasse $\mathcal{F}_\rho$ wird die Steifheit durch den linearen Anteil hervorgerufen. In Abschnitt 5.4 betrachten wir die LIRK-Methoden bei Anwendung auf die Klasse der singulär gestörten Systeme (vgl. Abschnitt 3.1.2), in denen die Steifheit nichtlinear eingeht.

5.3.3 Lineare Stabilität

Es ist selbstverständlich, daß die für das steife Teilsystem verwendete LIRK-Methode gute Stabilitätseigenschaften (stark A-stabil, L-stabil) besitzen sollte. Für eine Einschätzung der Stabilitätseigenschaften einer partitionierten LIRK-Methode ist allerdings die Testgleichung der A-Stabilität (2.7.1) nicht relevant. Wir betrachten daher das zweidimensionale lineare Testdifferentialgleichungssystem

$$\begin{aligned} u'(t) &= \mu u + a v \\ v'(t) &= b u + \kappa v \ , \quad a,b,\mu,\kappa \in \mathbb{R} \end{aligned} \qquad (5.3.7)$$

mit
$$\mu \ll \kappa < 0 \text{ und } ab < \mu\kappa.$$

Diese beiden Bedingungen sichern die exponentielle Stabilität der exakten Lösung des Systems (5.3.7) (vgl. Abschnitt 1.3.1). Die Anwendung von (5.3.4) mit $T_1 = \mu$ und $T_2 = \xi$ ergibt

$$\begin{pmatrix} u_{m+1}^{(i)} \\ v_{m+1}^{(i)} \end{pmatrix} = S_i \begin{pmatrix} u_m \\ v_m \end{pmatrix} , \quad i=2,\ldots,s$$

$$\begin{pmatrix} u_{m+1} \\ v_{m+1} \end{pmatrix} = S_{s+1} \begin{pmatrix} u_m \\ v_m \end{pmatrix}.$$

Hierbei wollen wir speziell die Fälle $\xi=0$ bzw. $\xi=a$ untersuchen. Die 2×2 Matrizen S_i sind dabei rekursiv definiert durch

$$S_i = \begin{pmatrix} R_0^{(i)}(c_ih\mu) & \xi c_ihR_1^{(i)}(c_ih\mu) \\ 0 & 1 \end{pmatrix} +$$

$$h \sum_{j=1}^{i-1} \begin{pmatrix} hb\xi \ A_{ij}^*(h\mu) & (a-\xi)A_{ij}(h\mu)+h\kappa\xi \ A_{ij}^*(h\mu) \\ ba_{ij} & \kappa a_{ij} \end{pmatrix} \cdot S_j, \quad i=2(1)s,$$

S_{s+1} analog.

Definition 5.3.1. Eine partitionierte LIRK-Methode heißt *absolut stabil für die* Schrittweite h bez. der Testgleichung (5.3.7), wenn der Spektralradius $\rho(S_{s+1})$ der Bedingung $\rho(S_{s+1})<1$ genügt. □
Die absolute Stabilität für eine Schrittweite h impliziert für diese Schrittweite exponentielle Stabilität des Verfahrens.

Beispiel 5.3.3. Wir betrachten die partitionierte linear-implizite Euler-Methode

$$u_{m+1} = R_0^{(2)}(hT_1)u_m + hR_1^{(2)}(hT_1)T_2v_m + hB_1[g(t_m,u_m,v_m)-T_1u_m-T_2v_m]+$$

$$h^2B_1^*f(t_m,u_m,v_m)$$

$$v_{m+1} = v_m + hf(t_m,u_m,v_m).$$

Wendet man die Methode auf (5.3.7) an, so erhält man mit

$$R_0^{(2)}(z)=1/(1-z), \quad B_1(z) = R_1^{(2)}(z)$$

und der Bezeichnung c=ab die folgenden Stabilitätsresultate (vgl. Strehmel/Weiner [1984b]:

1. Für $\xi=a$ ist die partitionierte Euler-Methode absolut stabil für alle h mit

$$h < \frac{-\mu+\kappa+\sqrt{(\mu-\kappa)^2+4(\mu\kappa-c)}}{\mu\kappa-c}.$$

2. Für $\xi=0$ liegt absolute Stabilität vor für alle h mit

$$h < \begin{cases} h_1 = \frac{-\mu+\kappa+\sqrt{(\mu-\kappa)^2+4(\mu\kappa-c)}}{\mu\kappa+c} & \text{für } 0 \leq c \leq \mu\kappa \\ h_2 = \frac{\mu+\kappa}{c} & \text{für } c \leq -\mu\kappa \\ \min(h_1,h_2) & \text{für } -\mu\kappa \leq c < 0. \end{cases}$$

Für c=0 ergibt sich für $\xi=a$ und $\xi=0$ die Schrittweiteneinschränkung

$$h < 2/(-\kappa). \tag{5.3.8}$$

Dies ist gerade die Bedingung für absolute Stabilität der expliziten

Euler-Methode (vgl. Abschnitt 2.7.4) für das nichtsteife Teilsystem. □

Die Bedingung (5.3.8) ergibt sich für die partitionierte linear-implizite Euler-Methode auch für $\mu \rightarrow -\infty$ bei fixierten h, a, b, κ, d.h., die Einschränkung an die Schrittweite verschärft sich mit zunehmender Steifheit nicht. Diese Eigenschaft bleibt auch für allgemeine partitionierte LIRK-Methoden gültig. Bezeichnen wir mit $R_{expl}^{(s+1)}$ die Stabilitätsfunktion der expliziten RK-Methode, so gilt das

Theorem 5.3.4. *Für fixierte h, κ, a, b besteht die Beziehung*

$$\lim_{\mu \rightarrow -\infty} \rho(S_{s+1}) = \max(|R_0^{(s+1)}(\infty)|, |R_{expl}^{(s+1)}(h\kappa)|),$$

d.h., mit einer stark A-verträglichen Stabilitätsfunktion $R_0^{(s+1)}(z)$ ist die LIRK-Methode für $\mu \rightarrow -\infty$ absolut stabil, wenn hκ im Innern des Stabilitätsgebietes der expliziten RK-Methode liegt.

Beweis. Mit den Voraussetzungen (A2) und (A3) folgt

$$A_{ij} \rightarrow 0, \ A_{ij}^* \rightarrow 0, \ B_j \rightarrow 0, \ B_j^* \rightarrow 0 \text{ für } \mu \rightarrow -\infty,$$

und mit der Bezeichnung

$$S_i = \begin{pmatrix} S_i^1 & S_i^2 \\ S_i^3 & S_i^4 \end{pmatrix}$$

erhalten wir daraus für $\mu \rightarrow -\infty$

$$S_{s+1}^1 \rightarrow R_0^{(s+1)}(h\mu), \ S_{s+1}^2 \rightarrow 0, \ S_{s+1}^3 = O(1),$$

$$\lim_{\mu \rightarrow -\infty} S_{s+1}^4 = \lim (1+h \sum_{j=1}^{s} b_j \kappa \ S_j^4) = R_{expl}^{(s+1)}(h\kappa). \ \blacksquare$$

Stabilitätsuntersuchungen für nichtlineare Probleme sind sehr aufwendig. Für eine spezielle Klasse partitionierter Systeme werden in Strehmel/Weiner [1984b] Kontraktivitätsaussagen hergeleitet.

5.3.4. Automatische Festlegung der steifen Komponenten

Für eine effektive Anwendung partitionierter LIRK-Methoden mit fester komponentenweiser Partitionierung ist die exakte Einteilung des Systems in steife und nichtsteife Komponenten erforderlich. Eine solche Einteilung ist bei vielen praktischen Problemen möglich, in anderen Fällen ist eine derartige Einteilung schwierig. Hinzu kommt noch, daß diese Einteilung sich bei nichtlinearen Systemen im Integrationsintervall stark ändern kann. Wünschenswert wäre also eine automatische Partitionierung des vorgelegten Differentialgleichungssystems.

Einen ersten Ansatz zu einer solchen automatischen Partitionierung beschreiben Enright/Kamel [1979]. Sie bringen eine Approximation T an die Jacobi-Matrix des Systems schrittweise durch Householder-Transformation auf Hessenberg-Form (vgl. z.B. Maeß [1984], Kielbasinski/Schwetlick [1988]). Nach r Schritten ergibt sich

mit
$$Q^T T Q = R$$

$$R = \begin{pmatrix} H & R_{12} \\ R_{21} & R_{22} \end{pmatrix},$$

wobei H eine obere r×r-Hessenberg-Matrix ist, und R_{21} eine (n-r)×r-Matrix, die nur in der letzten Spalte von Null verschiedene Elemente enthält. Wenn nun die Frobenius-Norm $\|\cdot\|_F$ der unteren Matrix kleiner als ein vorgegebener Wert α ist, d.h.

$$\|(R_{21}, R_{22})\|_F < \alpha,$$

so wird die Reduktion auf Hessenberg-Form abgebrochen und die untere Matrix durch die Nullmatrix ersetzt, d.h., die Matrix R wird durch

$$\tilde{R} = \begin{pmatrix} H & R_{12} \\ 0 & 0 \end{pmatrix}$$

und die Matrix T durch

$$\tilde{T} = Q\tilde{R}Q^T$$

approximiert, wobei $\|T-\tilde{T}\|_F = \|(R_{21}, R_{22})\|_F < \alpha$ gilt. Damit ergibt sich für die Koeffizientenmatrix der linearen Gleichungssysteme beim Newton-Verfahren für lineare Mehrschrittverfahren bzw. für LIRK-Methoden (vgl. Abschnitt 4.6.1)

$$(\frac{1}{h\gamma} I - \tilde{T}) = Q(\frac{1}{h\gamma} I - \tilde{R})Q^T.$$

Für die LU-Zerlegung der Hessenberg-Matrix $\frac{1}{h\gamma}I_r - H$ sind dann nur noch $r^2/2$ Operationen erforderlich (vgl. Enright/Kamel [1979]). Die Dimension r der zu faktorisierenden Matrix wird durch das kleinste r bestimmt, für das $\|(R_{21}, R_{22})\|_F < \alpha$ gilt.

Bemerkung 5.3.5. Enright/Kamel [1979] führen eine Pivotstrategie in die Householder-Transformationen ein, um r möglichst gering zu halten. Diese Pivotstrategie ist aber nicht korrekt, da $\|(R_{21}, R_{22})\|_F$ dadurch nicht beeinflußt wird (vgl. Söderlind [1981]). Daher wird diese Methode nur für gut strukturierte bzw. entsprechend vorbehandelte Systeme effektiv. □

Dahlquist u.a. [1980] betrachten für Gleichungen der chemischen Reaktionskinetik eine Skalierungstechnik, die derartige Syteme in singulär gestörte Systeme (partitionierte Systeme)

$$Eu'(t) = g(t,u,v)$$
$$v'(t) = f(t,u,v)$$
(5.3.9)

mit $E=\text{diag}(\varepsilon_i)$, $0<\varepsilon_i\ll 1$, $i=1,\ldots,N$, überführt, wobei die Lipschitz-Konstanten von g und f normale Größe besitzen. Für das System (5.3.9) ist dann offensichtlich unmittelbar eine partitionierte Diskretisierungsmethode mit fester Partitionierung anwendbar.

Beispiel 5.3.4. (vgl. Dahlquist u.a. [1980]) Das Differentialgleichungssystem

$$y_1'(t) = -k_1 y_1 - k_2 y_1 y_2, \qquad y_1(0) = 0.6$$
$$y_2'(t) = k_1 y_1 + k_3 y_3 - k_4 y_2 y_4 - 2k_5 y_2^2, \qquad y_2(0) = 0$$
$$y_3'(t) = k_2 y_1 y_2 - k_3 y_3, \qquad y_3(0) = 0$$
$$y_4'(t) = -k_4 y_2 y_4, \qquad y_4(0) = 0.4$$

mit
$$k_1=10^{-4}, \ k_2=2.9\cdot 10^4, \ k_3=5\cdot 10^3, \ k_4=10^4, \ k_5=6.7\cdot 10^{10}$$

beschreibt die Oxydation von Propan. Durch die Skalierung

$$\tau=k_1 t, \ \varepsilon^{-1}=5\cdot 10^7, \ k_i^*=\varepsilon k_i/k_1, \ (i=2,3,4), \ k_5^*=\varepsilon^2 k_5/k_1$$

und
$$u_1=y_2/\varepsilon^{\alpha_2}, \ u_2=y_3/\varepsilon^{\alpha_3}, \ v_1=y_1/\varepsilon^{\alpha_1}, \ v_2=y_4/\varepsilon^{\alpha_4}$$

mit $\alpha_2=\alpha_3=1$, $\alpha_1=\alpha_4=0$ geht das System über in die Form (5.3.9). Man erhält

$$\varepsilon \frac{du_1}{d\tau} = v_1 + k_3^* u_2 - k_4^* u_1 v_2 - 2k_5^* u_1^2, \qquad u_1(0)=0$$
$$\varepsilon \frac{du_2}{d\tau} = k_2^* v_1 u_1 - k_3^* u_2, \qquad u_2(0)=0$$
$$\frac{dv_1}{d\tau} = -v_1 - k_2^* v_1 u_1, \qquad v_1(0)=0.6$$
$$\frac{dv_2}{d\tau} = -k_4^* u_1 v_2, \qquad v_2(0)=0.4$$

mit
$$\varepsilon=0.2\cdot 10^{-7}, \ k_2^*=5.8, \ k_3^*=1, \ k_4^*=2, \ k_5^*=0.268. \ \square$$

Die Skalierungsprozedur wird von Zu-Fan [1982] für Systeme, in denen die rechten Seiten Summen von Produkten sind (wie z.B. in der chemischen Reaktionskinetik), als numerischer Algorithmus aufbereitet.

Rentrop [1985] testet für seinen Algorithmus PRK4 (vgl. Bemerkung 5.3.2) folgende Art der automatischen Partitionierung:

Nach k=max(n,16) Schritten wird eine parallele Rechnung mit der expliziten RK-Methode und mit der ROW-Methode durchgeführt. Die i-te Komponente des Systems wird dabei als steif deklariert, wenn die für diese Komponente vorgeschlagenen Schrittweiten h von ROW- bzw. RK-Methode ($h_{ROW(i)}$ bzw. $h_{RK(i)}$) der Beziehung

$$h_{ROW(i)} > 1.4 h_{RK(i)}$$

genügen. Ein Rückumschalten einer Komponente von steif zu nichtsteif wird nicht betrachtet.

Auf die Nachteile der parallelen Rechnung sind wir bereits im Abschnitt 5.2.2 eingegangen. Für PRK4 kommt als weiterer Mangel die fehlende Möglichkeit des Umschaltens von steif zu nichtsteif hinzu.

Im folgenden wollen wir eine Möglichkeit der Übertragung des Prinzips der automatischen Verfahrenswahl für den Algorithmus PAI4 (Bruder/Strehmel/Weiner [1988], vgl. Abschnitt 5.2.3) für komponentenweise Partitionierung aufzeigen.

Sei $T=((T_{ij}))_{i,j=1}^n$ eine Approximation an die Jacobi-Matrix. Liegt das Produkt $h \cdot T_{ii}$ auf der negativen Achse außerhalb des Stabilitätsgebietes der expliziten RK-Methode, so ist die i-te Komponente sicher steif. Ist ferner $h|T_{ij}|$ größer als ein vorgegebener Wert für i≠j und $T_{ji} \neq 0$, so wollen wir nicht nur die i-te, sondern auch die j-te Komponente als steif ansehen. Dieser Fall ist typisch für Eigenwerte mit großem Imaginärteil, z.B. hat die Matrix

$$T = \begin{pmatrix} -5 & -10^4 \\ 1 & -5 \end{pmatrix}$$

die Eigenwerten $\lambda_{1/2} = -5 \pm 100i$. Enthält die Lösung des Anfangswertproblems aufgrund der Anfangswerte keine stark schwingenden Lösungsanteile bzw. sind diese bereits abgeklungen, so erlaubt die linearimplizite Methode größere Schrittweiten als die zugehörige explizite Methode.

Ausgehend von diesen Überlegungen bietet sich folgender Algorithmus für eine automatische Partitionierung an:

1. Der Steifheitstest (5.2.3) wird für das Gesamtsystem durchgeführt. Ist er erfüllt, wird das Gesamtsystem mit der expliziten RK-Methode gelöst. Im anderen Fall werden

2. für 1≤i≤s die Diagonalelemente T_{ii} getestet. Falls

$$h|T_{ii}| > c_0$$

gilt, wird die i-te Komponente des System als steif deklariert.

3. Falls für j>i

$$h \cdot \max(|T_{ij}|, |T_{ji}|) > C_1 \text{ und } T_{ij} \cdot T_{ji} \neq 0$$

gilt, werden die i-te und die j-te Komponente des Systems als steif angesehen.

Dieser Algorithmus erfordert die Berechnung der Jacobi-Matrix nach einer gewissen Anzahl von Schritten. Der Test (5.2.3) kann, wie wir bereits im Abschnitt 5.2.2 festgestellt haben, in jedem Integrationsschritt ohne zusätzlichen Aufwand durchgeführt werden. Aus Aufwandsgründen wird man die Schritte zwei und drei nur bei Umschaltung von nichtsteif auf steif, sowie bei Neuberechnung der Jacobi-Matrix ausführen. Der Algorithmus kann noch durch zusätzliche Festlegungen erweitert werden:

- Wird das System als steif erkannt, aber durch die Schritte zwei und drei keine steife Komponente gefunden, so wird N=n gesetzt, d.h., das Gesamtsystem wird als steif betrachtet.
- Die Komponenten werden intern in der Form (5.3.1) nach steifen und nichtsteifen sortiert und die Matrix T entsprechend (5.3.3) gewählt. Gilt dabei

$$h \| T_2 \| \leq C_2,$$

so wird $T_2 = 0$ gesetzt, andernfalls wird mit intervallweiser Partitionierung gerechnet.

5.3.5. Numerische Illustration

Dieser Abschnitt dient der Illustration der Effektivität von partitionierten LIRK-Methoden mit fester und automatischer Partitionierung bei Anwendung auf partitionierte Systeme, sowie der Untersuchung der Anwendbarkeit der automatischen Partitionierung.

In den Algorithmus PAI4 wurden die folgenden Optionen eingefügt:

- Feste Partitionierung für ein gegebenes steifes Teilsystem der Dimension N (Methode (5.3.4) mit $T_2 = 0$). Diese Version wird daher als FIX bezeichnet.
- Für N=n ist FIX äquivalent zu der in PAI4 enthaltenen LIRK-Methode (IMP).
- Automatische Partitionierung (AUT) entsprechend der im Abschnitt 5.3.4 beschriebenen Strategie mit

$$c_2 = 3$$
$$c_0=1.0, \quad c_1=1.3 \quad \text{für TOL}\leq 1.\text{E-4}$$
$$c_0=1.5, \quad c_1=2.1 \quad \text{für } 1.\text{E-4}<\text{TOL}<1.\text{E-2},$$
$$c_0=2.5, \quad c_1=4.9 \quad \text{für } 1.\text{E-2}\leq\text{TOL}.$$

Wir geben numerische Ergebnisse für 3 Beispiele an:

Beispiel 5.3.5. Vereinfachtes Modell eines Kernreaktors (Strehmel/Weiner [1984b]).

$$y_1' = (-5 \cdot (y_2 - 7.5\text{E}2) - 7.2) \cdot y_1 / 3\text{E-}2 + (y_3 \cdot 3.02\text{E-}4 + y_4 \cdot 8.28\text{E-}4 +$$
$$y_5 \cdot 28.44\text{E-}4 + y_6 \cdot 14.11\text{E-}4 + y_7 \cdot 15.77\text{E-}4 + y_8 \cdot 2.38\text{E-}4)/3\text{E-}5$$
$$y_2' = (1.36\text{E}5 \cdot y_1 - 3.3\text{E}2 \cdot (y_2 - 30))/1.67$$
$$y_3' = 3 \cdot (y_1 - y_3)$$
$$y_4' = 1.13 \cdot (y_1 - y_4)$$
$$y_5' = 0.301 \cdot (y_1 - y_5)$$
$$y_6' = 0.111 \cdot (y_1 - y_6)$$
$$y_7' = 3.05\text{E-}2 \cdot (y_1 - y_7)$$
$$y_8' = 1.24\text{E-}2 \cdot (y_1 - y_8)$$

mit $t_0=0$, $t_e=15$, $y_2(0)=750$, $y_i(0)=1$ für $i \neq 2$.

Hierbei bezeichnet y_1 die durchschnittliche Neutronendichte, y_2 die Brennstofftemperatur und $y_3,\ldots,y_8$ die Kernkonzentrationen. Bei diesem Problem sind y_1 und y_2 als steif bekannt. □

Beispiel 5.3.6. (Watkins/Hansonsmith [1983]).

$$y_i' = i - 0.1 \sum_{j=1}^{20} y_j - 0.01 y_{i+1} y_{i-1} + r_i y_i \quad , \quad i=1,\ldots,20$$

mit $y_0 = y_{20}$, $y_{21} = y_1$,

$t_0=0$, $t_e=10$, $y_i(0)=10$ für alle i.

Durch Wahl der Parameter r_i kann die Anzahl der steifen Komponenten N gesteuert werden. Wir betrachten

N=4: $r_{20}=-1000$, $r_5=-1800$, $r_{12}=-500$, $r_1=-1000$,

alle anderen $r_i=0.1$.

N=8: zusätzlich $r_{17}=-800$, $r_8=-1400$, $r_3=-400$, $r_{14}=-700$. □

Beispiel 5.3.7. Testproblem D3 aus STIFF DETEST (Enright/Hull/Lindberg [1975]). Da für dieses Beispiel keine Partitionierung bekannt ist, wenden wir FIX nicht an. ▫

In den folgenden Tabellen verwenden wir die Bezeichnungen:

TOL	- gegebene Toleranz
METH	- Methode
STEPEX	- Anzahl der akzeptierten expliziten Schritte
STEPIM	- Anzahl der akzeptierten Schritte mit mindestens einer steifen Komponente
FCN	- Anzahl der Funktionsaufrufe
JAC	- Anzahl der Berechnungen der Jacobi-Matrix des Gesamtsystems durch Differenzenapproximation
JACP	- Anzahl der Berechnungen der Jacobi-Matrix für das steife Teilsystem
LU	- Anzahl der LU-Zerlegungen (die Dimension ist abhängig von der Anzahl der steifen Komponenten)
TIME	- Rechenzeit in Sekunden (AT-kompatibler PC)

Die letzte Spalte gibt für FIX die bekannten steifen Komponenten an, für AUT die als steif erkannten Komponenten an den angegebenen Zeitpunkten.

TOL	METH	STEPEX	STEPIM	FCN	JAC	JACP	LU	TIME	steife Komp.
1.E-2	IMP	-	62	330	9	-	36	5.1	
	PAI4	-	62	330	9	-	36	5.1	
	FIX	-	72	395	-	15	94	2.2	1,2
	AUT	-	64	361	5	7	50	2.3	0 : 1,2
									4.09: alle
1.E-4	IMP	-	346	2201	72	-	230	32.5	
	PAI4	-	328	2119	74	-	221	30.9	
	FIX	-	342	1748	-	64	414	10.0	1,2
	AUT	-	332	1919	33	47	227	9.9	0 :1,2
									0.28:1-7
									3.78:alle
1.E-6	IMP	-	1338	8413	310	-	785	117.4	
	PAI4	184	1174	8446	300	-	727	108.3	
	FIX	-	1304	6471	-	239	1526	35.2	1,2
	AUT	184	1182	7503	124	189	744	33.2	0 :1,2
									0.30:1,2,4-7
									2.58:alle

Tabelle 5.3.1. Resultate für Beispiel 5.3.5.

TOL	METH	STEPEX	STEPIM	FCN	JAC	JACP	LU	TIME	steife Komp.
1.E-2	IMP	-	36	310	7	-	30	18.8	
	PAI4	12	28	375	9	-	27	17.0	
	FIX	-	34	185	-	7	40	2.5	1,5,12,20
	AUT	12	28	322	6	2	32	3.6	0.6E-2:1,5,20 0.1E-1:1,5,12 20
1.E-4	IMP	-	86	720	16	-	65	43.1	
	PAI4	36	58	745	16	-	48	32.1	
	FIX	-	86	478	-	16	106	6.3	1,5,12,20
	AUT	36	62	708	11	10	51	7.5	0.1E-1:1,5,12 20
1.E-6	IMP	-	258	2273	61	-	144	109.6	
	PAI4	114	158	2249	57	-	109	76.5	
	FIX	-	274	1301	-	46	280	16.3	1,5,12,20
	AUT	114	190	1825	20	47	134	18.3	0.2E-1:1,5,12 20

Tabelle 5.3.2. Resultate für Beispiel 5.3.6, N=4.

TOL	METH	STEPEX	STEPIM	FCN	JAC	JACP	LU	TIME	steife Komp.
1.E-2	IMP	-	22	148	3	-	19	10.1	
	PAI4	12	16	199	4	-	16	8.5	
	FIX	-	24	128	-	4	24	2.9	1,3,5,8,12, 14,17,20
	AUT	12	18	180	2	2	18	2.2	0.6E-2:1,5,8 17,20 0.1E-1:1,3,5, 8,12,14,17, 20
1.E-4	IMP	-	54	390	8	-	41	25.1	
	PAI4	36	26	395	7	-	24	14.0	
	FIX	-	54	302	-	9	58	6.6	wie oben
	AUT	36	36	419	5	3	27	5.8	0.1E-1:1,5,8, 12,14,17,20 0.4E-1:1,3,5, 8,12,14,17 20 5.4:1,3,5,8, 12,14,17,18, 20
1.E-6	IMP	-	156	1158	26	-	71	62.6	
	PAI4	120	50	1094	20	-	35	27.2	
	FIX	-	210	1134	-	35	214	23.9	wie oben
	AUT	120	118	1569	15	38	102	19.9	0.2E-1:1,5,8 12,14,17,20 0.4E-1:1,3,5, 8,12,14,17, 20

Tabelle 5.3.3. Resultate für Beispiel 5.3.6, N=8.

Die Ergebnisse zeigen deutlich die Überlegenheit partitionierter Verfahren mit komponentenweiser Partitionierung. Das Abschneiden von FIX und AUT ist vergleichbar.

TOL	METH	STEPEX	STEPIM	FCN	JAC	JACP	LU	TIME	steife Komp.
1.E-2	IMP	-	32	179	5	-	34	1.2	
	PAI4	12	24	202	5	-	28	1.0	
	AUT	16	30	258	4	3	32	0.8	0:1,2,4 0.7E-3:2 3.0:alle
1.E-4	IMP	-	70	348	10	-	65	2.2	
	PAI4	40	28	328	7	-	28	1.2	
	AUT	40	30	327	5	2	31	1.1	0:1,2,4 0.7E-2:2,4 0.3E-1:alle
1.E-6	IMP	-	188	880	25	-	102	5.4	
	PAI4	114	60	784	15	-	38	2.5	
	AUT	114	60	784	11	4	38	2.4	0:1,2,4 0.5E-1:alle

Tabelle 5.3.4. Resultate für Beispiel 5.3.7.

Für Beispiel 5.3.7 ist keine Partitionierung bekannt. Die Möglichkeit der Verwendung der expliziten Methode in der Nähe von t=0 reduziert den Aufwand für PAI4 und AUT.

Wenn das System eine (unbekannte) Partitionierung in steife und nichtsteife Komponenten erlaubt, ist AUT effektiver als PAI4. Ist eine solche Partitionierung nicht möglich, so ergaben weitere Tests (vgl. Weiner u.a. [1991]) vergleichbare Ergebnisse für PAI4 und AUT. Insgesamt scheint AUT ein guter Ansatz zur automatischen Partitionierung zu sein.

Weitere Ergebnisse von partitionierten LIRK-Methoden findet man in Strehmel/Weiner [1984b] und Rentrop [1985].

Bemerkung 5.3.6. Ein Nachteil der Strategie in AUT besteht bei sehr großen Systemen in der Notwendigkeit, die volle Jacobi-Matrix zu berechnen. Für diese Systeme erscheint die Anwendung "matrixfreier" Verfahren (z.B. Brown/Hindmarsh [1987]) vielversprechend. Diese Methoden versuchen, die auftretenden Gleichungssysteme mit Hilfe der Krylov-Iteration in Unterräumen geringer Dimension zu lösen (vgl. Brown/Saad [1990]). ☐

5.4. Partitionierte linear-implizite Runge-Kutta-Methoden für singulär gestörte Systeme

5.4.1. Problemstellung und Formulierung der Methoden

In diesem Abschnitt befassen wir uns mit der numerischen Behandlung singulär gestörter Differentialgleichungssysteme

$$\varepsilon u'(t) = g(t,u,v) \, , \quad u(t_0) = u_0 \in \mathbb{R}^N, \quad 0<\varepsilon<<1$$
$$v'(t) = f(t,u,v) \, , \quad v(t_0) = v_0 \in \mathbb{R}^{n-N} \, , \qquad (5.4.1)$$

die wir im Kapitel 3 bez. ihres qualitativen Lösungsverhaltens untersucht haben. Wir setzen auch hier wieder voraus, daß $f(t,u,v)$ und $g(t,u,v)$ hinreichend glatte Funktionen sind. Ferner seien ihre Lipschitz-Konstanten bez. u und v von normaler Größe. Da das erste Teilsystem für $\varepsilon \to 0$ beliebig steif wird, bieten sich für die numerische Behandlung partitionierte LIRK-Methoden (5.3.4) an.

Im folgenden untersuchen wir den lokalen und globalen Fehler von partitionierten LIRK-Methoden bei Anwendung auf (5.4.1). Unser Ziel ist die Herleitung von Konsistenz- und Konvergenzresultaten für die Anwendung partitionierter LIRK-Methoden bei der Approximation der glatten Lösung von (5.4.1). Da die Lipschitz-Konstante des steifen Teilsystems von der Größenordnung $O(\varepsilon^{-1})$ ist, erfordert das klassische Konvergenzkonzept $h/\varepsilon \to 0$, d.h., es besitzt für die bei realen Rechnungen verwendeten Schrittweiten keine Bedeutung. Andererseits sind die B-Konsistenz- und B-Konvergenzaussagen von Abschnitt 5.3.2. nicht anwendbar, da (5.4.1) nichtlinear ist. Wir setzen bei unseren Untersuchungen voraus, daß die logarithmische Norm der Jacobi-Matrix g_u in einer Umgebung der exakten Lösung bei Verwendung einer Skalarproduktnorm streng negativ ist, d.h.

$$<g_u(t,u,v)w,w> \leq \mu \|w\|^2 \text{ mit } \mu \leq \mu_0 < 0, \, w \in \mathbb{R}^N \qquad (5.4.2)$$

($\|\cdot\|^2 = <\cdot,\cdot>$). Wir hatten bereits in Kapitel 3 festgestellt, daß dann eine glatte Lösung des Systems (5.4.1) existiert. Für die Untersuchungen des lokalen und globalen Fehlers gehen wir davon aus, daß die Anfangswerte u_0, v_0 auf dieser glatten Lösung liegen.

Um neue Bezeichnungen zu vermeiden, schreiben wir für die Matrizen T_1 und T_2 in (5.3.4) bei Anwendung auf (5.4.1) entsprechend T_1/ε und T_2/ε. Im Diskretisierungsintervall $[t_m, t_m+h]$ setzen wir dabei

$$T_1 = g_u(t_m, u_m, v_m) + O(h) \qquad (5.4.3)$$

voraus, was wegen (5.4.2) für $h \to 0$ in einer Umgebung der exakten

Lösung die Existenz von T_1^{-1} garantiert.

Für die Wahl von T_2 betrachten wir die beiden Fälle (vgl. Strehmel/Weiner/Dannehl [1990]):

Fall A: T_2 ist eine beliebige (N,n-N)-Matrix, die für $\varepsilon \to 0$ gleichmäßig beschränkt ist. Speziell für die Implementierung ist $T_2=0$ interessant.

Fall B: $T_2 = g_v(t_m, u_m, v_m) + O(h)$. (5.4.4)

Damit läßt sich die partitionierte LIRK-Methode (5.3.4) bei Anwendung auf (5.4.1) in der folgenden Form schreiben:

$$u_{m+1}^{(1)} = u_m, \quad v_{m+1}^{(1)} = v_m$$

$$u_{m+1}^{(i)} = R_0^{(i)}(c_i h \tfrac{1}{\varepsilon} T_1) u_m + c_i h \tfrac{1}{\varepsilon} R_1^{(i)}(c_i h \tfrac{1}{\varepsilon} T_1) T_2 v_m + \frac{h}{\varepsilon} \sum_{j=1}^{i-1} A_{ij}(\tfrac{h}{\varepsilon} T_1) r_j +$$

$$h \sum_{j=1}^{i-1} \left(A_{ij}(\tfrac{h}{\varepsilon} T_1) - a_{ij} \right) T_1^{-1} T_2 f_j$$

$$v_{m+1}^{(i)} = v_m + h \sum_{j=1}^{i-1} a_{ij} f_j, \quad i=2(1)s,$$

$$u_{m+1} = R_0^{(s+1)}(\tfrac{h}{\varepsilon} T_1) u_m + \frac{h}{\varepsilon} R_1^{(s+1)}(\tfrac{h}{\varepsilon} T_1) T_2 v_m + \frac{h}{\varepsilon} \sum_{j=1}^{s} B_j(\tfrac{h}{\varepsilon} T_1) r_j +$$

$$h \sum_{j=1}^{s} \left(B_j(\tfrac{h}{\varepsilon} T_1) - b_j \right) T_1^{-1} T_2 f_j$$

$$v_{m+1} = v_m + h \sum_{j=1}^{s} b_j f_j. \tag{5.4.5}$$

Zur Abkürzung wurde hierbei

$$r_j = g(t_m + c_j h, u_{m+1}^{(j)}, v_{m+1}^{(j)}) - T_1 u_{m+1}^{(j)} - T_2 v_{m+1}^{(j)}$$

$$f_j = f(t_m + c_j h, u_{m+1}^{(j)}, v_{m+1}^{(j)})$$

gesetzt.

Bemerkung 5.4.1. Die Darstellung (5.4.5) ist vorteilhaft für die folgenden theoretischen Untersuchungen. Für die Implementierung wird man natürlich nicht die Matrix T_1^{-1} verwenden, sondern von (5.3.4) mit den Koeffizienten A_{ij}^*, B_j^* ausgehen. □

Für die weiteren Untersuchungen setzen wir stets die Erfüllung der Bedingungen (A1) bis (A3) voraus.

5.4.2. Verhalten des lokalen Fehlers

Bei der Betrachtung des lokalen Fehlers gehen wir wieder von der exakten Lösung aus, d.h. $u_m = u(t_m)$, $v_m = v(t_m)$. Weiterhin verwenden wir die Indexmengen K_i von (4.5.3) und

$$K_i^* = \{j|\ 1 \le j \le i-1,\ a_{ij} \ne 0\},\quad K_{s+1}^* = \{j|\ 1 \le j \le s,\ b_j \ne 0\}.$$

Es gilt das

Theorem 5.4.1. *Sei T_1 durch (5.4.3) gegeben und sei T_2 eine beliebige Matrix (Fall A). Erfülle weiterhin die partitionierte LIRK-Methode (5.4.5) in der i-ten Stufe die Bedingungen*

$$\sum_{j=1}^{i-1} A_{ij}(z) c_j^l = c_i^{l+1} R_{l+1}^{(i)}(z) \qquad \text{für } l = 0(1)\bar{q}_{u,i} \tag{5.4.6}$$

und

$$\sum_{j=1}^{i-1} a_{ij} c_j^{l-1} = \frac{1}{l} c_i^l \qquad \text{für } l = 1(1)\bar{q}_{v,i}. \tag{5.4.7}$$

Dann gelten für die Komponenten des lokalen Fehlers der i-ten Stufe die Abschätzungen

$$u_{m+1}^{(i)} - u(t_m + c_i h) = O\left(h^{q_{u,i}+1}\right),$$

$$v_{m+1}^{(i)} - v(t_m + c_i h) = O\left(h^{q_{v,i}+1}\right) \quad \text{für } h \le h_0 \tag{5.4.8}$$

mit

$$q_{u,i} = \min_{j \in K_i} \{q_{u,j}+1, q_{v,j}, \bar{q}_{u,i}, \bar{q}_{v,i}\},$$

$$q_{v,i} = \min_{j \in K_i^*} \{q_{u,j}+1, q_{v,j}+1, \bar{q}_{v,i}\}.$$

Die Konstanten in den $O(\cdots)$-Termen und h_0 sind dabei unabhängig von ε. (Wegen $u_{m+1}^{(1)} = u(t_m)$, $v_{m+1}^{(1)} = v(t_m)$ setzen wir $q_{u,1} = q_{v,1} = \infty$).

Beweis. Nach dem Mittelwertsatz für Vektorfunktionen (1.1.4) folgt für (5.4.5)

$$r_j = r_j - g(t_m + c_j h, u(t_m + c_j h), v(t_m + c_j h)) + \varepsilon u'(t_m + c_j h)$$

$$= [M_1(t_m + c_j h) - T_1][u_{m+1}^{(j)} - u(t_m + c_j h)] - T_1 u(t_m + c_j h) +$$

$$[M_2(t_m + c_j h) - T_2][v_{m+1}^{(j)} - v(t_m + c_j h)] - T_2 v(t_m + c_j h) + \varepsilon u'(t_m + c_j h) \tag{5.4.9}$$

mit

$$M_1(t_m+c_jh) = \int_0^1 g_u(t_m+c_jh, u(t_m+c_jh)+\theta(u_{m+1}^{(j)}-u(t_m+c_jh)), v(t_m+c_jh))d\theta,$$

$$M_2(t_m+c_jh) = \int_0^1 g_v(t_m+c_jh, u_{m+1}^{(j)}, v(t_m+c_jh)+\theta(v_{m+1}^{(j)}-v(t_m+c_jh)))d\theta.$$

Wegen

$$u_{m+1}^{(j)}-u(t_m+c_jh) = O\left(h^{\kappa_u+1}\right), \quad \kappa_u = \min_{j \in K_i} q_{u,j},$$

$$v_{m+1}^{(j)}-v(t_m+c_jh) = O\left(h^{\kappa_v+1}\right), \quad \kappa_v = \min_{j \in K_i} q_{v,j}$$

folgt mit (5.4.3) für $j \in K_i$ für $h \leq h_0$ unabhängig von ε

$$M_1(t_m+c_jh)-T_1 = O(h)$$

und damit

$$r_j = -T_1 u(t_m+c_jh) - T_2 v(t_m+c_jh) + \varepsilon u'(t_m+c_jh) + O\left(h^{\kappa_u+2}\right) + O\left(h^{\kappa_v+1}\right).$$

Analog erhalten wir

$$f_j = v'(t_m+c_jh) + O\left(h^{\kappa_u+1}\right) + O\left(h^{\kappa_v+1}\right). \tag{5.4.10}$$

Wegen der Regularität von T_1 für $h \leq h_0$ ergibt sich unter Verwendung von Theorem 2.7.10 und den Beziehungen (4.2.2), (5.4.9), (5.4.10) durch Taylorentwicklung aus (5.4.5)

$$u_{m+1}^{(i)}-u(t_m+c_ih) = [c_ih\tfrac{1}{\varepsilon}T_1 R_1^{(i)}(c_ih\tfrac{1}{\varepsilon}T_1) - \tfrac{h}{\varepsilon}T_1 \sum_{j=1}^{i-1} A_{ij}(\tfrac{h}{\varepsilon}T_1)] \cdot$$

$$[u(t_m)+T_1^{-1}T_2 v(t_m)]+$$

$$\sum_{l=1}^{\bar{q}_{v,i}} \left\{ 1 \cdot \sum_{j=1}^{i-1} A_{ij} c_j^{l-1} - \tfrac{h}{\varepsilon} T_1 \sum_{j=1}^{i-1} A_{ij} c_j^{l-1} \sum_{l=1}^{i-1} a_{ij} c_j^{l-1} \right\} T_1^{-1} T_2 \tfrac{h^l}{l!} v^{(l)}(t_m) +$$

$$\sum_{l=1}^{\bar{q}_{u,i}} \left\{ 1 \sum_{j=1}^{i-1} A_{ij} c_j^{l-1} - \tfrac{h}{\varepsilon} T_1 \sum_{j=1}^{i-1} A_{ij} c_j^{l-1} - c_i^l \right\} \tfrac{h^l}{l!} u^{(l)}(t_m) + O\left(h^{q_{u,i}+1}\right).$$

Mit (5.4.6) und (5.4.7) folgt hieraus

$$u_{m+1}^{(i)}-u(t_m+c_ih) = O\left(h^{q_{u,i}+1}\right) \text{ für } h \leq h_0.$$

Mit $\kappa_u^* = \min_{j \in K_i^*} q_{u,j}$, $\kappa_v^* = \min_{j \in K_i^*} q_{v,j}$

erhalten wir für den lokalen Fehler der v-Komponenten

$$v_{m+1}^{(i)} - v(t_m + c_i h) = v(t_m) + h \sum_{j=1}^{i-1} a_{ij} v'(t_m + c_j h) + O\left(h^{\kappa_u^* + 2}\right) + O\left(h^{\kappa_v^* + 2}\right) - v(t_m + c_i h).$$

Durch Taylorentwicklung ergibt sich hieraus mit (5.4.7) die Behauptung. ∎

Wird die Matrix T_2 entsprechend (5.4.4) gewählt (*Fall B*), so können die Aussagen von Theorem 5.4.1 verbessert werden. Es gilt

Theorem 5.4.2. *Sei das singulär gestörte System* (5.4.1) *autonom und seien die Matrizen T_1 und T_2 durch* (5.4.3) *und* (5.4.4) *gegeben. Seien ferner die Beziehungen* (5.4.6) *bis* $1 = \bar{q}_{v,i}$ *erfüllt. Dann gelten in der i-ten Stufe die Abschätzungen* (5.4.8) *mit*

$$q_{u,i} = \min_{j \in K_i^*} \{q_{u,j}+1, q_{v,j}+1, \bar{q}_{u,i}^*, \bar{q}_{v,i}\}, \quad \bar{q}_{u,i}^* = \max(1, \bar{q}_{u,i}),$$

$$q_{v,i} = \min_{j \in K_i^*} \{q_{u,j}+1, q_{v,j}+1, \bar{q}_{v,i}\}.$$

Beweis. Wegen der Translationsinvarianz gilt $A_{21}(z) = c_2 R_1^{(2)}(c_i z)$, so daß wir mit (4.2.2) aus (5.4.5)

$$u_{m+1}^{(2)} = u(t_m) + c_2 h R_1^{(2)}(c_2 h \tfrac{1}{\varepsilon} T_1) u'(t_m) + c_2^2 \tfrac{h^2}{\varepsilon} R_2^{(2)}(c_2 h \tfrac{1}{\varepsilon} T_1) T_2 v'(t_m)$$

$$= u(t_m) + c_2 h (c_2 h \tfrac{1}{\varepsilon} R_2^{(2)}(c_2 h \tfrac{1}{\varepsilon} T_1) T_1 + I) u'(t_m) + c_2^2 \tfrac{h^2}{\varepsilon} R_2^{(2)}(c_2 h \tfrac{1}{\varepsilon} T_2) v'(t_m)$$

erhalten. Für autonome Systeme ist

$$T_1 u'(t_m) + T_2 v'(t_m) = \varepsilon u''(t_m) + O(h).$$

Damit ergibt sich

$$u_{m+1}^{(2)} = u(t_m) + c_2 h u'(t_m) + O(h^2) = u(t_m + c_2 h) + O(h^2).$$

D.h., obwohl $\bar{q}_{u,2} = 0$ gilt, erhalten wir $q_{u,2} = 1$. Analog bekommt man auch für die anderen Stufen $q_{u,i} = 1$ für $\bar{q}_{u,i} = 0$.

Für $q_{u,i} > 0$ erhalten wir mit (5.4.4)

$$M_2(t_m + c_2 h) - T_2 = O(h)$$

und damit

$$r_j = -T_1 u(t_m + c_j h) - T_2 v(t_m + c_j h) + \varepsilon u'(t_m + c_j h) + O\left(h^{\kappa_u + 2}\right) + O\left(h^{\kappa_v + 2}\right).$$

Der Rest des Beweises ist analog zum Beweis von Theorem 5.4.1. ∎

Folgerung 5.4.1. *Die partitionierte LIRK-Methode* (5.4.5) *erfülle die Bedingungen*

$$\sum_{j=1}^{s} B_j(z) c_j^l = R_{l+1}^{(s+1)}(z) \ , \quad l=0(1)\bar{q}_u \qquad (5.4.11)$$

$$\sum_{j=1}^{s} b_j c_j^{l-1} = \frac{1}{l} \ , \quad l=1(1)\bar{q}_v. \qquad (5.4.12)$$

a) *Sei die Matrix* T_1 *durch* (5.4.3) *gegeben und* T_2 *eine beliebige Matrix. Dann gilt*

$$u_{m+1} - u(t_m + h) = O\left(h^{q_u+1}\right)$$
$$v_{m+1} - v(t_m + h) = O\left(h^{q_v+1}\right), \quad h \leq h_0, \qquad (5.4.13)$$

mit

$$q_u = \min_{j \in K_{s+1}} \{q_{u,j}+1, q_{v,j}, \bar{q}_u, \bar{q}_v\}$$

$$q_v = \min_{j \in K^*_{s+1}} \{q_{u,j}+1, q_{v,j}+1, \bar{q}_v\}.$$

b) *Für autonome Systeme und* T_1, T_2 *nach* (5.4.3), (5.4.4) *gilt* (5.4.13) *mit*

$$q_u = \min_{j \in K_{s+1}} \{q_{u,j}+1, q_{v,j}+1, \bar{q}_u^*, \bar{q}_v\} \ , \quad \bar{q}_u^* = \max(1, \bar{q}_u)$$

$$q_v = \min_{j \in K^*_{s+1}} \{q_{u,j}+1, q_{v,j}+1, \bar{q}_v\}. \quad \square$$

Bemerkung 5.4.2. Theorem 5.4.2 und Folgerung 5.4.1 gelten mit $\bar{q}_u^* = \bar{q}_u$ auch für nichtautonome Systeme (5.4.1). Allerdings ergibt sich für die 2. Stufe bzw. s=1 nur $q_{u,2}=0$, $q_{v,2}=1$ bzw. $q_u=0$, $q_v=1$. $\square$

Für nichtsteife Systeme ist die Bedingung (5.4.12), die vereinfachende RK-Bedingung $B(\bar{q}_v)$ (vgl. Abschnitt 2.5.1), notwendig für die Ordnung $\bar{q}_v$. Analog gilt für Systeme (5.4.1) das

Lemma 5.4.1. *Für eine partitionierte LIRK-Methode sind die Bedingungen* (5.4.11) *und* (5.4.12) *notwendig für die Abschätzung* (5.4.13) *mit* $q_u = \bar{q}_u$, $q_v = \bar{q}_v$.

Beweis. Wir betrachten das Modellproblem

$$\varepsilon u'(t) = -u(t) + d(t) + \varepsilon d'(t) \ , \quad u(0) = d(0), \quad 0 < \varepsilon \ll 1,$$
$$v'(t) = f(t), \quad v(0) = v_0 \ ,$$

wobei $d(t)$, $f(t)$ hinreichend glatte Funktionen sind. Die exakte Lösung des steifen Teilsystems ist durch $u(t) = d(t)$ gegeben. Mit

$$T_1 = -1, \quad T_2 = 0, \quad u_m = d(t_m), \quad v_m = v(t_m)$$

erhalten wir aus (5.4.5)

$$u_{m+1} = [1 - \frac{h}{\varepsilon} R_1^{(s+1)}(-\frac{h}{\varepsilon}) + \frac{h}{\varepsilon} \sum_{j=1}^{s} B_j(-\frac{h}{\varepsilon})]d(t_m) +$$

$$\sum_{l=1}^{\infty} [1 \sum_{j=1}^{s} B_j(-\frac{h}{\varepsilon})c_j^{l-1} + \frac{h}{\varepsilon} \sum_{j=1}^{s} B_j(-\frac{h}{\varepsilon})c_j^l]\frac{h^l}{l!} d^{(l)}(t_m) ,$$

$$v_{m+1} = v(t_m) + \sum_{l=1}^{\infty} \sum_{j=1}^{s} b_j c_j^{l-1} \frac{h^l}{(l-1)!} v^{(l)}(t_m) .$$

Der Vergleich mit der exakten Lösung beweist die Behauptung. ∎

5.4.3. Konstruktion geeigneter Methoden

Die Theoreme 5.4.1 und 5.4.2 sowie die Folgerung 5.4.1 bilden die Grundlage zur Konstruktion von partitionierten LIRK-Methoden von möglichst hoher lokaler Fehlerordnung.

Bemerkung 5.4.3. Für $N=n$ und $g(t,u,v)=Au+\varepsilon \tilde{g}(t,u)$ geht (5.4.1) über in

$$u'(t) = \frac{1}{\varepsilon} Au + \tilde{g}(t,u) ,$$

d.h. in ein zur Klasse $\mathcal{F}$ ((4.5.1), (4.5.2)) gehörendes Problem. Weiterhin sind die Bedingungen (5.4.6), (5.4.11) identisch mit den Bedingungen (4.5.4), (4.5.6) bei den Untersuchungen der B-Konsistenz von LIRK-Methoden. Obwohl bei den partitionierten LIRK-Methoden für (5.4.1) noch Bedingungen durch die Kopplung mit dem nichtsteifen Teilsystem hinzukommen, besteht so ein enger Zusammenhang mit B-konsistenten LIRK-Methoden. ▫

In den folgenden Beispielen geben wir lediglich die Koeffizienten A_{ij}, B_j der entsprechenden LIRK-Methode an. Die Koeffizienten a_{ij}, b_j der zugehörigen expliziten RK-Methode in (5.4.5) ergeben sich aus $a_{ij}=A_{ij}(0)$, $b_j=B_j(0)$.

Beispiel 5.4.1. Die partitionierte linear-implizite Euler-Methode

$$u_{m+1} = R_0^{(2)}(\frac{h}{\varepsilon}T_1)u_m + \frac{h}{\varepsilon} R_1^{(2)}(\frac{h}{\varepsilon}T_1)T_2 v_m + \frac{h}{\varepsilon} R_1^{(2)}(\frac{h}{\varepsilon}T_1)r(t_m,u_m,v_m) +$$

$$h(R_1^{(2)}(\frac{h}{\varepsilon}T_1)-I)T_1^{-1}T_2 f(t_m,u_m,v_m)$$

$$= u_m + \frac{h}{\varepsilon} R_1^{(2)}(\frac{h}{\varepsilon}T_1)g(t_m,u_m,v_m) + h(R_1^{(2)}(\frac{h}{\varepsilon}T_1)-I)T_1^{-1}T_2 f(t_m,u_m,v_m)$$

$$v_{m+1} = v_m + hf(t_m,u_m,v_m)$$

erfüllt (5.4.11) nur für l=0 und (5.4.12) nur für l=1. Folgerung 5.4.1 liefert damit:

Fall A: $q_u=0$, $q_v=1$.

Fall B und autonome Systeme: $q_u=1$, $q_v=1$. □

Beispiel 5.4.2. Sei s=2. Die Bedingungen für die steifen Komponenten

$$A_{21} = c_2 R_1^{(2)}$$

$$B_1+B_2 = R_1^{(3)} \quad, \quad c_2 B_2 = R_2^{(3)}$$

liefern die LIRK-Methode (4.2.9b). Nach Folgerung 5.4.1 gilt

Fall A: $q_u=q_v=1$.

Fall B und autonome Systeme: $q_u=1$, $q_v=2$. □

Bemerkung 5.4.4. Durch Ausnutzen der speziellen Struktur von (5.4.1), d.h., f und g sind unabhängig voneinander berechenbar, können wir die Ergebnisse für den lokalen Fehler verbessern. So besitzt die folgende partitionierte LIRK-Methode mit $T_2=0$ für $c_2=1$ ohne zusätzlichen Aufwand die Ordnung $q_u=1$, $q_v=2$.

$$u_{m+1}^{(2)} = R_0^{(2)}(\tfrac{h}{\varepsilon}T_1)u_m + \tfrac{h}{\varepsilon} R_1^{(2)}(\tfrac{h}{\varepsilon}T_1) r(t_m, u_m, v_m)$$

$$v_{m+1}^{(2)} = v_m + hf(t_m, u_m, v_m)$$

$$u_{m+1} = R_0^{(3)}(\tfrac{h}{\varepsilon}T_1)u_m + h(R_1^{(3)}(\tfrac{h}{\varepsilon}T_1) - R_2^{(3)}(\tfrac{h}{\varepsilon}T_1)) \, r(t_m, u_m, v_m) +$$

$$hR_2^{(3)}(\tfrac{h}{\varepsilon}T_1) r(t_m+h, u_{m+1}^{(2)}, v_{m+1}^{(2)})$$

$$v_{m+1} = v_m + \tfrac{h}{2} [f(t_m, u_m, v_m) + f(t_m+h, u_{m+1}, v_{m+1}^{(2)})] \qquad (5.4.14)$$

Es wird also zuerst u_{m+1} berechnet und dieser Wert sofort bei der Bestimmung von v_{m+1} verwendet. □

Beispiel 5.4.3. Sei s=4. Wir fordern die Erfüllung von (5.4.6) für i=2 für l=0, für i=3 bis l=1 und für i=4 bis l=2. Weiterhin sei (5.4.11) bis l=2 erfüllt und $B_2=0$. Dann erhalten wir die durch folgende Koeffizienten gegebene Familie von 4-stufigen partitionierten LIRK-Methoden:

$$\begin{array}{c|cccc}
0 & & & & \\
c_2 & c_2 R_1^{(2)} & & & \\
c_3 & c_3 R_1^{(3)} - \dfrac{c_3^2}{c_2} R_2^{(3)} & & \dfrac{c_3^2}{c_2} R_2^{(3)} & \quad (5.4.15)\\
c_4 & A_{41} & A_{42} & A_{43} & \\
\hline
& R_1^{(5)} + \dfrac{(c_3+c_2) R_2^{(5)} - R_3^{(5)}}{c_3 c_4} & 0 & \dfrac{c_4 R_2^{(5)} - R_3^{(5)}}{c_3(c_4-c_3)} & \dfrac{R_3^{(5)} - c_3 R_2^{(5)}}{c_4(c_4-c_3)}
\end{array}$$

mit

$$A_{41} = c_4 R_1^{(4)} - c_4^2 \frac{(c_2+c_3) R_2^{(4)} - c_4 R_3^{(4)}}{c_2 c_3}$$

$$A_{42} = \frac{c_4^2}{c_2} \cdot \frac{c_3 R_2^{(4)} - c_4 R_3^{(4)}}{c_3 - c_2}, \quad A_{43} = \frac{c_4^2}{c_3} \cdot \frac{c_4 R_3^{(4)} - c_2 R_2^{(4)}}{c_3 - c_2}.$$

Durch die Forderung, daß (5.4.6) in der 4.Stufe bis l=2 erfüllt ist, unterscheidet sich dieses Verfahren in den Koeffizienten A_{4i} von (4.5.12).
Nach Theorem 5.4.1 und Theorem 5.4.2 erhalten wir für $u_{m+1}^{(i)}$, $v_{m+1}^{(i)}$, i=2,3,4 die folgenden Ordnungen

Fall A:

i	$q_{u,i}$	$q_{v,i}$
2	0	1
3	1	1
4	1	1

Fall B und autonome Systeme:

i	$q_{u,i}$	$q_{v,i}$
2	1	1
3	1	2
4	2	2

Damit ergibt sich aus der Folgerung 5.4.1:

Fall A: $q_u=1$, $q_v=2$.

Fall B und autonome Systeme: $q_u=2$, $q_v=2$ für $c_4 \neq \frac{2}{3}$

$q_u=2$, $q_v=3$ für $c_4 = \frac{2}{3}$.

Mit der Wahl $c_4 = \frac{2}{3}$ erhält man wegen $R_2^{(5)}(0) = \frac{1}{2}$, $R_3^{(5)}(0) = \frac{1}{3}$

$b_3=0$ und damit $\min\limits_{j\in K_5^*} q_{u,j}=2$. □

Numerische Untersuchungen für diese partitionierten LIRK-Methoden betrachten wir im Kapitel 6 zusammen mit dem Fall $\varepsilon=0$ in (5.4.1).

5.4.4. Abschätzungen für den globalen Fehler

Im folgenden setzen wir stets voraus, daß es eine Konstante $C^*>0$ gibt, so daß die Beziehung

$$\varepsilon \le C^* h \qquad (5.4.16)$$

gilt. Diese Voraussetzung ist bei praktischen Berechnungen in der glatten Phase stets erfüllt ($\varepsilon<<1$).

Die ersten Abschätzungen für den globalen Fehler linear-impliziter RK-Methoden bei Anwendung auf autonome singulär gestörte Systeme (5.4.1) gehen auf Hairer/Lubich/Roche [1989a] zurück. Unter der Voraussetzung (5.4.16) untersuchen diese Autoren das Fehlerverhalten von (nicht partitionierten) ROW-Methoden. In Hairer/Lubich/Roche [1988] werden implizite RK-Methoden für autonome singulär gestörte Systeme bez. ihres Konvergenzverhaltens untersucht. Den Ausgangspunkt für diese Untersuchungen bildet der Sachverhalt, daß die Lösung u(t), v(t) des singulär gestörten Systems (5.4.1) außerhalb einer transienten Anfangsphase eine asymptotische Darstellung der Form

$$u(t) = u_0(t)+\varepsilon u_1(t)+\ldots+\varepsilon^k u_k(t)+O(\varepsilon^{k+1})$$
$$v(t) = v_0(t)+\varepsilon v_1(t)+\ldots+\varepsilon^k v_k(t)+O(\varepsilon^{k+1}). \qquad (5.4.17)$$

besitzt (vgl. Abschnitt 3.1.2). Hairer/Lubich/Roche [1988,1989a] weisen nach, daß die numerische Lösung eine analoge Entwicklung in ε-Potenzen aufweist wie die exakte Lösung. Die Koeffizienten dieser Entwicklung ergeben sich als die numerische Lösung der ROW- bzw. RK-Methode bei Anwendung auf das zugehörige Algebro-Differentialgleichungssystem (vgl. Abschnitt 3.1.2, Formel (3.1.15) bis (3.1.17)). Für den globalen Fehler erhält man dann die folgenden Konvergenzaussagen:

Theorem 5.4.3. (Hairer/Lubich/Roche [1988]). *Besitze die RK-Methode (2.2.1) die klassische Ordnung p und die Stufenordnung q mit $p\ge q+1$. Sei die RK-Methode A-verträglich und die Eigenwerte der Koeffizientenmatrix A haben einen positiven Realteil. Dann gilt unter der Voraussetzung (5.4.16)*

a) $v_m-v(t_m) = O(h^p)+O(\varepsilon h^{q+1})$, $u_m-u(t_m) = O(h^p)+O(\varepsilon h^q)$ falls $b_i=a_{si}$, $i=1,\ldots,s$.

b) Wenn für die Stabilitätsfunktion $|R(\infty)|<1$ gilt, so folgt $v_m-v(t_m) = O(h^p)+O(\varepsilon h^{q+1})$, $u_m-u(t_m) = O(h^{q+1})$.

Die Konstanten in den $O(\cdots)$-Termen sind unabhängig von h, m und ε für $h \leq h_0$, $mh \leq t_e-t_0$. Die maximale Schrittweite h_0 ist hinreichend klein, aber unabhängig von ε. □

Theorem 5.4.4. (Hairer/Lubich/Roche [1989a]. Besitze die ROW-Methode (4.3.2) die klassische Ordnung p und die Ordnung r für Algebro-Differentialgleichungssysteme vom Index 1. Unter der Bedingung

$$\|R_0^{(s+1)}(\tfrac{h}{\varepsilon}g_u(u(t),v(t)))\| \leq \alpha < 1 \text{ für } \varepsilon \leq C^*h, \; t_0 \leq t \leq t_e,$$

gilt bei Anwendung auf autonome Systeme (5.4.1), (5.4.2)

$$v_m-v(t_m) = O(h^r)+O(\varepsilon h^2), \quad u_m-u(t_m) = O(h^r)+O(\varepsilon h).$$

Für p>r=2 gilt die schärfere Abschätzung

$$v_m-v(t_m) = O(h^3), \quad u_m-u(t_m) = O(h^2).$$

Die Konstanten in den $O(\cdots)$-Termen sind unabhängig von h, m, ε mit $h \leq h_0$, $mh \leq t_e-t_0$, und h_0 ist hinreichend klein, aber unabhängig von ε. □

Im Unterschied zu diesen Ergebnissen werden wir jetzt Abschätzungen für den globalen Fehler partitionierter LIRK-Methoden unabhängig von der Entwicklung (5.4.17) mit Hilfe des lokalen Fehlers herleiten. Dadurch erhalten wir ebenfalls von ε unabhängige Abschätzungen für den globalen Fehler, eine Einschränkung der maximalen Ordnung wie in Theorem 5.4.4 ($u_m-u(t_m)=O(h^2)$ für $\varepsilon \approx h$) tritt jedoch nicht auf.

Für diese Untersuchungen benötigen wir die folgenden zwei Lemmata, für deren Beweis wir auf die angegebene Literatur verweisen.

Lemma 5.4.2. (Hundsdorfer [1984]) Sei $p(z)=p_0+p_1 z+\ldots+p_k z^k$ und $q(z)=q_0+q_1 z+\ldots+q_k z^k$, $z \in \mathbb{C}$, $p_j, q_j \in \mathbb{R}$, $q_k \neq 0$. Sei D eine offene Menge in $\mathbb{R}^N$ und $T: \mathbb{R}^N \to \mathbb{R}^{N \times N}$ stetig Gateaux-differenzierbar in D und sei $q(T(y))$ invertierbar für alle $y \in D$. Ferner sei $R: \mathbb{R}^N \to \mathbb{R}^{N \times N}$ definiert durch

$$R(y) = q^{-1}(T(y))p(T(y)), \quad y \in \mathbb{R}^N.$$

Dann ist R stetig Gateaux-differenzierbar in D, und es gilt für alle $y \in D$, $w \in \mathbb{R}^N$

$$\frac{dR(y)}{dy} w = \sum_{l=1}^{k} \varphi_l(T(y)) \frac{dT(y)}{dy} w\psi_l(T(y)).$$

Hierbei sind $\varphi_l(z)$, $\psi_l(z)$ rationale Funktionen mit dem Nenner $q(z)$, für die $\varphi_l(\infty)=\psi_l(\infty)=0$, $l=1(1)k$, gilt. □

Lemma 5.4.3. (Hairer/Lubich [1987]). Seien $\{u_m\}$, $\{v_m\}$ zwei Folgen nichtnegativer Zahlen mit

$$\begin{pmatrix} v_{m+1} \\ u_{m+1} \end{pmatrix} \leq \begin{pmatrix} 1+\mathcal{O}(h) & \mathcal{O}(\varepsilon) \\ \mathcal{O}(1) & \alpha+\mathcal{O}(\varepsilon) \end{pmatrix} \cdot \begin{pmatrix} v_m \\ u_m \end{pmatrix} + M \begin{pmatrix} h \\ 1 \end{pmatrix}$$

mit $0 \leq \alpha < 1$, $M \geq 0$. Dann gilt für $\varepsilon \leq c^* h$, $h \leq h_0$

$$v_m \leq C(v_0 + \varepsilon u_0 + M), \quad u_m \leq C(v_0 + (\varepsilon + \alpha^m) u_0 + M). \quad \square$$

Zur Vereinfachung der Schreibweise formulieren wir die LIRK-Methode (5.4.5) für die folgenden Untersuchungen in der Form

$$u_{m+1}^{(1)} = u_m \qquad , \quad v_{m+1}^{(1)} = v_m$$

$$u_{m+1}^{(i)} = \Psi^{(i)}(t_m, u_m, v_m; h) \quad , \quad v_{m+1}^{(i)} = v_m + h\Phi^{(i)}(t_m, u_m, v_m; h) \qquad (5.4.18)$$

$$u_{m+1} = \Psi(t_m, u_m, v_m; h) \qquad , \quad v_{m+1} = v_m + h\Phi(t_m, u_m, v_m; h).$$

Lemma 5.4.4. Sei die partitionierte LIRK-Methode (5.4.5) bzw. (5.4.18) stark A-stabil. Sei T_1 gegeben durch $T_1 = g_u(t,u,v) + hD$ mit einer konstanten (N,N)-Matrix D, und sei T_2 stetig Gateaux-differenzierbar. Dann gilt mit (5.4.16) für $h \leq h_0$ die folgende Abschätzung

$$\|\Psi(t,u,v;h) - \Psi(t,\tilde{u},v;h)\| \leq (\alpha + \mathcal{O}(h)) \|u - \tilde{u}\| \quad \text{mit} \quad \alpha < 1$$

für $(t,u,v),(t,\tilde{u},v) \in G_\gamma = \{(t,u,v): t_0 \leq t \leq t_e, \|u - u(t)\| \leq \gamma, \|v - v(t)\| \leq \gamma\}$, wobei $u(t)$, $v(t)$ die exakte Lösung von (5.4.1) ist.

Beweis. Es ist

$$\Psi(t,u,v;h) - \Psi(t,\tilde{u},v;h) = \int_0^1 \Psi_u(t, \tilde{u} + \theta(u-\tilde{u}), v; h)(u - \tilde{u}) d\theta.$$

Aus (5.4.5) und (5.4.18) erhalten wir

$$\Psi_u(t,u(t),v(t);h)w = Q_1(t,u(t),v(t);h) + \frac{h}{\varepsilon} Q_2(t,u(t),v(t);h) +$$
$$hQ_3(t,u(t),v(t);h) \qquad (5.4.19)$$

mit

$$Q_1 = R_0^{(s+1)}(\tfrac{h}{\varepsilon}T_1)w + \frac{\partial R_0^{(s+1)}(\tfrac{h}{\varepsilon}T_1)}{\partial u} wu(t)$$

$$Q_2 = \frac{\partial [R_1^{(s+1)}(\frac{h}{\varepsilon}T_1)T_2]}{\partial u} wv(t) + \sum_{j=1}^{s} \frac{\partial [B_j(\frac{h}{\varepsilon}T_1)]}{\partial u} wg_j - \sum_{j=1}^{s} \frac{\partial [B_j(\frac{h}{\varepsilon}T_1)T_1]}{\partial u} wu^{(j)} -$$

$$\sum_{j=1}^{s} \frac{\partial [B_j(\frac{h}{\varepsilon}T_1)T_2]}{\partial u} wv^{(j)} + \sum_{j=1}^{s} B_j(\frac{h}{\varepsilon}T_1)[-T_1\Psi_u^{(j)}(t,u(t),v(t);h) +$$

$$g_u(t+c_jh,u^{(j)},v^{(j)})\Psi_u^{(j)}(t,u(t),v(t);h) - hT_2\Phi_u^{(j)}(t,u(t),v(t);h)]w$$

$$Q_3 = \sum_{j=1}^{s} \frac{\partial [B_j(\frac{h}{\varepsilon}T_1)T_1^{-1}T_2]}{\partial u} wf_j - \sum_{j=1}^{s} b_j \frac{\partial (T_1^{-1}T_2)}{\partial u} wf_j +$$

$$\sum_{j=1}^{s} [B_j(\frac{h}{\varepsilon}T_1) - b_j]T_1^{-1}T_2 \frac{\partial f_j}{\partial u} w ,$$

$w = u(t) - \tilde{u}$.

Wegen der Translationsinvarianz ist (5.4.6) für l=0 erfüllt und damit gilt

$$u^{(j)} = u(t) + O(h), \quad v^{(j)} = v(t) + O(h) \quad \text{für } h \to 0,$$

woraus

$$g_j = \varepsilon u'(t) + O(h), \quad f_j = \dot{v}'(t) + O(h)$$

folgt. Die Bedingung (5.4.11) ergibt für l=0

und

$$\sum_{j=1}^{s} \frac{\partial [B_j(\frac{h}{\varepsilon}T_1)T_2]}{\partial u} = \frac{\partial [R_1^{(s+1)}(\frac{h}{\varepsilon}T_1)T_2]}{\partial u}$$

$$\sum_{j=1}^{s} \frac{\partial [B_j(\frac{h}{\varepsilon}T_1)\frac{h}{\varepsilon}T_1]}{\partial u} = \frac{\partial R_0^{(s+1)}(\frac{h}{\varepsilon}T_1)}{\partial u} .$$

Mit Induktion über die Stufen j zeigt man unter Verwendung von Lemma 5.4.2, daß $\Phi_u^{(j)}(t,u(t),v(t);h)$ und $\Psi_u^{(j)}(t,u(t),v(t);h)$ für $h \leq h_0$ beschränkt sind.
Mit Lemma 5.4.2 und Theorem 2.7.10 folgt aus (5.4.19) mit (5.4.16) und unter Beachtung der Beschränktheit von $\frac{h}{\varepsilon}T_1B_j(\frac{h}{\varepsilon}T_1)$ nach Voraussetzung (A3)

$$\|\Psi_u(t,u(t),v(t);h)w\| \leq (r+O(h))\|w\| \quad (5.4.20)$$

mit $r = \sup \left\{ |R_0^{(s+1)}(z)|, \text{ Re } z \leq \frac{1}{c^*}\mu_0 \right\} < 1.$

Mit (5.4.2) ergibt sich aus (5.4.20) die Existenz einer positiven Zahl γ, daß

$$\|\Psi_u(t,u,v;h)w\| \leq (\alpha+O(h))\|w\| \text{ mit } \alpha<1 \text{ für alle } (t,u,v) \in G_\gamma$$

gilt. ∎

Lemma 5.4.5. *Unter den Voraussetzungen von Lemma 5.4.4 erfüllt die Zuwachsfunktion $\Psi(t,u,v;h)$ eine Lipschitzbedingung bez. v*

$$\|\Psi(t,u,v;h) - \Psi(t,u,\tilde{v};h)\| \leq L\|v-\tilde{v}\|$$

für $h \leq h_0$, $(t,u,v), (t,u,\tilde{v}) \in G_\gamma$, wobei die Lipschitz-Konstante L und h_0 unabhängig von ε sind.

Beweis. Analog zum Beweis von Lemma 5.4.4. ∎

Wir bemerken, daß die Funktion $\Phi(t,u,v;h)$ eine Lipschitzbedingung bez. u und v in G_γ erfüllt.

Nun läßt sich folgendes Hauptergebnis für den globalen Fehler beweisen:

Theorem 5.4.5. *Die Stabilitätsfunktion $R_0^{(s+1)}(z)$ der LIRK-Methode (5.4.5) sei stark A-verträglich und (5.4.13) gelte mit $q_u \geq q-1$, $q_v = q$, $q \geq 1$. Dann gelten unter der Voraussetzung (5.4.16) für $h \leq h_0$ die folgenden Abschätzungen für den globalen Fehler*

$$u_m - u(t_m) = O(h^q), \quad v_m - v(t_m) = O(h^q), \quad (5.4.21)$$

wobei die Konstanten in den $O(\cdots)$-Termen und h_0 unabhängig von ε sind.

Beweis. Um Lemmma 5.4.4 und 5.4.5 anwenden zu können, müssen die numerischen Lösungen in G_γ liegen. Wir definieren daher zunächst eine modifizierte LIRK-Methode, die Näherungslösungen in G_γ liefert und zeigen dann, daß für genügend kleine h diese Lösungen mit der tatsächlich berechneten numerischen Lösung übereinstimmen.
Betrachtet wird die modifizierte LIRK-Methode

$$u_{m+1}^* = \Psi(t_m, \bar{u}_m, \bar{v}_m; h)$$

$$v_{m+1}^* = \bar{v}_m + h\Phi(t_m, \bar{u}_m; \bar{v}_m; h)$$

mit

$$\bar{u}_m = \begin{cases} u_m^* & \text{für } u_m^* \in G_\gamma \\ u(t_m) + \gamma \dfrac{u_m^* - u(t_m)}{\|u_m^* - u(t_m)\|} & \text{für } u_m^* \notin G_\gamma \end{cases}$$

$\bar{v}_m$ analog,

$u_0^* = u_0$, $v_0^* = v_0$.

D.h., für $(t_m, u_m^*, v_m^*) \in G_\gamma$ für alle $m=0, \ldots, m_0$ gilt

$$u_m = u_m^*, \quad v_m = v_m^*.$$

Seien u_{m+1}^*, v_{m+1}^* berechnet mit $T_1 = g_u(t_m, \bar{u}_m, \bar{v}_m) + hD$, wobei D eine konstante (N,N)-Matrix ist, und sei $\tilde{u}_{m+1}$, $\tilde{v}_{m+1}$ eine numerische Lösung mit $\tilde{T}_1 = g_u(t_m, \tilde{u}_m, \tilde{v}_m) + hD$ und $\tilde{u}_m = u(t_m)$, $\tilde{v}_m = v(t_m)$.

Wir betrachten

$$u_{m+1}^* - u(t_m + h) = u_{m+1}^* - \tilde{u}_{m+1} + \tilde{u}_{m+1} - u(t_m + h)$$

$$v_{m+1}^* - v(t_m + h) = v_{m+1}^* - \tilde{v}_{m+1} + \tilde{v}_{m+1} - v(t_m + h).$$

Mit der Lipschitzbedingung für Φ, Lemma 5.4.4 und Lemma 5.4.5 erhalten wir

$$\|u_{m+1}^* - \tilde{u}_{m+1}\| \leq (\alpha + O(h)) \|\bar{u}_m - \tilde{u}_m\| + \text{Const} \cdot \|\bar{v}_m - \tilde{v}_m\|.$$

Nach Definition von $\bar{u}_m$ und $\bar{v}_m$ und mit $\tilde{u}_m = u(t_m)$, $\tilde{v}_m = v(t_m)$ folgt

$$\|u_{m+1}^* - \tilde{u}_{m+1}\| \leq (\alpha + O(h)) \|u_m^* - u(t_m)\| + \text{Const} \cdot \|v_m^* - v(t_m)\|.$$

Analog gilt

$$\|v_{m+1}^* - \tilde{v}_{m+1}\| \leq \text{Const} \cdot h \|u_m^* - u(t_m)\| + (1 + O(h)) \|v_m^* - v(t_m)\|.$$

Wegen $\tilde{T}_1 = g_u(t_m, u(t_m), v(t_m)) + O(h)$ erhält man mit den Abschätzungen des lokalen Fehlers

$$\|u_{m+1}^* - u(t_m + h)\| \leq (\alpha + O(h)) \|u_m^* - u(t_m)\| + O(1) \cdot \|v_m^* - v(t_m)\| + O(h^q),$$

$$\|v_{m+1}^* - v(t_m + h)\| \leq O(h) \|u_m^* - u(t_m)\| + (1 + O(h)) \|v_m^* - v(t_m)\| + O(h^{q+1}).$$

Mit Lemma 5.4.3, $u_0 = u(t_0)$ und $v_0 = v(t_0)$ ergibt sich für alle $t_0 \leq t_m \leq t_e$

$$\|u_m^* - u(t_m)\| \leq \text{Const} \cdot h^q \quad \text{und} \quad \|v_m^* - v(t_m)\| \leq \text{Const} \cdot h^q. \quad (5.4.22)$$

Aus (5.4.22) folgt $u_m^*, v_m^* \in G_\gamma$ für alle $h \leq h_0$ und alle m und damit

$$u_m^* = u_m, \quad \text{und} \quad v_m^* = v_m,$$

d.h., es gilt (5.4.21). ∎

Folgerung 5.4.2. *Unter den Voraussetzungen von Theorem 5.4.5 gilt für die LIRK-Methoden aus Abschnitt 5.4.3 für den globalen Fehler die asymptotische Beziehung (5.4.21) mit q aus folgender Tabelle*

Partitionierte LIRK-Methode	Fall A	Fall B und (5.4.1) autonom
Linear-implizite Euler-Methode	1	1
Methode (4.2.9b)	1	2
Methode (5.4.14)	2	—
Methode (5.4.15) $c_4 \neq 2/3$	2	2
Methode (5.4.15) $c_4 = 2/3$	2	3

□

5.4.5. Resultate für nichtpartitionierte Methoden

Falls das zweite Teilsystem in (5.4.1) ebenfalls steif ist, so erweist sich die Anwendung partitionierter Verfahren als nicht mehr zweckmäßig. Es bietet sich in diesem Fall an, eine LIRK-Methode mit der Matrix

$$T = \begin{pmatrix} \frac{1}{\varepsilon} T_1 & \frac{1}{\varepsilon} T_2 \\ T_3 & T_4 \end{pmatrix}$$

und

$$T_1 = g_u + O(h), \quad T_2 = g_v + O(h), \quad T_3 = f_u + O(h), \quad T_4 = f_v + O(h), \quad (5.4.23)$$

anzuwenden, wobei die Jacobi-Matrizen an der Stelle (t_m, u_m, v_m) betrachtet werden. Es lassen sich dann analoge Aussagen für den lokalen und globalen Fehler wie in den vorangegangenen Abschnitten zeigen. Wir wollen an dieser Stelle nur eine kurze Übersicht geben, für Details verweisen wir auf Strehmel/Weiner [1991] und Dannehl [1990].

Theorem 5.4.6. Sei (5.4.23) erfüllt und sei

$$\sum_{j=1}^{i-1} A_{ij}(z) c_j^l = c_i^{l+1} R_{l+1}^{(i)}(z) \quad \text{für } l = 0(1)\bar{q}_i.$$

Dann gilt (5.4.8) mit

$$q_{u,i} = \min_{j \in K_i} \{q_{u,j} + 1, q_{v,j} + 1, \bar{q}_i\},$$

$$q_{v,i} = \min_{j \in K_i} \{q_{u,j} + 2, q_{v,j} + 2, \bar{q}_i + 1\}. \quad (5.4.24)$$

Für autonome Systeme kann für $q_{u,i}$ in (5.4.24) $\bar{q}_i$ ersetzt werden durch $\bar{q}_i^* = \max(1, \bar{q}_i)$. ▫

Folgerung 5.4.3. Sei (5.4.23) erfüllt und sei

$$\sum_{j=1}^{s} B_j(z) c_j^l = R_{l+1}^{(s+1)}(z) \quad \text{für } l=0(1)\bar{q}.$$

Dann gilt (5.4.13) mit

$$q_u = \min_{j \in K_{s+1}} \{q_{u,j}+1, q_{v,j}+1, \bar{q}\},$$
$$q_v = \min_{j \in K_{s+1}} \{q_{u,j}+2, q_{v,j}+2, \bar{q}+1\}.$$
(5.4.25)

Für autonome Systeme kann für q_u in (5.4.25) $\bar{q}$ ersetzt werden durch $\bar{q}^* = \max(1, \bar{q})$. ▫

Von diesen Ergebnissen ausgehend lassen sich LIRK-Methoden höherer Ordnung konstruieren. Wir geben folgendes

Beispiel 5.4.4. Für die 3-stufige LIRK-Methode

$$\begin{array}{c|ccc}
\frac{1}{2} & \frac{1}{2} R_1^{(2)} & & \\
1 & R_1^{(3)} - R_2^{(3)} & 2R_2^{(3)} & \\
\hline
& R_1^{(4)} - 3R_2^{(4)} + 2R_3^{(4)} & 4(R_2^{(4)} - R_3^{(4)}) & 2R_3^{(4)} - R_2^{(4)}
\end{array}$$
(5.4.26)

gilt für autonome Systeme $q_u=2$, $q_v=3$. ▫

Analog zu Theorem 5.4.5 erhält man bez. der Konvergenz

Theorem 5.4.7. Sei $R_0^{(s+1)}(z)$ stark A-verträglich. Dann gilt unter der Voraussetzung $\varepsilon \leq C^* h$ für den globalen Fehler die Abschätzung (5.4.21) mit $q=\min(q_u+1, q_v)$. ▫

Folgerung 5.4.4. Für die LIRK-Methode (5.4.26) gilt mit stark A-verträglicher Stabilitätsfunktion $R_0^{(s+1)}(z)$ bei Anwendung auf autonome Systeme $q=3$. ▫

Bemerkung 5.4.5. Die Konstanten in den $O(\cdots)$-Termen und h_0 sind unabhängig von ε, können aber abhängen von den Lipschitzkonstanten der Funktionen g und f. Sind diese sehr groß, so können die Abschätzungen unrealistisch werden. ▫

Kapitel 6

Linear-implizite Runge-Kutta-Methoden für Algebro-Differentialgleichungen vom Index 1

In diesem Kapitel betrachten wir die Anwendung linear-impliziter Runge-Kutta-Methoden auf Anfangswertaufgaben semi-expliziter Algebro-Differentialgleichungen vom Index 1. Es werden einerseits Diskretisierungsmethoden untersucht, die als Grenzfall partitionierter linear-impliziter RK-Methoden für singulär gestörte Systeme entstehen. Andererseits kombinieren wir Diskretisierungsmethoden für gewöhnliche Differentialgleichungen mit einem vereinfachten Newton-Verfahren zur Lösung der algebraischen Gleichungen. Im Mittelpunkt dieser Untersuchungen stehen Fragen der Konsistenz und Konvergenz der Diskretisierungsmethoden. Gegenüber gewöhnlichen Differentialgleichungen ist bei linear-impliziten RK-Methoden häufig eine Reduktion der Konvergenzordnung zu beobachten (vgl. hierzu auch Abschnitt 4.5.4).

6.1. Einführung und Problemstellung

Der numerischen Behandlung von allgemeinen (nichtlinearen) Differentialgleichungssystemen

$$F(t,y(t),y'(t)) = 0$$

mit Anfangs- bzw. Randbedingungen, wobei $F: [t_0, t_e] \times \mathbb{R}^n \times \mathbb{R}^n \to \mathbb{R}^n$ stetig ist und eine stetige Ableitung $\partial F/\partial y'$ besitzt, wird seit Anfang der 80er Jahre verstärkte Aufmerksamkeit gewidmet. Ist die Jacobi-Matrix $\partial F/\partial y'$ regulär, so ist das implizite Differentialgleichungssystem $F(t,y,y')=0$ nach y' auflösbar, d.h., man erhält ein gewöhnliches Differentialgleichungssystem der Form (1.1.1). Ist dagegen $\partial F/\partial y'$ singulär, so enthält das System $F(t,y,y')=0$ auch algebraische Gleichungen. Man spricht demzufolge von *Algebro-Differentialgleichungen*.

Häufig werden folgende Klassen von Algebro-Differentialgleichungen betrachtet:

(a) Die Jacobi-Matrix $\partial F/\partial y'$ hat einen konstanten Rang sowie einen von y und y' unabhängigen Nullraum[1] N=const bzw. $N=N(t)$

---

[1] Für eine Matrix $A \in \mathbb{R}^{n,m}$ bildet die Menge $N=\{x \in \mathbb{R}^m : Ax=0\}$ den Nullraum von A.

(vgl. Griepentrog/März [1986]).

(b) Quasilineare Algebro-Differentialgleichungssysteme, d.h.

$$0 = F(t,y,y') = B(t,y)y' - Q(t,y),$$

mit einer singulären Matrix $B(t,y)$ (andernfalls wäre F nach y' auflösbar).

(c) Semi-explizite Algebro-Differentialgleichungssysteme, d.h.

$$0 = F(t,y,y') = \begin{cases} g(t,u,v) \\ v'(t)-f(t,u,v) \end{cases} \text{ mit } y=(u,v)^T,$$

die einen Spezialfall von (b) darstellen. Ist nämlich B eine konstante singuläre Matrix, so existieren reguläre Matrizen P und V, so daß

$$B = P\begin{pmatrix} 0 & 0 \\ 0 & I \end{pmatrix}V$$

ist. Setzt man

$$Vy(t) = (u(t),v(t))^T \text{ und } P^{-1}Q(t,y) = (g(t,u,v),f(t,u,v))^T,$$

so geht das vorliegende System in ein semi-explizites Algebro-Differentialgleichungssystem der Form (c) über.

Algebro-Differentialgleichungen besitzen große Bedeutung bei der mathematischen Modellierung mechanischer Mehrkörpersysteme (vgl. Führer [1988]), bei der Simulation elektrischer Netzwerke, in der chemischen Reaktionskinetik, bei Problemen der optimalen Steuerung und bei zahlreichen anderen Anwendungen aus verschiedenen Zweigen der Naturwissenschaften.

Wir beschränken uns auf die Betrachtung von Anfangswertaufgaben semi-expliziter Algebro-Differentialgleichungssysteme, d.h. auf

$$0 = g(t,u,v) \quad , \quad u(t_0)=u_0 \tag{6.1.1a}$$

$$v'(t) = f(t,u,v) \quad , \quad v(t_0)=v_0 \tag{6.1.1b}$$

mit $g: [t_0,t_e] \times \mathbb{R}^N \times \mathbb{R}^{n-N} \to \mathbb{R}^N$, $f: [t_0,t_e] \times \mathbb{R}^N \times \mathbb{R}^{n-N} \to \mathbb{R}^{n-N}$. Ferner sei $g(t_0,u_0,v_0)=0$, d.h., die Anfangswerte u_0, v_0 sind konsistent.

Die algebraischen Gleichungen (6.1.1a), die z.B. Erhaltungssätze oder geometrische Zwangsbedingungen widerspiegeln, definieren die sog. *Zwangsmannigfaltigkeit*

$$M=\{t\in[t_0,t_e],\ u\in\mathbb{R}^N,\ v\in\mathbb{R}^{n-N} |\ g(t,u,v)=0\}.$$

Das System (6.1.1) kann demzufolge auch als Differentialgleichungssystem auf der Mannigfaltigkeit M interpretiert werden (vgl. Rheinboldt [1984]).

Systeme der Gestalt (6.1.1) entstehen ebenfalls im Grenzfall ε=0 eines singulär gestörten Differentialgleichungssystems (3.1.10).

Im weiteren setzen wir stets voraus, daß das semi-explizite Algebro-Differentialgleichungssystem (6.1.1) den folgenden Bedingungen genügt:

(i) Die Funktionen f und g sind hinreichend glatt.

(ii) Die Jacobimatrix g_u ist regulär und ihre Inverse ist gleichmäßig beschränkt in einer Umgebung der Lösung. (6.1.2)

Für Systeme (6.1.1), die als Grenzfall aus (3.1.10) entstehen (ε→0), ist (3.1.11) hinreichend für (6.1.2).

Differenziert man die Zwangsbedingung (6.1.1a) einmal nach t, so erhält man die neue Bedingung

$$0 = g_t + g_u u' + g_v f.$$

Wegen (6.1.2) kann damit u'(t) ausgedrückt werden durch

$$u'(t) = (-(g_u)^{-1} [g_t + g_v f])(t, u, v), \qquad (6.1.3)$$

was zusammen mit (6.1.1b) ein gewöhnliches Anfangswertproblem für u(t) und v(t) darstellt. Für praktische Rechnungen ist dieses Vorgehen allerdings bei komplizierten Funktionen f, g nicht geeignet. Es ist außerdem bei Anwendung einer Diskretisierungsmethode nicht mehr garantiert, daß die numerische Lösung auf der Zwangsmannigfaltigkeit M verbleibt. Wir werden daher die direkte numerische Lösung von (6.1.1) untersuchen.

Aufgrund der Tatsache, daß einmaliges Differenzieren der Zwangsbedingungen nach t das System (6.1.1) in ein gewöhnliches Differentialgleichungssystem überführt, spricht man von einem *semi-expliziten Algebro-Differentialgleichungssystem vom (Differential-)Index (differential index)* 1. Erhält man ein gewöhnliches Differentialgleichungssystem erst nach k-maligem Differenzieren, so spricht man von einem *Index-k-System* (vgl. Gear [1988], Gear/Leimkuhler/Gupta [1985]). So stellt z.B. das System

$$0 = g(t,v)$$
$$v' = f(t,u,v) \qquad (6.1.4)$$

unter der Voraussetzung, daß $(g_v f_u)^{-1}$ in einer Umgebung der Lösung beschränkt ist, ein *semi-explizites Algebro-Differentialgleichungssystem vom Index* 2 dar. Mechanische Mehrkörpersysteme mit Zwangsbedingungen führen i. allg. auf semi-explizite Algebro-Differentialgleichungssysteme vom Index 3 (vgl. Führer [1988]). Gewöhnliche Differentialgleichungen (1.1.1) mit Lipschitz-stetiger Funktion f haben den Index 0.

Der von Gear eingeführte Begriff des Differentialindex, der die notwendige Anzahl von Differentiationen zur Überführung einer Algebro-Differentialgleichung $F(t,y(t),y'(t))=0$ in eine explizite gewöhnliche Differentialgleichung $y'(t)=f(t,y(t))$ angibt, beinhaltet Aussagen über die Struktur der Gleichung. Er bestimmt z.B. die Anzahl der Zwangsmannigfaltigkeiten auf denen die Lösung $y(t)$ der Algebro-Differentialgleichung liegt. Für die semi-explizite Algebro-Differentialgleichung (6.1.4) muß $y(t)=(u(t),v(t))^T$ im Durchschnitt der durch $g_t(t,v(t))+g_v(t,v(t))f(t,u(t),v(t))=0$ und $g(t,v(t))=0$ definierten Zwangsmannigfaltigkeiten liegen.

Bemerkung 6.1.1. Für lineare Algebro-Differentialgleichungen mit konstanten Koeffizienten $Ay'(t)=By(t)+f(t)$ wird bereits von Gantmacher [1959] die analytische Lösung angegeben. Sie wird entscheidend durch die Nilpotenz des Matrixbüschel $\{A\nu-B\}$, $\nu \in \mathbb{C}$, die im vorliegenden Fall mit dem Index der Algebro-Differentialgleichung äquivalent ist, bestimmt. □

Der folgende von Hairer/Lubich/Roche [1989b] eingeführte Störungsindex mißt die Sensitivität der Lösung von $F(t,y(t),y'(t))=0$ gegenüber Störungen in den Gleichungen.

Definition 6.1.1. Das Anfangswertproblem

$$F(t,y(t),y'(t)) = 0, \quad y(t_0)=y_0$$

und das gestörte Anfangswertproblem

$$F(t,\tilde{y}(t),\tilde{y}'(t)) = \delta(t), \quad \tilde{y}(t_0)=\tilde{y}_0$$

seien für hinreichend glatte Störungen $\delta(t)$ mit $\|\delta(t)\|<<1$ eindeutig lösbar. Dann heißt die kleinste positive ganze Zahl k, für die auf $[t_0,t_e]$

$$\|y(t)-\tilde{y}(t)\| \leq C\left(\|y_0-\tilde{y}_0\| + \max_{\xi \in [t_0,t_e]} \|\int_{t_0}^{\xi} \delta(\tau)d\tau\| + \max_{\xi \in [t_0,t_e]} \|\delta(\xi)\| + \max_{\xi \in [t_0,t_e]} \|\delta'(\xi)\| + \cdots + \max_{\xi \in [t_0,t_e]} \|\delta^{(k-1)}(\xi)\|\right)$$

gilt, Störungsindex (perturbation index) der Algebro-Differentialgleichung. Ist

$$\|y(t)-\tilde{y}(t)\| \leq C\left(\|y_0-\tilde{y}_0\| + \max_{\xi \in [t_0,t_e]} \|\int_{t_0}^{\xi} \delta(\tau)d\tau\|\right),$$

so hat die Algebro-Differentialgleichung den Störungsindex 0. □

Bemerkung 6.1.2. Explizite gewöhnliche Differentialgleichungssysteme (1.1.1) mit Lipschitz-stetiger rechter Seite haben den Störungsindex 0. Die semi-explizite Algebro-Differentialgleichung (6.1.1) besitzt unter der Voraussetzung (6.1.2) den Störungsindex 1. □

Für Algebro-Differentialgleichungen $F(t,y(t),y'(t))=0$ besteht zwischen dem Differentialindex und dem Störungsindex die Beziehung

$$\text{Differentialindex} \leq \text{Störungsindex} \leq \text{Differentialindex} + 1$$

(vgl. Gear [1989]). Für lineare System mit konstanten Koeffizienten und semi-explizite Algebro-Differentialgleichungen gilt

$$\text{Differentialindex} = \text{Störungsindex}.$$

Während die Lösung von Algebro-Differentialgleichungen mit einem Störungsindex ≤1 stetig von den Störungen der Gleichung abhängt, können für Algebro-Differentialgleichungen mit einem Störungsindex >1 betragsmäßig kleine Störungen beliebig große Änderungen der Lösung bewirken. Dies spiegelt sich auch im Verhalten von Diskretisierungsmethoden wider, denn während der praktischen Rechnung sind kleine Störungen infolge der auftretenden Rundungsfehler unvermeidbar. Je höher der Störungsindex ist, desto schwieriger ist es, brauchbare numerische Ergebnisse zu berechnen. Die bisherigen Untersuchungen beschränken sich daher auf Algebro-Differentialgleichungen mit einem Störungsindex ≤2, auf semi-explizite Algebro-Differentialgleichungen vom Index 3 und auf lineare Algebro-Differentialgleichungen mit konstanten Koeffizienten (vgl. dazu die Monographien von Griepentrog/März [1986], Brenan/Campbell/Petzold [1989] und Hairer/Lubich/Roche [1989b]). Diese Monographien diskutieren die Anwendung von linearen Mehrschrittverfahren und impliziten Runge-Kutta-Methoden auf Klassen von Algebro-Differentialgleichungen mit einem Index ≥1. Sie enthalten ferner umfangreiche Literaturangaben für das Auftreten von Algebro-Differentialgleichungen bei praktischen Problemen.

Während lineare Mehrschrittverfahren seit den 70er Jahren zur Lösung von Algebro-Differentialgleichungen genutzt werden, untersucht man implizite RK-Methoden erst seit einigen Jahren. Wir werden uns hier auf die Anwendung von LIRK-Methoden zur numerischen Behandlung des Index-1-Systems (6.1.1) beschränken. In den Abschnitten 6.2 und 6.3 betrachten wir zwei Arten von partitionierten Methoden, die sich im Falle eines nichtsteifen Differentialgleichungssystems (6.1.1b) zur numerischen Lösung anbieten. Die Anwendung allgemeiner LIRK-Methoden (das Differentialgleichungssystem (6.1.1b) kann auch steif sein) steht im Mittelpunkt von Abschnitt 6.4.

6.2. Partitionierte linear-implizite Runge-Kutta-Methoden

6.2.1. Ableitung der Methoden

Zur Lösung des Index-1-Problems (6.1.1), (6.1.2) bieten sich, neben der Zurückführung auf ein gewöhnliches Differentialgleichungssystem (6.1.3) durch Differenzieren der algebraischen Bedingungen, zwei Vorgehensweisen an (vgl. Deuflhard/Hairer/Zugck [1987]):

a) Nach dem Satz über implizite Funktionen ist für $t \in [t_0, t_e]$ $u(t)$ eindeutig bestimmt durch $v(t)$, d.h., es existiert eine Darstellung

$$u(t) = G(t, v(t)).$$

Damit ergibt sich ein gewöhnliches Differentialgleichungssystem

$$v'(t) = f(t, G(t, v(t)), v(t)),$$

welches mit Standarddiskretisierungsmethoden gelöst werden kann. Jede Berechnung der Funktion f erfordert hierbei die Lösung des nichtlinearen Gleichungssystems (6.1.1a). Dieses Vorgehen untersuchen wir in Abschnitt 6.3.

b) Das Algebro-Differentialgleichungssystem (6.1.1) kann als Grenzfall eines singulär gestörten Systems (3.1.10) für $\varepsilon=0$ interpretiert werden. Analog kann man aus Diskretisierungsmethoden für (3.1.10) durch Grenzübergang ($\varepsilon \to 0$) entsprechende Diskretisierungsmethoden für (6.1.1) gewinnen. Die Vorgehensweise b) wenden wir in diesem Abschnitt auf partitionierte LIRK-Methoden an.

Beispiel 6.2.1. Wir betrachten die partitionierte linear-implizite Euler-Methode für (3.1.10). Wählt man als Stabilitätsfunktion

$$R_0^{(2)}(z) = 1/(1-z),$$

so erhält man

$$u_{m+1} = u_m + \frac{h}{\varepsilon}(I - \frac{h}{\varepsilon}T_1)^{-1} g(t_m, u_m, v_m) + h((I - \frac{h}{\varepsilon}T_1)^{-1} - I) T_1^{-1} T_2 f(t_m, u_m, v_m)$$

$$v_{m+1} = v_m + h f(t_m, u_m, v_m).$$

Wegen (6.1.2) existiert in einer Umgebung der exakten Lösung T_1^{-1}, und unter Beachtung von

$$(I - \frac{h}{\varepsilon}T_1)^{-1} \frac{h}{\varepsilon}T_1 \longrightarrow -I \text{ für } \varepsilon \to 0,$$

erhalten wir die partitionierte linear-implizite Euler-Methode für das Algebro-Differentialgleichungssystem (6.1.1) vom Index 1

$$u_{m+1} = u_m - T_1^{-1} g(t_m, u_m, v_m) - h T_1^{-1} T_2 f(t_m, u_m, v_m) \qquad (6.2.1)$$

$$v_{m+1} = v_m + h f(t_m, u_m, v_m).$$

Die Berechnung von u_{m+1} erfordert die Lösung eines linearen Gleichungssystems der Dimension N mit der Koeffizientenmatrix T_1, v_{m+1} wird durch die explizite Euler-Methode bestimmt. □

Diese Vorgehensweise läßt sich auf mehrstufige LIRK-Methoden übertragen. Mit den Bezeichnungen

$$r^{(i)} = \lim_{z \to \infty} R_0^{(i)}(z), \quad \alpha_{ij} = \lim_{z \to \infty} z A_{ij}(z), \quad \beta_j = \lim_{z \to \infty} z B_j(z) \qquad (6.2.2)$$

erhalten wir dann aus (5.4.5) die folgende partitionierte linear-implizite Runge-Kutta-Methode für semi-explizite Algebro-Differentialgleichungssysteme vom Index 1:

$$u_{m+1}^{(1)} = u_m, \quad v_{m+1}^{(1)} = v_m$$

$$u_{m+1}^{(i)} = r^{(i)} u_m + (r^{(i)} - 1) T_1^{-1} T_2 v_m + \frac{1}{c_i} \sum_{j=1}^{i-1} \alpha_{ij} (T_1^{-1} g_j - u_{m+1}^{(j)} - T_1^{-1} T_2 v_{m+1}^{(j)}) -$$

$$h \sum_{j=1}^{i-1} a_{ij} T_1^{-1} T_2 f_j$$

$$v_{m+1}^{(i)} = v_m + h \sum_{j=1}^{i-1} a_{ij} f_j, \quad i = 2(1)s,$$

$$u_{m+1} = r^{(s+1)} u_m + (r^{(s+1)} - 1) T_1^{-1} T_2 v_m + \sum_{j=1}^{s} \beta_j (T_1^{-1} g_j - u_{m+1}^{(j)} - T_1^{-1} T_2 v_{m+1}^{(j)}) -$$

$$h \sum_{j=1}^{s} b_j T_1^{-1} T_2 f_j$$

$$v_{m+1} = v_m + h \sum_{j=1}^{s} b_j f_j. \qquad (6.2.3)$$

Zur Berechnung von $u_{m+1}^{(i)}$, u_{m+1} ist jeweils wieder die Lösung eines linearen Gleichungssystems der Dimension N mit der gleichen Koeffizientenmatrix T_1 erforderlich. Die Größen $v_{m+1}^{(i)}$, v_{m+1} sind durch die zugeordnete s-stufige explizite RK-Methode bestimmt.

6.2.2. Ordnungsaussagen

Abschätzungen für den lokalen und globalen Fehler der Diskretisierungsmethoden (6.2.3) für semi-explizite Algebro-Differentialgleichungen vom Index 1 lassen sich unmittelbar aus den Resultaten für singulär gestörte Systeme ableiten. Zu diesem Zweck ersetzen wir die

Indexmengen (4.5.3) durch

$$\overline{K}_i = \{j \mid 1 \le j \le i-1, \alpha_{ij} \ne 0\}, \quad i=2,\ldots,s,$$

$$\overline{K}_{s+1}^* = \{j \mid 1 \le j \le s, \beta_j \ne 0\}, \tag{6.2.4}$$

und verwenden die Indexmengen K_i^*, $i=1,\ldots,s+1$, von Abschnitt 5.4.2.

Definition 6.2.1. Eine Diskretisierungsmethode für das Algebro-Differentialgleichungssystem (6.1.1) besitzt für die Komponenten u bzw. v die Konsistenzordnungen q_u bzw. q_v, wenn für $h \to 0$ gilt

$$\|u(t_{m+1}) - \hat{u}_{m+1}\| = O\!\left(h^{q_u+1}\right) \quad \text{bzw.} \quad \|v(t_{m+1}) - \hat{v}_{m+1}\| = O\!\left(h^{q_v+1}\right).$$

Dabei bezeichnet $\hat{u}_{m+1}$, $\hat{v}_{m+1}$ wieder das Resultat eines Schrittes mit dem Startvektor auf der exakten Lösungskurve. Die Methode besitzt dann die Konsistenzordnung $q = \min(q_u+1, q_v)$. □

Unter Beachtung von (6.2.2) erhalten wir für $\varepsilon \to 0$ aus (5.4.6) bzw. (5.4.11) die Beziehungen

$$\sum_{j=1}^{i-1} \alpha_{ij} = c_i(r^{(i)}-1), \quad \sum_{j=1}^{i-1} \alpha_{ij} c_j^l = -c_i^{l+1}, \quad l \ge 1, \tag{6.2.5}$$

bzw.

$$\sum_{j=1}^{s} \beta_j = r^{(s+1)} - 1, \quad \sum_{j=1}^{s} \beta_j c_j^l = -1, \quad l \ge 1. \tag{6.2.6}$$

Für die folgenden Ordnungsresultate setzen wir für die Matrix T_1 die Bedingung (5.4.3) voraus, d.h.

$$T_1 = g_u(t_m, u_m, v_m) + O(h).$$

Bezüglich der Matrix T_2 unterscheiden wir die beiden Fälle

Fall A: T_2 ist eine beliebige (N,n-N)-Matrix,

Fall B: $T_2 = g_v(t_m, u_m, v_m) + O(h)$.

Analog zu Theorem 5.4.1 erhalten wir das

Theorem 6.2.1. *Gelte in der i-ten Stufe (6.2.5) für $l=1(1)\overline{q}_{u,i}$ und (5.4.7) für $l=1(1)\overline{q}_{v,i}$. Dann besitzt die partitionierte LIRK-Methode (6.2.3) in der i-ten Stufe die folgenden Stufenordnungen:*

Fall A: $q_{u,i} = \min_{j \in \overline{K}_i} \{q_{u,j}+1, q_{v,j}, \overline{q}_{u,i}, \overline{q}_{v,i}\}$,

$q_{v,i} = \min_{j \in K_i^*} \{q_{u,j}+1, q_{v,j}+1, \overline{q}_{v,i}\}$,

244

Fall B für autonome Systeme: (vgl. dazu Bemerkung 5.4.2)

$q_{v,i}$ *wie im Fall A*,

$$q_{u,i} = \min_{j \in \overline{K}_i} \{q_{u,j}+1, q_{v,j}+1, \overline{q}_{u,i}^*, \overline{q}_{v,i}\} \;,\; \overline{q}_{u,i}^* = \max(1, \overline{q}_{u,i}). \;\square$$

Folgerung 6.2.1. *Gelte* (6.2.6) *für* $l=1(1)\overline{q}_u$ *und* (5.4.7) *für* $l=1(1)\overline{q}_v$. *Dann besitzt die Diskretisierungsmethode* (6.2.3) *bez. der Komponenten u und v die Konsistenzordnungen*

Fall A: $q_u = \min_{j \in \overline{K}_{s+1}} \{q_{u,j}+1, q_{v,j}, \overline{q}_u, \overline{q}_v\}$,

$\qquad\qquad q_v = \min_{j \in K^*_{s+1}} \{q_{u,j}+1, q_{v,j}+1, q_v\}$,

Fall B für autonome Systeme:

q_v *wie im Fall A*,

$$q_u = \min_{j \in \overline{K}_{s+1}} \{q_{u,j}+1, q_{v,j}+1, \overline{q}_u^*, \overline{q}_v\} \;,\; \overline{q}_u^* = \max(1, \overline{q}_u). \;\square$$

Folgerung 6.2.2. *Gilt für den lokalen Diskretisierungsfehler einer LIRK-Methode bei Anwendung auf singulär gestörte Systeme die Abschätzung* (5.4.13) *mit* q_u, q_v, *so besitzt die LIRK-Methode für semi-explizite Algebro-Differentialgleichungen vom Index 1 bez. der Komponenten u, v mindestens die Konsistenzordnungen* q_u, q_v. $\square$

Bemerkung 6.2.1. Anders als in der klassischen Theorie für gewöhnliche Differentialgleichungen (vgl. Abschnitt 2.1) wird für den lokalen Fehler der algebraischen Komponente nur $O(h^q)$ gefordert. $\square$

Im Unterschied zu (5.4.6), (5.4.11) stellen (6.2.5), (6.2.6) nur Bedingungen in einem Punkt ($z=\infty$) dar. Es ist daher möglich, daß für semi-explizite Algebro-Differentialgleichungen vom Index 1 die Konsistenzordnungen q_u, q_v für die Komponenten u, v höher sind als für das zugehörige singulär gestörte System.

Beispiel 6.2.2. Wir betrachten die LIRK-Methode (4.2.9b). Für autonome singulär gestörte Systeme gilt $q_u=1$, $q_v=2$ im Fall B (vgl. Abschnitt 5.4.3). Die entsprechende LIRK-Methode für semi-explizite Algebro-Differentialgleichungen vom Index 1 ist gegeben durch

$$\alpha_{21}=c_2(r^{(2)}-1) \;,\; \beta_1=r^{(3)}-1+\frac{1}{c_2} \;,\; \beta_2=-\frac{1}{c_2}.$$

Für $c_2=1$ sind die Bedingungen (6.2.6) bis $l=2$ erfüllt, so daß nach Folgerung 6.2.1

gilt. □
$$q_u = q_v = 2$$

Theorem 6.2.1 und Folgerung 6.2.1 geben hinreichende Bedingungen für die entsprechende Konsistenzordnung der Komponenten u und v an. Analog zu Lemma 5.4.1 zeigt man, daß für nichtautonome Systeme die Bedingungen (6.2.6) auch notwendig sind, d.h., es gilt

$$q_u \leq \bar{q}_u \, , \, q_v \leq \bar{q}_v \, .$$

Rentrop/Roche/Steinebach [1989] geben für autonome Algebro-Differentialgleichungssysteme (6.1.1), (6.1.2) Bedingungsgleichungen bis zur Ordnung $q_u=3$, $q_v=4$ für partitionierte ROW-Methoden der Form

$$u_{m+1} = u_m + h \sum_{i=1}^{s} b_i k_i \, , \quad v_{m+1} = v_m + h \sum_{i=1}^{s} b_i l_i$$

mit

$$l_i = f(u_m + h \sum_{j=1}^{i-1} \alpha_{ij} k_j, v_m + h \sum_{j=1}^{i-1} \alpha_{ij} l_j) \, ,$$

$$-h\gamma T_1 k_i = g(u_m + h \sum_{j=1}^{i-1} \alpha_{ij} k_j, v_m + h \sum_{j=1}^{i-1} \alpha_{ij} l_j) + h\gamma T_2 l_i + h \sum_{j=1}^{i-1} \gamma_{ij}(T_1 k_j + T_2 l_j),$$

$$i=1(1)s,$$

$$T_1 = g_u(u_m, v_m), \, T_2 = g_v(u_m, v_m)$$

an. Sie konstruieren eine auf der Runge-Kutta-Fehlberg-Methode der Ordnung 4 und 5 (vgl. Beispiel 2.4.8) aufbauende eingebettete partitionierte ROW-Methode für autonome Systeme (6.1.1), (6.1.2) mit 6 Stufen und der Konsistenzordnung $q_u=2$, $q_v=3$ und $q_u=3$, $q_v=4$. Diese Konsistenzordnungen sind aber nicht für singulär gestörte Systeme gültig. Im Gegensatz dazu sind die über die Methoden (5.4.5) abgeleiteten partitionierten LIRK-Methoden sowohl für $\varepsilon \neq 0$ als auch für $\varepsilon=0$ geeignet, auch für nichtautonome Systeme.

Da für $\varepsilon=0$ die Voraussetzung (5.4.16) für alle h erfüllt ist, gilt analog zu Theorem 5.4.5

Theorem 6.2.2. *Sei $|r^{(s+1)}|<1$, und sei die LIRK-Methode (6.2.3) konsistent für semi-explizite Algebro-Differentialgleichungssysteme vom Index 1 von der Ordnung q. Dann ist die LIRK-Methode konvergent von der Ordnung q.* □

Folgerung 6.2.3. *Die Aussagen von Folgerung 5.4.2 gelten ebenfalls für die Konvergenz der dort angegebenen Verfahren für semi-explizite Algebro-Differentialgleichungen vom Index 1.* □

Bemerkung 6.2.2. Deuflhard/Hairer/Zugck [1987] beweisen für allgemeine Einschrittmethoden

$$v_{m+1} = v_m + h\Phi(t_m, u_m, v_m, h)$$
$$u_{m+1} = \Psi(t_m, u_m, v_m, h)$$

für semi-explizite Index-1-Probleme die Konvergenzordnung
$$q = \min(q_u + 1, q_v).$$

Als entscheidende Voraussetzung erweist sich hierbei die *Kontraktivitätsbedingung*

$$\left\| \frac{\partial \Psi(t, u, v, 0)}{\partial u} \right\| \leq \alpha < 1 \text{ in einer Umgebung der analytischen Lösung.}$$

Diese Bedingung ist für LIRK-Methoden äquivalent zu $|R_0^{(s+1)}(\infty)| < 1$. □

Bemerkung 6.2.3. Die partitionierten Methoden sind i.allg. so implementiert, daß sowohl die Fälle $\varepsilon \neq 0$ als auch $\varepsilon = 0$ in (5.4.1) gelöst werden können. Damit sind die Größen $r^{(i)}$ bestimmt. Soll die Methode nur für semi-explizite Algebro-Differentialgleichungen genutzt werden, so sind die $r^{(i)}$ freie Parameter. Der Beweis von Theorem 5.4.5 läßt dann die Wahl von $r^{(i)} = 0$ als vorteilhaft erscheinen. □

Numerische Untersuchungen zur Konvergenzordnung geben wir im Abschnitt 6.3 an.

6.3. Explizite Runge-Kutta-Newton-Methoden

6.3.1. Definition der Methoden und Ordnungsaussagen

Eine naheliegende Möglichkeit zur numerischen Behandlung semi-expliziter Algebro-Differentialgleichungen (6.1.1), (6.1.2) besteht in einer Kombination einer Diskretisierungsmethode für das zu (6.1.1) äquivalente Differentialgleichungssystem

$$v'(t) = f(t, G(t, v(t)), v(t)), \qquad (6.3.1)$$

mit $0 = g(t, G(t, v(t)), v)$ und einem Verfahren zur Lösung der nichtlinearen Gleichungen (6.1.1a). Wendet man z.B. eine explizite RK-Methode auf (6.3.1) an, so ergibt sich die Diskretisierungsmethode

$$v_{m+1}^{(1)} = v_m$$
$$v_{m+1}^{(i)} = v_m + h \sum_{j=1}^{i-1} a_{ij} f(t_m + c_j h, G_{m+1}^{(j)}, v_{m+1}^{(j)}), \quad i = 2(1)s$$
$$v_{m+1} = v_m + h \sum_{i=1}^{s} b_i f(t_m + c_i h, G_{m+1}^{(i)}, v_{m+1}^{(i)}),$$

mit $G_{m+1}^{(j)} = G(t_m + c_j h, v_{m+1}^{(j)})$ für $j = 1(1)s$. Sie erfordert i. allg. in jeder

Stufe i die Lösung eines nichtlinearen Gleichungssystems (6.1.1a) zur Berechnung der $G_{m+1}^{(j)}$, j=1(1)s, (vgl. Hairer/Lubich/Roche [1989a]). Die Komponenten u_{m+1} können dann gegebenenfalls durch

$$u_{m+1} = G_{m+1}(t_{m+1}, v_{m+1})$$

berechnet werden. Aufgrund der exakten Lösung der nichtlinearen Gleichungssysteme ist offensichtlich die Ordnung der Diskretisierungsmethode durch die Ordnung der zugrunde liegenden expliziten Runge-Kutta-Methode gegeben.

Für praktische Rechnungen ist es jedoch aus Effektivitätsgründen vorteilhaft, für $G_{m+1}^{(j)}$ eine Näherung zu verwenden, deren Genauigkeit dem Diskretisierungsfehler der expliziten RK-Methode angepaßt ist. Wir werden im folgenden eine Kombination von expliziten RK-Methoden und dem Newton-Verfahren mit einer vorgegebenen Anzahl von Iterationen in den einzelnen Stufen betrachten. Diese Diskretisierungsmethoden nennen wir *explizite Runge-Kutta-Newton-Methoden*, sie gehören zur Klasse der partitionierten linear-impliziten Runge-Kutta-Methoden.

Einführend betrachten wir eine Kombination der expliziten Euler-Methode mit dem Newton-Verfahren

$$v_{m+1} = v_m + hf(t_m, u_m, v_m)$$

$$u_{m+1}^{(0)} = u_m$$

$$u_{m+1}^{(l+1)} = u_{m+1}^{(l)} - (g_u(t_{m+1}, u_{m+1}^{(l)}, v_{m+1}))^{-1} g(t_{m+1}, u_{m+1}^{(l)}, v_{m+1}), \quad l=0(1)\kappa-1$$

$$u_{m+1} = u_{m+1}^{(\kappa)}.$$

Zur Bestimmung von $u_{m+1}^{(l+1)}$ hat man ein lineares Gleichungssystem zu lösen, deren (lokal) eindeutige Lösbarkeit durch die Index-1-Voraussetzung (6.1.2) garantiert ist. Aus Effektivitätsgründen empfiehlt sich die Verwendung eines vereinfachten Newton-Verfahrens mit der Matrix $g_u(t_m, u_m, v_m)$, so daß in jedem Integrationsschritt nur eine Zerlegung der Koeffizientenmatrix erforderlich ist. Eine Taylor-Entwicklung zeigt, daß die Diskretisierungsmethode bei Ausführung eines vereinfachten Newton-Schrittes (κ=1) die Konsistenzordnung p=1 besitzt. Für den Nachweis der Konvergenz dieser *expliziten Euler-Newton-Methode* benötigen wir das auf Deuflhard/Hairer/Zugck [1987] zurückgehende

Lemma 6.3.1. *Gilt für zwei Folgen* $\{\xi_m\}$, $\{\eta_m\}$ *nichtnegativer Zahlen*

$$\xi_{m+1} \leq (1+hL)\xi_m + hM\eta_m + h\delta$$

$$\eta_{m+1} \leq \quad\quad N\xi_m + \alpha\eta_m + \delta$$

mit nichtnegativen Konstanten L, M, N, δ und $\alpha<1$, so existiert ein $h_0>0$, so daß für alle $h\in(0,h_0]$

$$\xi_m+\eta_m \leq C_0(1+h\tilde{L})^m[(1+mh)\delta + \xi_0 + (h+\alpha^m)\eta_0]$$

mit von h unabhängigen Konstanten C_0 und $\tilde{L}$ gilt.

Beweis. Nach Voraussetzung genügen ξ_m und η_m der Ungleichung

$$\begin{pmatrix} \xi_m \\ \eta_m \end{pmatrix} \leq A^m(h) \begin{pmatrix} \xi_0 \\ \eta_0 \end{pmatrix} + \sum_{i=0}^{m-1} A^i(h) \begin{pmatrix} h\delta \\ \delta \end{pmatrix} \quad \text{mit} \quad A(h)=\begin{pmatrix} 1+hL & hM \\ N & \alpha \end{pmatrix},$$

die komponentenweise zu verstehen ist. Für die Eigenwerte $\lambda_1(h)$ und $\lambda_2(h)$ von $A(h)$ gilt

$$\lambda_1(h) = 1+O(h) \quad \text{und} \quad \lambda_2(h) = \alpha+O(h),$$

d.h., es existiert ein $h_0>0$, so daß

$$\lambda_1(h) \neq \lambda_2(h) \quad \text{für alle } h\in(0,h_0]$$

ist. Dann ist $A(h)$ diagonalisierbar, d.h.

$$A(h)=T^{-1}\begin{pmatrix} \lambda_1(h) & 0 \\ 0 & \lambda_2(h) \end{pmatrix} T(h) \quad \text{mit} \quad T(h)=\begin{pmatrix} 1 & \frac{hM}{\lambda_1(h)-\alpha} \\ \frac{-N}{1+hL-\lambda_2(h)} & 1 \end{pmatrix}.$$

Damit ergibt sich

$$\begin{pmatrix} \xi_m \\ \eta_m \end{pmatrix} \leq T^{-1}\left\{\begin{bmatrix} \lambda_1^m(h)[\xi_0+\frac{hM}{\lambda_1(h)-\alpha}\eta_0] \\ \lambda_2^m(h)[\frac{-N}{1+hL-\lambda_2(h)}\xi_0+\eta_0] \end{bmatrix} + \sum_{i=0}^{m-1} \begin{bmatrix} \lambda_1^i(h)\cdot h\cdot[1+\frac{M}{\lambda_1(h)-\alpha}]\delta \\ \lambda_2^i(h)[\frac{-hN}{1+hL-\lambda_2(h)}+1]\delta \end{bmatrix}\right\},$$

und daraus folgt

$$\xi_m+\eta_m \leq \|T^{-1}\|_1\left[|\lambda_1(h)|^m\left|\xi_0+\frac{hM}{\lambda_1(h)-\alpha}\eta_0\right|+|\lambda_2(h)|^m\left|\frac{-N}{1+hL-\lambda_2(h)}\xi_0+\eta_0\right|\right.$$

$$\left.+ \sum_{i=0}^{m-1}\left(|\lambda_1(h)|^i\cdot h\cdot\left|1+\frac{M}{\lambda_1(h)-\alpha}\right|+|\lambda_2(h)|^i\left|\frac{-hN}{1+hL-\lambda_2(h)}+1\right|\right)\delta\right],$$

woraus sich mit $(\alpha+O(h))^m=\alpha^m+O(h)$ für $0\leq\alpha<1$ die Behauptung ergibt. ∎

Die Konvergenz der numerischen Lösung u_m,v_m wird in einer Umgebung

$$G_\gamma(t)=\{(u,v)\in\mathbb{R}^N\times\mathbb{R}^{n-N}: \|u-u(t)\|+\|v-v(t)\|\leq\gamma, \gamma>0\}, \quad t\in[t_0,t_e]$$

der analytischen Lösung $u(t),v(t)$ von (6.1.1) untersucht.

Für die explizite Euler-Newton-Methode mit $\kappa=1$ und den Verfahrensfunktionen

$$\Phi(t,u,v;h) = f(t,u,v)$$
$$\Psi(t,u,v;h) = u-g_u^{-1}(t,u,v)g(t,u,v)$$

erhält man das

Theorem 6.3.1. Die explizite Euler-Newton-Methode besitzt die Konvergenzordnung 1.

Beweis. Die Verfahrensfunktionen Φ und Ψ sind in $G_\gamma = \bigcup_{t\in[t_0,t_e]} G_\gamma(t)$
Lipschitz-stetig mit Konstanten $L_{\Phi,u}$, $L_{\Phi,v}$, $L_{\Psi,u}$, $L_{\Psi,v}$.
Wegen $g(t,u(t),v(t))=0$ folgt

$$L_{\Psi,u} = O(\gamma) \text{ in } G_\gamma,$$

d.h., es existiert eine positive Konstante $\bar{\gamma}<\gamma$, so daß in $G_{\bar{\gamma}}$ gilt

$$L_{\Psi,u} < 1. \tag{6.3.2}$$

Mit $u_m, v_m \in G_{\bar{\gamma}}(t_m)$ ergibt sich aus

$$v(t_{m+1})-v_{m+1} = v(t_m)-v_m+h[f(t_m,u(t_m),v(t_m))-f(t_m,u_m,v_m)]+O(h^2),$$

$$u(t_{m+1})-u_{m+1} = u(t_m)-u_m+g_u^{-1}(t_m,u_m,v_m)g(t_m,u_m,v_m)+O(h),$$

mit dem Mittelwertsatz für Vektorfunktionen (1.1.4)

$$\|v(t_{m+1})-v_{m+1}\| \leq (1+hL_{\Phi,v})\|v(t_m)-v_m\| + hL_{\Phi,u}\|u(t_m)-u_m\|+h^2\delta$$

$$\|u(t_{m+1})-u_{m+1}\| \leq L_{\Psi,v}\|v(t_m)-v_m\| + L_{\Psi,u}\|u(t_m)-u_m\|+h\delta,$$

für $h\in(0,h_0]$. Aufgrund von (6.3.2) existiert dann nach Lemma 6.3.1 eine positive Konstante C, so daß für alle $h\in(0,h_0]$ und alle m mit $t_0+hm\leq t_e$

$$\|u_m-u(t_m)\|+\|v_m-v(t_m)\| \leq C\cdot(h\delta+\|u_0-u(t_0)\|+\|v_0-v(t_0)\|)$$

ist, falls die Näherungslösungen u_l, v_l, $l=0(1)m-1$, in $G_{\bar{\gamma}}$ verbleiben.
Um dies zu zeigen, wählen wir $\gamma_0\in(0,\bar{\gamma}]$ und $h_1\leq h_0$ so, daß

$$C\cdot(h_1\delta + \gamma_0) \leq \bar{\gamma}$$

ist. Mit vollständiger Induktion folgt dann unmittelbar, daß für alle $h\in(0,\min(h_0,h_1))$ und für $(u_0,v_0)\in G_{\gamma_0}(t_0)$ gilt

$$(u_m,v_m)\in G_{\bar{\gamma}}(t_m) \text{ für } t_0+hm\leq t_e,$$

d.h., die Näherungslösung der expliziten Euler-Newton-Methode verbleibt stets in $G_{\bar{\gamma}}$ und die Konvergenzordnung beträgt 1. ∎

Bemerkung 6.3.1. Die in der Theorie der gewöhnlichen Differentialgleichungen zur Vereinfachung häufig getroffene Annahme, daß die Voraussetzungen zum Konvergenznachweis, z.B. Lipschitz-Stetigkeit der rechten Seite, global gelten (vgl. Abschnitt 2.1), sind hier dem Problem nicht angepaßt, da die Kontraktivitätsbedingung $L_{\Psi,u}<1$ i.allg. nur in einer Umgebung der analytischen Lösung erfüllt ist (vgl. auch Theorem 5.4.1). □

Das Vorgehen einer Kombination der expliziten Euler-Methode mit dem vereinfachten Newton-Verfahren läßt sich ohne Schwierigkeiten auf s-stufige RK-Methoden übertragen. Bei Verwendung eines vereinfachten Newton-Verfahrens mit der Matrix $g_u(t_m,u_m,v_m)$ hat man dann in jeder Stufe lineare Gleichungssysteme mit gleicher Koeffizientenmatrix zu lösen.

Definition 6.3.1. Eine Diskretisierungsmethode

$$v_{m+1}^{(1)} = v_m \quad , \quad u_{m+1}^{(1)} = u_m$$

$$v_{m+1}^{(i)} = v_m + h \sum_{j=1}^{i-1} a_{ij} f(t_m + c_j h, u_{m+1}^{(j)}, v_{m+1}^{(j)})$$

$$u_{m+1}^{(i,0)} = \sum_{j=1}^{i-1} \nu_{ij} u_{m+1}^{(j)}$$

$$u_{m+1}^{(i,l+1)} = u_{m+1}^{(i,l)} - (g_u(t_m,u_m,v_m))^{-1} g(t_m+c_i h, u_{m+1}^{(i,l)}, v_{m+1}^{(i)}), \quad l=0(1)\kappa_i-1$$

$$u_{m+1}^{(i)} = u_{m+1}^{(i,\kappa_i)} \quad , \quad i=2(1)s \qquad (6.3.3)$$

$$v_{m+1} = v_m + h \sum_{j=1}^{s} b_j f(t_m+c_j h, u_{m+1}^{(j)}, v_{m+1}^{(j)})$$

$$u_{m+1}^{(s+1,0)} = \sum_{j=1}^{s} \mu_j u_{m+1}^{(j)}$$

$$u_{m+1}^{(s+1,l+1)} = u_{m+1}^{(s+1,l)} - (g_u(t_m,u_m v_m))^{-1} g(t_{m+1}, u_{m+1}^{(s+1,l)}, v_{m+1}),$$

$$l=0(1)\kappa_{s+1}-1$$

$$u_{m+1} = u_{m+1}^{(s+1,\kappa_{s+1})}$$

heißt *s-stufige explizite Runge-Kutta-Newton-Methode.* □

Die Startwerte $u_{m+1}^{(i,0)}$ und die Anzahl der Iterationen κ_i werden so bestimmt, daß die Diskretisierungsmethode (6.3.3) die Ordnung der zugrunde liegenden s-stufigen expliziten RK-Methode besitzt und der Aufwand (Anzahl der Iterationen) möglichst gering ist.

Zur Konstruktion effektiver Verfahren (d.h. mit minimaler Anzahl von Iterationen) gibt Arnold [1990] unter den Voraussetzungen

$$\sum_{j=1}^{i-1} a_{ij} = c_i \; , \; \sum_{j=1}^{i-1} \nu_{ij} = 1 \; , \; \sum_{j=1}^{s} \mu_j = 1 \; , \; \kappa_i \geq 1 \; , \; i=2,\ldots,s \qquad (6.3.4)$$

mit Hilfe der Butcherreihen-Technik Konsistenzbedingungen für eine s-stufige explizite RK-Newton-Methode (6.3.3) an. Die Anzahl der elementaren Differentiale wächst hierbei für semi-explizite Algebro-Differentialgleichungen wesentlich schneller an als bei gewöhnlichen Differentialgleichungen, wie die folgende Tabelle zeigt (vgl. auch Tabelle 2.3.1):

Konsistenzordnung q (q_u=q-1, q_v=q)	1	2	3	4	5
Algebro-Differentialgleichungen	1	4	19	103	667
gewöhnliche Differentialgleichungen	1	2	4	8	17

Tabelle 6.3.1. Anzahl der elementaren Differentiale für autonome Systeme.

Bemerkung 6.3.2. Erfüllt eine s-stufige explizite Runge-Kutta-Newton-Methode die Forderung $\sum \mu_j = \sum \nu_{ij} = 1$, dann liegt für $u_m = u(t_m)$, $v_m = v(t_m)$ der Startwert der Newton-Iteration in einer $O(h)$-Umgebung von $u(t_m + c_i h)$, i=2(1)s+1. Die Forderung an die Parameter ν_{ij}, μ_j ist demzufolge sinnvoll. □

Bezüglich der Konvergenz gilt das

Theorem 6.3.2. Sei (6.3.4) erfüllt, und sei $\kappa_{s+1} \geq 1$. Gilt für den lokalen Fehler

$$\|u(t_m+h) - \hat{u}_{m+1}\| = O(h^{q_u+1}) \; , \; \|v(t_m+h) - \hat{v}_{m+1}\| = O(h^{q_v+1}) \; ,$$

dann ist die s-stufige explizite Runge-Kutta-Newton-Methode konvergent von der Ordnung

$$q = \min(q_u+1, q_v). \quad \square$$

Beweis. Analog zum Beweis für die explizite Euler-Newton-Methode (vgl. Arnold [1991]). ∎

Bemerkung 6.3.3. Für die zweistufige explizite Runge-Kutta-Newton-Methode mit den Parametern

$$c_2 \neq 0, \; a_{21} = c_2, \; b_1 = 1 - \frac{1}{2c_2}, \; b_2 = \frac{1}{2c_2}$$

$$\nu_{21} = 1, \; \mu_1 = 1 - \frac{1}{c_2}, \; \mu_2 = \frac{1}{c_2}, \; \kappa_2 = 1, \; \kappa_3 = 0$$

(vgl. Arnold [1991]) zeigt man mittels Taylor-Entwicklung die Konsistenzordnung 2. Wie im Beweis der expliziten Euler-Newton-Methode berechnet man

$$L_{\Psi,u} = |\mu_1| + O(\gamma) + O(h).$$

Die zweistufige Methode ist folglich konvergent von der Ordnung 2, wenn $c_2 > 1/2$ gilt. D.h., eine konvergente Methode braucht nicht die Forderung (6.3.4) zu erfüllen. □

Damit, ausgehend von einer expliziten RK-Methode der Ordnung p, die Methode (6.3.3) die Konvergenzordnung q=p besitzt (d.h. $q_u \geq p-1$, $q_v \geq p$ nach Theorem 6.3.2) müssen die Koeffizienten der Methode noch zusätzlichen Bedingungen genügen, deren Anzahl ebenfalls sehr schnell wächst. Neben (6.3.4) kommen für q≤2 keine neuen Bedingungen hinzu, für q=3 treten 3 und für q=4 bereits weitere 21 zusätzliche Bedingungen auf.

In Arnold [1990] werden *vereinfachende Bedingungen* eingeführt, die die Konstruktion geeigneter Verfahren wesentlich erleichtern. Wir geben hier diese vereinfachenden Bedingungen bis q=4 an.

q=1: ⎫
q=2: ⎬ keine zusätzlichen Bedingungen

q=3: (1) $\sum_{i=1}^{s} \mu_i c_i = 1$

(2) für alle 2≤j≤s gilt $\{b_j = 0\}$ oder $\{\sum_{k=1}^{j-1} \nu_{jk} c_k = c_j\}$ oder $\{\kappa_j \geq 2\}$

q=4: (3) $\sum_{i=1}^{s} \mu_i c_i^2 = 1$ (6.3.5)

(4) $\sum_{i=2}^{s} \sum_{j=1}^{i-1} \mu_i a_{ij} c_j = 1/2$

(5) für alle 2≤j≤s gilt $\{\mu_j = 0\}$ oder $\{\sum_{k=1}^{j-1} \nu_{jk} c_k = c_j\}$ oder $\{\kappa_j \geq 2\}$

(6) für alle 2≤j≤s gilt $\{b_j = 0\}$ oder $\{\kappa_j \geq 3\}$ oder

$\{\sum_{k=1}^{j-1} \nu_{jk} c_k = c_j \text{ und } \kappa_j \geq 2\}$

(7) für alle 2≤j≤s gilt $\{\sum_{k=j+1}^{s} b_k a_{kj} = 0\}$ oder $\{\kappa_j \geq 2\}$ oder

$\{\sum_{k=1}^{j-1} \nu_{jk} c_k = c_j\}.$

Ausgehend von einer expliziten RK-Methode der Konsistenzordnung p=s, s≤4, ergibt sich für eine Konvergenzordnung q=p:

s=1: Die explizite Euler-Newton-Methode mit $\kappa_2=1$, $\mu_1=1$ besitzt die Konvergenzordnung 1.

s=2: Ausgehend von einer expliziten RK-Methode mit p=s=2 erhält man mit $\kappa_2=\kappa_3=1$, $\nu_{21}=1$, $\mu_1+\mu_2=1$ eine explizite RK-Newton-Methode der Ordnung q=2.

s=3: Wegen $\nu_{21}c_1=0 \neq c_2$ ist die Bedingung (2) für $b_2 \neq 0$ nur für $\kappa_2 \geq 2$ zu erfüllen. Für explizite RK-Methoden mit $b_2=0$ ist dagegen $\kappa_2=1$ möglich.

s=4: Für $b_2 \neq 0$ muß zur Erfüllung von (6) wegen $\nu_{21}c_1=0 \neq c_2$, $\kappa_2 \geq 3$ gelten. Die anderen Bedingungen lassen sich für $\kappa_3=\kappa_4=2$ leicht erfüllen. Für $b_2=0$ kann $\kappa_2=1$ gewählt werden. Für die klassische RK-Methode (vgl. Beispiel 2.4.4) sind folglich insgesamt 8, für die Methode von England (vgl. Beispiel 2.4.4) bereits 6 Iterationen ausreichend.

Wir fassen diese Ergebnisse in der folgenden Tabelle zusammen:

q=s	Anzahl der Iterationen $\kappa_2,\ldots,\kappa_{s+1}$	Zusätzliche Forderungen an die explizite RK-Methode
1	1	—
2	1, 1	—
3	2, 1, 1 1, 1, 1	— $b_2=0$
4	3, 2, 2, 1 1, 2, 2, 1	— $b_2=0$

Tabelle 6.3.2. Anzahl der Iterationen für explizite RK-Newton-Methoden (6.3.3) mit q=p=s, s≤4.

Bemerkung 6.3.4. Für die explizite Runge-Kutta-Methode von Dormand/Prince (vgl. Beispiel 2.4.9) existiert eine explizite Runge-Kutta-Newton-Methode (6.3.3) mit q=5 und $\kappa_2=1$, $\kappa_3=\kappa_4=3$, $\kappa_5=\kappa_6=2$, $\kappa_7=1$. Um die Koeffizienten bei den elementaren Differentialen im führenden Fehlerterm auch für Algebro-Differentialgleichungen klein zu halten und die Schrittweitensteuerung zuverlässiger zu gestalten, wird in Arnold [1990] eine Implementierung dieser Methode mit $\kappa_2=1$, $\kappa_3=\kappa_4=\kappa_5=\kappa_6=3$, $\kappa_7=1$ untersucht, ein TURBO-PASCAL-Programm dieser Methode "DOPRIDAE" wird angegeben. □

6.3.2. Numerische Bestimmung der Konvergenzordnung

In diesem Abschnitt werden wir anhand zweier Beispiele die Ordnungsaussagen der vorangegangenen Abschnitte illustrieren. Dazu betrachten wir Probleme (5.4.1) mit verschiedenen Werten für ε, einschließlich $\varepsilon=0$.

Beispiel 6.3.1. (vgl. Rentrop/Steinebach [1988])

$$\varepsilon u_1' = -u_1^2-v_1^2+v_2^4/u_2-\varepsilon v_1 \quad, \quad u_1(0)=1$$

$$\varepsilon u_2' = -u_2+v_2^4-2\varepsilon u_2 \quad, \quad u_2(0)=1$$

$$v_1' = u_1 \quad, \quad v_1(0)=0$$

$$v_2' = -u_2^{0.25}/2 \quad, \quad v_2(0)=1 \quad, \quad t\in[0,1].$$

Die exakte Lösung ist gegeben durch

$u_1(t)=\cos(t)$, $u_2(t)=\exp(-2t)$, $v_1(t)=\sin(t)$, $v_2(t)=\exp(-0.5t)$.

Beispiel 6.3.2.

$$\varepsilon u_1' = -(2+u_1 v_1)u_1+\cos^2(t)\sin(t)+2\cos(t)-\varepsilon v_1 \quad, \quad u_1(0)=1$$

$$v' = u_1+v_1-\sin(t) \quad, \quad v_1(0)=0, \quad t\in[0,1],$$

mit der Lösung

$$u_1(t)=\cos(t), \quad v_1(t)=\sin(t).$$

Man überprüft leicht, daß für das betrachtete Intervall die Voraussetzung (5.4.2) jeweils erfüllt ist.

Wir betrachten die folgenden Methoden:

M1: Die auf der Methode (4.2.9b) beruhende partitionierte Methode mit $c_2=1/2$ und

$$R_0^{(2)}(c_2 z) = \frac{1+(c_2-\gamma)z}{1-\gamma z} \quad, \quad R_0^{(3)}(z) = \frac{1+(1-2\gamma)z}{(1-\gamma z)^2} \quad, \quad \gamma=1-\sqrt{2}/2.$$

$R_0^{(3)}(z)$ ist L-verträglich, d.h., für $\varepsilon=0$ gilt $r^{(3)}=0$.

M2: Methode (5.4.14). Die rationalen Funktionen werden wie bei der Methode M1 gewählt.

M3: Methode (5.4.15) mit $c_4=2/3$, der L-verträglichen Stabilitätsfunktion

$$R_0^{(5)}(z) = \frac{1+(1-3\gamma)z+(1/2-3\gamma+3\gamma^2)z^2}{(1-\gamma z)^3} \quad, \quad \gamma=0.435866\ldots, \quad \text{und}$$

$$R_0^{(i)}(c_i z) = \frac{1+(c_i-2\gamma)z+(c_i^2/2-2\gamma c_i+\gamma^2)z^2}{(1-\gamma z)^2}, \quad i=2,3,4.$$

M4: Die auf der expliziten RK-Methode

$\frac{1}{2}$	$\frac{1}{2}$
	0 1

beruhende RK-Newton-Methode (6.3.2) mit 2 Iterationen ($\kappa_2=\kappa_3=1$) für Algebro-Differentialgleichungen (6.1.1), (6.1.2), d.h. $\varepsilon=0$.

Für die Testrechnungen setzen wir $T_1=g_u(t_m,u_m,v_m)$ und $T_2=g_v(t_m,u_m,v_m)$ bzw. $T_2=0$. Die Ordnung der Methoden ist in Folgerung 5.4.2 angegeben. Methode M4 ist nur für $\varepsilon=0$ anwendbar, die Konvergenzordnung beträgt nach Theorem 6.3.1 q=2.

Für die 4 Verfahren geben wir in den Tabellen 6.3.3 und 6.3.4 die mit konstanten Schrittweiten h=1/100 und h/2 berechnete Euklidische Norm des globalen Fehlers err(h) und err(h/2) im Punkt t=1 an, sowie die numerisch bestimmte Konvergenzordnung

$$q_{num} = \log_2 \frac{err(h)}{err(h/2)}.$$

Methode	ε	$T_2=g_v$			$T_2=0$		
		err(h)	err(h/2)	q_{num}	err(h)	err(h/2)	q_{num}
M1	1	1.2E-5	2.9E-6	2.00	5.7E-5	1.4E-5	1.99
	1.E-3	1.2E-5	2.2E-6	2.36	4.2E-3	2.2E-3	0.95
	1.E-6	5.4E-5	1.4E-5	1.97	3.2E-3	1.6E-3	0.99
	0	5.4E-5	1.4E-5	1.97	3.2E-3	1.6E-3	0.99
M2	1				1.1E-5	2.8E-6	1.99
	1.E-3				3.7E-5	1.0E-5	1.87
	1.E-6				1.0E-5	2.4E-6	2.03
	0				1.0E-5	2.4E-6	2.03
M3	1	9.4E-8	1.2E-8	3.00	1.3E-7	1.6E-8	2.99
	1.E-3	9.6E-7	6.6E-8	3.86	6.0E-5	1.1E-5	2.39
	1.E-6	2.2E-6	2.8E-7	2.98	6.9E-5	1.8E-5	1.98
	0	2.2E-6	2.8E-7	2.97	6.9E-5	1.8E-5	1.98
M4	0				3.0E-6	9.0E-7	1.73

Tabelle 6.3.3. Ergebnisse für Beispiel 6.3.1.

Methode	ε	$T_2 = g_v$			$T_2 = 0$		
		err(h)	err(h/2)	q_{num}	err(h)	err(h/2)	q_{num}
M1	1	2.8E-5	6.9E-6	1.98	5.8E-5	1.5E-5	1.99
	1.E-3	8.7E-4	4.1E-4	1.08	2.7E-3	1.2E-3	1.14
	1.E-6	9.3E-4	4.8E-4	0.96	3.1E-3	1.6E-3	0.99
	0	9.3E-4	4.8E-4	0.96	3.1E-3	1.6E-3	0.99
M2	1				7.8E-6	1.9E-6	2.00
	1.E-3				2.0E-5	4.1E-6	2.26
	1.E-6				2.5E-5	6.2E-6	2.01
	0				2.5E-5	6.2E-6	2.01
M3	1	5.9E-8	7.5E-9	2.98	1.2E-7	1.5E-8	3.00
	1.E-3	4.4E-6	9.7E-7	2.16	8.0E-6	1.7E-6	2.22
	1.E-6	5.0E-6	1.3E-6	2.00	9.7E-6	2.4E-6	1.99
	0	5.0E-6	1.3E-6	2.00	9.7E-6	2.4E-6	1.99
M4	0				5.9E-6	1.5E-6	1.99

Tabelle 6.3.4. Ergebnisse für Beispiel 6.3.2.

Die numerischen Ergebnisse stimmen mit den theoretischen Aussagen über den globalen Fehler von Folgerung 5.4.2 überein. Für die Methoden M1 - M3 ergibt sich für $\varepsilon=1$ die klassische Konvergenzordnung, unabhängig von der Wahl von T_2. Für das autonome System (Beispiel 6.3.1) bleibt mit $T_2 = g_v$ für M1, M3 diese Ordnung auch für $\varepsilon \to 0$ erhalten, während sie für $T_2 = 0$ um eins geringer ist. Für das nichtautonome System (Beispiel 6.3.2) sinkt für $\varepsilon \to 0$ für M1, M3 die Ordnung unabhängig von T_2, für M2 tritt keine Ordnungsreduktion ein.

Die Methoden M1 (mit $T_2 = 0$), M2 und M4 erfordern den gleichen numerischen Aufwand. Die numerischen Ergebnisse belegen die Überlegenheit der modifizierten Methode M2 über M1. Für $\varepsilon = 0$ liefert M4 genauere Ergebnisse als M1 und M2. Speziell M2 ist für geringe Genauigkeitsforderungen eine effektive Methode.

Im Unterschied zu den expliziten Runge-Kutta-Newton-Methoden sind die partitionierten LIRK-Methoden von Abschnitt 5.4 sowohl für $\varepsilon = 0$ als auch für $\varepsilon \neq 0$ anwendbar. Sie sind auch ohne Schwierigkeiten auf quasilineare Systeme $By' = f(t,y)$ mit konstanter, singulärer Matrix B übertragbar.

6.4. Nichtpartitionierte linear-implizite Runge-Kutta-Methoden

In den bisherigen Abschnitten dieses Kapitels betrachteten wir partitionierte Methoden zur Lösung von (6.1.1), (6.1.2). Diese Methoden sind wegen der geringen Dimension der zu lösenden linearen Gleichungssysteme effektiv, falls das Differentialgleichungssystem (6.1.1b) nicht steif ist. Ist diese Voraussetzung nicht mehr gegeben, so muß aus Stabilitätsgründen eine nichtpartitionierte LIRK-Methode zur Lösung von (6.1.1), (6.1.2) angewendet werden. Mit der Wahl

$$T = \begin{pmatrix} T_1 & T_2 \\ T_3 & T_4 \end{pmatrix} \quad, \quad T_i \text{ nach Bedingung (5.4.23)},$$

erhält man die folgende nichtpartitionierte LIRK-Methode:

$$v_{m+1}^{(1)} = v_m \; , \; u_{m+1}^{(1)} = u_m \tag{6.4.1}$$

$$v_{m+1}^{(i)} = R_0^{(i)}(c_i h\tilde{T}) v_m + h \sum_{j=1}^{i-1} A_{ij}(h\tilde{T}) \left\{ f(t_m + c_j h, u_{m+1}^{(j)}, v_{m+1}^{(j)}) - \tilde{T} v_{m+1}^{(j)} - T_3 T_1^{-1} g(t_m + c_j h, u_{m+1}^{(j)}, v_{m+1}^{(j)}) \right\}$$

$$u_{m+1}^{(i)} = \sum_{j=1}^{i-1} \nu_{ij} u_{m+1}^{(j)} - T_1^{-1} \left\{ \sum_{j=1}^{i-1} \nu_{ij} g(t_m + c_j h, u_{m+1}^{(j)}, v_{m+1}^{(j)}) - r_i g(t_m, u_m, v_m) + T_2(v_{m+1}^{(i)} - \sum_{j=1}^{i-1} \nu_{ij} v_{m+1}^{(j)}) \right\}$$

$$i = 2, \ldots, s$$

$$v_{m+1} = R_0^{(s+1)}(h\tilde{T}) v_m + h \sum_{j=1}^{s} B_j(h\tilde{T}) \left\{ f(t_m + c_j h, u_{m+1}^{(j)}, v_{m+1}^{(j)}) - \tilde{T} v_{m+1}^{(j)} - T_3 T_1^{-1} g(t_m + c_j h, u_{m+1}^{(j)}, v_{m+1}^{(j)}) \right\}$$

$$u_{m+1} = \sum_{j=1}^{s} \mu_j u_{m+1}^{(j)} - T_1^{-1} \left\{ \sum_{j=1}^{s} \mu_j g(t_m + c_j h, u_{m+1}^{(j)}, v_{m+1}^{(j)}) - r_{s+1} g(t_m, u_m, v_m) + T_2(v_{m+1} - \sum_{j=1}^{s} \mu_j v_{m+1}^{(j)}) \right\}$$

mit

$$r_i = R_0^{(i)}(\infty) \; , \; i = 2, \ldots, s+1 \; , \; \tilde{T} = T_4 - T_3 T_1^{-1} T_2 \; ,$$

$$\nu_{i1} = r_i - \lim_{z \to \infty} z A_{i1}(z) \; , \; \nu_{ij} = -\lim_{z \to \infty} z A_{ij}(z) \quad j = 2, \ldots, i-1,$$

$$\mu_1 = r_{s+1} - \lim_{z \to \infty} z B_1(z) \; , \; \mu_j = -\lim_{z \to \infty} z B_j(z) \quad j = 2, \ldots, s.$$

Bemerkung 6.4.1. Die Translationsinvarianz einer LIRK-Methode (vgl. Theorem 4.1.1) hat zur Folge

$$\sum_{j=1}^{s} \mu_j = 1 \quad \text{und} \quad \sum_{j=1}^{i-1} \nu_{ij} = 1 \quad \text{für } i=2(1)s. \quad \square$$

Für die Diskretisierungsmethoden (6.4.1) lassen sich die Aussagen aus Abschnitt 5.4.5 auf Systeme (6.1.1) übertragen, die wir in folgendem Theorem zusammenfassen:

Theorem 6.4.1. *Gilt für eine LIRK-Methode bei Anwendung auf* (5.4.1), (5.4.2) *mit* $\varepsilon \neq 0$ *für den globalen Fehler die Abschätzung* (5.4.21), *so besitzt die LIRK-Methode bei Anwendung auf* (6.1.1) *die Konvergenzordnung q.* $\square$

Wie das Beispiel 6.2.2 verdeutlicht, können speziell für autonome semi-explizite Algebro-Differentialgleichungen vom Index 1 unter Umständen bessere Konvergenzaussagen nachgewiesen werden.

Bemerkung 6.4.2. a) Wählt man die Funktionen $R_0^{(i)}(c_i z)$, $A_{ij}(z)$ und $B_j(z)$ so, daß sie Nenner der Form $(1-\gamma z)^{\rho_i}$ mit $\gamma > 0$ haben und den Voraussetzungen (A2) und (A3) aus Abschnitt 4.1 genügen, dann ist es nicht erforderlich, $\tilde{T}$ (und damit T_1^{-1}) explizit zu berechnen. Die Werte $u_{m+1}^{(i)}$, $v_{m+1}^{(i)}$ und u_{m+1}, v_{m+1} lassen sich dann wie in b) gleichzeitig aus linearen Gleichungssystemen der Dimension n berechnen.

b) Eine W-Methode ist für $\varepsilon = 0$ durch

$$u_{m+1}^{(i)} = u_m + h \sum_{j=1}^{i-1} \alpha_{ij} l_j, \quad v_{m+1}^{(i)} = v_m + h \sum_{j=1}^{i-1} \alpha_{ij} k_j$$

$$\begin{pmatrix} -h\gamma T_1 & -h\gamma T_2 \\ -h\gamma T_3 & I-h\gamma T_4 \end{pmatrix} \cdot \begin{pmatrix} l_i \\ k_i \end{pmatrix} = \begin{pmatrix} g(t_m+c_i h, u_{m+1}^{(i)}, v_{m+1}^{(i)}) + h\sum_{j=1}^{i-1} \gamma_{ij}(T_1 l_j + T_2 k_j) \\ f(t_m+c_i h, u_{m+1}^{(i)}, v_{m+1}^{(i)}) + h\sum_{j=1}^{i-1} \gamma_{ij}(T_3 l_j + T_4 k_j) \end{pmatrix},$$

$i=1(1)s,$

$$u_{m+1} = u_m + h \sum_{j=1}^{s} b_j l_j, \quad v_{m+1} = v_m + h \sum_{j=1}^{s} b_j k_j \qquad (6.4.2)$$

gegeben.
Die Koeffizienten in (6.4.1) berechnen sich dann aus

$$\lim_{\xi \to \infty} \xi A(\xi) = \alpha \cdot \lim_{\xi \to \infty} (\frac{1}{\xi} I - \tilde{\beta})^{-1} = -\alpha \tilde{\beta}^{-1}, \quad \lim_{\xi \to \infty} \xi B^T(\xi) = -b^T \tilde{\beta}^{-1}$$

mit $\tilde{\beta} = \beta + \gamma I$, β aus (4.3.5), zu

$$\nu_{i1} = r_i + \sum_{k=1}^{i-1} \alpha_{ik} w_{k1} , \quad i=2(1)s, \qquad \nu_{ij} = \sum_{k=j}^{i-1} \alpha_{ik} w_{kj} , \quad i=3(1)s, j=2(1)i-1,$$

$$\mu_1 = r_{s+1} + \sum_{k=1}^{s} b_k w_{k1} , \qquad \mu_j = \sum_{k=j}^{s} b_k w_{kj} , \quad j=2(1)s$$

$$r_i = 1 - \sum_{j=1}^{i-1} \sum_{k=j}^{i-1} \alpha_{ik} w_{kj} , \quad i=2(1)s, \quad r_{s+1} = 1 - \sum_{j=1}^{s} \sum_{k=j}^{s} b_k w_{kj} ,$$

mit $((w_{kj}))_{k,j=1}^{s} = \beta^{-1}$.

c) Für adaptive RK-Methoden mit $|R_0^{(i)}(\infty)| < \infty$ und $\rho_i \leq r_i$, $i=2(1)s+1$, ergibt sich mit (4.2.3) aus (6.4.2)

$$\nu_{i1} = \sum_{l=0}^{\rho_i} \lambda_{11}^{(i)} c_i^l + r_i (1-\lambda_{01}^{(i)}), \quad \nu_{ij} = \sum_{l=0}^{\rho_i} \lambda_{1j}^{(i)} c_i^l - r_i \lambda_{0j}^{(i)}, \quad i=2(1)s, \quad j=2(1)i-1$$

$$\mu_1 = \sum_{l=0}^{\rho_{s+1}} \lambda_{11}^{(s+1)} + r_{s+1}(1-\lambda_{01}^{(s+1)}), \quad \mu_j = \sum_{l=0}^{\rho_{s+1}} \lambda_{1j}^{(s+1)} - r_{s+1} \lambda_{0j}^{(s+1)}, \quad j=2(1)s.$$

d) Roche [1988a] betrachtet ROW-Methoden für autonome semi-explizite Algebro-Differentialgleichungen vom Index 1. Diese sind durch (6.4.2) mit

$$T_1 = g_u(u_m, v_m), \quad T_2 = g_v(u_m, v_m), \quad T_3 = f_u(u_m, v_m), \quad T_4 = f_v(u_m, v_m), \qquad (6.4.3)$$

gegeben. Unter der Voraussetzung, daß für die durch die Parameter α_{ij}, γ_{ij}, b_i, γ definierte ROW-Methode die Kontraktivitätsbedingung $|R_0^{(s+1)}(\infty)| < 1$ gilt, garantieren die Bedingungen aus Tabelle 6.4.1 die Konvergenz von (6.4.2),(6.4.3) mit der Ordnung q.

Im Unterschied zu den betrachteten partitionierten LIRK-Methoden können die k_i nicht durch eine explizite RK-Methode bestimmt werden, die Dimension der zu lösenden linearen Gleichungssysteme (eine LU-Zerlegung pro Integrationsschritt) ist n.

Roche [1988a] konstruiert eingebettete ROW-Methoden mit q=3(2), s=3 (ROWDA3) und q=4(3), s=5 (ROWDA4) und zeigt ferner, daß keine konvergente ROW-Methode (6.4.2) der Ordnung 4 mit 4 Stufen existiert. Für die maximale Ordnung q^* gilt:

s	1	2	3	4	5
q^*	1	2	3	3	4

Ostermann [1990] gibt für ROWDA3 eine stetige Erweiterung der Ordnung 3 an. □

q	Ordnungsbedingung
1	$\sum b_i = 1$
2	$\sum b_i \beta_i = 1/2$
3	$\sum b_i c_i^2 = 1/3$
4	$\sum b_i \beta_{ij} \beta_j = 1/6$
	$\sum b_i w_{ij} c_j^2 = 1$
	$\sum b_i c_i^3 = 1/4$
	$\sum b_i c_i \alpha_{ij} \beta_j = 1/8$
	$\sum b_i \beta_{ij} c_j^2 = 1/12$
	$\sum b_i \beta_{ij} \beta_{jk} \beta_k = 1/24$
	$\sum b_i c_i \alpha_{ij} w_{ij} c_k^2 = 1/4$
	$\sum b_i w_{ij} c_j^3 = 1$
	$\sum b_i w_{ij} c_j \alpha_{jk} \beta_k = 1/2$
	$\sum b_i w_{ij} c_j \alpha_{jk} w_{kl} c_l^2 = 1$

Tabelle 6.4.1. Ordnungsbedingungen für ROW-Methoden (6.4.2) (vgl. Roche [1988a]).

Bemerkung 6.4.3. Für autonome Index-2-Probleme gibt Roche [1988b] eine eingebettete ROW-Methode ROWDAIND2 mit 4 Stufen und der Konvergenzordnung $q_v=3(2)$ für die v- und $q_u=2(1)$ für die u-Komponenten an. Lubich/Roche [1990] untersuchen ROW-Methoden für Probleme der Gestalt $B(y)y'=f(y)$. Lubich [1989a,b] wendet linear-implizite Extrapolationsmethoden auf Algebro-Differentialgleichungen an. □

Zusammenfassend läßt sich feststellen, daß partititonierte LIRK-Methoden und explizite Runge-Kutta-Newton-Methoden gleichermaßen zur Lösung nichtsteifer Algebro-Differentialgleichungen vom Index 1 bei niedrigen bis mittleren Genauigkeitsforderungen geeignet sind. Da für partitionierte LIRK-Methoden hoher Ordnung (q>4) eine große Stufenzahl erforderlich ist, sind für kleine Toleranzen (TOL≤10^{-5}) explizite Runge-Kutta-Newton-Methoden vorzuziehen. Für steife Algebro-Differentialgleichungen sind nichtpartitionierte LIRK-Methoden, die eine Approximation der vollen Jacobi-Matrix berücksichtigen, vorteilhaft.

Kapitel 7

Anwendung linear-impliziter Runge-Kutta-Methoden auf parabolische Anfangs-Randwertprobleme

Ein einheitlicher Weg zur Konstruktion und Analyse numerischer Methoden für Anfangs-Randwertprobleme partieller Differentialgleichungen besteht in der Linienmethode. Durch eine Ortsdiskretisierung wird das vorgelegte instationäre Feldproblem in ein Anfangswertproblem gewöhnlicher Differentialgleichungen (semidiskretes Problem) überführt, das anschließend mit einem geeigneten Zeitintegrationsverfahren (ODE-Solver) numerisch gelöst wird.

In diesem Kapitel befassen wir uns mit der numerischen Behandlung semilinearer und spezieller Klassen quasilinearer parabolischer Anfangs-Randwertprobleme mit Hilfe der Linienmethode und anschließender Lösung des semidiskreten Problems durch eine linear-implizite RK-Methode. Im Mittelpunkt der Untersuchungen steht, im engen Zusammenhang zur B-Konsistenz und B-Konvergenz (vgl. Abschnitt 4.5), die Bestimmung von Schranken für den lokalen und globalen Gesamtdiskretisierungsfehler, die gleichmäßig bez. der Ortsdiskretisierung sind, d.h., die Schranken sind unabhängig vom Verhältnis von Zeit- und Ortsschrittweite.

7.1. Semilineare parabolische Differentialgleichungen

7.1.1. Die Problemklasse

Wir betrachten Anfangs-Randwertprobleme schwach gekoppelter parabolischer Differentialgleichungssysteme vom semilinearen Typ

$$u_t(t,x) = A(x)u + Q(t,x,u) , \quad x \in [0,1], \ t \in [0,t_e]$$
$$u(0,x) = u_0(x) , \quad x \in [0,1] \qquad (7.1.1)$$
$$\left.\begin{array}{l} \beta_1 u(t,0) - \gamma_1 u_x(t,0) = \phi_1(t) \\ \beta_2 u(t,1) + \gamma_2 u_x(t,1) = \phi_2(t) \end{array}\right\} \forall \ t \in [0,t_e]$$

Hierbei sind $u(t,x)$, $\phi_1(t)$, $\phi_2(t)$, $Q(t,x,u)$ k-dimensionale Vektorfunktionen und $A(x)$ bezeichnet den gleichmäßig elliptischen Differentialoperator

$$A(x)u = (a(x)u_x)_x$$

mit
$$a(x) = \text{diag}(a_1(x), \ldots, a_k(x)) \quad \text{und} \quad a_i(x) \geq c > 0, \quad \forall\, x \in [0,1].$$

Ferner ist
$$\beta_l = \text{diag}(\beta_{l1}, \ldots, \beta_{lk}), \quad \gamma_l = \text{diag}(\gamma_{l1}, \ldots \gamma_{lk}), \quad l=1,2$$

mit
$$\beta_{lj}, \gamma_{lj} \geq 0 \quad \text{und} \quad \beta_{lj} + \gamma_{lj} > 0.$$

Systeme dieser Art entstehen bei der Modellierung von Wärmeleit- und Diffusionsvorgängen in einer Ortsrichtung. Die als Quellfunktion bezeichnete Funktion $Q(t,x,u)$ gibt in Wärmeleitvorgängen die frei werdende ($Q>0$) oder verbrauchte ($Q<0$) Wärmemenge an. Die Randbedingungen heißen Randbedingungen 3. Art und werden in den Fällen $\gamma_l = 0$ bzw. $\beta_l = 0$ auch als Randbedingung 1. bzw. 2. Art bezeichnet. Randbedingungen 1. Art bedeuten, daß die Temperatur in jedem Punkt des Randes zu jedem Zeitpunkt, der auf den Anfangszeitpunkt folgt, bekannt ist. Randbedingungen 2. Art besagen, daß in jedem Zeitpunkt, der auf den Anfangszeitpunkt folgt, der Wärmestrom durch den Rand des wärmeleitenden Mediums vorgeschrieben ist. Im Spezialfall $\beta_1 = 0$ und $\phi_1(t) = 0$ bzw. $\beta_2 = 0$ und $\phi_2(t) = 0$, gibt es keinen Wärmestrom durch den betrachteten Rand (thermisch isolierter Rand). Randbedingungen 3. Art beschreiben den Prozeß des Wärmeaustausches mit dem umgebenden Medium unter der Voraussetzung, daß die Temperatur des umgebenden Mediums bekannt ist.

Für alle $t \in [0, t_e]$ ist die Vektorfunktion $u(t,x)$ ein Element eines normierten Funktionenraumes $V(0,1)$ mit der Norm $\|\cdot\|_V$.

Im gesamten Kapitel werden folgende Bezeichnungen verwendet:

h : Gitterparameter für die Ortsdiskretisierung, der ein nicht notwendig äquidistantes Ortsgitter

$$I_h := \{0 = x_0 < x_1 < \ldots < x_{N+1} = 1\}$$

auf dem Intervall [0,1] mit den Maschenweiten $h_{i+1} = x_{i+1} - x_i$, $i = 0(1)N$, erzeugt. Ferner bezeichne h^* den maximalen und h_* den minimalen Gitterabstand, d.h.

$$h^* = \max_{i=1}^{N+1} h_i, \quad h_* = \min_{i=1}^{N+1} h_i.$$

Wir setzen voraus, daß für alle betrachteten Gitter I_h das Verhältnis h^*/h_* gleichmäßig beschränkt ist.

τ : Zeitschrittweite.

$\|\cdot\|$: eine Norm im Raum V_h der Gitterfunktionen. Dabei wird vorausgesetzt, daß für jede Funktion $v(t,x) \in V(0,1)$ und jedes

263

$t\in[0,t_e]$ für jede zugeordnete Gitterfunktion $v_h(t,x)\in V_h$ gilt

$$\|v_h(t,x)\| \longrightarrow \|v(t,x)\|_V \quad \text{für } h^* \to 0,$$

d.h., die Normen sind aufeinander abgestimmt (vgl. Samarskij [1984]).

Bemerkung 7.1.1. Ist $V=L_2(0,1)$, so verwenden wir im Fall eines äquidistanten Ortsgitters in V_h die skalierte diskrete L_2-Norm

$$\|y\|^2 = \langle y,y\rangle = h\cdot y^T R\cdot y ,$$

mit einer symmetrischen, positiv definiten Matrix R, deren Norm unabhängig von h gleichmäßig beschränkt ist. Für ein nichtäquidistantes Gitter definieren wir die Norm durch

$$\|y\|^2 = \langle y,y\rangle = h^*\cdot y^T\cdot R^*\cdot y , \quad y\in V_h,$$

wobei R^* eine symmetrische, positiv definite Matrix darstellt, deren Elemente von den verschiedenen Gitterabständen abhängen. □

Für die weiteren Untersuchungen setzen wir stets voraus, daß das Anfangs-Randwertproblem (7.1.1) eine eindeutige Lösung $u(t,x)$ besitzt.

7.1.2. Ein Stabilitätstheorem

Die Stabilitätsaussagen für dissipative gewöhnliche Differentialgleichungssysteme (vgl. Abschnitt 1.3.2) lassen sich in natürlicher Weise auf die Problemklasse (7.1.1) mit Dirichlet-Bedingungen ($\gamma_1=0$, $\gamma_2=0$) unter Verwendung des Skalarproduktes

$$\langle u(x),v(x)\rangle = \int_0^1 u^T(x)v(x)dx$$

ausdehnen.

Sei $v(t,x)$ eine Lösung von (7.1.1) mit Dirichlet-Bedingungen unter der "gestörten" Anfangsbedingung $v_0(x)=u_0(x)+\delta_0(x)$, $x\in[0,1]$ mit $\delta_0(0)=\delta_0(1)=0$. Dann genügt die Differenz $e(t,x)=v(t,x)-u(t,x)$ dem parabolischen Anfangs-Randwertproblem

$$\begin{aligned}e_t(t,x)&= A(x)e+g(t,x,e)\\ e(0,x)&= \delta_0(x) , \quad x\in[0,1]\\ e(t,0)&= e(t,1) = 0 , \quad \forall\, t\in[0,t_e] ,\end{aligned} \qquad (7.1.2)$$

wobei die Funktion $g(t,x,e)$ durch

$$g(t,x,e) = Q(t,x,e(t,x)+u(t,x))-Q(t,x,u(t,x))$$

festgelegt ist.

Im weiteren bezeichne $H_0^1(0,1)$ den Funktionenraum, der durch

$$H_0^1(0,1) = \{\varphi \in L_2(0,1) \text{ mit } \varphi(0)=\varphi(1)=0, \; \varphi' \in L_2(0,1)\}$$

definiert ist, wobei φ' die verallgemeinerte Ableitung bezeichnet. Für $v(x)=(v_1(x),\ldots,v_k(x))^T$ bedeutet die Schreibweise $v(x) \in H_0^1(0,1)$, daß $v_i \in H_0^1(0,1)$ für $i=1,\ldots,k$ gilt.

Für die weiteren Untersuchungen benötigen wir das folgende Lemma (vgl. Adams [1975]):

Lemma 7.1.1. (Friedrichssche Ungleichung) Sei

$$w(t,x)=(w_1(t,x),\ldots,w_k(t,x))^T \in H_0^1(0,1) \text{ für alle } t \in [0,t_e].$$

Dann existiert eine positive Konstante κ mit

$$\|w(t,x)\|_{L_2}^2 := \int_0^1 w^T w \, dx \leq \kappa \int_0^1 \sum_{l=1}^k (\frac{\partial}{\partial x} w_l)^2 dx, \quad \forall \, t \in [0,t_e]. \quad \square$$

Theorem 7.1.1. Sei $e(t,x) \in H_0^1(0,1)$ für alle $t \in [0,1]$ und sei

$$<Q(t,x,u)-Q(t,x,v),u-v> \leq L\|u-v\|_{L_2}^2, \quad \forall \, t \in [0,t_e], \; u,v \in L_2(0,1).$$

Dann gilt für das Anfangs-Randwertproblem (7.1.2) die Abschätzung

$$\|e(t,x)\|_{L_2} \leq \exp((L-C)t) \|\delta_0(x)\|_{L_2}, \quad \forall \, t \in [0,t_e], \; x \in [0,1]$$

mit $C=\frac{c}{\kappa}$, $c=\min\{a_i(x) \mid i=1(1)k, \; x \in [0,1]\}$.

Beweis. Aus (7.1.2) folgt durch Multiplikation mit $e(t,x)$ und unter Beachtung der Identität

$$<e_t,e> = \|e(t,x)\|_{L_2} \frac{d}{dt} \|e(t,x)\|_{L_2},$$

die Differentialungleichung

$$\|e(t,x)\|_{L_2} \frac{d}{dt} \|e(t,x)\|_{L_2} \leq <A(x)e,e> + L\|e(t,x)\|_{L_2}^2.$$

Weiterhin ist

$$<A(x)e,e> = \sum_{l=1}^k \int_0^1 \frac{\partial}{\partial x}(a_l(x) \frac{\partial}{\partial x} e_l(t,x)) e_l(t,x) dx.$$

Durch partielle Integration und unter Berücksichtigung der Tatsache, daß die integralfreien Glieder infolge der Randbedingungen verschwinden, ergibt sich

$$<A(x)e,e> = -\sum_{l=1}^k \int_0^1 a_l(x) (\frac{\partial}{\partial x} e_l(t,x))^2 dx.$$

Die Friedrichssche Ungleichung liefert

$$\langle A(x)e,e\rangle \leq -\frac{c}{\kappa}\|e(t,x)\|_{L_2}^2,$$

d.h., der Operator $A(x)e$ ist negativ definit. Damit erhält man

$$\frac{d}{dt}\|e(t,x)\|_{L_2} \leq (L-C)\|e(t,x)\|_{L_2}, \quad \forall\ t\in[0,t_e],\ x\in[0,1]$$

$$\|e(0,x)\|_{L_2} = \|\delta_0(x)\|_{L_2},$$

woraus mit Theorem 1.2.1 die Behauptung folgt. ∎

Bemerkung 7.1.2. Für $u,v\in H_0^1(0,1)$ gilt

$$\langle A(x)u,v\rangle = -\sum_{l=1}^{k}\int_0^1 a_l(x)\frac{\partial}{\partial x}u_l\cdot\frac{\partial}{\partial x}v_l dx$$

$$= \sum_{l=1}^{k}\int_0^1 u_l\,\frac{\partial}{\partial x}(a_l(x)\frac{\partial}{\partial x}v_l)dx = \langle u,A(x)v\rangle,$$

d.h., der Operator $A(x)$ ist symmetrisch. □

7.2. Die Linienmethode

Die Linienmethode (method of lines) stellt eine prinzipielle Möglichkeit zur numerischen Behandlung parabolischer Anfangs-Randwertprobleme dar. Hierbei wird der Lösungsprozeß in zwei Teile aufgespalten. In einem ersten Schritt erfolgt, im Gegensatz zur Rothe-Methode, eine geeignete Ortsdiskretisierung, häufig auch als *Semidiskretisierung* bezeichnet, i. allg. mittels finiter Differenzen oder finiter Elemente. Dabei geht, unter Einbeziehung der Randbedingungen, das parabolische Anfangs-Randwertproblem in ein Anfangswertproblem für ein System gewöhnlicher Differentialgleichungen erster Ordnung über (sog. *semidiskretes Problem*). In einem darauf folgenden zweiten Schritt wird dieses semidiskrete Problem, welches sehr steif sein kann, mit einer geeigneten Diskretisierungsmethode für Anfangswertaufgaben gewöhnlicher Differentialgleichungen gelöst.

Die Vorteile der Linienmethode sind:

1. Stabilitäts- und Konvergenzuntersuchungen von Diskretisierungsmethoden sind für umfangreiche Aufgabenklassen leicht durchführbar, wobei Resultate aus der Theorie der gewöhnlichen (insbesondere steifer) Differentialgleichungen genutzt werden können.

2. Bei der rechentechnischen Realisierung kann - unter Berück-

sichtigung der speziellen Struktur des semidiskreten Problems (vgl. Abschnitt 7.2.1) - die umfangreiche Software zur Lösung von Anfangswertaufgaben gewöhnlicher Differentialgleichungen verwendet werden. Dies ermöglicht auch, den Einfluß verschiedener Ortsdiskretisierungen auf die Lösung des Originalproblems zu vergleichen.

7.2.1. Finitisierung des Ortsraumes mittels finiter Differenzen

Wir betrachten zunächst das skalare parabolische Anfangs-Randwertproblem

$$u_t(t,x) = A(x)u + Q(t,x,u), \quad x \in [0,1], \quad t \in [0,t_e]$$

$$u(0,x) = u_0(x), \quad x \in (0,1) \quad (7.2.1)$$

$$u(t,0) = \phi_1(t), \quad u(t,1) = \phi_2(t), \quad t \in [0,t_e]$$

mit

$$A(x)u = (b(x)u_x)_x, \quad b(x) \geq c > 0, \quad \forall x \in [0,1].$$

In den Ortsraum [0,1] legen wir das Punktgitter

$$I_h := \{x_{j+1} = x_j + h_{j+1}, \quad j=0(1)N, \quad x_0=0, \quad x_{N+1}=1\} \quad (7.2.2)$$

mit den Maschenweiten h_{j+1}. Ist das Gitter äquidistant, so bezeichnen wir die Maschenweiten einfach mit h. Den Differentialoperator $A(x)u$ approximieren wir auf I_h durch

$$A(x)u\Big|_{x=x_j} \approx \frac{1}{h_j + h_{j+1}} [d_{j-1} u(t,x_{j-1}) - (d_{j-1} + d_j) u(t,x_j) + d_j u(t,x_{j+1})],$$

$$j = 1(1)N$$

mit

$$d_j = \frac{b_j + b_{j+1}}{h_{j+1}}, \quad b_j = b(x_j).$$

Führt man die Matrizen

$$H = \text{diag}(\frac{1}{h_1 + h_2}, \ldots, \frac{1}{h_N + h_{N+1}}) \in \mathbb{R}^{N \times N}$$

und

$$D = \begin{pmatrix} -(d_0+d_1) & d_1 & & & \\ d_1 & -(d_1+d_2) & d_2 & & \\ & \cdot & \cdot & \cdot & \\ & & \cdot & \cdot & \cdot \\ & & & d_{N-2} & -(d_{N-2}+d_{N-1}) & d_{N-1} \\ & & & & d_{N-1} & -(d_{N-1}+d_N) \end{pmatrix} \in \mathbb{R}^{N \times N}, \quad (7.2.3)$$

sowie die Vektoren
$$y(t) = (y_1(t),\ldots,y_N(t))^T \text{ mit } y_i(t) \approx u(t,x_i)$$
und
$$y_0 = (u_0(x_1),\ldots,u_0(x_N))^T$$

ein, so ergibt sich unter Berücksichtigung der Randbedingungen das semidiskrete Problem in der Form

$$y'(t) = A_h y(t) + Q_h(t,y) + r_h(t) =: f(t,y)$$
$$y(0) = y_0 \tag{7.2.4}$$

mit
$$A_h y(t) = HDy(t) \text{ und } r_h(t) = H(d_0 \phi_1(t), 0, \ldots, 0, d_N \phi_2(t))^T \in \mathbb{R}^N.$$

Für die qualitative Beurteilung des semidiskreten Problems (7.2.4) spielt der lokale Ortsdiskretisierungsfehler eine zentrale Rolle.

Definition 7.2.1. Der Vektor
$$\alpha_h(t) = f_h(t, u_h(t)) - u_h'(t) \tag{7.2.5}$$

heißt *lokaler Ortsdiskretisierungsfehler*, wobei $u_h(t)$ die Restriktion der exakten Lösung $u(t,x)$ von (7.2.1) auf das Gitter I_h darstellt. □

Definition 7.2.2. Das semidiskrete Problem (7.2.4) heißt auf I_h *konsistent* mit dem Anfangs-Randwertproblem (7.2.1), wenn gleichmäßig in t gilt
$$\|\alpha_h(t)\| \to 0 \quad \text{für } h^* \to 0.$$

Es besitzt auf I_h die Konsistenzordnung p, wenn gleichmäßig in t gilt
$$\|\alpha_h(t)\| = O(h^{*p}) \quad \text{für } h^* \to 0. \quad \square$$

Bemerkung 7.2.1. Der lokale Ortsdiskretisierungsfehler $\alpha_h(t)$ stellt den Defekt der Gitterfunktion $u_h(t)$ bez. der Differentialgleichung (7.2.4) dar. Er gibt an, wie "gut" $u_h(t)$ die Differentialgleichung (7.2.4) erfüllt. □

Theorem 7.2.1. *Das semidiskrete Problem (7.2.4) hat auf I_h die Konsistenzordnung p=1. Für eine äquidistante Ortsdiskretisierung hat (7.2.4) die Konsistenzordnung p=2.*

Beweis. Eine Taylorentwicklung von

$$(b(x)u_x)_x \big|_{x=x_j} - \frac{1}{h_j + h_{j+1}} [d_{j-1} u_{h,j-1} - (d_{j-1} + d_j) u_{h,j} + d_j u_{h,j+1}], \quad j=1(1)N,$$

im Punkt x_j liefert im Fall $h_{j+1} \neq h_j$ als ersten nichtverschwindenden Taylorterm

$$-\frac{1}{6}(h_{j+1}-h_j)[2bu_{xxx}+3b_x u_{xx}+3b_{xx}u_x]_{x=x_j}$$

und im Fall $h_{j+1}=h_j=h$

$$-\frac{h^2}{12}[bu_{xxxx}+2b_x u_{xxx}+3b_{xx}u_{xx}+2b_{xxx}u_x]_{x=x_j},$$

woraus sich die Behauptung ergibt. ∎

Theorem 7.2.2. *Der semidiskrete Operator A_h ist bez. des Skalarproduktes $\langle y,v\rangle = y^T H^{-1} v$, $y,v \in \mathbb{R}^N$, symmetrisch und negativ definit.*

Beweis. Aufgrund der Symmetrie von D folgt

$$\langle A_h y, v\rangle = y^T Dv = y^T H^{-1} A_h v = \langle y, A_h v\rangle,$$

d.h., A_h ist symmetrisch. Ferner ist

$$\langle A_h y, y\rangle = y^T Dy = -\sum_{i=0}^{N} d_i (y_{i+1}-y_i)^2 \text{ mit } y_0 = y_{N+1} = 0,$$

was die negative Definitheit von A_h impliziert. ∎

Ist der Diffusionskoeffizient b konstant ($b(x)=b>0$), so hat bei einer äquidistanten Ortsdiskretisierung die Matrix

$$A_h = H \cdot D = \frac{b}{h^2}\begin{pmatrix} -2 & 1 & & & \\ 1 & -2 & 1 & & \\ & \ddots & \ddots & \ddots & \\ & & 1 & -2 & 1 \\ & & & 1 & -2 \end{pmatrix} \quad (7.2.6)$$

die Eigenwerte

$$\lambda_l = -\frac{4b}{h^2}\sin^2(lh\frac{\pi}{2}), \quad l=1(1)N.$$

Für $h \to 0$ ($N \to \infty$) erhalten wir für den l-ten Eigenwert

$$\lambda_l \to -b(l\pi)^2,$$

also insgesamt die Eigenwerte $-b(l\pi)^2$, $l=1,2,\ldots$, des stetigen Operators $A = b\frac{\partial^2}{\partial x^2}$, d.h. die Eigenwerte des Zweipunkt-Randwertproblems $bw''=\lambda w$, $w(0)=w(1)=0$. Dies hat zur Folge, daß A in der L_2-Norm keiner klassischen Lipschitz-Bedingung

$$\|Aw_1 - Aw_2\|_{L_2} \le L\|w_1 - w_2\|_{L_2}$$

genügt. Wählt man z.B. für $w_1 - w_2$ die n-te normierte Eigenfunktion, d.h.

so erhält man
$$w_1-w_2 = \sqrt{2}\sin(n\pi x),$$
$$\|A(w_1-w_2)\|_{L_2} = bn^2\pi^2,$$

so daß für n→∞ keine Lipschitz-Konstante existiert.

Dies zeigt bereits die grundlegenden Schwierigkeiten bei der numerischen Integration semidiskreter parabolischer Probleme. Mit einer Verfeinerung der Ortsdiskretisierung, die zwar eine Verkleinerung des lokalen Ortsdiskretisierungsfehlers $\alpha_h(t)$ zur Folge hat, wächst nicht nur die Dimension N des semidiskreten Problems rasch an (N→∞ für h→0), sondern es wird für h→0 auch beliebig steif. Darüberhinaus führen schon recht einfache parabolische Anfangs-Randwertaufgaben auf nichtlineare semidiskrete Probleme.

Mit Hilfe von (7.2.4) stellen wir nun das semidiskrete Problem für die Anfangs-Randwertaufgabe (7.1.1) mit Dirichlet-Randbedingungen auf. Die konkrete Gestalt desselben hängt entscheidend von der Anordnung der Komponenten des Vektors y(t) ab.

Im Prinzip gibt es zwei verschiedene Möglichkeiten der Anordnung:

(i) Anordnung bez. der Gitterpunkte. D.h., es werden zuerst alle Komponenten des Vektors $u_{h,1}$ für alle inneren Gitterpunkte x_j, j=1(1)N, dann alle Komponenten von $u_{h,2}$ für alle x_j, usw. aufgeschrieben. Die Komponenten des Vektors
$$y=(y_1,\ldots,y_N,\ldots,y_{(k-1)N},\ldots,y_{kN})^T$$
sind damit durch
$$y_{(i-1)N+j} \approx u_{h,i}(t,x_j), \quad i=1(1)k, \quad j=1(1)N$$
festgelegt. Für die Komponenten des Anfangsvektors
$$y_0=(y_{0,1},\ldots,y_{0,N},\ldots,y_{0,(k-1)N},\ldots,y_{0,kN})^T$$
gilt entsprechend
$$y_{0,(i-1)N+j}=u_{0,i}(x_j), \quad i=1(1)k, \quad j=1(1)N.$$

(ii) Anordnung bez. der Komponenten. D.h., es werden zuerst alle Komponenten der Vektoren $u_{h,i}$, i=1(1)k, für den Gitterpunkt x_1, dann alle Komponenten für den Gitterpunkt x_2, usw. bis zum Gitterpunkt x_N aufgeschrieben. Die Komponenten des Vektors y
$$y=(y_1,\ldots,y_k,y_{k+1},\ldots,y_{2k},\ldots,y_{(N-1)k},\ldots,y_{Nk})^T$$

sind festgelegt durch

$$y_{(j-1)k+i} \approx u_{h,i}(t,x_j), \quad i=1(1)k, \quad j=1(1)N.$$

Für die Komponenten des Anfangsvektors

$$y_0 = (y_{0,1},\ldots y_{0,k},\ldots,y_{0,(N-1)k},\ldots,y_{0,Nk})^T$$

gilt entsprechend

$$y_{0,(j-1)k+i} = u_{0,i}(x_j), \quad i=1(1)k, \quad j=1(1)N.$$

Die Anordnung der Komponenten von y hat entscheidenden Einfluß auf die Struktur der Jacobi-Matrix des semidiskreten Problems und damit auf die Effektivität einer LIRK-Methode. Im Fall (i) erhalten wir bei einer äquidistanten Ortsdiskretisierung für den semidiskreten Operator

$$A_h = \frac{1}{h^2} \text{diag}(D_i), \quad i=1(1)k,$$

wobei die tridiagonalen Matrizen D_i durch (7.2.3) mit

$$d_j = \frac{a_{i,j}+a_{i,j+1}}{2}, \quad a_{i,j}=a_i(x_j)$$

gegeben sind.

Falls die semidiskrete Quellfunktion $Q_h(t,y)$ nicht steif ist, so kann für die Matrix T in einer LIRK-Methode $T=A_h$ gesetzt werden. Damit ist T eine tridiagonale Matrix und der Aufwand bei der Lösung der linearen Gleichungssysteme ist gering (vgl. Tabelle 7.2.1.). Ist die semidiskrete Quellfunktion $Q_h(t,y)$ dagegen steif (vgl. Beispiel 3.2.2), so muß aus Stabilitätsgründen die Jacobi-Matrix von Q_h mit in die Matrix T einbezogen werden. Für die Komponenten $Q_{h,(i-1)N+j}$ von $Q_h(t,y)$ gilt

$$Q_{h,(i-1)N+j} = Q(t,x_j,y_j,y_{N+j},\ldots,y_{(k-1)N+j}), \quad i=1(1)k, \quad j=1(1)N,$$

so daß die Matrix T die folgende Struktur hat (N=4, k=3):

$$T = \begin{pmatrix} \begin{matrix} xx \\ xxx \\ xxx \\ xx \end{matrix} & \begin{matrix} x \\ x \\ x \\ x \end{matrix} & \begin{matrix} x \\ x \\ x \\ x \end{matrix} \\ \begin{matrix} x \\ x \\ x \\ x \end{matrix} & \begin{matrix} xx \\ xxx \\ xxx \\ xx \end{matrix} & \begin{matrix} x \\ x \\ x \\ x \end{matrix} \\ \begin{matrix} x \\ x \\ x \\ x \end{matrix} & \begin{matrix} x \\ x \\ x \\ x \end{matrix} & \begin{matrix} xx \\ xxx \\ xxx \\ xx \end{matrix} \end{pmatrix}$$

Dabei bedeutet "x" ein von Null verschiedenes Matrixelement und eine Leerstelle eine Null.

Für eine steife semidiskrete Quellfunktion Q_h ist die Anordnung (ii) wesentlich vorteilhafter. Die Matrix T hat, wie man sich leicht überlegt, die Struktur

$$T = \begin{pmatrix} A_1 & C_1 & & & \\ B_2 & A_2 & C_2 & & \\ & \ddots & \ddots & \ddots & \\ & & B_{N-1} & A_{N-1} & C_{N-1} \\ & & & B_N & A_N \end{pmatrix},$$

wobei B_i, C_i Diagonalmatrizen und A_i i.allg. vollbesetzte Matrizen der Dimension k sind, d.h., T ist eine Block-Tridiagonalmatrix, ihre obere und untere Bandbreite ist jeweils k. Damit wird der Aufwand zur Lösung der linearen Gleichungssysteme in einer LIRK-Methode wesentlich geringer. Die Kosten (Anzahl der Flops[1]) für Matrixzerlegung nach dem Gaußschen Algorithmus ohne Pivotisierung und Rücksubstitution sind in Abhängigkeit von k aus der nachstehenden Tabelle (vgl. Golub/Van Loan [1987]) zu ersehen:

LU-Zerlegung	$k^2 N(k+1) - \frac{2}{3}k^3$
Rücksubstitution	$Nk(2k+1) - k^2$

Tabelle 7.2.1. Aufwand für LU-Zerlegung und Rücksubstitution.

Bemerkung 7.2.2. Für ein skalares parabolisches Anfangs-Randwertproblem sind die Strukturen (i) und (ii) identisch. □

7.2.2. Finitisierung des Ortsraumes mittels finiter Elemente

Wir betrachten das Anfangs-Randwertproblem (7.2.1) und beschränken uns auf homogene Dirichlet-Randbedingungen. Ist $v(t,x)$ für alle $t \in [0, t_e]$ eine beliebige Funktion aus $H_0^1(0,1)$, dann lautet die zu (7.2.1) zugehörige Variationsformulierung (schwache Formulierung):

Gesucht ist eine Funktion $u(t,x)$, so daß u für alle $t \in [0, t_e]$ im Raum $H_0^1(0,1)$ liegt und

$$\langle \frac{\partial u}{\partial t}, v \rangle = \langle Au, v \rangle + \langle Q, v \rangle \quad , \quad \text{für alle } v \in H_0^1(0,1) \text{ und } t \in (0, t_e]$$

$$u = u_0 \text{ für } t=0$$

gilt.

---

[1] Ein Flop ist im wesentlichen der Aufwand für eine Operation vom Typ $s = s + a_{ik} b_{kj}$.

Dabei ist (vgl. Bemerkung 7.1.2)

$$\langle A(x)u,v\rangle = -\int_0^1 b(x)\frac{\partial u}{\partial x}\cdot\frac{\partial v}{\partial x}dx \ .$$

Wir setzen voraus, daß Q für alle $t\in(0,t_e]$ in $L_2(0,1)$ liegt, und daß $u_0\in L_2(0,1)$ ist. Sei $V_h\subset H_0^1(0,1)$ der endlich-dimensionale finite Elemente-Raum, dann ist das semidiskrete finite Elemente-Problem charakterisiert durch

$$\langle \frac{\partial}{\partial t} w_h, v_h\rangle = \langle Aw_h, v_h\rangle + \langle Q, v_h\rangle, \text{ für alle } v_h\in V_h$$

$$\langle w_h|_{t=0}, v_h\rangle = \langle u_0, v_h\rangle \ , \text{für alle } v_h\in V_h \ , \tag{7.2.7}$$

mit $w_h\in V_h$ für alle $t\in[0,t_e]$. Für praktische Rechnungen wird der Ansatz

$$w_h(t,x) = \sum_{l=1}^N d_l(t)\psi_l(x), \tag{7.2.8}$$

gemacht, wobei $\psi_l(x)$, $l=1(1)N$, die Basisfunktionen in V_h bezeichnen. Aus (7.2.7) ergibt sich damit ein gewöhnliches Differentialgleichungssystem für die Funktionen $d_l(t)$, $l=1(1)N$:

$$\left.\begin{array}{l} \sum_{l=1}^N d_l'\langle\psi_l,\psi_k\rangle = \sum_{l=1}^N d_l\langle A\psi_l,\psi_k\rangle + \langle Q,\psi_k\rangle \\ \sum_{l=1}^N d_l(0)\langle\psi_l,\psi_k\rangle = \langle u_0,\psi_k\rangle \end{array}\right\} k=1(1)N. \tag{7.2.9}$$

Bezeichnen wir mit

$$M=(m_{l,k})_{l,k=1}^N = (\langle\psi_l,\psi_k\rangle)_{l,k=1}^N$$

die *Massematrix* und mit

$$S=(s_{l,k})_{l,k=1}^N = -(\langle A\psi_l,\psi_k\rangle)_{l,k=1}^N$$

die *Steifigkeitsmatrix*, so läßt sich mit den Vektoren

$$d=(d_1,\ldots,d_N)^T \ , \ g=(\langle u_0,\psi_1\rangle,\ldots,\langle u_0,\psi_N\rangle)^T$$

und mit dem *Lastvektor*

$$q=(\langle Q,\psi_1\rangle,\ldots,\langle Q,\psi_N\rangle)^T$$

das semidiskrete finite Elemente-Problem (7.2.9) in der übersichtlichen Form

$$Md'(t) + Sd = q$$
$$Md(0) = g \tag{7.2.10}$$

darstellen. Die Massematrix M ist eine Gramsche Matrix[2] bez. des
L_2-Skalarproduktes und die Steifigkeitsmatrix S eine Gramsche Matrix
bez. des energetischen Skalarproduktes $[y,v]=-<Ay,v>$ in V_h. Beide Matrizen sind demzufolge symmetrisch und positiv definit. Im Gegensatz
zu einer finiten Differenzen-Semidiskretisierung (Abschnitt 7.2.1)
ist jetzt das semidiskrete Problem ein implizites gewöhnliches Differentialgleichungssystem $f(t,y,y')=0$ mit einer regulären Matrix $f_{y'}=M$.

Beispiel 7.2.1. Wir betrachten den einfachsten Fall einer finiten
Elemente-Semidiskretisierung. D.h., auf einem äquidistanten Punktgitter $I_h:=\{x_j=j\cdot h,\ j=0(1)N+1,\ h=\frac{1}{N+1}\}$ wählen wir als finite Elemente die
stückweise linearen Ansatzfunktionen (Hütchenfunktionen)

$$\psi_l(x) = \begin{cases} \frac{x}{h}-l+1 & \text{für } (l-1)h \leq x \leq lh \\ -\frac{x}{h}+l+1 & \text{für } lh \leq x \leq (l+1)h, \quad l=1(1)N \\ 0 & \text{sonst}. \end{cases}$$

Nach elementarer Rechnung ergibt sich die Massematrix M zu

$$M = \frac{h}{6}\begin{pmatrix} 4 & 1 & & & \\ 1 & 4 & 1 & & \\ & \ddots & \ddots & \ddots & \\ & & 1 & 4 & 1 \\ & & & 1 & 4 \end{pmatrix},$$

und die Elemente s_{ij} der Steifigkeitsmatrix S sind durch

$$s_{i,i} = \frac{1}{h}\int_{i-1}^{i+1} b(h\xi)d\xi, \quad i=1(1)N,$$

$$s_{i,i+1} = -\frac{1}{h}\int_{i}^{i+1} b(h\xi)d\xi, \quad i=1(1)N-1,$$

$$s_{i,i-1} = -\frac{1}{h}\int_{i-1}^{i} b(h\xi)d\xi, \quad i=2(1)N,$$

$$s_{i,j} = 0 \text{ für } |i-j| \geq 2$$

---

[2] Eine Gramsche Matrix $C=(c_{i,k})_{i,k=1}^n$, $c_{i,k}=<a_i,a_k>$, ist genau dann
positiv definit, wenn die Spaltenvektoren $a_1,\ldots,a_n$ linear unabhängig
sind.

gegeben. Weiterhin bestimmen sich die Elemente q_i des Lastvektors q aus

$$q_i(t) = \frac{1}{h} \int_{i-1}^{i+1} Q(t,h\xi,w_h(t,h\xi))\psi_i(h\xi)d\xi , \quad i=1(1)N,$$

und die Elemente g_i von g sind durch

$$g_i(t) = \frac{1}{h} \int_{i-1}^{i+1} u_0(h\xi)\psi_i(h\xi)d\xi , \quad i=1(1)N$$

gegeben.

Ist $u(t,x) \in H_0^2(0,1)$ [3] für alle $t \in [0,1]$, dann gilt bekanntlich die Fehlerabschätzung

$$\|u(t,x)-w_h(t,x)\|_{L_2} \leq C \cdot h^2, \quad \forall\, t \in [0,1], \quad C>0 \text{ (fest)}. \quad \square$$

Abschließend wollen wir noch den Zusammenhang zum semidiskreten Problem (7.2.4) aufzeigen. Auf dem durch (7.2.2) gegebenen Punktgitter I_h ist nach (7.2.8)

$$w_h(t,x_i) = \sum_{l=1}^{N} d_l(t)\psi_l(x_i), \quad i=1(1)N.$$

Die Ansatzfunktionen $\psi_l(x)$ werden praktisch stets so gewählt, daß $\psi_l(x_i)=\delta_{li}$ gilt (vgl. Beispiel 7.2.1). Mit

$$y(t) := (w_h(t,x_1),\ldots,w_h(t,x_N))^T$$

folgt dann $y(t)=d(t)$. Damit ergibt sich nach (7.2.10)

$$y'(t) = -M^{-1}Sy(t) + M^{-1}q$$

$$y(0) = M^{-1}g ,$$

so daß der semidiskrete Operator A_h jetzt durch

$$A_h y = -M^{-1}Sy \qquad (7.2.11)$$

gegeben ist. Unter Verwendung des Skalarproduktes

$$\langle y,v \rangle = h_* y^T(\frac{1}{h_*}M)v , \quad y,v \in \mathbb{R}^N$$

(vgl. Bemerkung 7.1.1.) gilt das

Theorem 7.2.3. *Der semidiskrete Operator (7.2.11) ist symmetrisch und negativ definit.*

---

[3] $H_0^2(0,1)=\{\varphi \in L_2(0,1) \text{ mit } \varphi(0)=\varphi(1)=0, \varphi^{(l)} \in L_2(0,1) \text{ für } l=1,2\}$, wobei φ',φ'' die verallgemeinerten Ableitungen bezeichnen.

Beweis. Mit der symmetrischen, positiv definiten Matrix M gilt

$$\langle A_h y, v \rangle = -y^T S v = -h^* y^T \frac{1}{h^*} M \cdot M^{-1} S v = \langle y, A_h v \rangle$$

d.h., A_h ist symmetrisch. Aus

$$\langle A_h y, y \rangle = -y^T S y$$

folgt aufgrund der positiven Definitheit von S, daß A_h negativ definit ist. ∎

7.3. Konvergenz des semidiskreten Problems

Die vorangegangenen Ausführungen zeigten, daß die Linienmethode dem semilinearen parabolischen Anfangs-Randwertproblem (7.1.1) ein semidiskretes Problem der Gestalt

$$y'(t) = f_h(t,y) \quad , \quad f_h: [0,t_e] \times \mathbb{R}^{kN} \longrightarrow \mathbb{R}^{kN}$$

$$y(0) = y_0 \tag{7.3.1}$$

mit

$$f_h(t,y) = A_h y + Q_h(t,y) + r_h(t)$$

zuordnet. Hierbei ist N abhängig von h. Die Vektorfunktion y(t) ist dabei eine Approximation an die Gitterfunktion $u_h(t)$. Die konstante Matrix A_h entsteht aus dem elliptischen Differentialoperator A(x) unter Berücksichtigung der Randbedingungen, die Funktion $r_h(t)$ ist durch die Randbedingungen festgelegt und $Q_h(t,y)$ entsteht durch Diskretisierung der Quellfunktion Q(t,x,u).

Im weiteren setzen wir stets voraus, daß das Cauchysche Anfangswertproblem (7.3.1) eine eindeutige Lösung y(t) besitzt.

Für die Konvergenz einer Gesamtdiskretisierung ist i.allg. die Konvergenz der Ortsdiskretisierung eine notwendige Voraussetzung.

Definition 7.3.1. Der Vektor

$$\eta_h(t) = y(t) - u_h(t) \tag{7.3.2}$$

heißt *globaler Ortsdiskretisierungsfehler*. □

Definition 7.3.2. Das semidiskrete Problem (7.3.1) heißt *konvergent*, wenn gleichmäßig in t gilt

$$\|\eta_h(t)\| \longrightarrow 0 \quad \text{für } h^* \longrightarrow 0.$$

Es besitzt die *Konvergenzordnung* $\hat{p}$, wenn gleichmäßig in t gilt

$$\|\eta_h(t)\| = O(h^{*\hat{p}}) \quad \text{für } h^* \longrightarrow 0. \quad □$$

Die Konsistenz des semidiskreten Problems ist für hinreichend glatte Funktionen u(t,x) mittels Taylorentwicklung leicht nachprüfbar (vgl. Abschnitt 7.2.1.), aber für die Konvergenz von y(t) gegen die Gitterfunktion $u_h(t)$ für $h^* \to 0$ nicht hinreichend. Das folgende Theorem gibt eine hinreichende Bedingung (die Norm ‖·‖ wird dabei durch ein Skalarprodukt $<\cdot,\cdot>$ induziert).

Theorem 7.3.1. *Die Funktion $Q_h(t,y)$ sei für $t \in (0,t_e]$, $y \in \mathbb{R}^{kN}$ auf dem Ortsgitter I_h stetig. Ferner sei*

$$<Q_h(t,y) - Q_h(t,\hat{y}), y-\hat{y}> \leq L\|y-\hat{y}\|^2,$$

$$<A_h(y-\hat{y}), y-\hat{y}> \leq \mu\|y-\hat{y}\|^2, \quad \forall\, t \in [0,t_e],\ y,\hat{y} \in \mathbb{R}^{kN} \qquad (7.3.3)$$

mit vom Ortsgitter I_h unabhängigen Konstanten L und μ. Dann gilt die Fehlerabschätzung

$$\|\eta_h(t)\| \leq \exp((L+\mu)t)\|\eta_h(0)\| + \int_0^t \exp((L+\mu)(t-\xi))\|\alpha_h(\xi)\|d\xi. \qquad (7.3.4)$$

Beweis. Aus (7.3.2) folgt mit (7.3.1) und (7.2.5)

$$\eta_h'(t) = A_h\eta_h(t) + Q_h(t,y) - Q_h(t,u_h(t)) + \alpha_h(t).$$

Daraus erhält man mit (7.3.3) und der Schwarzschen Ungleichung die Differentialungleichung

$$\frac{d}{dt}\|\eta_h(t)\| \leq (L+\mu)\|\eta_h(t)\| + \|\alpha_h(t)\|.$$

Die Lösung des Anfangswertproblems

$$w'(t) = (L+\mu)w(t) + \|\alpha_h(t)\|$$
$$w(0) = \|\eta_h(0)\|$$

ist gegeben durch

$$w(t) = \exp((L+\mu)t)\|\eta_h(0)\| + \int_0^t \exp((L+\mu)(t-\xi))\|\alpha_h(\xi)\|d\xi.$$

Die Anwendung von Lemma 1.2.1 und Theorem 1.2.1 liefert die Abschätzung (7.3.4). ∎

Mit $y(0) = u_h(0)$ erhält man aus (7.3.4)

$$\|\eta_h(t)\| \leq \frac{\exp((L+\mu)t) - 1}{L+\mu} \cdot \max_{t \in [0,t_e]} \|\alpha_h(t)\|. \qquad (7.3.5)$$

Aus (7.3.5) ergibt sich die

Folgerung 7.3.1. *Ein konsistentes semidiskretes Problem* (7.3.1) *ist unter den Bedingungen* (7.3.3) *konvergent. Die Konvergenzordnung ist mindestens gleich der Konsistenzordnung.* □

Bemerkung 7.3.1. Die gleichmäßige Beschränkung

$$\frac{<f_h(t,y)-f_h(t,\hat{y}),y-\hat{y}>}{<y-\hat{y},y-\hat{y}>} \leq L+\mu , \quad \forall\ t\in[0,t_e], \ y,\hat{y}\in R^{kN}$$

ist im gewissen Sinne eine natürliche Forderung, denn sie garantiert für L+μ≤0 (L und μ unabhängig von h), daß das semidiskrete Problem (7.3.1) für jedes Ortsgitter I_h dissipativ ist. □

7.4. Konsistenz und Konvergenz der Gesamtdiskretisierung

Betrachtet man den globalen Gesamtdiskretisierungsfehler auf der Zeitschicht t_m, d.h.

$$\varepsilon_h(t_m) = u_h(t_m)-u_m,$$

wobei u_m die Näherungslösung des semidiskreten Problems (7.3.1) bezeichnet, so ergibt sich mit der analytischen Lösung y(t) des semidiskreten Problems die Abschätzung

$$\|\varepsilon_h(t_m)\| \leq \|u_h(t_m)-y(t_m)\|+\|y(t_m)-u_m\|. \quad (7.4.1)$$

Die Konsistenz der Semidiskretisierung sichert

$$\|u_h(t_m)-y(t_m)\| \to 0 \quad \text{für} \quad h^* \to 0.$$

Für eine konvergente Zeitdiskretisierungsmethode (Einschrittmethode) mit der Zeitschrittweite τ gilt

$$\|y(t_m)-u_m\| \to 0 \quad \text{für} \quad \tau \to 0 \text{ und } I_h \text{ fest.}$$

Das semidiskrete Problem (7.3.1) ist jedoch vom Ortsgitter I_h abhängig. Für die Konvergenz der Gesamtdiskretisierung muß daher gefordert werden, daß für die parabolische Aufgabenklasse (7.1.1) der ODE-Solver bez. des Ortsgitters gleichmäßig konvergiert, d.h. unabhängig vom Verhältnis von Orts- und Zeitschrittweite. Eine derartige gleichmäßige Konvergenz kann jedoch nicht mittels der klassischen Konvergenztheorie von Einschrittmethoden gezeigt werden, da die Funktion $f_h(t,y)$ für h→0 keiner klassischen Lipschitz-Bedingung genügt.

Bemerkung 7.4.1. Wendet man z.B. die explizite Euler-Methode auf das semidiskrete Problem

$$y'(t) = A_h y, \quad y(0) = y_0$$

an, wobei der Operator A_h durch (7.2.6) gegeben ist, so konvergiert die Gesamtdiskretisierung nur unter der Bedingung

$$\tau/h^2 \leq 1/2b,$$

was für h→0 eine starke Zeitschrittweiteneinschränkung bedeutet. ▫

Für steife gewöhnliche Differentialgleichungssysteme wurde das Konzept der B-Konsistenz und B-Konvergenz entwickelt, das bez. der Steifheit gleichmäßige Fehlerabschätzungen liefert (vgl. Abschnitt 4.5). Überträgt man diese Grundidee in die Konvergenztheorie der Linienmethode, so werden für Aufgabenklassen parabolischer Anfangs-Randwertprobleme und ihre Semidiskretisierungen Fehlerschranken gesucht, die (bez. der zeitlichen Integration) vom Ortsdiskretisierungsparameter unabhängig sind. Unser Ziel besteht darin, für die Klasse der semilinearen Aufgaben (7.1.1) bei der Lösung des semidiskreten Problems (7.3.1) mittels einer LIRK-Methode (4.1.1) derartige Abschätzungen für den lokalen und globalen Gesamtdiskretisierungsfehler herzuleiten. Dabei werden wir wie Verwer/Sanz-Serna [1984], Sanz-Serna/Verwer [1989] den Gesamtdiskretisierungsfehler nicht wie in (7.4.1) aufspalten. Eine Schranke von $\|y(t_m)-u_m\|$ würde nämlich die Abschätzung von Ableitungen der semidiskreten Lösung y(t) erfordern (vgl. Abschnitt 4.5), was wir vermeiden wollen.

7.4.1. Gleichmäßige Konsistenz

Die Anwendung einer LIRK-Methode (4.1.1) auf das semidiskrete Problem (7.3.1) liefert mit $T=A_h$

$$u_{m+1}^{(1)} = u_m$$

$$u_{m+1}^{(i)} = R_0^{(i)}(c_i\tau A_h)u_m + \tau \sum_{j=1}^{i-1} A_{ij}(\tau A_h)[f_h(t_m+c_j\tau, u_{m+1}^{(j)}) - A_h u_{m+1}^{(j)}], \quad i=2(1)s$$

$$u_{m+1} = R_0^{(s+1)}(\tau A_h)u_m + \tau \sum_{j=1}^{s} B_j(\tau A_h)[f_h(t_m+c_j\tau, u_{m+1}^{(j)}) - A_h u_{m+1}^{(j)}]. \quad (7.4.2)$$

Für die Zeitintegrationsmethode (7.4.2) setzen wir neben den Forderungen (A1)-(A3) von Abschnitt 4.1 noch zusätzlich voraus:

(B1) Für l=0(1)q+1 existiert $u_h^{(1)}(t)$, und $\|u_h^{(1)}(t)\|$ ist gleichmäßig beschränkt in h und t.

(B2) Für die logarithmische Norm der Matrix A_h gelte $\mu[A_h] \leq 0$ unabhängig von h.

(B3) Der semidiskrete Quellterm $Q_h(t,y)$ genüge einer klassischen Lipschitz-Bedingung (1.1.3), d.h.

$$\|Q_h(t,y) - Q_h(t,\hat{y})\| \leq L\|y-\hat{y}\| \quad \text{für } t\in[0,t_e], \ y,\hat{y}\in\mathbb{R}^{kN}.$$

Die Norm $\|\cdot\|$ werde im folgenden durch ein Skalarprodukt $\langle\cdot,\cdot\rangle$ erzeugt. Ferner wird vorausgesetzt, daß die Semidiskretisierung konsistent ist.

Bemerkung 7.4.2. Die Erfüllung der Forderung (B2) hängt wesentlich von der Art der Ortsdiskretisierung und dem verwendeten Skalarprodukt ab. So erhält man z.B. für das semidiskrete Problem (7.2.4) des Anfangs-Randwertproblems (7.2.1) unter Zugrundelegung des Skalarproduktes $\langle y,v\rangle = y^T H^{-1} v$, $y,v \in \mathbb{R}^N$, nach Theorem 7.2.2

$$\mu[A_h] < 0. \quad \square$$

Bemerkung 7.4.3. Die Voraussetzungen (B2) und (B3) sichern, daß das semidiskrete Problem (7.3.1) konvergiert (vgl. Folgerung 7.3.1). $\square$

Definition 7.4.1. Sei $\hat{u}_{m+1}$ die numerische Lösung von (7.4.2) mit $\hat{u}_m = u_h(t_m)$. Dann heißt

$$le_{m+1}^{(i)} = u_h(t_m + c_i \tau) - \hat{u}_{m+1}^{(i)}, \quad i=1(1)s$$

lokaler Gesamtdiskretisierungsfehler der i-ten Stufe und

$$le_{m+1} = u_h(t_m + \tau) - \hat{u}_{m+1}$$

lokaler Gesamtdiskretisierungsfehler. $\square$

Ferner bezeichne $\alpha_{h,0}$ den maximalen Ortsdiskretisierungsfehler auf $[0,t_e]$, d.h.

$$\alpha_{h,0} = \max\{\|\alpha_h(t)\|, \; t \in [0,t_e]\}.$$

Definition 7.4.2. Eine LIRK-Methode hat auf der Klasse (7.1.1) in der i-ten Stufe die *gleichmäßige Stufenordnung* q_i, wenn für alle Probleme aus (7.1.1) gilt

$$\|le_{m+1}^{(i)}\| \le \delta_i(\tau^{q_i+1} + \tau \cdot \alpha_{h,0}), \quad \forall \tau \in (0,\tau_0].$$

Sie besitzt die *gleichmäßige Konsistenzordnung* q, wenn gilt

$$\|le_{m+1}\| \le \delta(\tau^{q+1} + \tau \cdot \alpha_{h,0}), \quad \forall \tau \in (0,\tau_0].$$

Hierbei sind die Konstanten δ_i, δ unabhängig von τ und h. Ferner ist τ_0 unabhängig von h. $\square$

Bemerkung 7.4.4. Die Konstanten δ_i, δ und τ_0 können von der logarithmischen Matrixnorm $\mu[A_h]$, der Lipschitz-Konstanten L, der Zeitschicht t_e und von Ableitungen der Gitterfunktion $u_h(t)$ abhängen. $\square$

Wegen $u_{m+1}^{(1)} = u_h(t_m)$ setzen wir $q_1 = \infty$. Weiterhin sind die in den folgenden Untersuchungen auftretenden Indexmengen K_i und K_{s+1} durch (4.5.3) definiert.

Theorem 7.4.1. Sei $q_i^{(1)} = \min\{q_j, j \in K_i, i=2(1)s\}$, und sei

$$\sum_{j=1}^{i-1} A_{ij}(z) c_j^l = c_i^{l+1} R_{l+1}^{(i)}(c_i z) \text{ für } l=0(1)q_i^{(2)}. \tag{7.4.3}$$

Dann hat eine LIRK-Methode (7.4.2) in der i-ten Stufe die gleichmäßige Stufenordnung

$$q_i = \min(q_i^{(1)}+1, q_i^{(2)}).$$

Beweis. Aus (7.2.5) folgt mit (7.3.1)

$$u_h'(t) = A_h u_h(t) + Q_h(t, u_h(t)) + r_h(t) - \alpha_h(t). \tag{7.4.4}$$

Weiterhin ist

$$\hat{u}_{m+1}^{(i)} = R_0^{(i)}(c_i \tau A_h) u_h(t_m) + \tau \sum_{j=1}^{i-1} A_{ij}(\tau A_h) [Q_h(t_m + c_j \tau, \hat{u}_{m+1}^{(j)}) + r_h(t_m + c_j \tau)],$$

und für $j \in K_i$, $\tau \in (0, \tau_0]$ gilt

$$\|Q_h(t_m + c_j \tau, \hat{u}_{m+1}^{(j)}) - Q_h(t_m + c_j \tau, u_h(t_m + c_j \tau))\| \leq L \delta_j (\tau^{q_i} + \tau \cdot \alpha_{h,0}).$$

Zur Vereinfachung der Schreibweise steht im weiteren $u_h^{(1)}$ für $u_h^{(1)}(t_m)$. Unter Verwendung von Theorem (2.7.10) erhalten wir mit (7.4.4) für alle $\tau \in (0, \tau_0]$

$$\|le_{m+1}^{(i)}\| \leq \|u_h(t_m + c_i \tau) - R_0^{(i)}(c_i \tau A_h) u_h - \tau \sum_{j=1}^{i-1} A_{ij} [u_h'(t_m + c_j \tau) - A_h u_h(t_m + c_j \tau)]\|$$

$$+ \bar{\delta}_i (\tau^{q_i+1} + \tau \cdot \alpha_{h,0}),$$

mit

$$\bar{\delta}_i = \sum_{j=1}^{i-1} \bar{A}_{ij} (1 + L \delta_j), \quad \bar{A}_{ij} = \sup\{|A_{ij}(z)|, \text{Re } z \leq 0\}.$$

Eine Taylorentwicklung von $u_h(t_m + c_j \tau)$ ergibt unter Beachtung von (7.4.3)

$$\|le_{m+1}^{(i)}\| \leq \|[I - R_0^{(i)} + c_i \tau A_h R_1^{(i)}] u_h + \sum_{l=1}^{q_i} \frac{1}{l!} (c_i \tau)^l [I - l R_l^{(i)} +$$

$$c_i \tau A_h R_{l+1}^{(i)}] u_h^{(l)} \| + \tau^{q_i+1} \rho_{q_i} + \bar{\delta}_i (\tau^{q_i+1} + \tau \cdot \alpha_{h,0})$$

mit

$$\rho_{q_i} = \frac{1}{(q_i+1)!} \|c_i^{q_i+1} u_h^{(q_i+1)}(t_m + c_i \theta_i \tau) +$$

$$\sum_{j=1}^{i-1}[c_j\tau A_h A_{ij}-(q_i+1)A_{ij}]c_j^{-1}u_h^{q_i(q_i+1)}(t_m+c_j\theta_j\tau)\|\,,\quad 0<\theta_j<1.$$

Mit den Voraussetzungen (A1)-(A3), (B1)-(B3) und den durch (4.2.2) definierten Funktionen R_l folgt

$$\|le_{m+1}^{(i)}\|\leq\delta_i(\tau^{q_i+1}+\tau\cdot\alpha_{h,0}).\quad\blacksquare$$

Folgerung 7.4.1. Sei $q^{(1)}=\min\{q_j,\ j\in K_{s+1}\}$, und sei

$$\sum_{j=1}^{s}B_j(z)c_j^l=R_{l+1}^{(s+1)}(z)\quad\text{für }l=0(1)q^{(2)}. \tag{7.4.5}$$

Dann besitzt eine LIRK-Methode (7.4.2) auf der Klasse (7.1.1) die gleichmäßige Konsistenzordnung

$$q=\min(q^{(1)}+1,q^{(2)}).\quad\square$$

Ein Vergleich mit Theorem 4.5.1 und Folgerung 4.5.1 zeigt, daß die Bedingungen, die die B-Konsistenzordnung auf der Klasse $\mathcal{F}$ garantieren, auch die gleichmäßige Konsistenzordnung für die Klasse (7.1.1), (7.2.12) liefern (vgl. dazu auch Abschnitt 4.5.3).

Bemerkung 7.4.5. Die gleichmäßige Konsistenzordnung einer LIRK-Methode ist i.allg. kleiner als ihre klassische Ordnung, d.h., es tritt eine sog. Ordnungsreduktion auf. Eine derartige Ordnungsreduktion wurde auch für einfach-diagonal-implizite RK-Methoden in Verwer/Sanz-Serna [1984] und für explizite RK-Methoden in Sanz-Serna/Verwer/Hundsdorfer [1986] festgestellt. $\square$

Bemerkung 7.4.6. Dominiert im Gesamtdiskretisierungsfehler $\varepsilon_h(t_m)$ der von der LIRK-Methode weitgehend unabhängige Ortsdiskretisierungsfehler $\alpha_h(t_m)$, so wird sich der hohe Rechenaufwand pro Schritt einer LIRK-Methode hoher gleichmäßiger Konsistenzordnung im Vergleich zu einer Methode geringerer gleichmäßiger Ordnung nur wenig in einer Verkleinerung des Gesamtdiskretisierungsfehlers $\varepsilon_h(t)$ auswirken. In den Fällen $\alpha_h(t)=O(h^{*2})$ für $h^*\to 0$ wird man zur Lösung des semidiskreten Problems i.allg. LIRK-Methoden anwenden, deren gleichmäßige Konsistenzordnung nicht über q=2 hinausgeht. $\square$

Im Rahmen der B-Konvergenztheorie von LIRK-Methoden (vgl. Abschnitt 4.5) war es möglich, für Teilklassen der semilinearen Aufgabenklasse (4.5.1) die B-Konsistenzaussagen zu verbessern (vgl. Theorem 4.5.3 und Folgerung 4.5.2). Entsprechend können wir bei homogenen Randbedingungen, d.h. $r_h(t)=0$, für LIRK-Methoden bessere gleichmäßige Konsistenzaussagen nachweisen.

Zusätzlich zu den Voraussetzungen (B1)-(B3) fordern wir

(B4) $\|\frac{d^l}{dt^l}\alpha_h(t)\|$ ist gleichmäßig beschränkt für $l=0(1)q$ und für alle $t\in[0,t_e]$.

(B5) $\|\frac{d^l}{dt^l}Q_h(t,u_h(t))\|$ ist gleichmäßig beschränkt für $l=0(1)q$ und für alle $t\in[0,t_e]$.

Weiterhin bezeichne

$$\alpha_{h,\sigma} := \max\{\|\frac{d^l}{dt^l}\alpha_h(t)\|, \; t\in[0,t_e], \; l=0(1)\sigma\}.$$

Dann gilt

Theorem 7.4.2. Sei $q_i^{(1)} = \min\{q_j, \; j\in K_i\}$, und sei (7.4.3) für $l=0(1)q_i^{(2)}$ erfüllt. Dann besitzt für homogene Randbedingungen eine LIRK-Methode in der i-ten Stufe die gleichmäßige Stufenordnung

$$q_i = \min(q_i^{(1)}, q_i^{(2)}) + 1.$$

Beweis. Analog zum Beweis von Theorem 7.4.1 erhalten wir (jetzt mit $q_i = \min(q_i^{(1)}, q_i^{(2)}) + 1$)

$$\|le_{m+1}^{(i)}\| \leq \frac{1}{q_i!}\|[(c_i\tau)^{q_i}(I-q_iR_{q_i}^{(i)}) + \tau^{q_i+1}\sum_{j=1}^{i-1}c_j^{q_i}A_{ij}A_h]u_h^{(q_i)}\| + \tau^{q_i+1}\rho_{q_i} + \tilde{\delta}_i(\tau^{q_i+1} + \tau\cdot\alpha_{h,q}).$$

Aufgrund der Beziehung

$$I - q_iR_{q_i}^{(i)} = -c_i\tau A_h R_{q_i+1}^{(i)}$$

(vgl. (4.2.2)) folgt

$$\|le_{m+1}^{(i)}\| \leq \frac{\tau^{q_i+1}}{q_i!}\|[\sum_{j=1}^{i-1}c_j^{q_i}A_{ij} - c_i^{q_i+1}R_{q_i+1}^{(i)}A_h]u_h^{(q_i)}\| + \tau^{q_i+1}\rho_{q_i} + \tilde{\delta}_i(\tau^{q_i+1} + \tau\cdot\alpha_{h,q}),$$

und wegen

$$A_h u_h^{(q_i)}(t) = u_h^{(q_i+1)}(t) - \frac{d^{q_i}}{dt^{q_i}}Q_h(t,u_h(t)) + \frac{d^{q_i}}{dt^{q_i}}\alpha_h(t)$$

ergibt sich mit (B4) und (B5) die Behauptung. ∎

Folgerung 7.4.2. Sei $q^{(1)}=\min\{q_j,\ j\in K_{s+1}\}$ und gelte (7.4.5) für $l=0(1)q^{(2)}$. Dann besitzt für homogene Randbedingungen eine LIRK-Methode (7.4.2) die gleichmäßige Konsistenzordnung

$$q = \min(q^{(1)}, q^{(2)})+1. \quad \square$$

Für die LIRK-Methoden (4.2.8), (4.2.9b), (5.4.15) ergeben sich damit bei Anwendung auf (7.3.1) für homogene Randbedingungen die gleichmäßigen Konsistenzordnungen q=1,2,3.

7.4.2. Gleichmäßige Konvergenz

Zur Vereinfachung der Darstellung betrachten wir konstante Zeitschrittweiten τ.

Definition 7.4.3. Eine LIRK-Methode (7.4.2) heißt *gleichmäßig konvergent* von der Ordnung q, wenn für den globalen Gesamtdiskretisierungsfehler gilt

$$\|\varepsilon_h(t_m)\| \leq D(\tau^q + \alpha_{h,\sigma}), \quad \forall\ \tau\in(0,\tau_0].$$

Hierbei ist die Konstante D unabhängig von h und τ, und τ_0 unabhängig von h. Die Größe σ wird durch die verwendeten Ableitungen des Ortsdiskretisierungsfehlers $\alpha_h(t)$ bestimmt. $\square$

Lemma 7.4.1. Sei $R_0^{(s+1)}(z)$ A-verträglich. Dann gilt bei Anwendung auf (7.3.1) für zwei Näherungslösungen u_m und v_m einer LIRK-Methode (7.4.2)

$$\|u_{m+1}-v_{m+1}\| \leq (1+C_0\tau)\|u_m-v_m\|, \quad \forall\ \tau\in(0,\tau_0],$$

wobei C_0 und τ_0 unabhängig von h sind.

Beweis. Analog zu Lemma 4.5.1. ∎

Der Zusammenhang zwischen gleichmäßiger Konsistenz und gleichmäßiger Konvergenz ergibt sich aus folgendem

Theorem 7.4.3. Sei $R_0^{(s+1)}(z)$ A-verträglich und besitze eine LIRK-Methode (7.4.2) auf der Klasse (7.3.1) die gleichmäßige Konsistenzordnung q. Dann ist die Methode gleichmäßig konvergent von der Ordnung $\hat{q}\geq q$.

Beweis. Aus der Darstellung des globalen Gesamtdiskretisierungsfehlers

$$\varepsilon_h(t_{m+1}) = u_h(t_{m+1})-\hat{u}_{m+1}+\hat{u}_{m+1}-u_{m+1}$$

erhält man mit Lemma 7.4.1

$$\|\varepsilon_h(t_{m+1})\| \leq (1+C_0\tau)^{m+1}\|\varepsilon_h(0)\|+K\sum_{l=0}^{m}(1+C_0\tau)^l,$$

wobei

$$K = \delta(\tau^{q+1}+\tau\cdot\alpha_{h,\sigma})$$

eine obere Schranke für den lokalen Gesamtdiskretisierungsfehler darstellt. Mit $\varepsilon_h(0)=0$ folgt

$$\|\varepsilon_h(t_{m+1})\| \leq \begin{cases} K\cdot\tau^{-1}t_{m+1} & \text{für } C_0\leq 0 \\ K\cdot\tau^{-1}\dfrac{\exp(C_0 t_{m+1})-1}{C_0} & \text{für } C_0>0. \end{cases}$$

Die gleichmäßige Konvergenzordnung $\hat{q}$ ist somit mindestens gleich der gleichmäßigen Konsistenzordnung q. ∎

Das Theorem 4.5.5 zeigt, daß für $y'(t)=Ty+g(t)$ die B-Konvergenzordnung $\hat{q}=q+1$ ist. Die analoge Aussage gilt auch für semidiskrete Probleme der Gestalt $y'(t) = A_h y + r_h(t)$.

Aufgrund der durch die Semidiskretisierung entstehenden speziellen Struktur des gewöhnlichen Differentialgleichungssystems können wir für allgemeinere Probleme eine gleichmäßige Konvergenzordnung $\hat{q}=q+1$ zeigen.

Mit dem Mittelwertsatz (1.1.4) für Vektorfunktionen gilt bei entsprechender Glattheit der Funktion Q_h

$$Q_h(t_m+c_j\tau,\hat{u}_{m+1}^{(j)})-Q_h(t_m+c_j\tau,u_h(t_m+c_j\tau)) = M_{j,h}(\hat{u}_{m+1}^{(j)}-u_h(t_m+c_j\tau))$$

mit

$$M_{j,h} = \int_0^1 \frac{\partial}{\partial u_h} Q_h(t_m+c_j\tau,u_h(t_m+c_j\tau)+\theta(\hat{u}_{m+1}^{(j)}-u_h(t_m+c_j\tau)))d\theta.$$

Wegen

$$\hat{u}_{m+1}^{(j)}-u_h(t_m+c_j\tau) = O(\tau) \text{ für } q_j\geq 0$$

folgt

$$M_{j,h} = M_h+O(\tau) \text{ mit } M_h = \frac{\partial}{\partial u}Q_h(t_m,u_h(t_m)).$$

Es gilt nun folgendes

Theorem 7.4.4. Sei $q_j \geq q_i-1$ für $j \in K_i$ und sei (7.4.3) erfüllt für $l=0(1)q_i$, $i=2(1)s$. Sei weiterhin $q_j \geq q-1$ für $j \in K_{s+1}$ und (7.4.5) erfüllt für $l=0(1)q$. Ferner gelte $|R_0^{(s+1)}(z)|<1$ für Re $z\leq 0$, $z\neq 0$ und $|R_0^{(s+1)}(\infty)|<1$. Außerdem sei

$$M_h A_h = A_h S_h \qquad (7.4.6)$$

mit einer für alle h gleichmäßig beschränkten Matrix S_h. Dann ist die

LIRK-Methode (7.4.2) gleichmäßig konvergent von der Ordnung q+1.

Beweis. Den Beweis führen wir in mehreren Schritten.

1. *Schritt:* Mit $\alpha_j = \alpha_h(t_m + c_j \tau)$ gilt für den lokalen Gesamtdiskretisierungsfehler in der i-ten Stufe

$$le_{m+1}^{(i)} = -\tau^{q_i+1} \sum_{l=1}^{q_i+1} G_{il} \tau A_h u_h^{(l)} - \tau \sum_{j=1}^{i-1} H_{ij} \alpha_j + O(\tau^{q_i+2})$$

mit in h und für $z \in \mathbb{C}^-$ gleichmäßig beschränkten Funktionen $G_{il}(z)$, $zG_{il}(z)$, $H_{ij}(z)$. Die Funktionen $G_{il}(z)$ sind hierbei bestimmt durch

$$G_{i,q_i+1}(\tau A_h) = \frac{1}{(q_i+1)!}\left[c_i^{q_i+2} R_{q_i+2}^{(i)}(c_i \tau A_h) - \sum_{j=1}^{i-1} A_{ij}(\tau A_h) c_j^{q_i+1}\right]$$

$$G_{il}(\tau A_h) = \sum_{j=2}^{i-1} A_{ij}(\tau A_h) M_h G_{jl}^{(i)}(\tau A_h) \quad , \quad l=1(1)q_i$$

mit

$$G_{jl}^{(i)} = \begin{cases} G_{jl} & \text{für } q_j = q_{i-1} \\ 0 & \text{für } q_j \geq q_i \end{cases} \quad , \quad i=2(1)s+1$$

$$G_{s+1,l}(\tau A_h) = \sum_{j=2}^{s} B_j(\tau A_h) M_h G_{jl}^{(s+1)}(\tau A_h), \quad l=1(1)q$$

$$G_{s+1,q+1} = \frac{1}{(q+1)!}\left[R_{q+2}^{(s+1)}(\tau A_h) - \sum_{j=1}^{s} B_j c_j^{q+1}\right].$$

Wir beweisen diese Aussage mittels vollständiger Induktion. Wegen

$$A_{21} = c_2 R_1^{(2)}(c_2 \tau A_h)$$

gilt mit $q_2=0$

$$le_{m+1}^{(2)} = -\tau c_2^2 R_2^{(2)} \tau A_h u_h' - \tau c_2 R_1^{(2)} \alpha_1 + O(\tau^2).$$

Die Funktionen $G_{21} = c_2^2 R_2^{(2)}$ und $H_{21} = c_2 R_1^{(2)}$ besitzen offensichtlich die geforderten Eigenschaften. Für $j \in K_i$ gelte

$$le_{m+1}^{(j)} = -\tau^{q_i} \sum_{l=1}^{q_i} G_{jl}^{(i)} \tau A_h u_h^{(l)} - \tau \sum_{l=1}^{j-1} H_{jl} \alpha_l + O\left(\tau^{q_i+1}\right).$$

Dann erhalten wir für die i-te Stufe

$$le_{m+1}^{(i)} = -\frac{\tau^{q_i+1}}{(q_i+1)!}\left(c_i^{q_i+2}R_{q_i+2}^{(i)} - \sum_{j=1}^{i-1}A_{ij}c_j^{q_i+1}\right)\tau A_h u_h^{(q_i+1)} - \tau\sum_{j=2}^{i-1}A_{ij}\alpha_j -$$

$$\tau\sum_{j=2}^{i-1}A_{ij}M_{j,h}\left(\tau^{q_i}\sum_{l=1}^{q_i}G_{jl}^{(i)}\tau A_h u_h^{(l)} + \tau\sum_{l=1}^{j-1}H_{jl}\alpha_l\right) + O\left(\tau^{q_i+2}\right),$$

und mit $M_{j,h} = M_h + O(\tau)$ ergibt sich

$$le_{m+1}^{(i)} = -\tau^{q_i+1}\sum_{l=1}^{q_i+1}G_{il}\tau A_h u_h^{(l)} - \tau\sum_{l=1}^{i-1}H_{il}\alpha_l + O\left(\tau^{q_i+2}\right)$$

mit

$$H_{il} = \sum_{j=l+1}^{i-1}A_{ij}M_{j,h}\tau H_{jl} + A_{il}.$$

Für den lokalen Gesamtdiskretisierungsfehler folgt

$$le_{m+1} = -\tau^{q+1}\sum_{l=1}^{q+1}G_{s+1,l}\tau A_h u_h^{(l)} - \tau\sum_{j=1}^{s}H_{s+1,j}\alpha_j + O(\tau^{q+2}).$$

2. *Schritt*: Ebenfalls durch Induktion zeigt man leicht, daß für die Differenz zweier numerischer Lösungen gilt

$$u_{m+1} - v_{m+1} = (R_0^{(s+1)}(\tau A_h) + \tau P_{m+1})(u_m - v_m) \qquad (7.4.7)$$

mit gleichmäßig beschränkten Matrizen P_{m+1}.

3. *Schritt*: Wir zeigen, daß die Funktionen

$$D_l(\tau A_h) = [\tau A_h R_1^{(s+1)}(\tau A_h)]^{-1}G_{s+1,l}(\tau A_h)\tau A_h \ , \ l=1(1)q+1$$

gleichmäßig beschränkt sind.
Wegen (7.4.6) gilt

$$D_l(\tau A_h) = [\tau A_h R_1^{(s+1)}]^{-1}\tau A_h G_{s+1,l}^*,$$

wobei $G_{s+1,l}^*$ aus $G_{s+1,l}$ entsteht, wenn M_h durch S_h ersetzt wird. Offensichtlich ist D_{q+1} gleichmäßig beschränkt. Für $l=1(1)q$ erhalten wir

$$\|D_l\| \leq \sum_{j=2}^{s}\|[\tau A_h R_1^{(s+1)}(\tau A_h)]^{-1}\tau A_h B_j(\tau A_h)\|\|S_h G_{jl}^{(s+1)*}\|.$$

Aufgrund der Voraussetzungen an S_h, an die Funktion $R_0^{(s+1)}(z)$ und wegen (A2), (A3) folgt mit Theorem 2.7.10 die Beschränktheit von D_l.

4. *Schritt*: Anstelle des globalen Gesamtdiskretisierungsfehlers

$$\varepsilon_h(t_{m+1}) = u_h(t_{m+1}) - u_{m+1} = u_h(t_{m+1}) - \hat{u}_{m+1} + \hat{u}_{m+1} - u_{m+1}$$

betrachten wir einen gestörten globalen Gesamtdiskretisierungsfehler

$$\tilde{\varepsilon}(t_{m+1}) = \varepsilon_h(t_{m+1}) - \tau^{q+1} \sum_{l=1}^{q+1} D_l(\tau A_h) u_h^{(1)}(t_m+\tau).$$

Für $\tilde{\varepsilon}(t_{m+1})$ erhalten wir mit (7.4.7) und mit der Darstellung des lokalen Gesamtdiskretisierungsfehlers

$$\tilde{\varepsilon}(t_{m+1}) = [R_0^{(s+1)} + \tau P_{m+1}] \tilde{\varepsilon}(t_m) - \tau^{q+1} \sum_{l=1}^{q+1} [G_{s+1,l} \tau A_h + (I-R_0^{(s+1)}) D_l] u_h^{(1)}(t_m) -$$

$$\tau \sum_{j=1}^{s} H_{s+1,j} \alpha_j + O(\tau^{q+2}).$$

Hieraus folgt analog zum Beweis von Theorem 7.4.3 unter Beachtung von $\varepsilon_h(0) = 0$

$$\|\tilde{\varepsilon}(t_{m+1})\| \leq D(\tau^{q+1} + \alpha_{h,0}) \quad \text{für } \tau \in (0, \tau_0].$$

Wegen der Beschränktheit der Funktionen D_l erhält man damit

$$\|\varepsilon_h(t_{m+1})\| \leq D^*(\tau^{q+1} + \alpha_{h,0}),$$

wobei D^* unabhängig von h und τ_0 ist.
Die LIRK-Methode der gleichmäßigen Konsistenzordnung q ist folglich gleichmäßig konvergent von der Ordnung q+1. ∎

Bemerkung 7.4.7. Die Bedingung (7.4.6.) erlaubt das Vorziehen der Matrix A_h in der Darstellung des lokalen Gesamtdiskretisierungsfehlers und damit die Anwendung von Theorem 2.7.10 zur Abschätzung der rationalen Matrixfunktionen. □

Neben den Voraussetzungen an die LIRK-Methode stellt Theorem 7.4.4 durch (7.4.6) auch Voraussetzungen an das semidiskrete Anfangswertproblem (7.3.1). Wir geben 3 verschiedene Beispiele für die Anwendbarkeit von Theorem 7.4.4 an.

Beispiel 7.4.1. Zur Lösung des semidiskreten Problems (7.3.1) wird die linear-implizite Euler-Methode (4.2.8) verwendet. Wegen s=1 tritt keine Matrix M_h auf. Die Bedingung (7.4.6) wird demzufolge nicht benötigt. Bei Erfüllung der Voraussetzungen an $R_0^{(2)}(z)$ ist daher die linear-implizite Euler-Methode gleichmäßig konvergent von der Ordnung $\hat{q}=1$. □

Beispiel 7.4.2. Sei (7.1.1) ein skalares Anfangs-Randwertproblem mit der Quellfunktion

$$Q(t,x,u) = d(t)u + d_1(t,x).$$

In diesem Fall ist $M_h = d(t) I_h$, so daß M_h und A_h kommutativ sind. □

Beispiel 7.4.3. Wir betrachten die Wärmeleitungsgleichung

$$u_t(t,x) = u_{xx}(t,x) + Q(t,x,u)$$

mit Dirichlet-Randbedingungen. Verwendet man für die Semidiskretisierung zentrale Differenzen 2. Ordnung auf einem äquidistanten Ortsgitter, so ist die Matrix A_h durch (7.2.6) mit b=1 gegeben. Als Norm wählen wir (vgl. Bemerkung 7.1.1)

$$\|y\|^2 = \langle y,y \rangle = hy^T y.$$

Für dieses Anfangs-Randwertproblem erhalten wir

$$M_h = \text{diag}(p_l) \text{ mit } p_l = \frac{\partial}{\partial u} Q(t_m, x_l, u(t_m, x_l)).$$

Bei entsprechender Glattheit der Quellfunktion Q gilt

$$p_{l\pm 1} = p_l \pm \frac{\partial^2}{\partial u \partial x} Q(t_m, x_l, u(t_m, x_l)) h \pm$$

$$\frac{\partial^2}{\partial u^2} Q(t_m, x_l, u(t_m, x_l)) \frac{\partial}{\partial x} u(t_m, x_l) h + O(h^2). \qquad (7.4.8)$$

Aufgrund der Bedingung (7.4.6) muß gelten

$$S_h = A_h^{-1} M_h A_h = A^{-1} M_h A \text{ mit } A = h^2 A_h.$$

Somit bleibt zu zeigen, daß S_h gleichmäßig beschränkt ist. Es gilt

$$S_h = A^{-1} \begin{pmatrix} -2p_1 & p_1 & & & \\ p_2 & -2p_2 & p_2 & & \\ & \ddots & \ddots & \ddots & \\ & & p_{n-1} & -2p_{n-1} & p_{n-1} \\ & & & p_n & -2p_n \end{pmatrix}$$

und

$$A^{-1} = -\frac{1}{N+1} (a_{ij}^{(-1)}) \text{ mit } a_{ij}^{(-1)} = \begin{cases} (N+1-j)i & \text{für } i \leq j \\ (N+1-i)j & \text{für } i > j. \end{cases}$$

Damit folgt unmittelbar unter Beachtung von (7.4.8) und h=1/(N+1)

$$S_h = \text{diag}(p_l) + h S_h^*,$$

wobei die Elemente von S_h^* für alle h gleichmäßig beschränkt sind. Folglich ist $\|S_h\|$ gleichmäßig beschränkt für alle h.
Bei Erfüllung der Voraussetzungen von Theorem 7.4.4 an eine LIRK-Methode ist diese für das betrachtete Problem gleichmäßig konvergent von der Ordnung q+1. □

7.5. Numerische Ergebnisse

In diesem Abschnitt wollen wir anhand eines parabolischen Anfangs-Randwertproblems mit bekannter analytischer Lösung die Konsistenz- und Konvergenzordnung numerisch bestimmen. Diese Ergebnisse illustrieren die erzielten theoretischen Resultate bez. der gleichmäßigen Konsistenz- und Konvergenzordnung. Ferner soll an einem Beispiel die praktische Auswirkung der gleichmäßigen Konsistenzordnung aufgezeigt werden.

7.5.1. Numerische Bestimmung der Ordnung

Wir betrachten die lineare Wärmeleitungsgleichung

$$u_t(t,x) = u_{xx}(t,x) - \exp(-t)(x^2+2) \, , \, 0 \leq x \leq 1 \, , \, 0 \leq t \leq 1 \qquad (7.5.1)$$

mit der Anfangsbedingung

$$u(0,x) = 1+x^2$$

und den Dirichletschen Randbedingungen

$$u(t,0) = 1, \, u(t,1) = 1+\exp(-t).$$

Die exakte Lösung von (7.5.1) ist durch

$$u(t,x) = 1+\exp(-t)x^2$$

gegeben.

Für die Ortsdiskretisierung verwenden wir zentrale Differenzen zweiter Ordnung auf einem äquidistanten Gitter $\bar{I}_h$ mit der Maschenweite $h=\frac{1}{N+1}$ (N Anzahl der inneren Ortsgitterpunkte). Bemerkt sei, daß bei dieser Ortsdiskretisierung kein lokaler Ortsdiskretisierungsfehler entsteht ($\alpha_h(t)=0$), so daß der lokale und globale Gesamtdiskretisierungsfehler durch die Fehler der Zeitintegration bestimmt werden.

Zur numerischen Lösung von (7.5.1) verwenden wir die zweistufige adaptive RK-Methode (4.2.9b) mit dem Knoten $c_2=1$, d.h.

$$\begin{array}{c|cc} 0 & & \\ 1 & R_1^{(2)} & \\ \hline & R_1^{(3)} - R_2^{(3)} & R_2^{(3)} \end{array} . \qquad (7.5.2)$$

Als Stabilitätsfunktionen wählen wir

$$R_0^{(2)}(z) = \frac{1+(1-\gamma)z}{1-\gamma z} \quad \text{und} \quad R_0^{(3)}(z) = \frac{1+(1-2\gamma)z}{(1-\gamma z)^2} \qquad (7.5.3)$$

mit $\gamma=1+\sqrt{2}/2$. Damit ist die LIRK-Methode (7.5.2) L-stabil und intern stark A-stabil $(R_0^{(2)}(\infty)=0.4142135624)$. Sie besitzt die klassische Konsistenz- und Konvergenzordnung 2. Gemäß Theorem 7.4.1 und Folgerung 7.4.1 hat (7.5.2) bei Anwendung auf (7.5.1) die gleichmäßige Konsistenzordnung q=1 und gemäß Theorem 7.4.4 (vgl. Beispiel 7.4.3) die gleichmäßige Konvergenzordnung $\hat{q}=2$.

Die folgende Tabelle zeigt den globalen Gesamtdiskretisierungsfehler $\|\varepsilon_h(1)\|$ auf der Zeitschicht $t_e=1$ in der diskreten L_2-Norm $(\|\varepsilon_h(t)\|^2 = h\varepsilon_h^T(t)\varepsilon_h(t))$ für verschiedene Ortsschrittweiten h und eine Folge konstanter Zeitschrittweiten τ=1/10, 1/20, 1/40, 1/80, 1/160, 1/320, 1/640.

τ^{-1} \ h^{-1}	10	20	40	80	160
10	4.30E-04	4.32E-04	4.32E-04	4.33E-04	4.33E-04
20	1.70E-04	1.71E-04	1.71E-04	1.71E-04	1.71E-04
40	6.10E-05	6.15E-05	6.16E-05	6.16E-05	6.16E-05
80	1.99E-05	2.01E-05	2.02E-05	2.02E-05	2.02E-05
160	6.02E-06	6.09E-06	6.11E-06	6.11E-06	6.12E-06
320	1.72E-06	1.75E-06	1.75E-06	1.76E-06	1.76E-06
640	4.71E-07	4.81E-07	4.84E-07	4.84E-07	4.84E-07

Tabelle 7.5.1. Fehler in der skalierten diskreten L_2-Norm auf der Zeitschicht $t_e=1$.

Die Zeilen der Tabelle zeigen sehr deutlich die Unabhängigkeit des globalen Gesamtdiskretisierungsfehlers vom Ortsdiskretisierungsparameter h. Die folgende Tabelle zeigt die numerisch beobachtete Konvergenzordnung

$$\hat{q}_{num} = \log_2 \frac{\|\varepsilon_{h,\tau}\|}{\|\varepsilon_{h,\tau/2}\|}.$$

τ^{-1} \ h^{-1}	10	20	40	80	160
10	—	—	—	—	—
20	1.34	1.34	1.34	1.34	1.34
40	1.48	1.47	1.47	1.47	1.47
80	1.61	1.61	1.61	1.61	1.61
160	1.73	1.72	1.72	1.72	1.72
320	1.81	1.80	1.80	1.80	1.80
640	1.87	1.86	1.86	1.86	1.86

Tabelle 7.5.2. Numerisch beobachtete Konvergenzordnung $\hat{q}_{num}$ für feste Ortsdiskretisierungen.

Die Zeilen der Tabelle zeigen die numerisch beobachtete Konvergenzordnung bei Verfeinerung des Ortsgitterparameters h und die Spalten die numerisch beobachtete Konvergenzordnung bez. eines festen Ortsgitters, d.h. die Ordnung für ein "festes" ODE-System. Man erkennt, daß die numerisch beobachtete Konvergenzordnung bez. der Ortsschrittweite h gleichmäßig ist. Für kleiner werdende Ortsdiskretisierungen tritt keine Ordnungsreduktion auf.

Die folgende Tabelle 7.5.3 gibt die numerisch beobachtete Konsistenzordnung

$$q_{num} = \log_2 \frac{\|1e_{h,\tau}\|}{\|1e_{h,\tau/2}\|} - 1$$

an.

$\tau^{-1} \;\; h^{-1}$	10	20	40	80	160
10	—	—	—	—	—
20	0.74	0.73	0.73	0.73	0.73
40	0.94	0.93	0.93	0.93	0.93
80	1.06	1.04	1.03	1.03	1.03
160	1.17	1.12	1.11	1.11	1.11
320	1.29	1.20	1.18	1.18	1.18
640	1.43	1.27	1.23	1.22	1.22

Tabelle 7.5.3. Numerisch beobachtete Konsistenzordnung auf der Zeitschicht $t=\tau$.

Die Zeilen verdeutlichen, daß die numerisch beobachtete Konsistenzordnung bez. h gleichmäßig ist. Mit kleiner werdendem Gitterparameter h tritt keine Ordnungsreduktion ein.

7.5.2. Praktische Auswirkung der gleichmäßigen Konsistenzordnung

Um die Bedeutung der gleichmäßigen Konsistenzordnung zu demonstrieren betrachten wir neben der zweistufigen LIRK-Methode (7.5.2) die zweistufige LIRK-Methode (4.2.9a) mit dem Knoten $c_2=1$, d.h.

$$\begin{array}{c|cc} 0 & & \\ 1 & R_1^{(2)} & \\ \hline & \frac{1}{2} R_1^{(3)} & \frac{1}{2} R_1^{(3)} \end{array} \qquad (7.5.4)$$

mit den Stabilitätsfunktionen (7.5.3). Im Unterschied zum vorangegangenem Abschnitt wurde $\gamma=1-\sqrt{2}/2$ gewählt. Damit sind beide Methoden

L-stabil, jedoch nicht intern A-stabil. Betrachtet man die Fehlerkonstante von $R_0^{(3)}(z)-\exp(z)$, so ist diese für $\gamma=1-\sqrt{2}/2$ kleiner als für $\gamma=1+\sqrt{2}/2$. Für $z \to 0$ gilt nämlich

$$R_0^{(3)}(z)-\exp(z) = [\gamma(1-\gamma)-1/6]z^3 + O(z^4).$$

Damit folgt

$$R_0^{(3)}(z)-\exp(z) = 0.0404402 z^3 + O(z^4) \text{ für } \gamma=1-\tfrac{1}{2}\sqrt{2}$$

$$R_0^{(3)}(z)-\exp(z) = -1.3737731 z^3 + O(z^4) \text{ für } \gamma=1+\tfrac{1}{2}\sqrt{2}.$$

Die LIRK-Methoden (7.5.2) und (7.5.4) benötigen nicht nur die gleiche Anzahl von Funktionsaufrufen pro Integrationsschritt, sondern auch die gleiche Anzahl von LU-Zerlegungen. Sie besitzen ferner die gleiche klassische Konsistenz- und Konvergenzordnung 2. Unterschiedlich ist ihre gleichmäßige Konsistenzordnung. Während die Methode (7.5.2), wie bereits erwähnt, die gleichmäßige Konsistenzordnung q=1 hat, besitzt die Methode (7.5.4) die gleichmäßige Konsistenzordnung q=0.

Als Testbeispiel betrachten wir die semilineare Wärmeleitungsgleichung

$$u_t(t,x) = u_{xx}(t,x) + Q(t,x,u), \quad 0 \leq x \leq 1, \quad 0 \leq t \leq 1$$

mit der Quellfunktion

$$Q(t,x,u) = u^3 - x^3(x-1)^3 \exp(-3t) - (2+x(x-1))\exp(-t)$$

und der analytischen Lösung

$$u(t,x) = x(x-1)\exp(-t).$$

Die Anfangs- und Dirichletschen Randbedingungen werden von der analytischen Lösung genommen. Die Semidiskretisierung erfolgt wieder mittels zentraler Differenzen. Beide LIRK-Methoden wurden mit einer auf Richardson-Extrapolation beruhenden Schrittweitensteuerung (vgl. Abschnitt 2.8.3) implementiert.

In der nachfolgenden Abbildung haben wir für das vorliegende Beispiel bei verschiedenen Ortsdiskretisierungen die Rechenzeiten in Abhängigkeit von der vorgegebenen Toleranz aufgetragen.

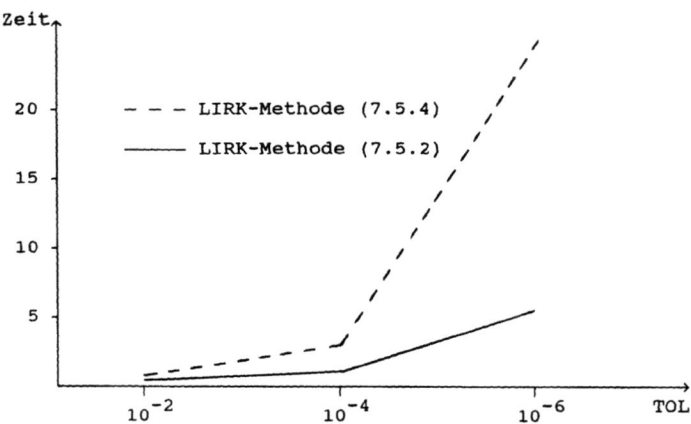

Abbildung 7.5.1. Rechenzeit in Sekunden mit der Ortsschrittweite h=1/40 in Abhängigkeit von der Toleranz.

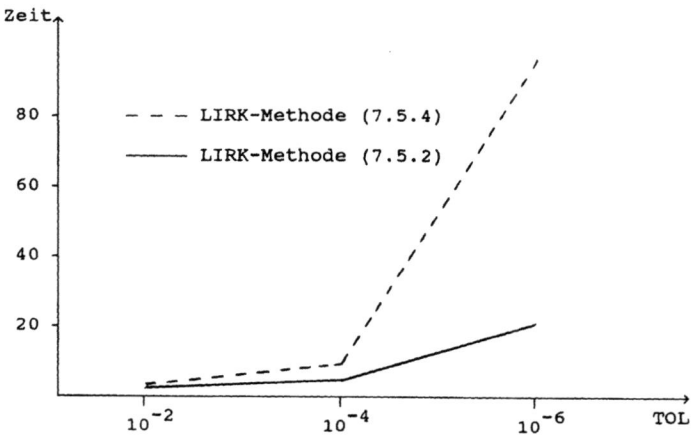

Abbildung 7.5.2. Rechenzeit in Sekunden mit der Ortsschrittweite h=1/160 in Abhängigkeit von der Toleranz.

Die Abbildungen illustrieren deutlich den Vorteil der höheren gleichmäßigen Konsistenzordnung. Der Algorithmus, der auf der LIRK-Methode (7.5.2) beruht, benötigt für alle Toleranzen wesentlich weniger Rechenzeit als der auf der LIRK-Methode (7.5.4) beruhende Algorithmus. Die erreichten Genauigkeiten beider Methoden sind vergleichbar.

Schlußfolgerung. Bei Diskretisierungsmethoden mit gleichem Aufwand und gleicher klassischer Konsistenzordnung sind diejenigen LIRK-Methoden mit einer höheren gleichmäßigen Konsistenzordnung effektiver.

7.6. Zur numerischen Behandlung quasilinearer parabolischer Anfangs-Randwertprobleme

LIRK-Methoden sind nicht B-stabil, so daß man für allgemeine nichtlineare semidiskrete Probleme parabolischer Anfangs-Randwertaufgaben keine positiven gleichmäßigen Konvergenzresultate erwarten kann. Selbst die Untersuchungen von sehr einfachen linear-impliziten Runge-Kutta-Methoden für semidiskrete quasilineare parabolische Anfangs-Randwertprobleme sind wesentlich komplizierter als für die Klasse der semilinearen Probleme.

In Strehmel/Hundsdorfer/Weiner/Arnold [1990] wird für quasilineare parabolische Anfangs-Randwertprobleme der Gestalt

$$u_t(t,x) = \sum_{i,k=1}^{\alpha} b_{ik}(x,u)\frac{\partial^2 u}{\partial x_i \partial x_k} + \sum_{i=1}^{\alpha} b_i(x,u)\frac{\partial u}{\partial x_i} + Q(t,x,u), \quad (7.6.1)$$

$$(x \in G, t \in [0, t_e])$$

$$u(x,t) = \phi(x,t) \text{ für } x \in \partial G, \ t \in [0, t_e]$$
$$u(x,0) = u_0(x) \text{ für } x \in G,$$

unter den zugehörigen semidiskreten Problemen die Aufgabenklasse

$$y'(t) = A_h(y(t))y(t) + Q_h(t,y(t)) + r_h(t,y(t)) \quad (7.6.2)$$
$$y(0) = y_0$$

mit

(i) $\mu[A_h(w)] \leq \mu_0$ für alle $w \in \mathbb{R}^N$,

(ii) $\|Q_h(t,v_1) - Q_h(t,v_2)\| \leq L\|v_1 - v_2\|$ für alle $t \in [0,t_e]$, $v_1, v_2 \in \mathbb{R}^N$,

(iii) $\|A_h(v_1)u_h(t) + r_h(t,v_1) - (A_h(v_2)u_h(t) + r_h(t,v_2))\| \leq C\|v_1 - v_2\|$

für alle $t \in [0, t_e]$, $v_1, v_2 \in \mathbb{R}^N$,

(iv) $\|A_h(u_h(t))u_h(t_1) + r_h(t_1, u_h(t)) -$
$$(A_h(u_h(t))u_h(t_2) + r_h(t_2, u_h(t)))\| \leq C|t_1 - t_2|$$

für alle $t, t_1, t_2 \in [0, t_e]$,

wobei die Konstanten μ_0, L und C vom Ortsdiskretisierungsparameter h unabhängig sind, betrachtet. Dabei wird vorausgesetzt, daß (7.6.1) eine eindeutige, glatte Lösung besitzt. Die Matrix $((b_{ik}))$ sei gleichmäßig positiv definit und der Quellterm $Q(t,x,u)$ Lipschitzstetig.

Für die semidiskrete Problemklasse (7.3.1) sind die Bedingungen (iii) und (iv) automatisch erfüllt. Für zahlreiche quasilineare Probleme (7.6.1) lassen sie sich oft leicht verifizieren. Wir geben folgendes

Beispiel 7.6.1. Eine Semidiskretisierung der quasilinearen Wärmeleitungsgleichung

$$u_t(t,x) = d(u)u_{xx}(t,x), \quad x \in (0,1), \quad t \in (0,t_e], \quad d(u) \geq \alpha > 0 \quad (u \in \mathbb{R})$$

$$u(0,x) = u_0(x), \quad x \in [0,1]$$

$$u(t,0) = u(t,1) = 0, \quad t \in [0,t_e]$$

mittels zentraler Differenzen auf einem äquidistanten Ortsgitter I_h mit der Maschenweite $h=\frac{1}{N+1}$ liefert das semidiskrete (quasilineare) Problem

$$y'(t) = D_h(y(t))B_h y(t) \quad \text{mit } y : [0,t_e] \to \mathbb{R}^N,$$

$$y(0) = y_0,$$

wobei die Matrizen $D_h(w)$ und B_h durch

$$D_h(w) = \text{diag}(d(w_1),\ldots,d(w_N)),$$

$$B_h = \frac{1}{h^2} \begin{pmatrix} -2 & 1 & & & \\ 1 & -2 & 1 & & \\ & \ddots & \ddots & \ddots & \\ & & 1 & -2 & 1 \\ & & & 1 & -2 \end{pmatrix}$$

gegeben sind. Aufgrund der vorausgesetzten Glattheit von $u(t,x)$ gilt

$$B_h u_h(t) \approx u_{xx}(t,x), \quad x \in I_h,$$

und

$$(B_h u_h(t_1) - B_h u_h(t_2))/(t_1-t_2) \approx u_{xxt}(t_1+\vartheta(t_2-t_1),x), \quad t_1 \neq t_2, \quad \vartheta \in (0,1),$$

so daß $B_h u_h(t)$ und $(B_h u_h(t_1)-B_h u_h(t_2))/(t_1-t_2)$ in der l_∞-Norm gleichmäßig beschränkt sind. Mit

$$A_h(v_1)u_h(t) - A_h(v_2)u_h(t) = (D_h(v_1)-D_h(v_2))B_h u_h(t),$$

ist die Bedingung (iii) erfüllt, wenn

$$\|D_h(v_1)-D_h(v_2)\|_\infty = \max_{i=1}^{N} |d(v_1^{(i)})-d(v_2^{(i)})| \leq L_d \|v_1-v_2\|_\infty,$$

gilt, d.h., wenn die Funktion d(u) eine Lipschitz-Bedingung mit der Lipschitz-Konstante L_d erfüllt. Entsprechend gilt wegen

$$A_h(u_h(t))(u_h(t_1)-u_h(t_2)) = D_h(u_h(t))B_h(u_h(t_1)-u_h(t_2)),$$

die Bedingung (iv), wenn

$$\|D_h(u_h(t))\|_\infty = \max_{i=1}^{N} |d(u(x_i,t))|$$

beschränkt ist, was eine natürliche Voraussetzung für das parabolische Anfangs-Randwertproblem ist.
Diese Vorgehensweise läßt sich auf kompliziertere Probleme aus (7.6.1) und ihre Semidiskretisierungen verallgemeinern. □

In den im Abschnitt 7.4 durchgeführten gleichmäßigen Konsistenz- und Konvergenzuntersuchungen für die semidiskrete Problemklasse (7.3.1) spielen Abschätzungen von rationalen Matrixfunktionen eine zentrale Rolle. Unter der Voraussetzung, daß die Vektornorm durch eine Skalarproduktnorm induziert wird, liefert das Theorem 2.7.10 die erforderlichen Abschätzungen. Für das einfache quasilineare Beispiel 7.6.1 ist es jedoch nicht möglich, die Bedingung (i) in der diskreten L_2-Norm zu zeigen (vgl. Strehmel/Hundsdorfer/Weiner/Arnold [1990]). Bisher haben wir keine Skalarproduktnorm gefunden, für welche die Bedingungen (i)-(iv) gelten. Die l_∞-Norm scheint hier die einzige Alternative zu sein. Für diese Norm existiert allerdings kein zu Theorem 2.7.10 analoges Theorem. Lediglich die rationale Matrixfunktion $[I-A]^{-1}$ mit einer quadratischen Matrix A kann mit Hilfe von Lemma 1.3.5 abgeschätzt werden.

In Strehmel/Hundsdorfer/Weiner/Arnold [1990] wurde für quasilineare Probleme (7.6.1) mit ihren Semidiskretisierungen (7.6.2) die *modifizierte linear-implizite Euler-Methode*

$$u_{m+1} = [I-\tau A_h(u_m)]^{-1}[u_m+\tau Q_h(t_m,u_m)+\tau r_h(t_{m+1},u_m)] \qquad (7.6.3)$$

betrachtet und folgendes Theorem bewiesen:

Theorem 7.6.1. *Die modifizierte linear-implizite Euler-Methode (7.6.3) besitzt bei Anwendung auf semidiskrete Probleme (7.6.2) die gleichmäßige Konvergenzordnung q=1.* □

Bemerkung 7.6.1. Für einen zeitunabhängigen semidiskreten Quellterm Q_h ist der Vektor u_{m+1} in (7.6.3) das Ergebnis eines vereinfachten Newton-Schrittes mit dem Startvektor u_m und der Matrix $A_h(u_m)$ zur Lösung des nichtlinearen Gleichungssystems, das bei Anwendung der impliziten Euler-Methode

$$u_{m+1} = u_m + \tau[A_h(u_{m+1})u_{m+1} + Q_h(t_{m+1}, u_{m+1}) + r_h(t_{m+1}, u_{m+1})] \quad (7.6.4)$$

auf das semidiskrete Problem (7.6.2) entsteht. Häufig wird (7.6.4) in der Form (7.6.3) implementiert, d.h., es wird nur ein vereinfachter Newton-Schritt ausgeführt, ohne die Konvergenz des Newton-Verfahrens zu beachten. ▫

Für viele praktische Probleme quasilinearer parabolischer Anfangs-Randwertprobleme sind die Bedingungen (i)-(iv) erfüllt, jedoch nicht für alle.

In zahlreichen Anwendungen ist die quasilineare Wärmeleitungsgleichung

$$u_t(t,x) = \frac{\partial}{\partial x}(d(u)u_x(t,x)) + q(t,x,u) \quad \text{für } x \in (0,1), \ t \in (0, t_e]$$

$$u(0,t) = u_0(x), \quad \text{für } x \in (0,1),$$

$$u(t,0) = \phi_1(t), \ u(t,1) = \phi_2(t) \quad \text{für } t \in [0, t_e]$$

mit

$$d(u) \geq a > 0 \quad \text{für } u \in \mathbb{R}$$

von Bedeutung. Eine Semidiskretisierung mittels zentraler Differenzen zweiter Ordnung liefert das semidiskrete Problem

$$y'(t) = A_h(t,y(t))y(t) + Q_h(t,y(t)) + r_h(t,t,y(t)) \quad (7.6.5)$$

mit

$$A_h(s,y) = \frac{1}{h^2}\begin{pmatrix} -(d_0+d_1) & d_1 & & & & \\ d_1 & -(d_1+d_2) & d_2 & & & \\ & \cdot & \cdot & \cdot & & \\ & & \cdot & \cdot & \cdot & \\ & & & d_{N-2} & -(d_{N-2}+d_{N-1}) & d_{N-1} \\ & & & & d_{N-1} & -(d_{N-1}+d_N) \end{pmatrix}$$

und

$$d_i(s,y) = d\left(\frac{y_i + y_{i+1}}{2}\right), \quad i=1(1)N-1, \ y \in \mathbb{R}^N$$

$$d_0(s,y) = d\left(\frac{\phi_1(s) + y_1}{2}\right), \quad d_N(s,y) = d\left(\frac{\phi_2(s) + y_N}{2}\right)$$

$$r_h(s,t,y) = \left(\frac{d_0(s,y)}{h^2}\phi_1(t), 0, \ldots, 0, \frac{d_N(s,y)}{h^2}\phi_2(t)\right)^\tau$$

$$Q_h(t,y) = \Big(Q(t,x_1,y_1),Q(t,x_2,y_2),\ldots,Q(t,x_N,y_N)\Big)^T.$$

Im Gegensatz zur Semidiskretisierung (7.6.2) ist der semi-diskretisierte Differentialoperator in (7.6.5) zeitabhängig. Die Semidiskretisierung (7.6.5) erfüllt nicht die Bedingung (iii), so daß Theorem 7.6.1 nicht anwendbar ist. Die *modifizierte linear-implizite Euler-Methode* ist jetzt durch

$$u_{m+1} = [I-\tau A_h(t_m,u_m)]^{-1}[u_m+\tau Q_h(t_m,u_m)+\tau r_h(t_m,t_{m+1},u_m)]. \qquad (7.6.6)$$

gegeben. Es gilt das

Theorem 7.6.2. *Die modifizierte linear-implizite Euler-Methode (7.6.6), angewandt auf das semidiskrete Problem (7.6.5), ist in der diskreten L_2-Norm gleichmäßig konvergent von der Ordnung q=1.* ▫

Numerische Beispiele, die die praktische Bedeutung dieser theoretischen Resultate zeigen, findet man in Strehmel/Hundsdorfer/Weiner/ Arnold [1990].

Bemerkung 7.6.2. Le Roux [1980] betrachtet linear-implizite Mehrschrittmethoden, (einschließlich der linear-impliziten Euler-Methode) für quasilineare abstrakte Cauchy Probleme

$$u_t(t,x) = -A(t,u(t))u(t)+f(t) \quad \text{für} \quad 0<t\le t_e \qquad (7.6.7)$$

$$u(0,x) = u_0(x),$$

wobei A einen partiellen Differentialoperator darstellt, der Ableitungen der unbekannten Funktion u(t,x) bez. der Ortsvariablen x enthält und zeigt, daß die linear-implizite Euler-Methode für (7.6.7) gleichmäßig konvergent von der Ordnung 1 ist. Die dafür gestellten Voraussetzungen an den Differentialoperator $A(\cdot,\cdot)$ lassen sich jedoch i. allg. schwer verifizieren. Ferner werden homogene Randbedingungen zusammen mit einer Skalarproduktnorm gefordert. ▫

Kapitel 8

Anwendung linear-impliziter Runge-Kutta-Methoden auf retardierte Differentialgleichungssysteme

Dieses Kapitel befaßt sich mit linear-impliziten Runge-Kutta-Interpolationsmethoden zur numerischen Lösung steifer retardierter Anfangswertprobleme mit konstanter Nacheilung. Im Mittelpunkt der Untersuchungen stehen LIRK-Methoden mit Lagrange- und Hermite-Interpolation für das retardierte Argument. Den Schwerpunkt bilden Stabilitätsbetrachtungen bez. der Barwellschen Testdifferentialgleichung, d.h., es werden notwendige und hinreichende Bedingungen angegeben, wann eine derartige Diskretisierungsmethode $P(\beta)$-stabil ist. Die Eigenschaft der $P(\beta)$-Stabilität ist wesentlich für die numerische Behandlung steifer retardierter Differentialgleichungen. Durch Kombination einer geeigneten LIRK-Interpolationsmethode mit der zugeordneten expliziten RK-Interpolationsmethode wird ein Algorithmus angegeben, der automatisch entscheidet, ob das retardierte Anfangswertproblem im betrachteten Intervall steif ist, und davon ausgehend die explizite oder die linear-implizite Runge-Kutta-Interpolationsmethode auswählt.

8.1. Theoretische Grundlagen

Dieser einführende Abschnitt stellt einige für unsere Zwecke relevante Aussagen für Anfangswertprobleme retardierter Differentialgleichungen mit konstanter Nacheilung zusammen, die für die nachfolgenden Untersuchungen wesentlich sind. Bez. der Beweise verweisen wir auf Bellman/Cooke [1963], Hale [1977], Driver [1977].

8.1.1. Problemstellung

Mathematische Modelle zur Beschreibung realer Vorgänge (d.h. in diesem Zusammenhang Differentialgleichungen), die nicht nur vom Zustand zum gegenwärtigen Zeitpunkt t, sondern auch von Zuständen aus einem gewissen vorhergehenden Zeitraum abhängen, gewinnen zunehmend an Bedeutung, insbesondere bei der Modellierung von Problemen der Biologie und der Medizin, so z.B. bei der Populationsentwicklung, bei der Ausbreitung von Epidemien bzw. Infektionskrankheiten, beim Wachstum von Zellen oder bei der mathematischen Beschreibung der Vorgänge in elektrischen Schaltkreisen. Die wachsende Bedeutung dieser retardierten Differentialgleichungen (Delay-Differentialgleichungen) führt zwangsläufig auch zu verstärkten mathematisch-numerischen Untersuchungen dieses Gleichungstyps.

Im folgenden Beispiel beschreiben wir ein Modell der Populationsentwicklung.

Beispiel 8.1.1. (Stirzaker [1975]) Bezeichnet y(t) die Größe der Population zum Zeitpunkt t (Anzahl der Spezies), a>0 die konstante Geburtenrate und b>0 die konstante Sterberate, so erhält man als einfachstes Modell der Entwicklumg einer Population das Anfangswertproblem

$$y'(t) = (a-b)y(t) \qquad (8.1.1)$$
$$y(t_0) = y_0,$$

welches nur exponentielles Wachstum (a>b) bzw. exponentielles Abklingen (a<b) bzw. konstante Population (a=b) modelliert. Durch Einführung der beiden nachfolgenden Retardierungen (Nacheilungen) τ_1 und τ_2 läßt sich dieses Modell verbessern.

(i) τ_1 sei die durchschnittliche Zeitdauer von der Geburt eines Spezies bis zu dessen Fortpflanzungsfähigkeit (Reifezeit),

(ii) τ_2 sei die durchschnittliche Zeitdauer von der Geburt eines Spezies bis zu dessen Tod (Lebensdauer).

Damit ergibt sich als Modellgleichung die folgende retardierte Differentialgleichung

$$y'(t) = ay(t-\tau_1) - by(t-\tau_2). \qquad (8.1.2)$$

Die Anfangsbedingung lautet

$$y(t) = y_0(t) \text{ für } t_0-\tau_2 \leq t \leq t_0, \quad (\tau_2 \geq \tau_1).$$

Man hat jetzt ein *retardiertes Anfangswertproblem* zu lösen. Offensichtlich ist die Lösungsmannigfaltigkeit der retardierten Differentialgleichung (8.1.2) größer als die der gewöhnlichen Differentialgleichung (8.1.1), z.B. ist für

$$\tau_1 = 3\pi/2, \quad \tau_2 = 5\pi/2, \quad a+b=1$$

und bei entsprechender Wahl der Anfangsfunktion $y_0(t)$ die Funktion

$$y(t) = \sin(t)$$

Lösung von (8.1.2). Als qualitativ neue Lösungen im Vergleich zur gewöhnlichen Differentialgleichung (8.1.1) treten bei der retardierten Differentialgleichung (8.1.2) auch periodische Lösungen auf. ◻

Eine ausführliche Zusammenstellung von Problemen aus der Biologie, die durch retardierte Differentialgleichungen beschrieben werden, findet man im Übersichtsartikel von Babskij/Myshkis [1983].

Bemerkung 8.1.1. Retardierte Differentialgleichungen gehören zur Klasse der sog. *Funktional-Differentialgleichungen*. In diesen Gleichungen treten die unbekannte Funktion y und eventuell auch Ableitungen von y mit verschiedenen, variierenden Argumenten auf, z.B.

$$y'(t) = cy(t) + y^2(\tfrac{t}{2}) - y'(t-\tau). \quad \square$$

8.1.2. Einige Theoreme aus der Theorie der retardierten Differentialgleichungen

Wir betrachten ein Anfangswertproblem für ein System von n gewöhnlichen Differentialgleichungen mit einer konstanten Retardierung τ, d.h.

$$y'(t) = f(t, y(t), y(t-\tau))$$
$$y(t) = y_0(t) \quad \text{für } t_0 - \tau \le t \le t_0. \quad (8.1.3)$$

Dabei ist

$$y : [t_0, t_e] \to \mathbb{R}^n, \quad f : [t_0, t_e] \times \mathbb{R}^n \times \mathbb{R}^n \to \mathbb{R}^n, \quad \tau \in \mathbb{R}, \quad \tau > 0.$$

Für das retardierte Anfangswertproblem (8.1.3) gilt folgende Existenz- und Unitätsaussage:

Theorem 8.1.1. *Die Funktion $f(t,y,z)$ sei stetig auf dem Streifen $S := \{(t,y,z) : t_0 \le t \le t_e, y, z \in \mathbb{R}^n\}$ und genüge dort bez. y und z einer (globalen) Lipschitz-Bedingung. Die Anfangsfunktion $y_0(t)$ sei stetig. Dann besitzt das Anfangswertproblem (8.1.3) genau eine stetige Lösung auf dem Intervall $[t_0, t_e]$.* $\square$

Dieses Theorem entspricht dem Existenz- und Eindeutigkeitstheorem für Anfangswertprobleme gewöhnlicher Differentialgleichungen (vgl. Theorem 1.1.4).

Beispiel 8.1.2. Wir betrachten die Anfangswertaufgabe

$$y'(t) = -y(t-1) \quad \text{für } t \ge 0$$
$$y(t) = 1 \quad \text{für } -1 \le t \le 0.$$

Die Lösung kann durch schrittweise Integration gefunden werden. Man erhält

$$y(t) = 1-t \qquad \text{für } 0 \le t \le 1$$

$$y(t) = 1-t+\frac{(t-1)^2}{2} \qquad \text{für } 1 \le t \le 2$$

$$y(t) = 1-t+\frac{(t-1)^2}{2}-\frac{(t-2)^3}{3!} \qquad \text{für } 2 \le t \le 3$$

und allgemein

$$y(t) = 1 + \sum_{i=1}^{[t]+1} (-1)^i \cdot \frac{(t-i+1)^i}{i!}.$$

Die Lösung besitzt für t=0 eine endliche Sprungstelle in der ersten Ableitung, für t=1 eine endliche Sprungstelle in der zweiten Ableitung, für t=2 eine endliche Sprungstelle in der dritten Ableitung usw. ▫

Das Beispiel 8.1.2 zeigt eine wichtige Eigenschaft retardierter Differentialgleichungssysteme: Aus der Glattheit der Ausgangsdaten y_0 und f kann nicht auf die Glattheit der Lösung geschlossen werden.

Bez. der Unstetigkeitsstellen der Lösung y(t) von (8.1.3) gilt

Theorem 8.1.2. *Die Funktion f(t,y,z) sei analytisch auf dem Streifen S und die Anfangsfunktion $y_0(t)$ sei analytisch auf $t_0-\tau \le t \le t_0$. Dann besitzt die Lösung y(t) des Anfangswertproblems (8.1.3) in den Punkten $t_i = t_0 + i\tau$ gerade i stetige Ableitungen und im allgemeinen besitzt $y^{(i+1)}(t)$ in $t=t_i$ einen endlichen Sprung.* ▫

Werden die Forderungen an die Anfangsfunktion $y_0(t)$ abgeschwächt, so gelten folgende Aussagen:

Theorem 8.1.3. *Die Funktion f(t,y,z) sei analytisch auf dem Streifen S und $y_0(t)$ sei analytisch auf $t_0-\tau \le t < t_0$. Ferner besitze $y_0(t)$ einen endlichen Sprung in t_0. Dann besitzt die Lösung y(t) von (8.1.3) in den Punkten $t_i = t_0 + i\tau$ gerade i-1 stetige Ableitungen in $t=t_i$ und i.allg. besitzt $y^{(i)}(t)$ in $t=t_i$ einen endlichen Sprung.* ▫

Theorem 8.1.4. *Die Funktion f sei analytisch auf S. Die j-te Ableitung der Funktion $y_0(t)$ besitze in $\xi \in [t_0-\tau, t_0)$ einen endlichen Sprung. Dann besitzt die Lösung y(t) von (8.1.3) in den Punkten $t_i = \xi + i\tau$ gerade i+j-1 stetige Ableitungen, und i.allg. besitzt $y^{(i+j)}$ in $t=\xi$ einen endlichen Sprung.* ▫

Die Sprungstellen in den Ableitungen der Funktion y(t) in den Punkten $t_i = t_0 + i\tau$ heißen *primäre Unstetigkeitsstellen*. Die durch die Anfangsfunktion $y_0(t)$ hervorgerufenen Sprungstellen in den Ableitungen von y(t) heißen *sekundäre Unstetigkeitsstellen*.

Abschließend geben wir noch ein Theorem an, das die stetige Abhängigkeit der Lösung y(t) von der Retardierung τ beschreibt.

Theorem 8.1.5. *Gegeben seien die Anfangswertprobleme*

$$y'(t) = f(t,y(t),y(t-\tau)), \quad t \ge t_0$$
$$y(t) = y_0(t), \quad t_0-\tau \le t \le t_0$$

und

$$z'(t) = f(t,z(t),z(t)) , \quad t \geq t_0$$
$$z(t) = y_0(t_0),$$

wobei $f(t,y,z)$ stetig und Lipschitz-stetig bez. y und z und $y_0(t)$ stetig ist. Dann existiert für jedes Intervall $I=[t_0,t_e]$ eine Konstante $C>0$, so daß gilt

$$\|y(t)-z(t)\| < C\tau. \quad \square$$

8.2. Numerische Methoden zur Lösung retardierter Anfangswertprobleme

8.2.1. Zwei numerische Prinzipien

Zur numerischen Integration eines retardierten Anfangswertproblems gibt es im wesentlichen zwei verschiedene Möglichkeiten:

1. Methode der sukzessiven Approximation ("Method of Steps").
2. Anpassung von Diskretisierungsmethoden für Anfangswertprobleme gewöhnlicher Differentialgleichungen.

Die Methode der sukzessiven Approximation, erstmals in Bellman [1961] erwähnt, ist durch eine schrittweise Integration von (8.1.3) charakterisiert. Im Intervall $[t_0,t_0+\tau]$ kann (8.1.3) unter Beachtung der Anfangsfunktion als Anfangswertproblem eines gewöhnlichen Differentialgleichungssystems interpretiert werden

$$y'(t) = f(t,y(t),y_0(t-\tau)) \quad \text{für } t_0 \leq t \leq t_0-\tau$$
$$y(t_0) = y_0, \qquad (8.2.1)$$

das dann mit einer geeigneten Diskretisierungsmethode gelöst wird. Im anschließenden Intervall $[t_0+\tau,t_0+2\tau]$ sind dann die zwei gewöhnlichen Differentialgleichungssysteme

$$y'(t) = f(t,y(t),y_1(t-\tau))$$
$$y_1'(t-\tau) = f(t-\tau,y_1(t-\tau),y_0(t-2\tau)) \quad \text{für } t_0+\tau \leq t \leq t_0+2\tau$$

mit
$$y_1(t_0) = y_0(t_0) \text{ und } y(t_0+\tau) \text{ nach } (8.2.1)$$

numerisch zu lösen. Allgemein hat man im Intervall $[t_0+i\tau,t_0+(i+1)\tau]$ ein gewöhnliches Differentialgleichungssystem der Dimension $n(i+1)$ numerisch zu integrieren. Ein Vorteil dieser Methode besteht in einem geringen Speicherplatzbedarf. Ein offensichtlicher Nachteil dieser Vorgehensweise ist in einem ständigen Anwachsen des zu integrierenden Systems gewöhnlicher Differentialgleichungen zu sehen, was die Methode insbesondere für $t_e-t_0 \gg \tau$ unbrauchbar macht.

Die zweite, wohl umfangreichste Klasse von Diskretisierungsmethoden für (8.1.3), die auf Stetter [1965] zurückgehen dürfte, besteht in einer Ausdehnung von Diskretisierungsmethoden für Anfangswertprobleme gewöhnlicher Differentialgleichungen mit einer geeigneten Approximation des retardierten Argumentes für $t>t_0+\tau$. Im Vergleich zu gewöhnlichen Differentialgleichungen tritt hier die zusätzliche Schwierigkeit auf, daß die primären und sekundären Unstetigkeitsstellen der Lösung einer retardierten Differentialgleichung für den numerischen Integrationsprozeß genau analysiert werden müssen, solange die Existenz der Ableitungen für die Konsistenzordnung der Diskretisierungsmethode benötigt werden. Diese Unstetigkeitsstellen müssen dann Gitterpunkte für die Diskretisierungsmethode sein. Dies betrifft jedoch, falls die Funktion f hinreichend glatt ist, nur eine Anfangsphase. Bei der Aufgabe (8.1.3) ist die Lokalisierung der Unstetigkeitsstellen problemlos vor Beginn des Integrationsprozesses zu erreichen.

Approximiert man das retardierte Argument $y(t-\tau)$ für $t>t_0+\tau$ durch ein Interpolationspolynom $P(t-\tau)$ aus zuvor berechneten Näherungen u_i an Gitterpunkten t_i so ergibt sich aus (8.1.3) ein nichtautonomes gewöhnliches Differentialgleichungssystem

$$y'(t) = f(t,y(t),z(t-\tau)) \quad \text{für } t \geq t_0$$
$$y(t_0) = y_0(t_0) \quad (8.2.2)$$

mit
$$z(t-\tau) = \begin{cases} y_0(t-\tau) & \text{für } t_0 \leq t \leq t_0+\tau \\ P(t-\tau) & \text{für } t>t_0+\tau. \end{cases}$$

Die Differentialgleichung (8.2.2) heißt *Ersatzproblem* zum retardierten Differentialgleichungssystem (8.1.3). Wendet man auf (8.2.2) eine Einschrittmethode (2.1.1) an, so erhält man für die retardierte Anfangswertaufgabe (8.1.3) eine *Einschritt-Interpolationsmethode*

$$u_0 = y_0(t_0)$$
$$u_{m+1} = u_m + h\Phi(t_m,u_m,z(t-\tau),h), \quad m=0(1)N-1, \quad (8.2.3)$$

für die folgendes Konvergenztheorem gilt (vgl. Oberle/Pesch [1981]):

Theorem 8.2.1. *Die Einschritt-Interpolationsmethode* (8.2.3) *habe bei Anwendung auf ein Anfangswertproblem* (1.1.1) *die Konsistenzordnung $p\geq 1$. Die Verfahrensfunktion $\Phi(t,y,z,h)$ sei für $h \leq h_0$ stetig und bez. y und z Lipschitz-stetig auf S. Die Funktionen $f(t,y,z)$ und $y_0(t)$ seien hinreichend glatt ((p+1)-mal stetig differenzierbar). Die Funktion z(t) sei in einem Integrationsschritt hinreichend glatt, d.h., die Integrationsstützstellen liegen innerhalb eines τ-Intervalls $[t_0+i\tau,$*

$t_0+(i+1)\tau]$. Der Interpolationsfehler von $P(t-\tau)$ habe die Ordnung $r+1$ (r Grad des Interpolationspolynoms). Dann besitzt die Einschritt-Interpolationsmethode die Konvergenzordnung

$$\hat{p} = \min(p, r+1). \quad \square$$

Bemerkung 8.2.1. Auf den lokalen Gesamtdiskretisierungsfehler einer Einschritt-Interpolationsmethode haben sowohl die Integrationsmethode als auch die Interpolation Einfluß. Gilt r≥p, so wird der Hauptteil des lokalen Gesamtdiskretisierungsfehlers durch den lokalen Diskretisierungsfehler der Einschrittmethode bestimmt, so daß bei einer Schrittweitensteuerung die Schrittweitensteuerung der Einschrittmethode (2.1.1) (vgl. Abschnitt 2.8.3) übernommen werden kann. Gilt p=r+1, so wird der Hauptteil des lokalen Gesamtdiskretisierungsfehlers sowohl durch den lokalen Diskretisierungsfehler der Einschrittmethode als auch durch den Interpolationsfehler bestimmt. Für eine Schrittweitensteuerung muß dann auch der Interpolationsfehler geschätzt werden. Eine Möglichkeit hierzu findet man in Arndt [1983], [1984], der den Einfluß der Interpolation auf die globale Fehlerschätzung untersucht. $\square$

Gemäß (8.2.1) ist prinzipiell eine beliebige Kopplung zwischen Diskretisierungsmethode und Interpolationsvorschrift möglich. Es bieten sich Lagrange- aber auch Hermite-Interpolation an, da die für die Diskretisierungsmethode berechneten Funktionswerte bereits bekannt sind.

Beispiele von Einschritt-Interpolationsmethoden sind:

- Runge-Kutta-Fehlberg-Methode 4(5) mit Hermite-Interpolation (vgl. Oppelstrupp [1976]).
- Runge-Kutta-Fehlberg-Methode 4(5) und 7(8) mit Hermite-Interpolation (vgl. Oberle/Pesch [1981]).
- Klassische Runge-Kutta-Methode mit Hermite-Interpolation (vgl. Arndt [1984]).

Mehrschritt-Interpolationsmethoden findet man in Tavernini [1973], Cryer [1974], Roth [1980], Bock/Schlöder [1981], Vander Staay [1982], van der Houwen/Sommeijer [1983].

Eine weitere Möglichkeit besteht darin, als Interpolationsvorschrift für $P(t-\tau)$ in (8.2.3) eine stetige RK-Methode (vgl. Abschnitt 2.6) zu verwenden. Ein FORTRAN-Programm zur Lösung von (8.1.3), basierend auf dem Verfahren von Dormand/Prince 5(4) mit der gleichmäßigen stetigen Erweiterung vierter Ordnung (vgl. Beispiel 2.6.3), findet man in Hairer/Nørsett/Wanner [1987]. Zur Anwendung von stetigen impliziten RK-Methoden verweisen wir auf Bellen [1984], Bellen/Zennaro

[1985] und von stetigen einfach-impliziten RK-Methoden auf Claus [1990].

8.2.2. Linear-implizite Runge-Kutta-Interpolationsmethoden

Zur Konstruktion von LIRK-Interpolationsmethoden gehen wir gemäß (8.2.2) vor. Ausgehend von einer LIRK-Methode (4.1.1) der Ordnung p ist eine LIRK-Interpolationsmethode durch die Vorschrift

$$u^{(1)}_{m+1} = u_m$$

$$u^{(i)}_{m+1} = R^{(i)}_0 (c_i hT) u_m + h \sum_{j=1}^{i-1} A_{ij}(hT)[f(t_m+c_j h, u^{(j)}_{m+1}, z(t_m+c_j h)) - Tu^{(j)}_{m+1}],$$

$$i=2(1)s$$

$$u_{m+1} = R^{(s+1)}_0 (hT) u_m + h \sum_{j=1}^{s} B_j(hT)[f(t_m+c_j h, u^{(j)}_{m+1}, z(t_m+c_j h)) - Tu^{(j)}_{m+1}],$$

(8.2.4)

gegeben.

Für die weiteren Betrachtungen legen wir für $z(\cdot)$ eine Lagrange- bzw. Hermite-Interpolation zugrunde. Diese Diskretisierungsmethoden bezeichnen wir als *LIRK-Lagrange-Methoden* bzw. *LIRK-Hermite-Methoden*. Zur Interpolation werden dabei nur bereits bekannte Werte benutzt, d.h., für $t_m+c_j h-\tau > t_m$ tritt eine Extrapolation auf. Für $c_j h \leq \tau$ liegt stets eine echte Interpolation vor. Auf die Verwendung von stetigen Erweiterungen einer LIRK-Methode (4.4.1) gehen wir nicht ein, da man in diesem Fall keine skalaren Koeffizienten, sondern rationale Matrixfunktionen $B_j(\theta hT)$, $0 \leq \theta \leq 1$, hat. Dies würde für die Berechnung des retardierten Arguments $u(t_m+c_j h-\tau)$ das zusätzliche Lösen eines linearen Gleichungssystem erfordern. Für die spezielle Klasse der Rosenbrock-Typ-Methoden ist allerdings eine stetige Erweiterung ohne zusätzliches Lösen eines linearen Gleichungssystems möglich (vgl. Abschnitt 4.3).

8.3. Stabilität

Für Stabilitätsuntersuchungen von Diskretisierungsmethoden für retardierte Differentialgleichungen werden analog den Untersuchungen für gewöhnliche Differentialgleichungen (vgl. Abschnitt 2.7) *Testprobleme* zugrunde gelegt, deren Stabilitätseigenschaften bekannt sind. Stabilität einer Diskretisierungsmethode bedeutet dann wieder, daß die Stabilitätseigenschaften der analytischen Lösung des entsprechenden Testproblems in der numerischen Lösung zumindest teilweise widergespiegelt werden.

8.3.1. Die Testdifferentialgleichung und ihre Stabilität

Die folgenden Stabilitätsuntersuchungen von Diskretisierungsmethoden für (8.1.3) basieren auf dem von Barwell [1975] eingeführten linearen, skalaren Testproblem

$$y'(t) = py(t) + qy(t-\tau) \quad \text{für } t \geq 0 \qquad (8.3.1a)$$

mit der Anfangsfunktion

$$y(t) = y_0(t) \quad \text{für } t \leq 0. \qquad (8.3.1b)$$

Hierbei ist $\tau > 0$, p und q sind komplexe Konstanten, und $y_0(t)$ ist eine gegebene stetige, komplexwertige Funktion.

Das Anfangswertproblem (8.3.1) wurde von zahlreichen Autoren für Stabilitätsuntersuchungen von Diskretisierungsmethoden für retardierte Differentialgleichungen verwendet (vgl. z.B. Al-Mutib [1984], Bellen/Zennaro [1985], Bickart [1982], Jackiewicz [1984], Calvo/Grande [1988], Claus [1990], Cryer [1974], van der Houwen/Sommeijer [1983], Vander Staay [1982], Liu/Spijker [1990], Wiederholt [1976], Watanabe/Roth [1985], Zennaro [1985], [1986b], Weiner [1984], [1987]), Strehmel/Weiner/Claus [1989].

Setzt man in (8.3.1b) $y_0(t) = 0$, so hat das Problem (8.3.1) die triviale Lösung $y(t) = 0$. Sie wird als Gleichgewichtslage der Differentialgleichung (8.3.1a) bezeichnet. Man nennt nun diese Gleichgewichtslage *stabil*, wenn die Lösung $y(t)$ des retardierten Anfangswertproblems (8.3.1) für alle stetigen Anfangsfunktionen $y_0(t)$, $t \leq 0$, der asymptotischen Beziehung

$$\lim_{t \to \infty} y(t) = 0$$

genügt.

Für fixiertes τ ist dann das Stabilitätsgebiet S_τ der Differentialgleichung (8.3.1) durch die Menge aller $\{p,q\} \in \mathbb{C}^2$ gegeben, für die die Gleichgewichtslage stabil ist.

Betrachtet man reelle p,q, so ist der Rand des Stabilitätsgebietes S_τ durch die Kurven

$$q = -p, \quad \text{und } p \leq 1/\tau$$

und

$$p = \omega \cot(\omega\tau), \quad q = -\frac{\omega}{\sin(\omega\tau)}, \quad 0 \leq \omega \leq \pi/\tau$$

bestimmt (vgl. Bellmann/Cooke [1963]). Das Stabilitätsgebiet S_τ ist in der folgenden Abbildung dargestellt.

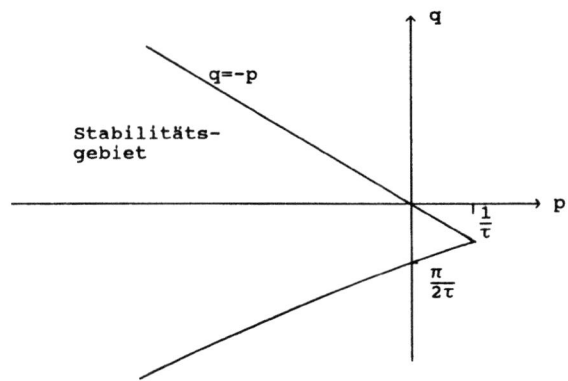

Abbildung 8.3.1. Stabilitätsgebiet für das Testproblem (8.3.1) mit $(p,q) \in \mathbb{R}^2$.

Man erkennt, daß das Gebiet $\{(p,q) \in \mathbb{R}^2; p < -|q|\}$ für alle Retardierungen τ im Stabilitätsgebiet S_τ enthalten ist.

Für den Fall, daß p,q komplex sind, hat Barwell [1975] gezeigt, daß die Testgleichung (8.3.1) für alle p,q mit

$$\text{Re } p < -|q| \qquad (8.3.2)$$

stabil ist. Eine vollständige Charakterisierung des Stabilitätsverhaltens der Differentialgleichung (8.3.1) für $(p,q) \in \mathbb{C}^2$ findet man bei Roth [1980].

Bei den folgenden Stabilitätsuntersuchungen für die Klasse der linear-impliziten Runge-Kutta-Interpolationsmethoden werden wir stets das von τ unabhängige Stabilitätsgebiet (8.3.2) zugrunde legen.

Bemerkung 8.3.1. Für den Spezialfall p=0, d.h., für reine Delay-Gleichungen

$$y'(t) = qy(t-\tau) \quad \text{für } t \geq 0$$
$$y(t) = y_0(t) \quad \text{für } t \leq 0, \qquad (8.3.3)$$

ist der Rand des Stabilitätsgebietes durch

$$|q\tau| = |\arg q\tau| - \pi/2, \quad -\pi < \arg q\tau \leq \pi$$

gegeben (vgl. Abbildung 8.3.2). Im Falle $\beta \in \mathbb{R}$, hat (8.3.3) stabile Lösungen für

$$-\pi/2 < q\tau < 0. \qquad (8.3.4)$$

Die Gleichung (8.3.3) dient als Testproblem für Stabilitätsuntersuchungen von Diskretisierungsmethoden für retardierte Anfangswertprobleme der Form

$$y'(t) = f(t,y(t-\tau))$$
$$y(t) = y_0(t) \text{ für } t_0-\tau \le t \le t_0$$

(vgl. Cryer [1984], Wiederholt [1976], van der Houwen/Sommeijer [1984]).

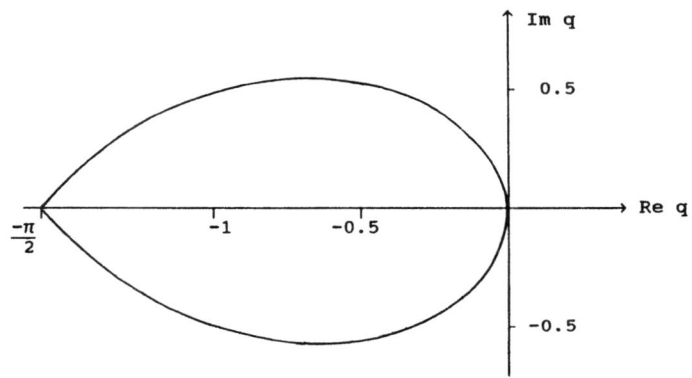

Abbildung 8.3.2. Stabilitätsgebiet für das Testproblem (8.3.3). □

8.3.2. Stabilitätsdefinitionen für Einschritt-Interpolationsmethoden

Für die Stabilitätsuntersuchungen einer Einschritt-Interpolationsmethode (8.2.3) legen wir auf $[t_0,\infty)$ ein äquidistantes Punktgitter $I_h = \{t_{m+1} = t_m + h, \ m=0,1,\ldots\}$ zugrunde. Ferner sei $\tau=(k-\delta)h$ mit $\delta \in [0,1)$, und $k \in \mathbb{N}$. Für $t = t_m + vh$ mit $v \in [0,1]$ und $m=0,1,\ldots$ wird der retardierte Term $y(t-\tau)$ durch ein Interpolationspolynom $P(t-\tau)$ approximiert, dessen $r+1$ paarweise verschiedene Stützstellen $t_{m-k+\mu-r}, t_{m-k+\mu-r+1}, \ldots, t_{m-k+\mu}$ sind. Die nichtnegative ganze Zahl μ charakterisiert dabei die Lage des Punktes $t-\tau = t_m + h(v+\delta-k)$ im Intervall der Stützstellen. Um nur bereits berechnete Näherungswerte zu verwenden, setzen wir $k \ge \mu$ voraus. Das bedeutet, daß der Wert $P(t-\tau)$ für $k=1$ und $v+\delta>1$ durch Extrapolation bestimmt wird. Für alle Schrittweiten $h \ge \tau$ wird μ stets so festgelegt, daß $P(t-\tau)$ für alle v eine Interpolation darstellt.

Wir geben nun die folgenden Stabilitätsdefinitionen (vgl. Strehmel/Weiner/Claus [1989]).

Definition 8.3.1. Sei $\delta \in [0,1)$ und $(x,y) \in \mathbb{C}^2$. Für gegebenes h,p,q mit Re $p<0$ und $hp=x$, $hq=y$ und alle Retardierungen $\tau=(k-\delta)h$ mit $k \ge \mu$ heißt eine Einschritt-Interpolationsmethode (8.2.3) genau dann δ-*stabil* im Punkt (x,y), wenn sie bei Anwendung auf das Testproblem (8.3.1) eine Folge von Näherungswerten $\{u_m\}$ mit

$$u_m \to 0 \quad \text{für} \quad m \to \infty \qquad (8.3.5)$$

liefert. Gilt die Beziehung (8.3.5) für alle $\delta \in [0,1)$, so heißt die Einschritt-Interpolationsmethode *stabil*. □

Für die Stabilität einer Einschritt-Interpolationsmethode ist ferner das δ-Stabilitätsgebiet $S_{\delta,\mu}$ und das Stabilitätsgebiet S_μ von fundamentaler Bedeutung.

Definition 8.3.2. Die Menge $S_{\delta,\mu}$ aller Punkte $(x,y) \in \mathbb{C}^2$ für die die Einschritt-Interpolationsmethode δ-stabil ist, heißt δ-*Stabilitätsgebiet* und die Menge

$$S_\mu = \bigcap_{0 \le \delta < 1} S_{\delta,\mu}$$

Stabilitätsgebiet der Einschritt-Interpolationsmethode. □

Definition 8.3.3. Eine Einschritt-Interpolationsmethode für (8.2.2) heißt P-*stabil*, wenn

$$S_\mu \supset \{(x,y) \in \mathbb{C}^2;\ \operatorname{Re} x < -|y|\},$$

$P(\beta)$-*stabil*, wenn

$$S_\mu \supset \{(x,y) \in \mathbb{C}^2;\ \operatorname{Re} x < -\beta |y|,\ \beta \ge 1\},$$

$P_0(\beta)$-*stabil*, wenn

$$S_\mu \supset \{(x,y) \in \mathbb{R}^2;\ x < -\beta |y|,\ \beta \ge 1\}$$

gilt. □

Das Stabilitätsgebiet S_μ und damit die P- und $P(\beta)$-Stabilität einer Einschritt-Interpolationsmethode ist wegen $k \ge \mu$ vom Interpolationsparameter μ abhängig. Soll die Stabilität für alle τ untersucht werden, so muß $\mu=1$ gewählt werden. Für $h \ge \tau$ und damit möglicherweise $\mu>1$, können i.allg. bessere Stabilitätseigenschaften erreicht werden.

Gilt lediglich

$$S_{\delta,\mu} \supset \{(x,y) \in \mathbb{C}^2;\ \operatorname{Re} p < -|q|\},$$

so nennen wir eine Einschritt-Interpolationsmethode (8.2.3) P_δ-*stabil* (*eingeschränkt P-stabil*). Entsprechend wird die $P_\delta(\beta)$- und die $P_{0,\delta}$-Stabilität definiert.

Eine $P_\delta(\beta)$-stabile Einschritt-Interpolationsmethode, angewandt auf eine gewöhnliche Differentialgleichung, d.h., in der Testgleichung (8.3.1) setze man $q=0$, muß offensichtlich A-stabil, eine $P_{0,\delta}(\beta)$-stabile Einschritt-Interpolationsmethode A_0-stabil sein. Die Eigenschaft der P_δ-Stabilität stellt daher eine starke Forderung an eine Diskretisierungsmethode dar.

Der Begriff der P-Stabilität sowie die abgeleiteten Stabilitätseigenschaften sollen, ähnlich wie der Begriff der A-Stabilität bei gewöhnlichen Differentialgleichungen, die Eignung spezieller Einschritt-Interpolationsmethoden zur numerischen Integration *steifer retardierter* Differentialgleichungen widerspiegeln. Im Falle retardierter Differentialgleichungen ist es jedoch wesentlich schwieriger, den Begriff der Steifheit zu definieren. Wir wollen im folgenden unter einer steifen retardierten Differentialgleichung eine solche verstehen, die mit einer expliziten Einschritt-Interpolationsmethode nicht effizient integriert werden kann. D.h., die Schrittweite der expliziten Methode wird aus Stabilitätsgründen und nicht durch Genauigkeitsforderungen eingeschränkt. Der Begriff der Steifheit ist hier nur im Verhältnis Differentialgleichung - Diskretisierungsmethode zu sehen. Eine Definition der Steifheit linearer retardierter Differentialgleichungen über die Eigenwerte des Testproblems, ähnlich wie bei gewöhnlichen Differentialgleichungen (vgl. Bemerkung 3.1.3), ist hier nicht möglich, da das Testproblem (8.3.1) Eigenwerte mit beliebig kleinem Realteil besitzen kann (vgl. Roth [1980]).

8.3.3. Stabilität des Ersatzproblems

In diesem Abschnitt wollen wir untersuchen, welchen Einfluß auf die Stabilität des Testproblems (8.3.1) das Ersetzen des Terms $y(t-\tau)$ mit $t \in [t_m, t_m+h]$ durch das Interpolationspolynom

$$P(t-\tau) = \sum_{l=0}^{r} \{g_l(v+\delta)y_{m-k+\mu-r+l} + hd_l(v+\delta)y'_{m-k+\mu-r+l}\} \quad (8.3.6)$$

hat. Dabei sind $g_l(x)$ und $d_l(x)$ die erzeugenden Polynome für eine Lagrange/Hermite-Interpolation (vgl. z.B. Stoer [1989]).

Führt man die Polynome

$$g(v+\delta,\xi) = \sum_{l=0}^{r} g_l(v+\delta)\xi^l, \qquad d(v+\delta,\xi) = \sum_{l=0}^{r} d_l(v+\delta)\xi^l$$

ein, so kann $P(t-\tau)$ mit dem vorwärts genommenen Verschiebungsoperator

$$Ey(t_j) = y(t_{j+1})$$

in der Form

$$P(t-\tau) = g(v+\delta,E)y(t_\kappa) + hd(v+\delta,E)y'(t_\kappa), \quad \kappa=m-k+\mu-r \quad (8.3.7)$$

geschrieben werden. Mit (8.3.7) ist dann für alle $t \in [t_m, t_{m+1}]$ das zu (8.3.1) zugehörige Ersatzproblem durch die lineare Differentialgleichung

$$y'(t) = py(t)+q[g(v+\delta,E)y(t_\kappa)+hd(v+\delta,E)y'(t_\kappa)]$$
$$y(t_m) = y_m, \quad m=0,1,\ldots \quad (8.3.8)$$

gegeben, aus der der nächste Wert $y_{m+1}=y(t_m+h)$ durch Integration bestimmt werden kann. Auf diese Weise wird eine Folge $\{y_m\}$, $m=0,1,\ldots$ erzeugt, deren Stabilitätsverhalten im folgenden untersucht werden soll. Die im Abschnitt 8.3.2 definierten Stabilitätsbegriffe sollen daher auch für das Ersatzproblem (8.3.6) in analoger Weise Gültigkeit besitzen.

Setzt man in (8.3.8) $t=t_m$ bzw. $t=t_{m+1}$, so erhält man für $y(t_\kappa)$ und $y'(t_\kappa)$ die linearen Differenzengleichungen

$$C(\delta,E)y(t_\kappa)+D(\delta,E)y'(t_\kappa) = 0 \quad (8.3.9)$$

und

$$C^*(\delta,E)y(t_\kappa)+D^*(\delta,E)y'(t_\kappa) = 0, \quad (8.3.10)$$

wobei die Polynome $C(\delta,\xi)$, $D(\delta,\xi)$ und $C^*(\delta,\xi)$, $D^*(\delta,\xi)$ durch

$$C(\delta,\xi) = p\xi^{k-\mu+r}+qg(\delta,\xi), \quad D(\delta,\xi) = hqd(\delta,\xi)-\xi^{k-\mu+r}$$
$$C^*(\delta,\xi) = -\xi^{k-\mu+r}[\xi-\exp(hp)]+hqG(\delta,\xi), \quad D^*(\delta,\xi)=h^2Q(\delta,\xi)$$

mit

$$G(\delta,\xi) = \int_0^1 \exp(hp(1-v))g(v+\delta,\xi)dv,$$

$$Q(\delta,\xi) = \int_0^1 \exp(hp(1-v))d(v+\delta,\xi)dv$$

gegeben sind. Das charakteristische Polynom des homogenen linearen Differenzengleichungssystems (8.3.9), (8.3.10) ist gegeben durch

$$\chi_k(\xi,\delta) = \det\begin{pmatrix} C(\delta,\xi) & D(\delta,\xi) \\ C^*(\delta,\xi) & D^*(\delta,\xi) \end{pmatrix}. \quad (8.3.11)$$

Setzt man die Ausdrücke für C, D und C^*, D^* in (8.3.11) ein, so ergibt sich die charakteristische Gleichung zu

$$\xi^{2k-2\mu+2r}(\xi-\exp(hp))-hq\xi^{k-\mu+r}\{(\xi-\exp(hp))d(\delta,\xi)+G(\delta,\xi)+$$
$$hpQ(\delta,\xi)\}-h^2q^2\{Q(\delta,\xi)g(\delta,\xi)-G(\delta,\xi)d(\delta,\xi)\} = 0. \quad (8.3.12)$$

Aus der Definition der P-Stabilität folgt nun unmittelbar das

Theorem 8.3.1. *Das P-Stabilitätsgebiet des Ersatzproblems* (8.3.8) *ist die Menge aller* $\{(x,y)\in\mathbb{C}^2\}$ *mit* hp=x, hq=y, *für die sämtliche Nullstellen der charakteristischen Gleichung* (8.3.12) *im Einheitskreis liegen.* □

Das entscheidende Hilfsmittel für die Untersuchung der Nullstellen von (8.3.12) ist das

Theorem von Rouché. *Die komplexen Funktionen* $f_1(z)$ *und* $f_2(z)$ *seien im Innern eines zusammenhängenden Gebietes* G *regulär, stetig im abgeschlossenen Gebiet* G, *und auf dem Rand* Γ *von* G *sei* $|f_1(z)|>|f_2(z)|$. *Dann haben* $f_1(z)$ *und* $f_1(z)+f_2(z)$ *im Innern von* G *die gleiche Anzahl von Nullstellen.* □

Bemerkung 8.3.2. Die Anwendung des Theorems von Rouché (vgl. Behnke/Sommer [1962]) bei Stabilitätsuntersuchungen retardierter Differentialgleichungen geht auf Barwell zurück (vgl. Barwell [1975]). □

Als erstes betrachten wir ein Ersatzproblem mit *Lagrange-Interpolation*:

Für ein Lagrange-Interpolationspolynon vom Grade r gilt in (8.3.6)

$$g_1(\nu+\delta) = \prod_{\substack{j=0 \\ j\neq 1}}^{r} \frac{\nu+\delta-\mu+r-j}{1-j}, \quad d_1(\nu+\delta) = 0.$$

Damit ergibt sich aus (8.3.12) die charakteristische Gleichung

$$\xi^{k-\mu+r}(\xi-\exp(hp))-hqG(\delta,\xi) = 0. \qquad (8.3.13)$$

Man erhält nun folgendes

Theorem 8.3.2. *Das Ersatzproblem* (8.3.8) *mit Lagrange-Interpolation ist stabil, wenn*

$$h|q| < \inf_{\substack{|\xi|=1 \\ \delta\in[0,1]}} \left|\frac{\xi-\exp(hp)}{G(\delta,\xi)}\right| =: M(hp)$$

gilt.

Beweis. Wir zeigen, daß alle Nullstellen der charakteristischen Gleichung im Innern des Einheitskreises liegen, indem wir das Theorem von Rouché mit

$$f_1(\xi) = \xi^{k-\mu+r}(\xi-\exp(hp)), \quad f_2(\xi) = -hqG(\delta,\xi)$$

anwenden. Für $|\xi|=1$ gilt

$$|f_1(\xi)| = |\xi-\exp(hp)|,$$

$$|f_2(\xi)| = h|q||G(\delta,\xi)| < M(hp)|G(\delta,\xi)|.$$

Die Funktion $f_1(\xi)$ besitzt k-µ+r+1 Nullstellen, die k-µ+r-fache Nullstelle $\xi=0$ und die einfache Nullstelle $\xi=\exp(hp)$, die wegen Re p<0 alle im Innern des Einheitskreises liegen. Da $G(\delta,\xi)$ ein Polynom r-ten Grades in ξ ist, besitzt $f_1(\xi)+f_2(\xi)$ ebenfalls k-µ+r+1 Nullstellen, die alle innerhalb des Einheiskreises liegen. ∎

Bemerkung 8.3.3. Das Theorem 8.3.2. liefert keine Aussage bez. der Zugehörigkeit der Punkte (hp,hq) mit h|q|=M(hp) zum Stabiltätsgebiet. □

Theorem 8.3.3. Liegen für gegebene Werte hp mit Re hp<0 alle Nullstellen ξ_i der charakteristischen Gleichung (8.3.13) für alle k≥µ im Innern des Einheitskreises, dann gilt

$$h|q| \leq M(hp)$$

Beweis. Mit der charakteristischen Gleichung (8.3.13) ist

$$hq = \xi^{k-\mu+r} \frac{\xi - \exp(hp)}{G(\delta,\xi)} . \qquad (8.3.14)$$

Für fixiertes hp vermittelt (8.3.14) eine Abbildung von der ξ-Ebene auf eine $\sigma(k)$-blättrige Riemannsche Fläche. Für $k=k_0\geq\mu$ sind dabei die Punkte hq=0 und hq=∞ Verzweigungspunkte. Das Bild $K(k_0)$ des positiv durchlaufenen Einheitskreises $|\xi|=1$ umschlingt den Punkt hq=0 der hq-Ebene mindestens einmal. Für $k=k_0+1$ umläuft das Bild $K(k_0+1)$ den Punkt hq=0 genau 1-mal mehr. Ein Bildkurvenstück von $K(k_0)$ in der hq-Ebene der Argumentdifferenz $\Delta\omega$ entspricht dabei einem Bildkurvenstück von $K(k_0+1)$ der Argumentdifferenz $1\Delta\omega$.

Sei $q_{min}:=q_{k_0}(\xi_{min},\delta_{min})$ durch

$$h|q_{min}| = M(hp)$$

gegeben. Für alle $\epsilon>0$ existiert dann wegen der Glattheit der Bildkurve $K(k_0)$ ein $\eta>0$, so daß für alle

$$hq\in U_\eta(hq_{min}) = \{hq\in K(k_0): |\arg hq - \arg hq_{min}|<\eta\}$$

gilt

$$||hq| - h|q_{min}|| < \epsilon. \qquad (8.3.15)$$

Für alle $k\geq k_0+l_0$ mit $l_0>2\pi/\eta$ wird dann das Kurvenstück $U_\eta(hq_{min})$ auf einen vollständigen Umlauf $Q(U_\eta)$ des Ursprunges hq=0 gestreckt, wobei alle $hq\in Q(U_\eta)$ der Ungleichung (8.3.15) genügen. Folglich können alle Paare (hp,hq) mit $|hq|>|hq_{min}|$ nicht zum Stabilitätsgebiet S_μ gehören. ∎

Aus Theorem 8.3.2 und 8.3.3 ergibt sich die

Folgerung 8.3.1. *Der Rand des Stabilitätsgebietes S_μ eines Ersatzproblems mit Lagrange-Interpolation ist durch alle Paare (hp,hq) mit*

$$h|q| = M(hp), \quad \text{Re } hp \leq 0,$$

gegeben. □

Theorem 8.3.4. *Jedes Ersatzproblem mit Lagrange-Interpolation ist $P(\beta)$-stabil.*

Beweis. Es ist

$$G(\delta,\xi) = \exp(hp)\int_0^1 \exp(-hpv)g(v+\delta,\xi)dv.$$

Ferner existiert ein β, so daß

$$|g(v+\delta,\xi)| \leq \beta, \quad \forall \xi: |\xi|=1, \forall v \in [0,1], \forall \delta \in [0,1]$$

gilt. Damit ergibt sich

$$\inf_{\substack{|\xi|=1 \\ \delta \in [0,1]}} \left|\frac{\xi-\exp(hp)}{G(\delta,\xi)}\right| \geq \frac{\inf\{|\xi-\exp(hp)|; |\xi|=1\}}{\beta|\exp(hp)|\int_0^1 |\exp(-hpv)|dv} = -\frac{1}{\beta}\text{ Re } hp.$$

Mit Theorem 8.3.2 folgt die Behauptung. ∎

Bemerkung 8.3.4. Das Lagrange-Interpolationspolynom

$$P(t-\tau) = E^{-k}g(v+\delta,E)y(t_m) \text{ mit } g(v+\delta,\xi) = \xi^{\mu-r}\sum_{l=0}^{r} g_1(v+\delta)\xi^l$$

heißt (vgl. Bickart [1982]) *passiv*, wenn

$$|g(x,\xi)| \leq 1 \text{ für alle } \xi \text{ mit } |\xi| \geq 1$$

gilt. Gemäß Strang [1962] ist das Lagrange-Interpolationspolynom passiv, wenn

$$x \in \begin{cases} [\mu-(r+1)/2,\ \mu-(r-1)/2] & \text{für } r \text{ ungerade} \\ [\mu-(r+2)/2,\ \mu-(r-2)/2] & \text{für } r \text{ gerade} \end{cases} \quad (8.3.16)$$

gilt. D.h., Passivität ist zu erreichen, wenn die Stützstellen zentriert um den Interpolationspunkt gelegen sind. Nach Theorem (8.3.4) folgt dann, daß ein Ersatzproblem mit passiver Lagrange-Interpolation P-stabil ist. Die entsprechende Wahl von μ kann aber wegen $k \geq \mu$ zu einer Einschränkung an die Schrittweite h führen. □

Theorem 8.3.5. *Für $hp \to 0$ gilt die asymptotische Entwicklung*

$$\inf_{\substack{|\xi|=1 \\ \delta \in [0,1]}} \left|\frac{\xi-\exp(hp)}{G(\delta,\xi)}\right| = -\text{Re } hp + O(|hp|^2), \quad \text{Re } hp < 0.$$

Beweis. Es ist

$$\inf_{\substack{|\xi|=1 \\ \delta\in[0,1]}} \left|\frac{\xi-\exp(hp)}{G(\delta,\xi)}\right| = \inf_{\substack{|\phi|\le\pi \\ \delta\in[0,1]}} \left|\frac{\cos(\phi)+i\sin(\phi)-\exp(hp)}{G(\delta,\cos(\phi)+i\sin(\phi))}\right|$$

Für hp$\to$0 folgt $\phi\to$0. Wegen $\exp(hp)=1+hp+\mathcal{O}(|hp|^2)$ und $\sum_{l=0}^{r} g_l(\nu+\delta)=1$ gilt damit für hp$\to$0

$$\inf_{\substack{|\xi|=1 \\ \delta\in[0,1]}} \left|\frac{\xi-\exp(hp)}{G(\delta,\xi)}\right| = \inf_{|\phi|\le\varepsilon(h)} \left|\frac{i\phi-hp+\mathcal{O}(\phi^2)+\mathcal{O}(|hp|^2)}{1+\mathcal{O}(|hp|)+\mathcal{O}(|hp\phi|)+\mathcal{O}(\phi)}\right|$$

$$= \inf_{|\phi|\le\varepsilon(h)} \left((\phi-\mathrm{Im}\ hp)^2+(\mathrm{Re}\ hp)^2+\mathcal{O}(|hp|^3)+\mathcal{O}(|hp|\phi^2)+\mathcal{O}(\phi^4)\right)^{\frac{1}{2}}$$

$$= -\mathrm{Re}\ hp+\mathcal{O}(|hp|^2) \text{ für hp}\to 0,\ \mathrm{Re}\ hp<0.$$

Mit Theorem 8.3.2 ergibt sich die Behauptung. ∎

Dieses Theorem besagt, daß das Ersatzproblem mit Lagrange-Interpolation ein nichtleeres P-Stabilitätsgebiet besitzt und, daß dieses P-Stabilitätsgebiet das analytische P-Stabilitätsgebiet Re hp$<$-h$|q|$ der Testgleichung (8.3.1) für hp$\to$0 approximiert.

Wir betrachten nun ein Ersatzproblem mit *Hermite-Interpolation*:

Dieses Ersatzproblem ist durch die Differentialgleichung (8.3.8) mit der zugehörigen charakteristischen Gleichung (8.3.12) gegeben. Der Grad des Interpolationspolynoms ist hierbei 2r+1.

Wir bezeichnen

$$|hq_{min}| = \min_{i=1,2}\ \{\inf_{\substack{|\xi|=1 \\ \delta\in[0,1]}} |hq_i(hp,\delta,\xi)|\},$$

wobei $hq_1(hp,\delta,\xi)$ und $hq_2(hp,\delta,\xi)$ die Nullstellen von (8.3.12) bez. hq sind. Dann gilt das

Theorem 8.3.6. *Die Bedingung* $|hq|<|hq_{min}|$ *ist hinreichend dafür, daß alle Nullstellen* ξ_i *der charakteristischen Gleichung (8.3.12) im Innern des Einheitskreises liegen.*

Beweis. Für hq=0 liegen (wegen Re hp$<$0) alle Nullstellen von (8.3.12) im Innern des Einheitskreises. Wenn $|hq|$ im Intervall $[0,|hq_{min}|)$ liegt, so passiert aufgrund der Definition von $|hq_{min}|$ keine Nullstelle den Einheitskreis. ∎

Theorem 8.3.7. *Liegen für gegebene Werte hp mit* Re hp$<$0 *alle Nullstellen von (8.3.12) innerhalb des Einheitskreises, so gilt*

$$|hq| \le |hq_{min}|.$$

Beweis. Analog dem Beweis von Theorem 8.3.3. ∎

Folgerung 8.3.2. *Der Rand des Stabilitätsgebietes S_μ eines Ersatzproblems mit Hermite-Interpolation ist durch alle Paare (hp,hq) mit $|hq|=|hq_{min}|$ gegeben.* ∎

Die folgende Tabelle gibt die Werte von β an, für die bei Hermite-Interpolation vom Grade ρ das Ersatzproblem $P_0(\beta)$-stabil ist. Diese Werte wurden durch numerische Auswertung von hq_{min} nach Theorem 8.3.7 für reelle p gewonnen.

ρ	μ	β
3	1	1.0
5	2	1.0
7	1	1.3
7	2	1.0
9	1	2.6
9	2	1.0

Tabelle 8.3.1. $P_0(\beta)$-Stabilität eines Ersatzproblems mit Hermite-Interpolation vom Grade ρ.

Diese Untersuchungen zeigen, daß ein zur Testgleichung gehörendes Ersatzproblem mit Lagrange- oder Hermite-Interpolation gute Stabilitätseigenschaften besitzt. Wir können daher vermuten, daß es Diskretisierungs-Interpolationsmethoden für retardierte Anfangswertprobleme (8.1.3) gibt, die ein unbeschränktes Stabilitätsgebiet aufweisen.

8.3.4. Stabilität linear-impliziter Runge-Kutta-Lagrange-Methoden

Eine LIRK-Lagrange-Methode, charakterisiert durch die Gleichungen (8.2.4) und (8.3.6) mit $d_1(\nu+\delta)=0$, liefert bei Anwendung auf die Testdifferentialgleichung (8.3.1) mit T=p die lineare homogene Differenzengleichung

$$u_{m+1} = R_0^{(s+1)}(hp)u_m + hq \sum_{j=1}^{s} B_j(hp)g(c_j+\delta,E)u_{m-k+\mu-r}.$$

Daraus erhält man die charakteristische Gleichung

$$\xi^{k-\mu+r}(\xi - R_0^{(s+1)}(hp)) - hq \sum_{j=1}^{s} B_j(hp)g(c_j+\delta,\xi) = 0. \qquad (8.3.17)$$

Für die Formulierung der folgenden Theoreme definieren wir die Größen

$$K_1(hp) = \inf_{\substack{|\xi|=1 \\ \delta \in [0,1]}} \left| \frac{\xi - R_0^{(s+1)}(hp)}{\sum_{j=1}^{s} B_j(hp) g(c_j+\delta, \xi)} \right|,$$

und

$$K_2 = \sup_{\substack{|\xi|=1 \\ \delta \in [0,1] \\ \text{Re hp}<0}} \left| \frac{\sum_{j=1}^{s} B_j(hp) g(c_j+\delta, \xi)}{(\xi - R_0^{(s+1)}(hp))/\text{Re hp}} \right|.$$

Die Beweise der beiden folgenden Theoreme sind analog denen der Theoreme 8.3.2 und 8.3.3.

Theorem 8.3.8. *Sei* $R_0^{(s+1)}(z)$ *A-verträglich. Dann ist eine LIRK-Lagrange-Methode stabil, wenn gilt*

$$h|q| < K_1(hp). \quad \square$$

Theorem 8.3.9. *Sei* $R_0^{(s+1)}(z)$ *A-verträglich. Wenn für gegebene Werte* hp *mit* Re hp<0 *alle Nullstellen der charakteristischen Gleichung (8.3.17) für alle* $k \geq \mu$ *innerhalb des Einheitskreises liegen, dann gilt*

$$h|q| \leq K_1(hp). \quad \square$$

Aus diesen Theoremen ergibt sich die

Folgerung 8.3.3. *Der Rand des Stabilitätsgebietes* S_μ *einer LIRK-Lagrange-Methode mit A-verträglicher Stabilitätsfunktion ist durch alle Paare* (hp,hq) *mit*

$$h|q| = K_1(hp), \quad \text{Re hp} \leq 0$$

gegeben. $\square$

Im folgenden sollen Kriterien für die P(β)- bzw. $P_0(\beta)$- Stabilität einer LIRK-Lagrange-Methode hergeleitet werden.

Theorem 8.3.10. *Sei* $R_0^{(s+1)}(z)$ *stark A-verträglich und sei* $|R_0^{(s+1)}(iy)|<1$ *für* $y \neq 0$. *Dann ist die Bedingung*

$$\beta \geq K_2 \quad (8.3.18)$$

notwendig und hinreichend für die P(β)-Stabilität einer LIRK-Lagrange-Methode.

Beweis. a) Die Hinlänglichkeit folgt unmittelbar durch Anwendung des Theorems von Rouché mit

$$f_1(\xi) = \xi^{k-\mu+r}(\xi - R_0^{(s+1)}(hp)), \quad f_2(\xi) = -hq \sum_{j=1}^{s} B_j(hp) g(c_j+\delta, \xi).$$

b) Die Notwendigkeit zeigen wir indirekt. Die LIRK-Lagrange-Methode sei $P(\tilde{\beta})$-stabil mit $\tilde{\beta}<K_2$. Dann existiert ein Punkt ξ^* mit $|\xi^*|=1$ und ein Punkt hp^* mit $\operatorname{Re} hp^*<0$ sowie ein $\delta^*\in[0,1]$, so daß

$$K_2 \geq \beta^* = \left|\frac{\sum_{j=1}^{s} B_j(hp^*)g(c_j+\delta^*,\xi^*)}{(\xi^*-R_0^{(s+1)}(hp^*))/\operatorname{Re} hp^*}\right| > \tilde{\beta} \qquad (8.3.19)$$

gilt. Mit der Wahl von

$$hq^* = \frac{\xi^{*k-\mu+r}(\xi^*-R_0^{(s+1)}(hp^*))}{\sum_{j=1}^{s} B_j(hp^*)g(c_j+\delta^*,\xi^*)} \qquad (8.3.20)$$

folgt, daß ξ^* mit $|\xi^*|=1$ eine Nullstelle der charakteristischen Gleichung (8.3.17) ist. Weiterhin gilt nach (8.3.19), (8.3.20)

$$|hq^*| = |\operatorname{Re} hp^*|/\beta^*,$$

und damit

$$|\operatorname{Re} hp^*| = -\beta^*|hq^*| < -\tilde{\beta}|hq^*|,$$

was einen Widerspruch zur $P(\tilde{\beta})$-Stabilität ergibt. ∎

Bemerkung 8.3.5. Für $P_0(\beta)$-Stabilität kann analog gezeigt werden, daß die Bedingung (8.3.18) hinreichend ist. Der Beweis der Notwendigkeit läßt sich nicht übertragen, da q^* in (8.3.20) komplex werden kann. ▫

Die Bedingung (8.3.18) läßt sich i.allg. schwer überprüfen. In den beiden folgenden Theoremen geben wir deshalb vereinfachte Bedingungen für die $P(\beta)$- und $P_0(\beta)$-Stabilität an.

Theorem 8.3.11. Für die $P_0(\beta)$-Stabilität einer LIRK-Lagrange-Methode sind die Bedingungen

a) $R_0^{(s+1)}(z)$ ist A_0-verträglich

b) $\beta \geq \sup_{\substack{z<0 \\ \delta\in[0,1]}} \left|\frac{\sum_{j=1}^{s} zB_j(z)g(c_j+\delta,-1)}{1+R_0^{(s+1)}(z)}\right|$

notwendig.

Beweis. Die Bedingung a) folgt unmittelbar für q=0. Die Bedingung b) kann indirekt, analog zum Beweis von Theorem 8.3.10, gezeigt werden, indem man in (8.3.20) $\xi^*=1$ setzt, wodurch hq^* reell wird. Es folgt, daß $\xi^*=-1$ eine Nullstelle der charakteristischen Gleichung ist. ∎

Theorem 8.3.12. *Wir definieren mit $z=hp$ die Größen*

$$W_1 = \inf_{\substack{|\xi|=1 \\ \text{Re } z<0}} \left| \frac{\xi - R_0^{(s+1)}(z)}{\frac{\text{Re } z}{z}(R_0^{(s+1)}(z)-1)} \right|,$$

$$W_2 = \sup_{\substack{|\xi|=1 \\ \text{Re } z<0 \\ \delta \in [0,1]}} \left| \sum_{j=1}^{s} \frac{B_j(z)}{(R_0^{(s+1)}(z)-1)/z} \, g(c_j+\delta, \xi) \right|.$$

Sei $W_2/W_1 < \infty$ und sei $R_0^{(s+1)}(z)$ A-verträglich. Dann ist eine LIRK-Lagrange-Methode für alle

$$\beta \geq W_2/W_1 \tag{8.3.21}$$

$P(\beta)$-*stabil.*

Beweis. Mit (8.3.21) gilt für Re $z<0$, $|\xi|=1$

$$\left| \frac{\xi - R_0^{(s+1)}(z)}{(R_0^{(s+1)}(z)-1)/z} \right| \geq \frac{|\text{Re } z|}{\beta} \left| \sum_{j=1}^{s} \frac{B_j(z)}{(R_0^{(s+1)}(z)-1)/z} \, g(c_j+\delta, \xi) \right|.$$

Die Behauptung folgt damit unmittelbar durch Anwendung des Theorems von Rouché. ∎

Bemerkung 8.3.6. a) Ist $R_0^{(s+1)}(z)$ stark A-verträglich und gilt $|R_0^{(s+1)}(iy)|<1$ für $y \neq 0$, dann folgt $W_2/W_1<\infty$. Eine LIRK-Lagrange-Methode mit einer derartigen Stabilitätsfunktion ist folglich $P(\beta)$-stabil für ein $\beta<\infty$.
b) Die Bedingung (8.3.21) mit reellem hp ist hinreichend für $P_0(\beta)$-Stabilität, wenn $R_0^{(s+1)}(z)$ A_0-stabil ist.
c) Für passive Lagrange-Interpolation (vgl. Bemerkung 8.3.4) gilt

$$W_2 \leq \sup_{\text{Re } z<0} \left| \sum_{j=1}^{s} \frac{B_j(z)}{(R_0^{(s+1)}(z)-1)/z} \right|. \quad \square$$

8.3.5. Beispiele $P(\beta)$-stabiler linear-impliziter Runge-Kutta-Lagrange-Methoden

Auf der Grundlage der im vorangegangenen Abschnitt bewiesenen Stabilitätstheoreme geben wir jetzt für spezielle LIRK-Lagrange-Methoden Stabilitätsergebnisse an.

Theorem 8.3.13. *Die linear-implizite Euler-Lagrange-Methode*

$$\begin{array}{c|c} & \\ \hline & R_1^{(2)} \end{array} \quad \textit{mit } R_0^{(2)}(z) = \frac{1+(1-\gamma)z}{1-\gamma z}$$

und stückweise konstanter Interpolation $P(t_m-\tau)=u_{m-k}$ ist genau dann

P-stabil, wenn $\gamma \geq 1$ ist.

Beweis. Aus Theorem 8.3.11 a) folgt $\gamma \geq 1/2$ und b) liefert für reelle z

$$\sup_{z<0} \left| \frac{zR_1^{(2)}(z)}{1+R_0^{(2)}(z)} \right| = \sup_{z<0} \left| \frac{z}{2+(1-2\gamma)z} \right| > 1 \quad \text{für } 1/2 \leq \gamma < 1.$$

Andererseits ergibt sich wegen $W_1 = W_2 = 1$ für $\gamma \geq 1$ aus Theorem 8.3.12 die P-Stabilität. ∎

Die linear-implizite Euler-Methode ist A-stabil für $\gamma \geq 1/2$. Theorem 8.3.13 zeigt, daß A-Stabilität nicht hinreichend für P-Stabilität ist.

Theorem 8.3.14. *Die zweistufige LIRK-Methode*

$$\begin{array}{c|c} c_2 & c_2 R_1^{(2)} \\ \hline & (1-\frac{1}{2c_2})R_1^{(3)} \quad \frac{1}{2c_2}R_1^{(3)} \end{array} \tag{8.3.22}$$

mit einer A-verträglichen Stabilitätsfunktion $R_0^{(3)}(z)$ und linearer Lagrange-Interpolation

$$P(t_m - h(k-v)) = (1-v)u_{m-k} + vu_{m-k+1}, \quad v = c_j + \delta,$$

ist $P(\beta)$-stabil für

$$\beta \geq 2 \cdot \sup_{\text{Re } z<0} \frac{|\text{Re } z \cdot R_1^{(3)}(z)|}{1-|R_0^{(3)}(z)|}$$

Beweis. Die Anwendung von Theorem 8.3.12 ergibt

$$W_2 = \sup_{\substack{|\xi|=1 \\ \delta \in [0,1]}} |\xi(1/2+\delta)+1/2-\delta| = 2,$$

$$W_1 = \inf_{\substack{|\xi|=1 \\ \text{Re } z<0}} \left| \frac{\xi - R_0^{(3)}(z)}{\text{Re } z \cdot R_1^{(3)}(z)} \right| = \inf_{\text{Re } z<0} \frac{1-|R_0^{(3)}(z)|}{|\text{Re } z \cdot R_1^{(3)}(z)|}. \quad \blacksquare \tag{8.3.23}$$

Um die Bedeutung passiver Lagrange-Interpolation zu zeigen, betrachten wir (8.3.22) mit $c_2 = 1$ und quadratischer Lagrange-Interpolation.

Fall A: Wir wählen $\mu = 2$, d.h., das Interpolationspolynom wird durch die Punkte $u_{m-k}, u_{m-k+1}, u_{m-k+2}$ bestimmt. Die Interpolation ist passiv, sie bedingt jedoch die Einschränkung $k \geq 2$. Man erhält

$$P(t_m - h(k-v)) = (1 - \tfrac{3}{2}v + \tfrac{1}{2}v^2)u_{m-k} + v(2-v)u_{m-k+1} + \tfrac{1}{2}v(v-1)u_{m-k+2}. \tag{8.3.24}$$

Damit ergibt sich folgendes

Theorem 8.3.15. Sei $R_0^{(3)}(z)$ A-verträglich. Dann ist die LIRK-Lagrange-Methode (8.3.22), (8.3.24) mit $c_2=1$ für

$$\beta \geq \sup_{\text{Re } z<0} \frac{|\text{Re } z \cdot R_1^{(3)}(z)|}{1-|R_0^{(3)}(z)|}$$

$P(\beta)$-stabil.

Beweis. Für W_1 erhält man die Beziehung (8.3.23), und für W_2 ergibt sich

$$W_2 = \sup_{\substack{|\xi|=1 \\ \delta \in [0,1]}} |1/2-\delta+\delta^2/2+(\delta-\delta^2+1/2)\xi+\delta^2\xi^2/2| = 1.$$

Das Theorem 8.3.14 liefert die Behauptung. ∎

Folgerung 8.3.4. Sei $R_0^{(3)}(z)$ A_0-verträglich und sei $R_0^{(3)}(z)>0$ für alle reellen $z<0$ (z.B. (2,0)-Padé-Approximation). Dann ist die LIRK-Lagrange-Methode (8.3.22), (8.3.24) mit $c_2=1$ P_0-stabil. □

Fall B: Wir wählen $\mu=1$, was keine Einschränkung an die Schrittweite h bedeutet. Man erhält

$$P(t_m-h(k-v)) = \frac{v(v-1)}{2} u_{m-k-1} + (1-v^2)u_{m-k} + \frac{v(v+1)}{2} u_{m-k+1}. \quad (8.3.25)$$

Die Interpolation ist nicht passiv, für $v>1$ tritt Extrapolation auf. Es gilt folgendes

Theorem 8.3.16. Sei $R_0^{(3)}(z)$ A-verträglich. Dann ist die LIRK-Lagrange-Methode (8.3.22), (8.3.25) mit $c_2=1$ $P(\beta)$-stabil für

$$\beta \geq 4 \cdot \sup_{\text{Re } z<0} \frac{|\text{Re } z \cdot R_1^{(3)}(z)|}{1-|R_0^{(3)}(z)|}$$

Beweis. Es gilt

$$W_2 = \sup_{\substack{|\xi|=1 \\ \delta \in [0,1]}} \frac{1}{2}|\delta^2+(1-2\delta-2\delta^2)\xi+(1+2\delta+\delta^2)\xi^2| = 4.$$

Das Theorem (8.3.12) liefert wieder die Behauptung. ∎

Theorem 8.3.17. Eine LIRK-Lagrange-Methode (8.3.22), (8.3.25) mit $c_2=1$ kann für

$$\beta < 4 \frac{1-\rho}{1+\rho} \quad \text{mit} \quad \rho = \inf_{z<0} R_0(z).$$

nicht $P_0(\beta)$-stabil sein.

Beweis. Nach Theorem 8.3.11 muß $R_0^{(3)}(z)$ A-verträglich sein, so daß $\rho \leq 1$ folgt. Weiterhin gilt nach Theorem 8.3.11

$$\beta \geq \sup_{\substack{z<0 \\ \delta \in [0,1]}} \left| \frac{R_0^{(3)}(z)-1}{R_0^{(3)}(z)+1} \cdot \frac{1}{2}(4w^2+4w) \right| = 4 \sup_{z<0} \left| \frac{R_0^{(3)}(z)-1}{R_0^{(3)}(z)+1} \right|$$

$$= 4 \frac{1-\rho}{1+\rho} . \blacksquare$$

Folgerung 8.3.5. *Eine LIRK-Lagrange-Methode* (8.3.22), (8.3.25) *mit* $c_2=1$ *und einer* L_0-*verträglichen Stabilitätsfunktion (z.B.* (2,0)-*Padé-Approximation) kann für* $\beta<4$ *nicht* P_0-*stabil sein.* □

Mit wachsendem Grad des Interpolationspolynoms wird die Bestimmung der Größen W_1 und W_2 in Theorem 8.3.12 komplizierter. Eine übliche Vereinfachung zur Verringerung dieses Aufwandes besteht in der Annahme $\tau=kh$ (vgl. Barwell [1975]). Im folgenden geben wir einige Stabilitätsresultate für diesen Fall an.

Theorem 8.3.18. *Seien* a_{ij}, b_i, c_j *die Koeffizienten einer beliebigen expliziten RK-Methode mit* $s=p=3$. *Dann ist die dreistufige LIRK-Lagrange-Methode der Ordnung 3*

$$\begin{array}{c|ccc}
c_2 & c_2 R_1^{(2)} & & \\
c_3 & a_{31} R_1^{(3)} & a_{32} R_1^{(3)} & \\
\hline
 & (b_1-\lambda_1/2) R_1^{(4)} & (b_2-\lambda_2/2) R_1^{(4)} & (b_3-\lambda_3/2) R_1^{(4)} \\
 & +\lambda_1 R_2^{(4)} & +\lambda_2 R_2^{(4)} & +\lambda_3 R_2^{(4)}
\end{array},$$

mit $\sum_{j=1}^{3} \lambda_j = 0$, $\sum_{j=1}^{3} \lambda_j c_j = 1$, $\sum_{j=1}^{3} \lambda_j c_j^2 = \frac{4}{3}$,

$R_0^{(4)}(z) = (2,1)$-*Padé-Approximation*

und mit quadratischer Interpolation für $\mu=1$ P_δ-*stabil mit* $\delta=0$.

Beweis. Direkte Anwendung des Theorems von Rouché. ∎

Theorem 8.3.19. *Die zweistufige LIRK-Lagrange-Methode* (8.3.22) *ist* $P_{0,\delta}$-*stabil mit* $\delta=0$ *genau dann, wenn* $R_0^{(3)}(z)$ A_0-*verträglich ist.*

Beweis. Die Notwendigkeit der A_0-Stabilität folgt aus Theorem 8.3.11. Die Anwendung des Theorems von Rouché mit

$$f_1(\xi) = \xi^k(\xi-R_0^{(3)}(z)), \quad f_2(\xi) = hqR_1^{(3)}(z)(\xi+1)/2$$

liefert für $|\xi|=1$, $\xi=d_1+id_2$, unter Beachtung von

$$zR_1^{(3)}(z) = R_0^{(3)}(z)-1 \text{ und } z^2 > h^2 q^2$$

die Beziehung

$$|f_1(\xi)|^2 - |f_2(\xi)|^2 > 1 - 2d_1 R_0^{(3)}(z) + (R_0^{(3)}(z))^2 - (R_0^{(3)}(z)-1)^2(1+d_1)/2$$

$$= (R_0^{(3)}(z)+1)^2(1-d_1)/2 \geq 0. \blacksquare$$

8.3.6. Stabilität linear-impliziter Runge-Kutta-Hermite-Methoden

Bei Anwendung einer LIRK-Hermite-Methode mit T=p auf die Testgleichung (8.3.1) erhält man

$$u_{m+1} = R_0^{(s+1)}(z)u_m + hq \sum_{j=1}^{s} B_j(hp)\{g(c_j+\delta, E)u_\kappa + hd(c_j+\delta, E)u'_\kappa\},$$

$\kappa = m-k+\mu-r$.

Hieraus ergeben sich in analoger Weise zu den Ausführungen des Ersatzproblems für u_κ und u'_κ zwei homogene lineare Differenzengleichungen, deren charakteristische Gleichung durch

$$\xi^{2k-2\mu+2r}(\xi - R_0^{(s+1)}(hp)) - hq\xi^{k-\mu+r}\{(\xi - R_0^{(s+1)}(hp))d(\delta,\xi) + \tilde{G}(\delta,\xi) +$$

$$hp\tilde{Q}(\delta,\xi)\} - h^2 q^2 \{\tilde{Q}(\delta,\xi)g(\delta,\xi) - \tilde{G}(\delta,\xi)d(\delta,\xi)\} = 0, \qquad (8.3.26)$$

mit

$$\tilde{G}(\delta,\xi) = \sum_{j=1}^{s} B_j(hp)g(c_j+\delta,\xi)$$

$$\tilde{Q}(\delta,\xi) = \sum_{j=1}^{s} B_j(hp)d(c_j+\delta,\xi)$$

gegeben ist.

Wir bezeichnen

$$h|q_{min}| = \min_{i=1,2} \left\{ \inf_{\substack{|\xi|=1 \\ \delta \in [0,1]}} h|q_i(hp,\delta,\xi)| \right\},$$

wobei hq_1, hq_2 die Nullstellen von (8.3.26) bez. hq sind. Dann gelten die beiden folgenden Theoreme, deren Beweise analog denen der Theoreme 8.3.6 und 8.3.7 sind.

Theorem 8.3.20. *Die Bedingung* $|hq| < |hq_{min}|$ *ist hinreichend dafür, daß alle Nullstellen* ξ_i *der charakteristischen Gleichung (8.3.26) im Innern des Einheitskreises liegen.* □

Theorem 8.3.21. *Liegen alle Nullstellen von (8.3.26) innerhalb des Einheitskreises, so gilt*

$$|hq| \leq |hq_{min}|. \quad □$$

Folgerung 8.3.6. *Der Rand des Stabilitätsgebietes* S_μ *eines LIRK-Hermite-Methode ist durch alle Paare* (hp,hq) *mit* $|hq|=|hq_{min}|$ *gegeben.* □

Das folgende Theorem gibt eine notwendige Bedingung für die $P_{0,\delta}(\beta)$-Stabilität mit $\delta=0$ an, die sich als sehr einschneidend für eine LIRK-Hermite-Methode erweist. Wir wählen $\mu=0$.

Theorem 8.3.22. *Für eine LIRK-Hermite-Methode sind die Bedingungen*

a) $R_0^{(s+1)}(z)$ *ist* A_0-*verträglich*

b) $\lim\limits_{z\to-\infty} \sum\limits_{j=1}^{s} zB_j(z)d_l(c_j) = 0 \quad \text{für } l=0,1,\ldots,r$ \hfill (8.3.27)

notwendig für die $P_{0,\delta}(\beta)$-*Stabilität mit* $\delta=0$.

Beweis. Die Bedingung a) folgt unmittelbar für q=0. Für $\delta=0$, $\mu=0$ ergibt sich aus (8.3.6)

$$g_r(0) = 1, \quad g_l(0) = 0 \quad \text{für } l\neq r$$
$$d_l(0) = 0 \quad \text{für } l=0,\ldots,r.$$

Damit gilt in (8.3.26) $g(0,\xi)=\xi^r$ und $d(0,\xi)=0$, so daß die charakteristische Gleichung durch

$$\xi^{2k+2r}(\xi-R_0^{(s+1)}(hp))-hq\xi^{k+r}\{\tilde{G}(0,\xi)+hp\tilde{Q}(0,\xi)\}-$$

$$-h^2q^2\xi^r \sum_{l=0}^{r}\sum_{j=1}^{s} B_j(hp)d_l(c_j)\xi^l = 0 \hfill (8.3.28)$$

gegeben ist. Wir betrachten q=σp mit 0<σ<1. Gilt

$$\lim\limits_{z\to-\infty} \sum_{j=1}^{s} zB_j(z)d_l(c_j) \neq 0 \quad \text{für } l\in\{0,\ldots,r\},$$

so existiert nach dem Vietaschen Wurzeltheorem für $z\to-\infty$ mindestens eine Nullstelle ξ von (8.3.28) mit $|\xi|\to\infty$. ■

Die Schärfe der Bedingung wollen wir am folgenden Beispiel demonstrieren.

Beispiel 8.3.1. Wir betrachten die zweistufige LIRK-Methode (8.3.22) mit

a) linearer Hermite-Interpolation
b) kubischer Hermite-Interpolation.

Im Fall linearer Hermite-Interpolation mit $\mu=0$, d.h.

$$P(t_m-h(k-c_2)) = u_{m-k}+hc_2 u'_{m-k}$$

folgt dann

$$\xi^{2k+1} - R_0^{(3)}(hp)\xi^{2k} - hqR_1^{(3)}(hp)(1 + \frac{hp}{2})\xi^k - \frac{h^2q^2}{2}R_1^{(3)}(hp) = 0.$$

Ist

$$\lim_{z \to -\infty} R_0^{(3)}(z) \neq 1,$$

so gilt für $q = \sigma p$

$$\lim_{hp \to -\infty} h^2q^2 R_1^{(3)}(hp) = \infty,$$

die Diskretisierungsmethode kann folglich nicht $P_{0,\delta}$-stabil mit $\delta=0$ sein.

Bei kubischer Hermite-Interpolation, d.h.

$$P(t_m - h(k - c_2)) = (1 - 3c_2^2 + 2c_2^3)u_{m-k} + (3c_2^2 - 2c_2^3)u_{m-k+1} +$$
$$h(c_2 - 2c_2^2 + c_2^3)u'_{m-k} + h(c_2^3 - c_2^2)u'_{m-k+1}$$

erhält man die charakteristische Gleichung

$$\xi^{2k+1} - R_0^{(3)}(hp)\xi^{2k} - hqR_1^{(3)}(hp)\left\{ \left((\frac{3}{2}c_2 - c_2^2) + hp(\frac{c_2^2}{2} - \frac{c_2}{2}) \right) \xi^{k+1} + \right.$$

$$\left. \left((1 - \frac{3}{2}c_2 + c_2^2) + hp(\frac{1}{2} - c_2 + \frac{c_2^2}{2}) \right) \xi^k + hq(\frac{c_2^2}{2} - \frac{c_2}{2})\xi + hq(\frac{1}{2} - c_2 + \frac{c_2^2}{2}) \right\} = 0.$$

Man sieht unmittelbar, daß für $c_2 \neq 1$ (bei $c_2 = 1$ wird für $\tau = kh$ keine Interpolation benötigt) die Diskretisierungsmethode mit einer stark A-verträglichen Stabilitätsfunktion nicht $P_{0,\delta}$-stabil mit $\delta=0$ sein kann. □

Das Theorem 8.3.22 sowie Beispiel 8.3.1 zeigen, daß die Stabilität von LIRK-Hermite-Methoden i.allg. wesentlich schlechter ist als für LIRK-Lagrange-Methoden. Es sei jedoch bemerkt, daß das Stabilitätsgebiet S_μ einer LIRK-Hermite-Methode mit einer A-verträglichen Stabilitätsfunktion unbeschränkt sein kann, auch wenn die Diskretisierungsmethode nicht $P(\beta)$-stabil ist (vgl. Abbildung 8.4.1).

8.4. Numerische Resultate

Wie bereits erwähnt, ist es bei retardierten Differentialgleichungen i. allg. noch wesentlich schwieriger als bei gewöhnlichen a priori zu entscheiden, ob ein steifes System vorliegt. Praktische Erfahrungen haben gezeigt, daß die Hauptursache der Steifheit auch hier Eigenwerte λ_i der Jacobi-Matrix $f_y(t, y(t), y(t-\tau))$ mit Re $\lambda_i \ll 0$ sind. Selbst bei sehr steifen Problemen wird aber häufig in der Nähe der ersten primären Unstetigkeitsstellen $t_i=t_0+i\tau$ die Schrittweite so beschränkt, daß hier mit einer expliziten Methode gerechnet werden kann. Es bietet sich also an, auch für retardierte Systeme Methoden mit automatischer Verfahrenswahl zu verwenden.

Aufgrund der guten Ergebnisse von PAI4 (vgl. Abschnitt 5.2) für gewöhnliche Differentialgleichungen wurde aus diesem Algorithmus durch Kombination mit Lagrange-Interpolation 2. Grades bzw. Hermite-Interpolation 3. Grades der Algorithmus PAI4D für Delay-Gleichungen entwickelt. Für beide Interpolationen ist nach Theorem 8.2.1 die Ordnung der Methode p=3. Bei Verwendung von Lagrange-Interpolation 2. Grades wird aber der Hauptteil des lokalen Fehlers auch durch die Interpolation beeinflußt (vgl. Bemerkung 8.2.1). Die Schrittweitensteuerung durch Richardson-Extrapolation von PAI4 wurde daher um eine Schätzung des Interpolationsfehlers erweitert, die auch bei Hermite-Interpolation genutzt wird. Nach einer Idee von Arndt [1984] geschieht diese Schätzung durch Vergleich der berechneten Näherungslösung nach dem ersten Schritt mit h/2 mit dem interpolierten Wert an der Stelle $t_m+h/2$, wobei u_{m-1}, u_m, u_{m+1} bei Lagrange- bzw. u_m, u_{m+1}, f_m, f_{m+1} bei Hermite-Interpolation verwendet werden. Der Test für die automatische Verfahrenswahl wurde von PAI4 übernommen. Dieser Algorithmus mit Lagrange- (PAI4DL) bzw. Hermite-Interpolation (PAI4DH) wurde an zahlreichen praktischen Beispielen getestet (Weiner [1987], Weiner/Strehmel [1988]) und mit den Algorithmen DIFSUB (Roth [1980]) und RKFR7 (Oberle/Pesch [1981]) verglichen. Vergleiche von PAI4DH mit einer einfach-impliziten RK-Methode mit Approximation des retardierten Argumentes durch stetige Erweiterung findet man in Claus [1990]. Bei diesen Tests erwiesen sich PAI4DL und PAI4DH als zuverlässig und effektiv. Wie zu erwarten hat bei steifen Problemen PAI4DL Vorteile. Bei nichtsteifen Problemen erwies sich wegen der größeren Interpolationsgenauigkeit PAI4DH als etwas günstiger. Abbildung 8.4.1 zeigt das S_1-Stabilitätsgebiet von PAI4DL und PAI4DH.

In einer späteren Version haben wir PAI4D so modifiziert, daß bei Auswahl der linear-impliziten Runge-Kutta-Interpolationsmethode durch den Steifheitstest (5.2.3) Lagrange- und bei Auswahl der expliziten Methode Hermite-Interpolation verwendet wird. Damit wird dem Nutzer auch diese Entscheidung abgenommen.

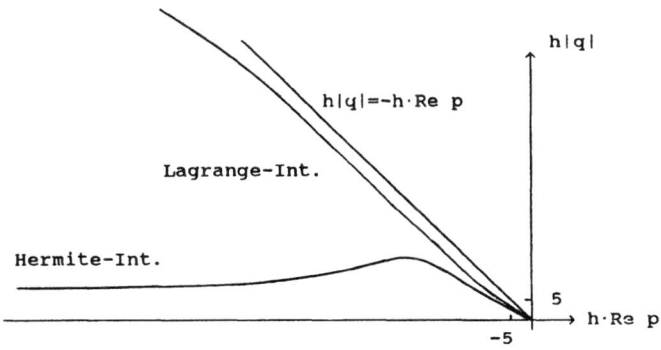

Abbildung 8.4.1. S_1-Stabilitätsgebiet von PAI4DH und PAI4DL.

Im folgenden geben wir für eine FORTRAN-Version von PAI4D einige repräsentative numerische Ergebnisse an. Zum Vergleich dient ein auf dem Algorithmus RETARD (Hairer/Nørsett/Wanner [1987]) basierender FORTRAN-Code. RETARD verwendet die explizite RK-Methode von Dormand/Prince 5(4) mit Approximation des retardierten Argumentes durch stetige Erweiterung (vgl. Beispiel 2.6.3). Bei beiden Methoden wurden die Schrittweiten am Anfang so bestimmt, daß die ersten 6 primären Unstetigkeitsstellen $t_0+i\tau$, $i=1,\ldots,6$, exakt erreicht werden.

Wir geben Ergebnisse für folgende 4 Beispiele :

B1: Modell einer chronischen Leukämie (Oberle/Pesch [1981]).

$$y_1'(t) = \frac{1.1}{(1+\sqrt{10}(y_1(t-\tau)))^{1.25}} - \frac{10y_1(t)}{1+40y_2(t)}$$

$$y_2'(t) = \frac{100y_1(t)}{1+40y_2(t)} - 2.43y_2(t) \, , \quad 0 \le t \le 100$$

$y_1(t) = 1.057670270/3$, $t \le 0$
$y_2(0) = 1.030713491/3$, $\tau = 20$.

B2: Modell der Verbreitung einer Epidemie (Oberle/Pesch [1981]).

$$y'(t) = \begin{cases} -ry(t)V_0(t) \, , & 0 \le t \le t_0 \\ -ry(t)(V_0(t)+y_0-\exp(\mu)y(t)) \, , & t_0 \le t \le t_0+\tau \\ -ry(t)\exp(\mu)(y(t-\tau)-y(t)) \, , & t_0+\tau \le t \le 10 \end{cases}$$

$y_0=10$, $\tau=1$, $t_0=1-\sqrt{2}/2$, $r=0.5$, $\mu=0.1r$, $V_0 = \begin{cases} 0.4(1-t), & 0 \le t \le 1 \\ 0, & t \ge 1. \end{cases}$

B3: Zustandsmodell für mikrobielles Wachstum für kontinuierliche Fermentierung (Bley/Heinritz/Schmidt [1983]).

$y_1'(t) = 2e^{-D\tau}ky_3(t-\tau)y_1(t-\tau) - ky_3(t)y_1(t) - Dy_1(t)$

$y_2'(t) = ky_3(t)y_1(t) - ke^{-D\tau}y_3(t-\tau)y_1(t-\tau) - Dy_2(t)$

$y_3'(t) = (s_0-y_3(t))D - \alpha_0 y_3(t)y_1(t) - \alpha_1 y_2(t)$, $0 \le t \le 100$.

mit $k=10$, $s_0=10$, $\alpha_0=10$, $\alpha_1=0.1$, $\tau=1$,

$y_1(t)=1.93$, $y_2(t)=3.87$, $y_3(t)=0.24$ für $t \le 0$,

$D=0.55$.

B4: wie B3, aber mit $D=0.6$.

In den folgenden Tabellen verwenden wir die Abkürzungen aus Abschnitt 5.3.5. Außerdem bezeichnet ERR den Fehler im Endpunkt t_e in der Maximumnorm. Die Rechnungen wurden auf einer Rechenanlage ES 1036 der Universität Halle durchgeführt.

TOL	BEISP	STEPIM	STEPEX	FCN	JAC	TIME	ERR
1.E-2	B1	74	12	525	12	3.0	3.2E-4
	B2	0	48	197	4	0.3	2.7E-3
	B3	96	10	532	17	3.3	9.9E-3
	B4	154	10	815	26	5.1	9.1E-3
1.E-4	B1	188	68	1235	38	6.7	5.1E-5
	B2	2	62	313	8	0.5	1.9E-5
	B3	88	28	533	12	2.9	1.2E-4
	B4	150	50	1048	37	5.8	2.7E-4
1.E-6	B1	0	966	4057	40	14.9	6.0E-7
	B2	0	126	587	10	0.9	4.6E-7
	B3	84	126	1121	32	4.6	1.4E-6
	B4	116	258	1990	55	7.7	2.3E-6

Tabelle 8.4.1. Numerische Ergebnisse für PAI4D.

Bemerkung 8.4.1. Die Berechnung der Jacobi-Matrix bei PAI4D auch bei expliziter Rechnung ist für den Steifheitstest erforderlich (vgl. Abschnitt 5.2). ▫

TOL	BEISP	STEPEX	FCN	TIME	ERR
1.E-2	B1	151	925	4.7	9.2E-4
	B2	13	91	0.2	1.2E-3
	B3	543	4105	21.1	4.2E-3
	B4	493	3859	19.3	5.6e-3
1.E-4	B1	194	1183	6.0	1.2E-5
	B2	21	151	0.4	8.4E-5
	B3	552	4045	20.1	2.1E-5
	B4	510	3859	19.0	2.7E-5
1.E-6	B1	390	2365	11.9	1.8E-7
	B2	43	307	0.7	4.4E-6
	B3	578	4225	20.9	6.7E-7
	B4	561	4231	22.0	3.9E-7

Tabelle 8.4.2. Numerische Ergebnisse für RETARD.

Die Beispiele B1 und B2 sind nichtsteif. Bei kleineren Toleranzen erweist sich hier RETARD aufgrund der höheren Ordnung als überlegen. B3 und B4 sind "mittelsteif". Durch die Möglichkeit der Rechnung mit der $P(\beta)$-stabilen linear-impliziten Methode ist PAI4D effektiver als RETARD. Die Ergebnisse zeigen die Zuverlässigkeit der Schrittweitensteuerung und der Umschalttechnik von PAI4D, mit schärferen Toleranzforderungen wächst der Anteil der Schritte mit der expliziten Methode.

Literaturverzeichnis

Abramowitz, M., Stegun, I.A. [1970]: Handbook of Mathematical Functions, Applied Mathematical Series 55, Washington.

Adams, R.A. [1975]: Sobolev spaces, Academic Press, New York.

Aiken, R.C. [1985]: Stiff Computation, Oxford University Press, New York - Oxford.

Alexander, R. [1977]: Diagonally implicit Runge-Kutta methods for stiff ODEs, SIAM J. Numer. Anal. 14, 1006-1022.

Al-Mutib, A.N. [1984]: Stability properties of numerical methods for solving delay differential equations, J. Comput. Appl. Math. 10, 71-79.

Arnold, M. [1990]: Numerische Behandlung von semi-expliziten Algebro-Differentialgleichungen vom Index 1 mit linear-impliziten Verfahren, Dissertation, Halle.

Arnold, M. [1991]: Linearly implicit Runge-Kutta methods for dae's of index 1 - two approaches, In: Numerical treatment of differential equations, ed. K. Strehmel, Teubner-Texte zur Mathematik 121, Stuttgart-Leipzig, 9-15.

Arndt, H. [1983]: The influence of interpolation on the global error in retarded differential equations, in: Differential-Difference Equations, eds. Collatz, L., Meinardus, G., Wetterling, W., ISNM 62, Birkhäuser Verlag, Basel, 9-17.

Arndt, H. [1984]: Numerical solution of retarded initial value problems: Local and global error and stepsize control, Numer. Math. 43, 343-360.

Babskij, V.G., Myshkis, A.D. [1983]: Mathematische Modelle in der Biologie unter Berücksichtigung von Nacheilungen, in: Murray, J.: Nichtlineare Differentialgleichungen in der Biologie. Lektionen über Modelle (russ.), Moskau.

Bader, G., Deuflhard, P. [1983]: A semi-implicit mid-point rule for stiff systems of ordinary differential equations, Numer. Math. 41, 373-398.

Bader, G., Nowak, U., Deuflhard, P. [1982]: An advanced simulation package for large chemical reaction systems, Univ. Heidelberg, SFB 123, Tech. Rep. 149.

Barker, G.P., Berman, A., Plemmons, R.J. [1978]: Positive diagonal solutions to the Lyapunov equations, Lin. and Multilin. Alg. 5, 249-256.

Barwell, K.K. [1975]: Special stability problems for functional differential equations, BIT 15, 130-135.

Behnke, H., Sommer, F. [1962]: Theorie der analytischen Funktionen einer komplexen Veränderlichen, Springer-Verlag.

Bellen, A. [1984]: One-step collocation for delay differential equations, J. of Comp. and Appl. Math. 10, 275-283.

Bellen, A., Zennaro, M. [1985]: Numerical solution of delay differential equations by uniform corrections to an implicit Runge-Kutta method, Numer. Math. 47, 301-316.

Bellen, A., Zennaro, M. [1988]: Stability properties of interpolants for Runge-Kutta methods, SIAM J. Numer. Anal. 25, 411-432.

Bellmann, R. [1961]: On the computational solution of differential-difference equations, J. Math. Anal. Appl. 2, 108-110.

Bellmann, R., Cooke, K. [1963]: Differential-difference equations, Academic Press, New York - London.

Bickart, T.A. [1977]: An efficient solution process for implicit Runge-Kutta methods, SIAM J. Numer. Anal. 14, 1022-1027.

Bickart, T.A. [1982]: P-stable and $P[\alpha,\beta]$-stable integration/interpolation methods in the solution of retarded differential-difference equations, BIT 22, 464-476.

Bley, Th. Heinritz, B., Schmidt, A. [1983]: Some stationary properties of a two-state microbial growth model for continuous fermentation derived from the Smith and Martin hypothesis, Studia Biophysica, Vol. 98, No. 2, 119-124.

Bock, H.D., Schlöder, J. [1981]: Numerical solution of retarded differential equations with state dependent time lag, ZAMM 61, T269-T271.

Brenan, K.E., Campbell, S.L., Petzold, L.R. [1989]: Numerical solution of initial-value problems in differential-algebraic equations, North-Holland Publ. Co., Amsterdam.

Brown, P.N., Hindmarsh, A.C. [1987]: Matrix-free methods for stiff systems of ODEs, SIAM J. Numer. Anal. 24, 610-638.

Brown, P.N., Saad, Y. [1990]: Hybrid Krylov methods for nonlinear systems of equations, SIAM J. Sci. Stat. 11, 450-481.

Bruder, J. [1983]: Adaptive Runge-Kutta-Verfahren und ihre Stabilitätseigenschaften, Diplomarbeit, Halle.

Bruder, J. [1985]: Numerische Lösung steifer und nichtsteifer Differentialgleichungssysteme mit partitionierten adaptiven Runge-Kutta-Methoden, Dissertation, Halle.

Bruder, J., Strehmel, K., Weiner, R. [1988]: Partitioned adaptive Runge-Kutta methods for the solution of nonstiff and stiff systems, Numer. Math. 52, 621-638.

Burrage, K. [1978]: A special family of RK methods for solving stiff differential equations, BIT 18, 22-41.

Burrage, K. [1982]: Efficiently implementable algebraically stable Runge-Kutta methods, SIAM J. Numer. Anal. 19, 245-258.

Burrage, K., Butcher, J.C. [1979]: Stability criteria for implicit

Runge-Kutta methods, SIAM J. Numer. Anal., Vol. 16, No.1, 46-57.

Burrage, K., Butcher, J.C., Chipman, F.H. [1980]: An implementation of singly-implicit Runge-Kutta methods, BIT 20, 326-340.

Burrage, K., Hundsdorfer, W.H. [1987]: The order of B-convergence of algebraically stable Runge-Kutta methods, BIT 27, 62-71.

Burrage, K., Hundsdorfer, W.H., Verwer, J.G. [1986]: A study of B-convergence of Runge-Kutta methods, SIAM J. Numer. Anal., Vol.16, No.1, 46-57.

Butcher, J.C. [1963]: Coefficients for the study of Runge-Kutta integration processes, J. Austral Math. Soc. 3, 185-201.

Butcher, J.C. [1964a]: On Runge-Kutta processes of high order, J. Austral. Math. Soc. 4, 179-194.

Butcher, J.C. [1964b]: Implicit Runge-Kutta processes, Math. Comp. 18, 50-64.

Butcher, J.C. [1964c]: Integration processes based on Radau quadrature formulas, Math. Comp. 18, 233-244.

Butcher, J.C. [1965]: On the attainable order of Runge-Kutta methods, Math. Comp. 19, 408-417.

Butcher, J.C. [1972]: An algebraic theory of integration methods, Math. Comp., vol. 26, 79-106.

Butcher, J.C. [1975]: A stability property of implicit Runge-Kutta methods, BIT 15, 358-361.

Butcher, J.C. [1976]: On the implementation of implicit Runge-Kutta methods, BIT 16, 237-240.

Butcher, J.C. [1985]: The non-existence of ten stage eighth order explicit Runge-Kutta methods, BIT 25, 521-540.

Butcher, J.C. [1987]: The numerical analysis of ordinary differential equations, John Wiley & Sons.

Butcher, J.C. [1990]: Order, stepsize and stiffness switching, Computing 44, 209-220.

Calahan, D.A. [1968]: A stable, accurate method of numerical integration for nonlinear systems, Proc. IEEE 56, 744-747.

Calvo, M., Grande, T. [1988]: On the asymptotic stability of θ-methods for delay differential equations, Numer. Math. 54, 257-269.

Certaine, J. [1960]: The Solution of Ordinary Differential Equations with Large Time Constants, in: Mathematical Methods for Digital Computers, eds. Ralston, A., Wilf, H.S., Wiley & Sons, 128-132.

Cesari, L. [1959]: Asymptotic behaviour and stability problems in ordinary differential equations, Ergebnisse der Mathematik und ihrer Grenzgebiete, Springer-Verlag.

Chipman, F.H. [1971]: A-stable Runge-Kutta processes, BIT 11, 384-

388.

Claus, H. [1990]: Singly-implicit Runge-Kutta methods for retarded and ordinary differential equations, Computing 43, 209-222.

Collatz, L. [1966]: Functional analysis and numerical mathematics, Academic Press, New York - San Francisco - London.

Crouzeix, M. [1979]: Sur la B-stabilité des méthodes de Runge-Kutta, Numer. Math. 32, 75-82.

Crouzeix, M., Hundsdorfer, W.H., Spijker, M.N. [1983]: On the existence of solutions to the algebraic equations in implicit Runge-Kutta methods, BIT 23, 84-91.

Cryer, C.W. [1973]: A new class of highly-stable methods: A_0-stable methods, BIT 13, 153-159.

Cryer, C.W. [1974]: Highly stable multistep methods for retarded differential equations, SIAM J. Numer. Anal. 11, 788-797.

Curtis, A.R. [1979]: The FACSIMILE Numerical Integrator for Stiff Initial Value Problems, Techn. Rep. AERE - R 9352, Harwell.

Curtiss, C.F., Hirschfelder, J.O. [1952]: Integration of stiff equations, Proc. Nat. Acad. Sci. 38, 235-243.

Dahlquist, G. [1959]: Stability and error bounds in the numerical integration of ordinary differential equations, Trans. of Royal Inst. of Techn., No. 130, Stockholm.

Dahlquist, G. [1963]: A special stability problem for linear multistep methods, BIT 3, 27-43.

Dahlquist, G. [1974]: The sets of smooth solutions of differential and difference equations, in: Stiff Differential Systems, ed. Willoughby, R.A., Plenum Press, New York.

Dahlquist, G., Edsberg, L., Sköllermo, G., Söderlind, G. [1980]: Are the numerical methods and software satisfactory for chemical kinetics ?, TRITA-NA-8005, Royal Inst. of Technology, Stockholm.

Dahlquist, G., Jeltsch, R. [1979]: Generalized disks of contractivity for explicit and implicit Runge-Kutta methods, Report TRITA-NA-7906, The Royal Inst. of Technology, Stockholm.

Dannehl, I. [1990]: Konvergenzeigenschaften linear-impliziter Runge-Kutta-Verfahren für singulär gestörte Systeme und Algebro-Differentialgleichungen vom Index 1, Dissertation, Halle.

Day, J.D. [1984]: Run time estimation of the spectral radius of Jacobians, J. Comput. Appl. Math. 11, 315-323.

Dekker, K., Hairer, E. [1985]: A necessary condition for BSI-stability, BIT 25, 285-288.

Dekker, K., Kraaijevanger, J.F.B.M., Schneid, J. [1990]: On the relation between algebraic stability and B-convergence for Runge-Kutta methods, Numer. Math. 57, 249-262.

Dekker, K., Verwer, J.G. [1984]: Stability of Runge-Kutta methods for stiff nonlinear differential equations, North Holland.

Deuflhard, P. [1983]: Order and step-size control in extrapolation methods, Numer. Math. 41, 399-422.

Deuflhard, P. [1989]: Numerik von Anfangswertmethoden für gewöhnliche Differentialgleichungen, Technical Report TR 89-2, Konrad-Zuse-Zentrum für Informationstechnik Berlin.

Deuflhard, P., Bader, G., Nowak, U. [1981]: LARKIN - A Software Package for the Numerical Simulation of LARge Systems Arising in Chemical Reaction KINetics, in: Modelling of Chemical Reaction Systems, eds. Ebert, K.H., Deuflhard, P., Jäger, W., Springer-Verlag, 38-55.

Deuflhard, P., Hairer, E., Zugck, J. [1987]: One step and extrapolation methods for differential-algebraic systems, Numer. Math. 51, 501-516.

Dormand, J.R., Prince, P.J. [1980]: A family of embedded Runge-Kutta formulae, J. Comp. Appl. Math. 6, 19-26.

Driver, R.D. [1977]: Ordinary and delay differential equations, Springer Verlag, Berlin.

Edelson, D. [1973]: On the solution of differential equations arising in chemical kinetics, J. of Comp. Physics 11, 455-457.

Edelson, D. [1976]: A simulation language and compiler to aid computer solution of chemical kinetic problems, Comput. Chem. 1, 29-33.

Edsberg, L. [1974]: Integration package for chemical kinetics, in: Stiff Differential Systems, ed. Willoughby, R.A., Plenum Press, New York, 81-94.

Edsberg, L. [1975]: Some mathematical properties of mass action kinetics, TRITA-NA-7505, Royal Inst. of Technology, Stockholm.

Ehle, B.L. [1968]: High order A-stable methods for the numerical solution of systems of DEs, BIT 8, 276-278.

Ehle, B.L. [1969]: On Padé approximations to the exponential function and A-stable methods for the numerical solution of initial value problems, Report CSRR 2010, Dept. AACS, Univ. of Waterloo.

Ehle, B.L. [1973]: A-stable methods and Padé approximations to the exponential, SIAM J. Math. Anal. 4, 671-680.

Enright, W.H., Hull, T.E., Lindberg, B. [1975]: Comparing numerical methods for stiff systems of ordinary differential equations, BIT 15, 10-48.

Enright, W.H., Jackson, K.R., Nørsett, S.P., Thomsen, P.G. [1985]: Interpolants for Runge-Kutta formulas, Dept. of Comp. Sci. Tech. Rep. No. 180/85, University of Toronto.

Enright, W.H., Kamel, M. [1979]: Automatic partitioning of stiff systems and exploiting the resulting structure, ACM-TOMS 5, 374-385.

Fehlberg, E. [1970]: Klassische Runge-Kutta-Formeln vierter und niedrigerer Ordnung mit Schrittweitenkontrolle und ihre Anwendung auf Wärmeleitungsprobleme, Computing 6, 61-71.

Frank, R., Schneid, J., Ueberhuber, C.W. [1981]: The concept of B-convergence, SIAM J. Numer. Anal. 18, 753-780.

Frank, R., Schneid, J., Ueberhuber, C.W. [1985a]: Order results for implicit Runge-Kutta methods applied to stiff systems, SIAM J. Num. Anal. 22, 515-534.

Frank, R., Schneid, J., Ueberhuber, C.W. [1985b]: Stability properties of implicit Runge-Kutta methods, SIAM J. Numer. Anal. 22, 497-514.

Friedli, A. [1978]: Verallgemeinerte Runge-Kutta Verfahren zur Lösung steifer Differentialgleichungssysteme, Lecture notes in Mathematics, Vol. 631, 35-50, Springer-Verlag, Berlin-Heidelberg-New York.

Führer, C. [1988]: Differential-Algebraische Gleichungssysteme in Mechanischen Mehrkörpersystemen, Dissertation, TU München.

Gantmacher, F.R. [1959]: The theory of matrices, vol. 2, Chelsea, New York.

Gear, C.W. [1971]: Numerical initial value problems in ordinary differential equations, Prentice Hall, New York.

Gear, C.W. [1988]: Differential-algebraic equation index transformations, SIAM J. Sci. Stat. Comp. 9, 39-47.

Gear, C.W. [1989]: Differential-algebraic equations, indices and integral algebraic equations, Report UIUCDCS R-89-1505, Univ. of Illinois.

Gear, C.W., Leimkuhler, B., Gupta, G.K. [1985]: Automatic integration of Euler-Lagrange equations with constraints, J. Comp. Appl. Math. 12 & 13, 77-90.

Gelinas, R.J. [1972]: Stiff systems of kinetic equations - a practioner's view, J. of Comput. Phys. 9, 222-236.

Golub, G.H., Van Loan, C.F. [1987]: Matrix computations, The Johns Hopkins University Press.

Gottwald, B.A., Wanner, G. [1981]: A reliable Rosenbrock integrator for stiff differential equations, Computing 26, 355-360.

Griepentrog, E. [1978]: Gemischte Runge-Kutta-Verfahren für steife Systeme, Seminarbericht Nr. 11, Humboldt-Universität Berlin, Sektion Mathematik.

Griepentrog, E., März R. [1986]: Differential-algebraic equations and their numerical treatment, Teubner-Texte zur Mathematik, Band 88, Leipzig.

Grigorieff, R.D. [1972]: Numerik gewöhnlicher Differentialgleichungen I, Teubner, Stuttgart.

Hahn, W. [1963]: Theory and application of Liapunov's direct method, Englewood Cliffs, N.J.: Prentice Hall.

Hairer, E. [1980]: Highest possible order of algebraically stable diagonally implicit Runge-Kutta methods, BIT 20, 254-256.

Hairer, E. [1981]: Order conditions for numerical methods for partitioned ordinary differential equations, Numer. Math. 36, 431-445.

Hairer, E. [1984]: A note on D-stability, BIT 24, 383-386.

Hairer, E., Bader, G., Lubich, Ch. [1982]: On the stability of semiimplicit methods for ordinary differential equations, BIT 22, 211-232.

Hairer, E., Lubich, Ch. [1987]: Convergence of one-step methods at stiff differential equations, International Symposium on Numerical Mathematics, Ankara, September 1987, Preprint, Universität Genf.

Hairer, E., Lubich, Ch., Roche, M. [1988]: Error of Runge-Kutta methods for stiff problems studied via differential algebraic equations, BIT 28, 678-700.

Hairer, E., Lubich, Ch., Roche, M. [1989a]: Error of Rosenbrock methods for stiff problems studied via differential algebraic equations, BIT 29, 77-90.

Hairer, E., Lubich, Ch., Roche, M. [1989b]: The numerical solution of differential-algebraic systems by Runge-Kutta methods, Lecture Notes in Mathematics 1409, Springer-Verlag.

Hairer, E., Nørsett, S.P., Wanner, G. [1987]: Solving ordinary differential equations I, Springer-Verlag, Berlin-Heidelberg.

Hairer, E., Türke, H. [1984]: The equivalence of B-stability and A-stability, BIT 24, 520-528.

Hairer, E., Wanner, G. [1974]: On the Butcher group and general multivalue methods, Computing 13, 1-15.

Hairer, E., Wanner, G. [1988]: RADAU5 - an implicit Runge-Kutta code, Preprint, Universität Genf.

Hale, J. [1977]: Theory of functional differential equations, Springer-Verlag, Berlin-Heidelberg-New York.

Hall, G., Watt, J.M. [1976]: Modern numerical methods for ordinary differential equations, Clarendon Press, Oxford.

Henrici, P. [1962]: Discrete variable methods in ordinary differential equations, John Wiley & Sons, New York-London-Sydney.

Heun, K. [1900]: Neue Methode zur approximativen Integration der Differentialgleichungen einer unabhängigen Veränderlichen, Z. für Math. u. Physik 45, 23-38.

Heuser, H. [1989]: Gewöhnliche Differentialgleichungen, Teubner Stuttgart.

Higham, D.J. [1989]: Analysis of the Enright-Kamel partitioning method for stiff ordinary differential equations, IMA J. of Numer. Anal. 9, 1-14.

Hindmarsh, A.C. [1980]: LSODE and LSODI, two new initial value ordinary differential equation solvers, ACM-SIGNUM Newsletter 15, 10-11.

Hindmarsh, A.C. [1982]: ODEPACK, a systematized collection of ODE solvers, Lawrence Livermore National Laboratory, Rept. UCRL-88007.

Hindmarsh, A.C., Byrne, G.D. [1977]: EPISODE: An effective package for the integration of systems of ordinary differential equations, Report UCID-30112, Lawrence Livermore Laboratory.

Hofer, E. [1976]: A partially implicit method for large stiff systems of ODEs with only few equations introducing small time constants, SIAM J. Num. Anal. 13, 645-663.

Horn, M.K. [1983]: Fourth and fifth-order scaled Runge-Kutta algorithms for treating dense output, SIAM J. Numer. Anal. 20, 558-568.

Houwen, P.J. van der [1977]: Construction of integration formulas for initial value problems, North Holland, Amsterdam.

Houwen, P.J. van der, Sommeijer, B.P. [1980]: On the internal stability of explicit m-stage Runge-Kutta methods for large m-values, ZAMM 60, 479-485.

Houwen, P.J. van der, Sommeijer, B.P. [1983]: Improved absolute stability of predictor-corrector methods for retarded differential equations, ISNM 62, 137-148.

Houwen, P.J. van der, Sommeijer, B.P. [1984]: Stability in linear multistep methods for pure delay equations, J. Comp. Appl. Math. 10, 55-63.

Hull, T.E., Enright, W.H., Fellen, B.M., Sedgwick, A.E. [1972]: Comparing numerical methods for ordinary differential equations, SIAM J. Numer. Anal. 9, 603-637.

Hundsdorfer, W.H. [1984]: The numerical solution of nonlinear stiff initial value problems, Centrum voor Wiskunde en Informatica, Amsterdam.

Hundsdorfer, W.H. [1986]: Stability and B-convergence of linearly implicit Runge-Kutta methods, Numer. Math. 50, 83-95.

Hundsdorfer, W.H., Schneid, J. [1989]: On the equivalence of BS-stability and B-consistency, BIT 29, 505-511.

Hundsdorfer, W.H., Schneid, J. [1990]: An algebraic characterization of B-convergent Runge-Kutta methods, Numer. Math. 56, 695-705.

Hundsdorfer, W.H., Spijker, M.N. [1981]: A note on B-stability of Runge-Kutta methods, Numer. Math. 36, 319-333.

Jackiewicz, Z. [1984]: Asymptotic stability analysis of θ-methods for functional differential equations, Numer. Math. 43, 389-396.

Kamke, E. [1945]: Differentialgleichungen reeller Funktionen, 2. Auflage , Akademische Verlagsgesellschaft, Leipzig.

Kaps, P. [1985]: Semi-implicit Runge-Kutta methods of order 3 with stepsize control, Institutsnotiz No.2, Institut für Mathematik und Geometrie, Universität Innsbruck.

Kaps, P., Ostermann, A. [1989]: Rosenbrock methods using few LU-decompositions, IMA Journal of Numerical Analysis 9, 15-27.

Kaps, P., Poon, S., Bui, T.D. [1985]: Rosenbrock methods for stiff ode's: A comparison of Richardson extrapolation and embedding technique, Computing 34, 17-40.

Kaps, P., Rentrop, P. [1979]: Generalized Runge-Kutta methods of order four with stepsize control for stiff ordinary differential equations, Numer. Math. 33, 55-68.

Kaps, P., Wanner, G. [1981]: A study of Rosenbrock-type methods of high order, Numer. Math. 38, 279-298.

Kee, R.J., Miller, J.A., Jefferson, T.H. [1980]: CHEMKIN: A General-Purpose, Problem-Independent, Transportable, Fortran Chemical Kinetics Code Package, Sandia National Laboratories, Livermore, Tech. Rep. SAND 80-8003.

Keeling, S.L. [1989]: On implicit Runge-Kutta methods with a stability function having distinct real poles, BIT 29, 91-109.

Kielbaszinski, A., Schwetlick, H. [1988]: Numerische lineare Algebra, Deutscher Verlag der Wissenschaften, Berlin.

Kraaijevanger, J.F.B.M. [1985]: B-convergence of the implicit midpoint rule, BIT 25, 652-666.

Kutta, W. [1901]: Beitrag zur näherungsweisen Integration totaler Differentialgleichungen, Zeitschr. für Math. u. Phys., vol. 46, 435-453.

Le Roux, M.-N. [1980]: Méthodes multipas pour des équations paraboliques non linéaires, Numer. Math. 35, 143-162.

Liu, M.Z., Spijker, M.N. [1990]: The stability of the θ-methods in the numerical solution of delay differential equations, IMA Journal of Numer. Anal. 10, 31-48.

Lozinskij, S.M. [1958]: Fehlerabschätzungen bei der numerischen Behandlung von gewöhnlichen Differentialgleichungen (russ.), Izv. Vyssh. Uchebn. Zaved. Mat. 5, 52-90.

Lubich, Ch. [1989a]: Extrapolation methods for differential-algebraic systems, Numer. Math. 55, 197-212.

Lubich, Ch. [1989b]: On linearly implicit extrapolation methods for differential-algebraic equations, ZAMM 69, T35-36.

Lubich, Ch., Roche, M. [1990]: Rosenbrock methods for differential algebraic systems with solution-dependent singular matrix multiplying the derivative, Computing 43, 325-342.

Maeß, G. [1984]: Vorlesungen über Numerische Mathematik, Band 1, Akademie-Verlag, Berlin.

Miranker, W.L. [1973]: Numerical methods of boundary layer for stiff systems of differential equations, Computing 11, 221-234.

Neumann, J. von [1951]: Eine Spectraltheorie für allgemeine Operatoren eines unitären Raumes, Math. Nachr. 4, 258-281.

Nørsett, S.P. [1974]: One step methods of Hermite type for numerical integration of stiff systems, BIT 14, 63-77.

Nørsett, S.P. [1975]: C-polynomials for rational approximation to the exponential function, Numer. Math. 25, 39-65.

Nørsett, S.P. [1976]: Runge-Kutta methods with a multiple real eigenvalue only, BIT 16, 388-393.

Nørsett, S.P., Thomsen, P.G. [1986]: Local error control in SDIRK methods, BIT 26, 100-113.

Nørsett, S.P., Wolfbrandt, A. [1977]: Attainable order of rational approximations to the exponential function with only real poles, BIT 17, 200-208.

Nørsett, S.P., Wolfbrandt, A. [1979]: Order conditions for Rosenbrock-type methods, Numer. Math. 32, 1-15.

Oberle, H.J., Pesch, H.J. [1981]: Numerical treatment of delay differential equations by Hermite interpolation, Numer. Math. 37, 235-255.

Oliver, J. [1975]: A curiosity of low-order explicit Runge-Kutta methods, Math. Comp., vol. 29, 1032-1036.

O'Malley, R.E. [1988]: On nonlinear singularly perturbed initial value problems, SIAM Review 30, 193-212.

Oppelstrupp, J. [1976]: The RKFHB4 method for delay differential equations, Lect. Notes Math. 631, 133-146.

Ortega, J.M., Rheinboldt, W.C. [1970]: Iterative solution of nonlinear equations in several variables, Academic Press, New York - London.

Ostermann, A. [1988]: Über die Wahl geeigneter Approximationen an die Jacobimatrix bei linear-impliziten Runge-Kutta-Verfahren, Dissertation, Universität Innsbruck.

Ostermann, A. [1990]: Continuous extensions of Rosenbrock-type methods, Computing 44, 59-68.

Petzold, L. [1983]: Automatic selection of methods for solving stiff and nonstiff systems of ordinary differential equations, SIAM J. Sci. Stat. Comput., Vol. 4, No. 1, 136-148.

Prothero, A., Robinson, A. [1974]: On the stability and accuracy of one step methods for solving stiff system of ordinary differential equations, Math. Comp. 28, 145-162.

Rentrop, P. [1985]: Partitioned Runge-Kutta Methods with Stiffness Detection and Stepsize Control, Numer. Math. 47, 545-564.

Rentrop, P., Roche, M., Steinebach, G. [1989]: The application of Rosenbrock-Wanner type methods with stepsize control in differential-algebraic equations, Numer. Math. 55, 545-563.

Rentrop, P., Steinebach, G. [1988]: The numerical solution of implicit ordinary differential equations arising in vehicle dynamic, In: Numerical treatment of differential equations, ed. K. Strehmel, Teubner-Texte zur Mathematik 104, Leipzig, 306-313.

Rheinboldt, W.C. [1984]: Differential-algebraic systems as differential equations on manifolds, Math. Comp. 43, 473-482.

Robertson, H.H. [1966]: The solution of a set of reaction rate equations, in: Numerical Analysis, An Introduction, ed. J. Walsh, Academic Press, London, 178-182.

Robertson, H.H. [1976]: Numerical integration of systems of stiff ODEs with special structure, J. Inst. Math. Appl. 18, 249-263.

Roche, M. [1988a]: Runge-Kutta and Rosenbrock methods for differential-algebraic equations and stiff ODEs, Université de Geneve, Dept. de math., These Nr. 2331.

Roche, M. [1988b]: Rosenbrock methods for differential-algebraic systems, Numer. Math. 52, 45-63.

Rosenbrock, H.H. [1963]: Some general implicit processes for the numerical solution of differential equations, Comp. J. 5, 329-331.

Roth, M.G. [1980]: Difference methods for stiff delay differential equations, Report UIUCDCS-R-80-1012, University of Illinois.

Runge, C. [1895]: Über die numerische Auflösung von Differentialgleichungen, Math. Ann. 46, 167-178.

Samarskij, A.A. [1984]: Theorie der Differenzenverfahren, Akad. Verlagsgesellschaft Geest & Portig K.-G., Leipzig.

Sanz-Serna, J.M., Verwer, J.G. [1989]: Stability and convergence at the PDE/stiff ODE interface, Appl. Numerical Math. 5, 117-132.

Sanz-Serna, J.M., Verwer, J.G., Hundsdorfer, W.H. [1986]: Convergence and order reduction of Runge-Kutta schemes applied to evolutionary problems in partial differential equations, Numer. Math. 50, 405-418.

Scherer, R. [1979]: A necessary condition for B-stability, BIT 19, 111-115.

Schneid, J. [1989]: Characterization of B-convergent Runge-Kutta methods for strictly dissipative initial value problems, Computing 42, 61-67.

Schneid, J. [1990]: A necessary condition for B-convergence of Runge-Kutta methods, BIT 30, 166-170.

Scholz, S. [1988]: Order barriers for SDIRK and ROW methods, in: Numerical treatment of differential equations, ed. K. Strehmel, Teubner-Texte zur Mathematik, Band 104, Leipzig, 146-152.

Schwetlick, H. [1979]: Numerische Lösung nichtlinearer Gleichungen, Deutscher Verlag der Wissenschaften, Berlin, Oldenbourg, München.

Scott, M.R., Watts, H.A. [1975]: A systematical collection of codes for solving two-point boundary value problems, SANDIA Report, SAND 75-0539.

Shampine, L.F. [1977]: Stiffness and nonstiff differential equation solvers, II: Detecting stiffness with RK methods, ACM-TOMS, Vol. 3, 44-53.

Shampine, L.F. [1982]: Implementation of Rosenbrock methods, ACM-TOMS 8, 93-113.

Shampine, L.F. [1985]: Interpolation of Runge-Kutta methods, SIAM J. Numer. Anal. 22, 1014-1027.

Shampine, L.F., Gear, C.W. [1979]: A user's view of solving stiff ordinary differential equations, SIAM REVIEW, Vol. 21, No. 1, 1-17.

Söderlind, G. [1980]: DASP3 - A program for the numerical integration of partitioned stiff ODEs and differential-algebraic stystems, TRITA-NA-8006, Royal Institute of Technology, Stockholm.

Söderlind, G. [1981]: On the efficient solution of nonlinear equations in numerical methods for stiff differential equations, Report TRITA-NA-8114, The Royal Inst. of Technology, Stockholm.

Sottas, G. [1984]: Dynamic adaptive selection between explicit and implicit methods when solving ode's, Report Universität Genf.

Spijker, M.N. [1986]: The relevance of algebraic stability in implicit Runge-Kutta methods, in: Numerical treatment of differential equations, ed. K. Strehmel, Teubner-Texte zur Mathematik 82, Leipzig, 158-164.

Staay, D.L. vander [1982]: Composite integration/interpolation methods for the solution of stiff differential-difference equations, Dissertation, Syracuse University, Syracuse NY.

Stabler, R.N., Chesick, J.P. [1978]: A program system for computer integration of multistep reaction rate equations using the Gear integration method. Int. J. Chem. Kin. 10, 461-469.

Steihaug, T., Wolfbrandt, A. [1979]: An attempt to avoid exact Jacobian and nonlinear equations in the numerical solution of stiff differential equations, Math. Comp. 33. 521-534.

Stetter, H.J. [1965]: Numerische Lösung von Differentialgleichungen mit nacheilendem Argument, ZAMM 45 T79-80.

Stetter, H.J. [1973]: Analysis of discretization methods for ordinary differential equations, Springer Verlag, Berlin-Heidelberg-New

York.
Stetter, H.J. [1975]: Towards a theory for discretization of stiff differential systems, Lecture Notes in Math., Vol. 506, 60-72, Springer-Verlag.
Stirzaker, D. [1975]: On a population model, Math. Bio. 23, 329-336.
Stoer, J. [1989]: Numerische Mathematik 1, Springer-Verlag.
Strang, G. [1962]: Trigonometric polynomials and difference methods of maximum accuracy, J. of Mathematics and Physics 41, 147-154.
Strehmel, K. [1981]: Stabilitätseigenschaften adaptiver Runge-Kutta-Verfahren, ZAMM 61, 253-260.
Strehmel, K., Hundsdorfer, W.H., Weiner, R., Arnold, M. [1990]: The linearly implicit Euler method for quasi-linear parabolic differential equations, Report NM-R9002, Amsterdam.
Strehmel, K., Weiner, R. [1982]: Behandlung steifer Anfangswertprobleme gewöhnlicher Differentialgleichungen mit adaptiven Runge-Kutta-Methoden, Computing 29, 153-165.
Strehmel, K., Weiner, R. [1983]: Nichtlineare Stabilität adaptiver Runge-Kutta-Methoden, ZAMM 63, 569-572.
Strehmel, K., Weiner, R. [1984a]: Lokale Fehlerschätzung mittels modifizierter Richardson-Extrapolation in linear-impliziten Einschrittverfahren, Computing 33, 131-140.
Strehmel, K., Weiner, R. [1984b]: Partitioned adaptive Runge-Kutta methods and their stability, Numer. Math. 45, 283-300.
Strehmel, K., Weiner, R. [1987]: B-convergence results for linearly implicit one step methods, BIT 27, 264-281.
Strehmel, K., Weiner, R. [1991]: Linearly implicit RK methods for singularly perturbed problems and index-1-dae's, In: Numerical treatment of differential equations, ed. K. Strehmel, Teubner-Texte zur Mathematik 121, Stuttgart-Leipzig, 168-177.
Strehmel, K., Weiner, R., Büttner, M. [1991]: Order results for Rosenbrock type methods on classes of stiff equations, erscheint in Numer. Math.
Strehmel, K., Weiner, R., Claus, H. [1989]: Stability analysis of linearly implicit one-step interpolation methods for stiff retarded differential equations, SIAM J. Numer. Anal. 26, No. 5, 1158-1174.
Strehmel, K., Weiner, R., Dannehl, I. [1988]: A study of B-convergence of linearly implicit Runge-Kutta methods, Computing 40, 241-253.
Strehmel, K., Weiner, R., Dannehl, I. [1990]: On error behaviour of partitioned linearly implicit Runge-Kutta methods for stiff and differential algebraic systems, BIT 30, 358-375.
Ström, T. [1975]: On logarithmic norms, SIAM J. Numer. Anal. 12, 741-

Tavernini, L. [1973]: Linear multistep methods for the numerical solution of Volterra functional differential equations. J. Appl. Anal. 3, 169-185.

Veldhuizen, M. van [1981]: D-Stability, SIAM J. Numer. Anal. 18, 45-64.

Veldhuizen, M. van [1984]: D-Stability and Kaps-Rentrop-Methods, Computing 32, 229-237.

Verner, J.H. [1978]: Explicit Runge-Kutta methods with estimates of the local truncation error, SIAM J. Numer. Anal. 15, 772-790.

Verner, J.H. [1979]: John Butcher's algebraic theory: motivation for selecting simplifying conditions, in: Proc. Ninth Manitoba Conf. Numer. Math. Computing, eds. van Rees, G.H.J., Williams, H.C., University of Manitoba, Winnipeg, 125-155.

Verwer, J.G. [1977]: S-stability properties of generalized Runge-Kutta methods, Numer. Math. 27, 359-370.

Verwer, J.G. [1981]: On the practical value of the notion of BN-stability, BIT 21, 355-361.

Verwer, J.G. [1982]: Instructive experiments with some Runge-Kutta-Rosenbrock methods, Comp. Comp. & Maths with Appl., Vol. 8, No. 3, 217-229.

Verwer, J.G. [1985]: Convergence and order reduction of diagonally implicit Runge-Kutta methods in the method of lines, Report NM-R8506, Centre for Math. and Comp. Sc., Amsterdam.

Verwer, J.G., Hundsdorfer, W.H., Sommeijer, B.P. [1990]: Convergence properties of the Runge-Kutta-Chebyshev method, Numer. Math. 57, 157-178.

Verwer, J.G., Sanz-Serna, J.M. [1984]: Convergence of method of lines approximations to partial differential equations, Computing 33, 297-313.

Verwer, J.G., Scholz S. [1983]: Rosenbrock-methods and time-lagged Jacobian, Beiträge zur Numerischen Mathematik 11, 173-183.

Verwer, J.G., Scholz, S., Blom, J.G., Louter-Nool, M. [1983]: A class of Runge-Kutta-Rosenbrock methods for solving stiff differential equations, ZAMM 63, 13-20.

Walter, W. [1985]: Gewöhnliche Differentialgleichungen, 3. Auflage, Springer-Verlag.

Wanner, G. [1977]: On the integration of stiff differential equations, in: Numerical Analysis, eds. Descloux, J., Marti, J., ISNM, Vol. 37, Birkhäuser, Basel, Stuttgart, 209-226.

Wanner, G. [1980]: On the choice of γ for singly-implicit RK or Rosenbrock methods, BIT 20, 102-106.

Wanner, G., Hairer, E., Nørsett, S.P. [1978]: Order stars and stability theorems, BIT 18, 475-489.

Watanabe, D.S., Roth M.G. [1985]: The stability of difference formulas for delay differential equations, SIAM J. Numer. Anal. Vol. 22, No. 1, 132-145

Watkins, D.S., Hansonsmith, R.W. [1983]: The numerical solution of separably stiff systems by precise partitioning, ACM-TOMS, Vol. 9, No. 3, 293-301.

Weiner, R. [1981]: Adaptive Runge.Kutta-Verfahren für Systeme 1. und 2. Ordnung und ihre Stabilität im Vergleich mit Runge-Kutta-Verfahren, Dissertation, Halle.

Weiner, R. [1984]: Stabilität adaptiver Runge-Kutta-Verfahren für Differentialgleichungen mit nacheilendem Argument, in: Proc. of the Fourth Conference on Numerical Treatment of Ordinary Differential Equations, ed. März, R., Berlin.

Weiner, R. [1987]: Linear-implizite Einschrittverfahren und ihre Anwendung, Dissertation (B), Halle.

Weiner, R., Arnold, M., Rentrop, P., Strehmel, K. [1991]: Partitioning strategies in Runge-Kutta type methods, Report TUM-M9102.

Weiner, K., Strehmel, K. [1988]: A type insensitive code for delay differential equations basing on adaptive and explicit Runge-Kutta interpolation methods, Computing 40, 255-265.

Werner, H., Arndt, H. [1986]: Gewöhnliche Differentialgleichungen, Springer-Verlag Berlin-Heidelberg-New York.

Widlund, O.B. [1967]: A note on unconditionally stable linear multistep methods, BIT 7, 65-70.

Wiederholt, L.F. [1976]: Stability of multistep methods for delay differential equations, Math. Comp. 30, 283-290.

Wolfbrandt, A. [1977]: A study of Rosenbrock processes with respect to order conditions and stiff stability, Thesis, University of Göteborg.

Wolfbrandt, A. [1982]: Dynamic adaptive selection of integration algorithms when solving ode's, BIT 22, 361-367.

Zennaro, M. [1985]: On the P-stability of one-step collocation for delay differential equations, in: Delay equations, approximation and application, eds. Meinardus, G., Nürnberger, G., ISNM 74, Birkhäuser, Basel, 334-343.

Zennaro, M. [1986a]: Natural continuous extensions of Runge-Kutta methods, Math. Comp. 46, 119-133.

Zennaro, M. [1986b]: P-Stability Properties of Runge-Kutta Methods for Delay Differential Equations, Numer. Math. 49, 305-318.

Zu-Fan, M. [1982]: Partitioning a stiff ordinary differential system by a scaling technique, Report TRITA-NA-8210, Stockholm.

Notationen

Formelzähler: Gleichungen in einem Abschnitt a.b werden mit (a.b.1), (a.b.2) usw. durchnumeriert.

Numerierung: Alle Theoreme, Definitionen, Lemmata etc. werden im Abschnitt a.b getrennt durchnumeriert.

Spezielle Symbole, Konventionen und Abkürzungen

:=	definiert durch.
<<	"sehr viel kleiner als".
≈	"approximativ gleich".
$O(\cdot)$	Landau-Symbol: $f(t)=O(g(t))$, falls $f(t)/g(t)$ beim zugrunde liegenden Grenzprozeß $t \to \alpha$ beschränkt bleibt.
$o(\cdot)$	Landau-Symbol: $f(t)=o(g(t))$, falls $f(t)/g(t) \to 0$ beim zugrunde liegenden Grenzprozeß $t \to \alpha$ gilt.
$\mathbb{N}$	Menge der natürlichen Zahlen.
$\mathbb{N}_0$	$:= \mathbb{N} \cup \{0\} = \{0,1,\ldots\}$.
$\mathbb{R}$	Menge der reellen Zahlen.
$\mathbb{R}_+$	Menge der positiven Zahlen.
$\mathbb{R}^n$	reeller n-dimensionaler Euklidischer Vektorraum.
$\mathbb{C}$	Menge der komplexen Zahlen.
$\mathbb{C}^-$	linke komplexe Halbebene.
$\mathbb{Z}$	Menge der ganzen Zahlen.
Re z, Im z	Realteil, Imaginärteil von $z \in \mathbb{C}$.
A∩B	Durchschnitt der Mengen A und B.
A×B	Menge der geordneten Paare (a,b) mit $a \in A, b \in B$.
⊂	enthalten in.
⊃	enthält.
G	Gebiet (offene und zusammenhängende Teilmenge des $\mathbb{R}^n$).
S	$:= \{(t,y): t_0 \leq t \leq t_e,\ y \in \mathbb{R}^n\}$.
$C^i[a,b]$	Menge aller i-mal stetig differenzierbaren reellen Funktionen auf [a,b].
C[a,b]	Menge aller stetigen Funktionen auf [a,b].
$C(G,\mathbb{R}^n)$	$:= \{f:\ G \to \mathbb{R}^n \text{ stetig auf } G\}$.
$L_2(a,b)$	Funktionenraum aller reellen Funktionen $\phi(t)$ auf [a,b], für die $$\int_a^b \phi^2(t)\,dt < \infty$$

$H_0^1(a,b)$ gilt.

Funktionenraum aller reellen Funktionen $\phi(t)$ auf $[a,b]$, für die gilt

$\phi(t) \in L_2(a,b)$ mit $\phi(a)=\phi(b)=0$ und $\phi' \in L_2(a,b)$, wobei φ' die verallgemeinerte Ableitung bezeichnet.

$H_0^2(a,b)$ Funktionenraum aller reellen Funktionen $\phi(t)$ auf $[a,b]$, für die gilt

$\phi \in L_2(a,b)$ mit $\phi(a)=\phi(b)=0$, $\phi^{(l)} \in L_2(a,b)$, $l=1,2$.

$A=(a_{ij})_{i,j=1}^n$ quadratische Matrix.

A^T Transponierte von A: $A^T=(a_{ji})_{j,i=1}^n$.

$f_y(t,y)$ $\left(\frac{\partial f_i}{\partial y_j}\right)_{i,j=1}^n$, Jacobi-Matrix von $f(t,y)$.

$\det(A)$ Determinante von A.

$\operatorname{diag}\{\cdots\}$ Diagonalmatrix.

I Einheitsmatrix.

$\lambda[A]$ Eigenwert von A.

$\sigma[A]$ Spektrum von A.

$\lambda_{max}[A]$ maximaler Eigenwert von A, wenn $\sigma[A] \subset \mathbb{R}$.

e Vektor $(1,1,\ldots,1)^T$.

e_i i-ter Standardbasisvektor $(0,0,\ldots,1,0,\ldots 0)^T$.

$\|x\|_p$ $:= \left(\sum_{i=1}^n |x_i|^p\right)^{1/p}$, l_p-Norm für $x \in \mathbb{R}^n$.

$\|x\|_\infty$ $:= \max\{|x_i|, i=1(1)n\}$, Maximumnorm ($l_\infty$-Norm) für $x \in \mathbb{R}^n$.

$\|A\|_p$ zugeordnete Matrixnorm (l_p-Norm), induziert durch eine l_p-Norm im $\mathbb{R}^n$.

$\|A\|_1$ $:=\max\{\sum_{i=1}^n |a_{ij}|, j=1(1)n\}$, Spaltensummennorm.

$\|A\|_2$ $:= \sqrt{\lambda_{max}(A^T A)}$, Spektralnorm.

$\|A\|_\infty$ $:=\max\{\sum_{j=1}^n |a_{ij}|, i=1(1)n\}$, Zeilensummennorm.

$\|\phi\|_{L_2}$ $:= \left(\int_a^b \phi^2(t)dt\right)^{1/2}$, L_2-Norm für $\phi \in L_2(a,b)$.

$\mu[A]$ $:= \lim_{h \to 0+} \frac{\|I+hA\|-1}{h}$, logarithmische Norm der Matrix A, die $\|A\|$ zugeordnet ist.

$<x,y>$	Skalarprodukt von x und y.
δ_{ij}	Kronecker-Symbol: $\delta_{ij}=1$ für $i=j$, $\delta_{ij}=0$ sonst.
$P_s(2x-1)$	$:=\frac{1}{s!}\frac{d^s}{dx^s}[x^s(x-1)^s]$, verschobenes Lagrange-Polynom vom Grade s, $x \in [0,1]$.
$L_k^\mu(x)$	$:=\sum_{l=1}^{k}(-1)^l \binom{k+\mu}{k-l}\frac{x^l}{l!}$, $\mu \in \mathbb{N}_0$, verallgemeinertes Laguerre-Polynom vom Grade k.
$R_0(z)$	Stabilitätsfunktion einer Einschrittmethode.
S_A	$:=\{z \in \mathbb{C}: |R_0(z)| \leq 1\}$, Stabilitätsgebiet.
E	vorwärts genommener Verschiebungsoperator, definiert auf einem Gitter I_h: $Ey(t_i)=y(t_{i+1})$.
I_h	$:=\{t_0,t_1,\ldots t_N\}$ mit $t_0<t_1<\ldots \leq t_e$, Punktgitter auf dem Intervall $I=[t_0,t_e]$.
h	Schrittweite auf dem Punktgitter I_h.
u_h	Gitterfunktion, $u_h: I_h \to \mathbb{R}^n$.
le_{m+1}	lokaler Diskretisierungsfehler in t_{m+1}.
e_{m+1}	globaler Diskretisierungsfehler in t_{m+1}.
$\mathcal{D}$	Klasse der linearen Probleme $y'(t)=A(t)y$ mit $A(t)=S(t)D(t)S^{-1}(t)$, $D(t)=\text{diag}(d_1(t)/\varepsilon, d_2(t))$, $d_1(t) \leq d_0 < 0$, $\varepsilon \in (0,\varepsilon_0]$.
$\mathcal{D}_{st}$	Unterklasse von $\mathcal{D}$.
$\mathcal{D}_{ts}$	Unterklasse von $\mathcal{D}$.
$\mathcal{F}$	Klasse der semilinearen Probleme $y'(t)=Ay+g(t,y)$ mit $<Aw,w> \leq \mu \|w\|^2$, $\mu<0$, $w \in \mathbb{R}^n$ $\|g(t,u)-g(t,v)\| \leq L\|u-v\|$.
$\mathcal{F}_\varepsilon$	Klasse der singulär gestörten Probleme $y'(t)=\frac{1}{\varepsilon}Ay+g(t,y)$, $0<\varepsilon \ll 1$ mit den Voraussetzungen an die Klasse $\mathcal{F}$.
$\mathcal{F}_{PR}$	Modellproblem von Prothero und Robinson $y'(t)=\lambda[y(t)-v(t)]+v'(t)$, Re $\lambda<0$.
$\mathcal{F}_p$	Klasse der partitionierten Systeme $u'(t)=T_1 u+T_2 v+g(t,u,v)$ $v'(t)=f(t,u,v)$

mit $\langle T_1 w, w \rangle \leq \mu$, $\mu \leq \mu_0 < 0$, $w \in \mathbb{R}^N$,

g(t,u,v) und f(t,u,v) Lipschitz-stetig bez. u und v mit Lipschitz-Konstanten von moderater Größe.

BDF rückwärtige Differentiationsformeln, (backward differentiation formulas).
DAE Algebro-Differentialgleichung (differential-algebraic equation).
ODE gewöhnliche Differentialgleichung (ordinary differential equation).
LIRK-Methode linear-implizite Runge-Kutta-Methode.
RK-Methode Runge-Kutta-Methode.
ROW-Methode Rosenbrock-Wanner-Methode.

Sachverzeichnis

absolute Stabilität 89-91
adaptive Runge-Kutta-Methode 124-131
äquidistantes Gitter 30,267
algebraisch stabil 82ff,178-181
Algebro-Differentialgleichung 237ff
-,quasilineare 238
-,semi-explizite 238ff
Anfangsfunktion 301,302
Anfangs-Randwertproblem 262
Anfangswertproblem 11
-,Abhängigkeit der Lösung von Anfangswerten 15
-,Existenz- und Eindeutigkeitstheoreme 12-14,28-29,302-304
Ansatzfunktion 273-275
-,stückweise linear 274
AN-Stabilität 80ff,145
A-stabil 71ff,141ff
A(α)-stabil 73,185-186
asymptotisch stabil 17ff
autonome Differentialgleichung 11-12
automatische Partitionierung 211ff
automatische Verfahrenswahl 190ff,328

BDF 120,186
bedingte Kontraktivität 71,153
B-Konsistenz, B-Konvergenz 157ff
-,implizite RK-Methoden 178-181
-,LIRK-Methoden 157ff
-,W-Methoden 171-176
B-, BN-Stabilität 82-88,152,178-181
Butcher-Schema 35

charakteristische Gleichung 313ff

charakteristisches Polynom 18
chemische Reaktion 111-115,164,213
C-stabil 164

diagonale Padé-Approximation 74
diagonal-implizite RK-Methode 37, 57ff,131
Differentialgleichung
-,delay 300ff
-,implizite 185,237
-,parabolische 262ff
-,steife 101ff
Differential-Index 239-241
Differenzengleichung 31,313ff
Diffusions-Reaktions-Modell 114-115
Dini-Ableitung 14
Dirichletsche-Randbedingung 264,272
diskrete L_2-Norm 264
Diskretisierungsfehler
-,gesamter 278,280,282,306
-,globaler 33
-,lokaler 31
dissipatives System 22
Dormand/Prince-Methode 44-45
-,stetige Erweiterung 67
D-Stabilität 146ff
3/8-Regel 42

Einbettung 42
-,RK-Methode 43-45,95-97
-,ROW-Methode 138,184-186
Eindeutigkeitstheoreme für
-,nichtsteife Systeme 12-14
-,retardierte Systeme 302-304
-,steife Systeme 28-29
einfach-implizite RK-Methode 59ff

Einschritt-Interpolationsmethode 305
-,Konsistenzordnung 305
-,Konvergenzordnung 305-306
-,Stabilität 310ff
Einschrittmethode 30
-,Konsistenz 31
-,Konvergenz 33
einseitige Lipschitzbedingung 22
Elektrisches Netzwerk 116
Elementares Differential 38
England-Methode 42
Ersatzproblem 312ff
-,Hermite-Interpolation 317
-,Lagrange-Interpolation 314
-,Stabilität 312ff
Euler-Methode
-,explizite 39
-,implizite 53
-,linear-implizite 129
-,modifizierte linear-implizite 297,299
Euler-Newton-Methode 248
Existenztheorem von Peano 12
explizite RK-Methode 37ff
-,erreichbare Ordnung 38
-,Stabilitätsgebiet 88-90
Exponentialmatrix 78,124
Extrapolationsmethode 188

Fehlberg-Methode 43-44
Fehlerkonstante 98
Fehlerschätzung in
-,LIRK-Methoden 184
-,RK-Methoden 98-100
Finitisierung mittels
-,finiter Differenzen 267-272
-,finiter Elemente 272-276
Fortsetzung einer Lösung 13
Friedrichssche Ungleichung 265
Funktional-Differentialgleichung 302

Funktionenraum H_0^1 265,348

Gateaux-differenzierbar 230-231
Gauß-Legendre-Methode 48-50,88,181
-,Stabilitätsfunktion 76
Gesamtdiskretisierung 278
-,gleichmäßige Konsistenz 279ff
-,gleichmäßige Konvergenz 284ff
Gesamtfehler
-,globaler 278,284
-,lokaler 280
Gitter 30,263
Gitterfunktion 30
Gleichgewichtslage 17,308
-,asymptotisch stabil 17
-,instabil 17
-,stabil 17,308
gleichmäßige Konsistenz 279ff
gleichmäßige Konvergenz 284ff
Gramsche Matrix 274
Grenzschicht 110
Grenzwertextrapolation 99

Hauptfehlerterm 100
Hermite-Interpolation 306ff
Heun-Methode 40
homogene Differenzengleichung 313

Implementierung von
-,LIRK-Methoden 182ff
-,impliziten RK-Methoden 91ff
implizite Differentialgleichung 185,237
implizite Euler-Methode 53
implizite Mittelpunktsregel 50,180
implizite RK-Methoden 37,46ff
-,Gauß-Legendre 48-50,88,181
-,Lobatto und Radau 50-55,88,181
Index 289ff
-,Differential- 239-241

-,Störungs- 240-241
irreduzible RK-Methoden 86-87
instabile Gleichgewichtslage 17
interne Stabilität 141,185-186
Interpolationspolynom
-,Hermite- 306ff
-,Lagrange- 306ff
intervallweise Partitionierung
  190
Iteration
-,direkte 91
-,Newton- 92
-,Picard- 14

Jordansche Nomalform 18

klassische RK-Methode 42
Kollokationsmethoden 55ff
-,Äquivalenz zu RK-Methoden 57
-,Ordnung 57,63
komponentenweise Partitionierung
  190,202ff,211ff
konsistente Anfangswerte 238
Konsistenz 31
-,B- 157ff
-,gleichmäßige 279ff
Konsistenzbedingungen für
-,adaptive RK-Methoden 127-128
-,explizite RK-Methoden 39
-,implizite RK-Methoden 48
-,partitionierte LIRK-Methoden
  206- 207
-,ROW- und W-Methoden 136-137
-,stetige W-Methoden 139
Konsistenzordnung 31-32
-,numerische 168,292
-,RK-Interpolationsmethoden
  305-306
-,RK-Methoden 39ff,88
Kontraktivität 22
-,bedingte 71
-,nichtlineare 153-157

-,unbedingte 71
Konvergenz 33
-,B- 159ff
-,gleichmäßige 276ff
Konvergenzordnung 33
-,numerische 168,291
Kopplung
-,schwach 147
-,stark 147
Kronecker-Produkt 36
Kutta-Methode 44

Lagrange
-,Fundamentalpolynom 56
-,Interpolationpolynom 314ff
Laguerre-Polynom 61,142
Lawson-Verfahren 122
Legendre-Polynom 49
lineare Ansatzfunktion 274
lineare Differentialgleichung 18
lineare Stabilität 70-81
linear-implizite RK-Methoden
  120ff
-,adaptive RK-Methoden 125
-,ROW-,W-Methode 132,133
Linienmethode 266ff
Lipschitzbedingung 12
-,einseitige 23
Lipschitzkonstante 12
-,einseitige 23
Lipschitz-stetig 12
LIRK-Interpolationsmethoden 307ff
Ljapunov-Funktion 21
Ljapunov-Stabilität 16ff
l_p-Norm 11,348
L_2-Norm 348
Lobatto-Methode 53ff
-,Stabilitätsfunktion 77
-,IIIA 54-55
-,IIIB 54-55
-,IIIC 54-55
Logarithmische Matrixnorm 24

lokale Fehlerschätzung in
-,LIRK-Methoden 184
-,RK-Methoden 98-100
lokaler Fehler 31
Lösungsanteil
-,glatter 109
-,steifer (transienter) 110
LSODA 199-201
LSODE 186-188
L-Stabilität 72

Matrixfunktion 78-79,121
Matrixnormen 24,348
Maximumnorm 11,348
Mittelpunktsregel 50,180
Mittelwertsatz für Vektorfunktionen 121
modifizierte linear-implizite Euler-Methode 297,299

Nacheilung 301
Newton-Iteration 92
-,vereinfachte 92
nichtlineare Kontraktivität 153-157
Norm
-,Betragssummen- 11
-,diskrete L_2- 264
-,durch ein Skalarprodukt induzierte 22
-,Euklidische 11
-,logarithmische 24,348
-,l_p- 348
-,L_2- 348
-,Maximum- 11,348
nichtlineare Stabilität 152ff
Nyström-Methode 40

Ordnungsbedingungen
-,LIRK-Methoden 127-128,136-137
-,RK-Methoden 39,48
Ordnungsreduktion 158,282

Ortsdiskretisierung
-,finite Differenzen 267-272
-,finite-Elemente 272-276
Ortsdiskretisierungsfehler
-,globaler 276
-,lokaler 268
Ortsschrittweite 263

Padé-Approximation 74
-,eingeschränkte 142
PAI4 197ff
parabolische Differentialgleichung 262ff
-,quasilinear 295
-,semilinear 262
partitionierte LIRK-Methode 189ff
-,für singulär gestörte Systeme 220ff
partitioniertes System 202
Partitionierung
-,Arten 190
-,automatische 211ff
-,feste 190
-,intervallweise 190
passive Lagrange-Interpolation 316
Populationsentwicklung 301
Prothero-Robinson-Gleichung 151,171,349
P-Stabilität 311
P(β)-Stabilität 311

Quadratur-Methoden 46ff
Quellfunktion 263
QSS-Approximation 203ff

Radau-Methode 50-53,88,181
-,Stabilitätsfunktion 76
-,IA 50-53
-,IIA 50-53
Randbedingungen 263ff

-,Dirichletsche 264,272
reduzierbar 86
Residuumfehler 102-103
retardierte Differentialgleichung 302
retardiertes Argument 302
Richardson-Extrapolation 98-99
RK-Methode
-,adaptive 124-131
-,Butcher Schema 35
-,diagonal-implizite 37,57ff
-,eingebettete 42ff,95ff
-,explizite 37,39ff
-,implizite 37,46ff
-,irreduzible 86-87
-,stetige 65ff
-,transformierte 59ff
RK-Newton-Methode 247ff
Rosenbrock-Typ-Methode 131ff
-,ROW-Methode 132
-,W-Methode 133
Rothe-Methode 266

Schrittweitensteuerung in
-,LIRK-Methoden 184ff
-,RK-Methoden 98ff
Semidiskretisierung 266ff
semidiskretes Problem 266ff
-,Konsistenz 268
-,Konvergenz 276
Sensitivität 14
Simpson-Regel 40
singly-implicit method 59
singulär gestörte Systeme
105ff,166,220ff
Skalarproduktnorm 22,70,79,152,
207,208,277
skalierte diskrete L_2-Norm 264
Skalierungstechnik 212-213
Sprungstellen 303
Stabilitätsfunktion von
-,RK-Methoden 71,72

-,ROW-,W-Methoden 141
Stabilitätsgebiet
-,absolutes 89
-,für retardierte Systeme 308-310
Stabilität von
-,gewöhnlichen Systemen 16ff
-,LIRK-Interpolationsmethoden
318ff
-,LIRK-Methoden 141ff
-,partitionierten LIRK-Methoden
209-211
-,retardierten Systemen 307ff
-,RK-Methoden 70ff
steife Differentialgleichung 104
-,retardierte 312
steife Komponente 211ff
stetige Erweiterung von
-,Dormand/Prince 67
-,RK-Methoden 65ff
-,W-Methoden 139-141
Störung 17
Störungsindex 240-241
STRIDE 96,188
Stufenordnung
-,gleichmäßige 280
-,LIRK-Methode 160
-,RK-Methode 179
subdiagonale Padé-Approximation
74
sukzessive Approximation 14
S_τ-Stabilitätsgebiet 309

Testdifferentialgleichungen für
-,gewöhnliche Systeme 70,146,151
-,partitionierte Systeme 209
-,retardierte Systeme 308
Theorem von
-,Peano 12
-,Picard-Lindelöf 13
-,Rouché 314
Translationsinvarianz 121-123
Trapezregel 55

355

Übertragungsmatrix 103
Umschaltkriterium 192ff
unbedingte Kontraktivität 71
Unstetigkeitsstellen
-,primäre 303
-,sekundäre 303

van der Polsche Gleichung 117
Variationsformulierung 272
Vereinfachende Bedingungen für
-,explizite RK-Newton-Methoden 253
-,implizite RK-Methoden 46
Verfahrensmatrix 36

Verschiebungsoperator 312,349
Wärmeleitungsgleichung 263,290, 296
W-Methoden 133
-,B-Konsistenz, B-Konvergenz 172ff

Zeitkonstante 116
zugeordnete Matrixnorm 24,348
zugeordnete RK-Methode 126
Zwangsbedingung 238ff
Zwangsmannigfaltigkeit 238

MIX
Papier aus verantwortungsvollen Quellen
Paper from responsible sources
FSC® C105338

If you have any concerns about our products,
you can contact us on
ProductSafety@springernature.com

In case Publisher is established outside the EU,
the EU authorized representative is:
**Springer Nature Customer Service Center GmbH
Europaplatz 3, 69115 Heidelberg, Germany**

Printed by Libri Plureos GmbH
in Hamburg, Germany